拥抱人生的美学

金 雅 ◎ 著

中国社会科学出版社

图书在版编目(CIP)数据

拥抱人生的美学/金雅著. —北京：中国社会科学出版社，2023.7
ISBN 978-7-5227-1447-9

Ⅰ.①拥…　Ⅱ.①金…　Ⅲ.①美学—中国—文集　Ⅳ.①B83-53

中国国家版本馆 CIP 数据核字(2023)第 100664 号

出 版 人	赵剑英
责任编辑	郭晓鸿
特约编辑	杜若佳
责任校对	师敏革
责任印制	戴　宽

出　　版	中国社会科学出版社
社　　址	北京鼓楼西大街甲 158 号
邮　　编	100720
网　　址	http://www.csspw.cn
发 行 部	010-84083685
门 市 部	010-84029450
经　　销	新华书店及其他书店

印刷装订	北京君升印刷有限公司
版　　次	2023 年 7 月第 1 版
印　　次	2023 年 7 月第 1 次印刷

开　　本	710×1000　1/16
印　　张	33.25
字　　数	501 千字
定　　价	178.00 元

凡购买中国社会科学出版社图书，如有质量问题请与本社营销中心联系调换
电话：010-84083683
版权所有　侵权必究

目　录

上　编

论美情 ……………………………………………………（ 3 ）
人生论美学传统与中国美学的学理创新 …………………（ 22 ）
人生论美学的价值维度与实践向度 ………………………（ 38 ）
人生论美学与中国美学的学派建设 ………………………（ 50 ）
论中国现代美学的人生论传统 ……………………………（ 70 ）
人生论美学与中华美学精神
　　——以中国现代四位美学家为例 ……………………（ 80 ）
中国现代美学对中华美学精神的传承与发展 ……………（ 89 ）
中华美学精神的实践旨趣及其当代意义 …………………（106）
大美：中华美育精神的意趣内涵和重要向度 ……………（117）
加强艺术学理论民族学理的建设 …………………………（129）
加强中华美学精神与艺术实践的深度交融 ………………（138）
"美情"与当代艺术理论批评的反思 ………………………（145）
文学审美的情感功能 ………………………………………（156）
"人生艺术化"：学术路径与理论启思 ……………………（166）
微时代的审美风尚和生活的艺术化 ………………………（180）
审美人格与当代生活 ………………………………………（188）
中华美学精神的价值意义 …………………………………（193）

中国美学须构建自己的话语体系 …………………………………（197）

下　编

梁启超"趣味"美学思想的理论特质及其价值 …………………（205）
梁启超的"情感"说及其美学理论贡献 …………………………（217）
论梁启超"力"与"移人"范畴的内涵与意义 ……………………（232）
"趣味"与"生活的艺术化"
　　——梁启超美论的人生论品格及其对中国现代美学
　　　　精神的影响 ……………………………………………（247）
梁启超"三大作家批评"与20世纪中国文论的现代转型 ………（260）
论梁启超的崇高美理念 …………………………………………（271）
论梁启超美学思想发展分期与演化特征 ………………………（280）
体系性·变异性·功利性：梁启超美学思想研究中的
　　三个问题 …………………………………………………（295）
梁启超小说思想的建构与启迪 …………………………………（305）
论梁启超对中国女性文学的贡献 ………………………………（316）
文学革命与梁启超对中国文学审美意识更新的贡献 …………（330）
梁启超美育思想的范畴命题与致思路径 ………………………（342）
中西文化交流与梁启超美学思想的创构 ………………………（354）
重化合·创新变·扬个性
　　——梁启超美学思想的理论风貌 ……………………………（371）
"境界"与"趣味"：王国维、梁启超人生美学旨趣比较 …………（379）
"趣味"与"情趣"：梁启超朱光潜人生美学精神比较 ……………（395）
趣味与情调：梁启超宗白华人生美学情致比较 ………………（413）
"大词人"与"真感情"
　　——谈《人间词话》的人生美学情致 ………………………（428）
丰子恺的真率之趣和艺术化之真率人生 ………………………（435）
丰子恺音乐漫画研究 ……………………………………………（449）
宗白华的"艺术人生观"及其生命诗情 …………………………（460）
朱光潜对中华人生论美学精神的传承创化及其当代意义 ……（471）

附 录

金雅主要著述年表(1991—2021) ……………………………(487)

代 跋

向美而行
　——致敬人生 ………………………………………………(501)

上 编

论美情

一　问题的提出

中国美学的自觉学科意识与基础理论格局主要来自西方，启幕于20世纪初叶。鲍姆嘉敦—康德—黑格尔—席勒的德国传统，是西方经典美学的核心部分，不仅深刻影响了中国美学的学科建构与理论建设，也成为自18世纪中叶以来雄霸世界美学的主流话语。

西方经典美学的核心理论基础是认识论。其核心问题是：美是什么？审美的理论体系如何建构？由此，衍生了本质论和美感论两个主要向度。

古希腊的柏拉图第一个提出"美是什么"的问题，他虽然没有寻找到令自己满意的答案，但却为后人导引了叩问美的本质和从客观的先验本体世界寻找美的本质的理论视野。尽管柏拉图的"美的理念"带有浓郁的理想之光，他也由此出发，构想了以"迷狂"来契入美的超验途径，但柏拉图的美学观仍然是一种认识论，是以认识和阐释"美是什么"为起点和归宿的。而从"美的理念"到"迷狂"之美，可以说柏拉图也隐约把握到了由美本身通向美感的一种可能和逻辑。亚里士多德进而讨论了艺术的个别与一般、部分与整体、质料与形式、可能与可信的矛盾及其创造升华，视普遍本质、理想秩序为美之要义。1750年，鲍姆嘉敦第一个提出了关于"Aesthetics"——"感性学"——的学科构想，并明确表述了他对这个学科的性质和任务的构想："美学（美的艺术的理论，低级知识的理论，用美的方式去思维的艺术，类比推理的艺术）是研究感性知识的科学";① "美,指教导怎样以美的方式去思维,是作为研究低级认识方式的科学,即作为低级认识论的美学的任务";② "完善的外形,或是广义的鉴赏力为显而易见的完善,就是美,相应的不完善就是丑"。③ 鲍姆嘉敦糅合了柏拉图和亚里士多德的传统,包括对美的认识论考察和艺术论视角。但他对美的认识有着明显的局限:一,他没有区分"美"与"真",将"美"置于"真"之下,属于"真"的低级层面;二,他对美的完善的认识,偏于艺术的形式完善。鲍姆嘉敦的美论更多地传承了柏氏和亚氏的理性精神一面,重点关注了美的客观形式属性和艺术符号的秩序属性。

西方经典美学最为重要的理论奠基者是康德。尽管鲍姆嘉敦被誉为"美学之父",但康德第一次从学理上构建了关于人的心理的知情意(即纯粹理性、实践理性、判断力)的三维理论框架,从而第一次将"美"与"情"从学理逻辑上建立了关联,第一次真正赋予"美"("情")与"真"("知")与"善"("意")同样重要的独立的理论地位,这是西方经典美学迄今最为重要的一块理论基石。所以,对于康德美学的贡献,首先就需要从认识论的层面来考察,这也是符合康德思想的实际的。其次,正如所有真正伟大的思想家一样,他们提供的不仅仅是结论,也是某些多元的可能,为后人开启了通向某些可能的帷幕。康德的美学是西方美学认识论传统的最高成就之一,同时也是价值论向度的重要转折。因为"情"的独立及其与"美"的关联的建构,使美学问题由感性学走向了美感学,一方面赋予了审美与认知、道德同样重要的独立地位,另一方面,美学也走向了审美活动的主体——人,走向了人的心理、精神、生命的认知与建构。康德以后,西方美学呈现出几个重要的维度。其中最为直接而重要的就是认识论意义上的美感研究,其目标是科学地把握审美活动的心理特点与

---

① 北京大学哲学系美学研究室编:《西方美学家论美与美感》,商务印书馆1980年版,第142页。
② 《朱光潜全集》,第6卷,安徽教育出版社1987年版,第326页。
③ 北京大学哲学系美学研究室编:《西方美学家论美与美感》,商务印书馆1980年版,第142页。

规律，即粹美（情）的问题。

康德美学存在着深刻的矛盾，既有认识和价值的矛盾、理想与现实的矛盾，也有理论和实践的矛盾，具体来说，也是最根本的，就是他所界定的粹美（情）在美的实践中如何实现自身的问题。康德认识到这种矛盾，他的伟大在于为理想美（粹美与粹情）建构了一个前无古人的庄重谨严的理论体系，同时又在这个体系中承认了依存（现实）美的客观存在。因此，康德也为后人留下了一个极其困难的问题，就是他的所有美学研究指向的唯一真正目标——纯粹美（无利害、无概念、无目的的普遍愉快，即粹情），实际上只是一个理论的可能和理想的假设。这种理想在美的实践中如何实现？要解决这个问题，康德唯有将粹美（情）关联于形式的静观，因为只有在绝对的形式的层面上，才可能实现对美的纯粹客观理性的分析。康德试图以对纯粹美（粹情）的假想和依存美（包含了知和善的愉快）的接纳，在两者之间获得某种调和。他之所以未能真正解决纯粹美（粹情）与依存美的矛盾命题，究其原因，还在于他从根本上是在认识论框架内探讨美（情）的问题的。他的致命的自我矛盾，使得美感或走向形式，或走向直觉，为形式主义美学和非理性主义美学留下了通道。朱光潜认为："从康德以来，哲学家大半把研究名理的一部分哲学划为名学和知识论，把研究直觉的一部分划为美学。严格地说，美学还是一种知识论。"[①] 朱光潜指出：从康德到克罗齐，西方美学主要是"形式派美学"，"以为美感经验纯粹地是形象的直觉，在聚精会神中我们观赏一个孤立绝缘的意象，不旁迁他涉，所以抽象的思考、联想、道德观念等等都是美感范围以外的事"[②]。因此，他强调自己"根本反对克罗齐派形式美学所根据的机械观，和所用的抽象的分析法"[③]。应该说，克罗齐派的机械观和抽象的分析方法，其源头可能还在康德那里。

讨论"美情"的命题，首先需要解决的，就是方法论的问题，需要超越对审美活动的情的问题的机械认识立场和抽象分析方法。其次，

[①] 《朱光潜全集》，第1卷，安徽教育出版社1987年版，第208页。
[②] 《朱光潜全集》，第1卷，安徽教育出版社1987年版，第198页。
[③] 《朱光潜全集》，第1卷，安徽教育出版社1987年版，第198页。

需要进一步理清几个相关联的基本认识。第一，知情意的区别是哲学对人的一般心理要素的区分，在美的实践中，要研究的不是绝对的"粹情"，也不是一般的"常情"，而是一种特定的"美情"，它不是知情意的机械割裂，而是知情意的一种特殊而有机的动态关联。第二，"粹情"是理论抽象的产物，"常情"是日常实践的产物，"美情"是美的实践的产物。"美情"关联的不是审美对象被割裂或抽离的某种单一因素，如形式的或内容的，而只能是其活生生的整体。第三，"美情"作为主观内在的精神活象，将其固化为某些固定的静态形式，只能是作为认识论的想象，在美的实践中是难以实现的。

"美情"的探讨，离不开对情和知意、认识和价值、理想和现实、理论和实践的动态关联的考察，也离不开对艺术和生活、审美和创美的有机关联的考察，更需要美学步出自我封闭的理论殿堂，连接鲜活的实践本身。

二 概念与可能

"美情"与"常情"相对应。"常情"是指人在生活实践中产生的日常情感，是人在生活实践中受外物刺激时所产生的一种心理情绪状态。"常情"的价值在于它的事实真实性，即日常生活实践中真实发生的人的情感。"美情"特指审美实践中产生的，不同于人的日常生活情感的，贯通真善、涵容物我、创化有无的富有创造性的诗性情感。"美情"中的"美"字既是形容词，也是动词，是过程、状态、结果的统一。"美情"既是不同于"常情"的"美"的情感，也是对"常情"的诗性建构与审美创化。"美情"的概念突出了审美活动中所产生的情感的新质。"美情"的价值不在于它在生活中是否已经发生过，或有无可能发生，而在于它观照、体验、反思、批判、超拔"常情"的诗性向度，在于它不同于"常情"的诗性品质。"美情"揭示了审美情感的诗性特质，强调了审美主体对情感的加工、改造、提升、完善、表达、处理等的能动性与创造性。

从整个世界美学来看，中华美学是最为注重审美活动中情的要素的美学理论之一。如果说中西美学在源头上都与哲学密切相关，在后来的发展中，西方经典美学至18世纪仍然主要是哲学美学的天下，注重认识论的方法；而中华美学在先秦以后较早将主要视野转向了艺术，主要通过门类艺术实践来讨论具体审美问题，较为重视具体的艺术体验。所以，大体可以说，西方经典美学主要是一种哲学美学，重认识和真知；而中华古典美学主要是一种艺术美学，重情感和体验。

中华美学的艺术论与情感论的倾向，与中华传统文化的基本特征是密切相关的。首先，中华传统文化在哲学上持有机整体观，强调天人合一，道在物身。这在本质上就是重视生命的生动体验，注重知行合一，知、情、意没有明显的分化。其次，中华传统文化是一种富有诗性传统的文化。儒家强调诗乐文化的核心意义，道家强调自由超越的生命精神，内在都是以艺术化的诗性文化精神为本根。这种文化特征，不仅重"情"，而且重"情"之化育，强调养情、涵情、正情、导情对生命的本源意义和提升意义。可以说，中华传统文化在本源（质）上就蕴藏着"美情"的精神意向。

"美情"的概念，从现存的典籍资料来看，最早出现是在《郭店楚墓竹简》的《性自命出》一文中。该文说："性自命出，命自天降。道始于情，情生于性"；"君子美其情，贵其义，善其节，好其颂，乐其道，悦其教，是以敬焉"；"未言而信，有美情者也"。[①] 这三句话，第一句是讲"情"源自何，第二句是讲"美其情"乃君子的品格之一，第三句是对"美情者"的状态结果的描摹。这里的"美情"，显然不是今天讲的美学意义上的，而主要是伦理哲学意义上的，但这个"情"与"道""性""命"相关联的宏大视野，"情"需"美"、可"美"的价值意向，都为中华美学的"美情"思想提供了重要的观念基础，显示了其源头上的人文取向。

直接从美学的角度关涉"美情"概念的，较早的大概是王国维。1907年，王国维写了《古雅之在美学上之位置》，文中两次出现"美情"的概念："就美术之种类言之，则建筑雕刻音乐之美之存于形式固不俟论，即图画诗歌之美之兼存于材质之意义者，亦以此等材质适

---

① 《郭店楚墓竹简·性自命出》，文物出版社2002年版，第2—3、20—21、51页。

于唤起美情故，故亦得视为一种之形式焉"；"戏曲小说之主人翁及其境遇，对文章之方面言之，则为材质；然对吾人之感情言之，则此等材质又为唤起美情之最适之形式"。[①] 在这里，与"美情"相对应的是"感情"的概念，相关联的是"材质"和"形式"的概念。应该说，王国维已经自觉意识到审美中的情感和生活中的情感的不同，但因为此文主要讨论的是"古雅"的第二形式之美的问题，所以对"美情"的命题并未具体展开。可以假设，"古雅"在王国维的美学中，是作为形式的形式，那么，"美情"应该就是作为情感的情感了。可惜的是，王国维从康德的形式往前走，提出了一个相当深刻的形式美学的问题，而对另一个同样可以深刻的情感美学的问题，却明显疏略了。王国维的"美情"概念，从学理上看，是真正从美学意义上来探讨的。但从其关涉的指向看，基本上还是框范在康德的理论视野中，主要还是指对形式的审美观照。

20世纪上半叶，民族美学发展取得了重大突破。一方面是现代学科意识的自觉，形成了与西方美学的初步对话。另一方面，是民族美学精神借助西方现代学科术语和理论范式，呈现出初步的现代传承推进。其最为突出的成果，就是人生论审美精神及其民族理论话语的初步孕育，以及涌现出的第一批具有重大影响的人生论民族美学家。这些现代人生论美学家的共同特点是，重视美与真善的关联，重视情感涵育美化的美学意义和人生价值，重视美学的美育向度与人文关怀。

1927年，范寿康的《美学概论》出版，在书中，多次使用了"美的感情"的概念。这个概念在书中与"纯粹的感情""积极的感情""价值感情""'深'的感情"并用，体现出一定的复杂情形。有时，它相当于康德意义上的纯粹美感，有时又接近于民族美学观念中的"美情"意味。这种特点，客观地反映了中国现代美学古今中西交汇的一种过渡的特征和演化的状貌。应该说，"美的感情"在范寿康这里，不仅是客观自由的独立观照，也是涵情炼情的提升创化。如他说：

[①] 姚淦铭、王艳编：《王国维文集》，第3卷，中国文史出版社1997年版，第32页。

论美情

"美味未曾伴有'深'的感情。所以对之只可说快，不能说美。"① 所以，判别快感和美感的标准，不只在情感的纯粹独立，也在情感的加工美化。这与康德意义上的以情（美）论情（美），是有明显区别的。范寿康明确说，我们在审美实践中所体验的感情，"决不是现实的感情，却是一种与现实的感情异其色调的美的感情"。② 他认为人们常常把这种"美的感情"称曰"假象感情"或"空想感情"，是不准确的。范寿康指出："我们的美的感情，与那些单是被我们空想出来的感情或那些单是假象的感情实在是大有差别。为什么呢？因为美的感情乃是一种事实上被我们所体验的实际感情，乃是一种行在特殊的境界里的具有特殊性格的实际感情"，"这种感情乃是一种与世界上一切体验都不能直接比较的，只有在委身于艺术品的观照，适应艺术品的要求，对于对象的内容行深切的体验时才能为我们所感到的感情"。③ 范寿康对"美的感情"这段解释，应该说相对接近于"美情"的基本特质了。但他的观点，似乎有些真理与谬误并存的状貌。首先，他肯定了"美的感情"不是"现实的感情"，却是实际（真实）的感情，这一点确实是"美情"的基本规定。其次，他把"美的感情"的领域主要框定在艺术体验的范围内，这就大大限制了"美情"在美的实践中所可能通达的领地。再次，他把"美的感情"的对象主要关涉于艺术的内容，这和王国维主要关涉于艺术的形式，是相同的偏颇。

值得注意的是，除王国维、范寿康外，中国现代其他重要人生论美学家，如梁启超、蔡元培、朱光潜等，似都未明确提及"美情"的概念，但他们都主张审美与情感的本质关联，倡导审美实践对情感的美化涵育，实质上正是"美情"理论的拥趸者，同时，他们也是中华美学发展历程中"美情"理论最早的自觉建设者。梁启超的"趣味论"，朱光潜的"情趣论"，都是中华"美情"理论的具体而重要的组成部分。"美情"是中华美学最为重要的精神标识之一。"美情"与

---

① 范寿康：《美学概论》，商务印书馆1928年版，第102页。
② 范寿康：《美学概论》，商务印书馆1928年版，第206页。
③ 范寿康：《美学概论》，商务印书馆1928年版，第206—207页。

"粹情"的区别，其关键在于，一为科学的认识论立场，一为人文的价值论旨趣。"美情"的命题及其展开，呈现了美学的多元可能，是中华美学对世界美学的独特贡献之一。

三　美与真善

要解决"美情"的学理问题，构建关于"美情"的具体理论，切实指导美的实践中的相关问题，首先就必须研究美（情）与真（知）、善（意）的关系。美与真善的关系，一直是美学中的核心问题。柏拉图的美学、康德的美学，都离不开对这个关系的考察。康德美学的成就，或者说以他为重要代表的西方经典美学的成就，主要就在于和整个世界现代学术的方向——对混沌的原始学术的细分和现代学科各自独立的科学基础的发现——相一致。正是从美（情）的独立出发，康德真正确立了美学作为一门独立的现代学科的理论基石。尽管康德也天才地窥见了美（情）作为真（知）与善（意）之间的心理桥梁的特殊价值，从此出发洞悉了美感作为反思判断力的独特意义。但是康德体系的巨大突破和价值首先在于真（知）、善（意）、美（情）的分离，因此对于康德给出的只有美（情）对真（知）、善（意）的勾连才能实现反思判断之可能的深刻思想，后人往往忽略而未予深掘。

与"美情"传统相呼应，中华美学的主流则是真善美的统一论。当然，在不同历史时期、不同思想家、不同艺术家身上，对于真善美三者关系的具体认识，是有差异有发展的。

中华古典美学从整体看，更为关注美善的关联，即注重情感的道德内涵和道德向度。《论语》记载："子谓《韶》：'尽美矣，又尽善也。'谓《武》：'尽美矣，未尽善也。'"[①] 明确提出了美善统一的观点。孔子以这种观点欣赏自然，就有了"仁者乐山，知者乐水"的说法，这大概是中国古典美学"比德说"的滥觞。他以这种观点欣赏艺术，不免陶醉于《韶》乐，以至"三月不知肉味"，慨叹"不图为乐

[①] 陈成国点校：《四书五经》，上册，岳麓书社2002年版，第22页。

之至于斯也";评价"《关雎》乐而不淫,哀而不伤"。① 这种观点,主要强调了情感的中庸适度。在艺术中,体现为形式和内容的统一。在人身上,则强调道德人格的修养,以"文质彬彬"的"君子"为美。中华古典美学的"比德说",实际上就是一种典型的美善统一论。所谓"比德",就是将自然物的形式属性和物理属性,与人的道德属性和道德特征相比拟,从而在对自然美的欣赏中,获得对人的道德象征的肯定。比如中国古典绘画中的"四君子"(梅兰竹菊)形象,就是这种"比德"式的审美意象。徐复观把庄子视为中国艺术精神的象征。庄子是最重视美的自由境界的。他提出的"至美至乐",是"去知""无功""无名"乃至"无己"的境界,但他去掉的只是知识、理智、功利,而不是道德。与孔子所追求的人伦道德相比,庄子追求的是自然大道,他的"无为"就是对天地万物的护惜。所以,庄子的美论可以说是自然即美,也就是自在自由即美。这种美论,究其实质,仍然是美善统一论。美善统一论决定了中国艺术审美的主流乃形神兼重,不太可能出现西方式的唯形式或形式至上的单极化的美趣。而且,美善统一论也必然导致艺术和审美高度关注社会功用,有时有意无意地忽略了情感在艺术和审美中的本体意义。这也影响到中国的艺术和审美观念,虽然主情派占有很重要的地位,但是关于情感的专门思想学说,在中国古典艺术和美学理论中,并不发达和丰富。中国古典文论关于文学艺术与"情"之关系的讨论,比较早且为人所熟知的有《毛诗序》中的名言:"情动于中而形于言。"此后,陆机的"诗缘情"说,刘勰的"情者文之经"说,白居易的"诗者,根情"说,汤显祖的"情生诗歌"说,都属于主情一派。同时,中国古典文论谈"情",往往不是孤立来谈,而是以道德理性来节制疏导情感,如"情"与"性""志"相交融,不主张纯粹的情感宣泄或情感表达,所以,从总体特征看,几乎没有绝对的崇情论或唯情论。

20世纪启幕的中国现代美学,广泛吸纳了西方美学的营养,但在美论的基本观念上,从根本上说,没有抛弃古典传统,主要是由古典

---

① 陈成国点校:《四书五经》,上册,岳麓书社2002年版,第22页。

意义上的美善统一论发展为现代意义上的真善美统一论。

中国现代文论中，主情派同样具有不可小觑的地位。梁启超强调"艺术是情感的表现"。[①] 王国维认为"情"乃文学"二原质"之一。[②] 蔡元培说："音乐的发端，不外乎感情的表出。"[③] 丰子恺说："美术是感情的产物。"[④] 总之，都是把情感视为艺术的本质本源。当然，这些中国现代美学大家在对审美情感的认识上，也明显体现出一些新的特点。他们一方面吸纳了传统美学美善相济的根本观念，另一方面又受到了西方现代美学情感独立的影响，因此，他们既不完全泥于古典式的德情观，又不全盘接纳康德式的粹情观，而初步呈现出真善美相统一的美情意向。

主张真善美在审美和艺术中的贯通升华，是中国现代美学的最为基本而重要的理论主张之一。梁启超虽然没有像王国维那样，直接使用到"美情"的概念，但他可以说是最早明确提出"情感"美化问题的中国现代美学家之一。他以"趣"为"情"立杆，主张高趣乃美情之内核，建构阐释了一种不有之为的趣味主义美情观。他说，"情感的本质不能说他都是善的，都是美的"。[⑤] 艺术的价值就在于既表情移情，使个体的真情得到传达与沟通；也提情炼情，使个体的真情往高洁纯挚提挈，从而对艺术情感表现提出了鉴别提升的任务，即原生态的生活情感不一定都适宜于艺术表达，而应该既体验把握"真"情感，又提升表现"好"情感，这样，"才不辱没了艺术的价值"。他的趣味美论，是中国现代真善美统一的美情论的重要理论基石之一。

从理论史来看，留欧回国的美学博士朱光潜是较早自觉触及真善美统一问题的中国现代美学家之一。《谈美》以"情趣"范畴为中心，集中讨论了真善美的美学关联问题。朱自清先生把《谈美》视为"孟

---

① 《饮冰室合集》，第5册，中华书局1989年版，文集之三十八第37页。
② 姚淦铭、王艳编：《王国维文集》，第1卷，中国文史出版社1997年版，第24页。
③ 中国蔡元培研究会编：《蔡元培全集》，第4册，浙江教育出版社1997年版，第132页。
④ 金雅主编、余连祥选编：《中国现代美学名家文丛·丰子恺卷》，浙江大学出版社2009年版，第55页。
⑤ 《饮冰室合集》，第4册，中华书局1989年版，文集之三十七第71页。

实先生自己最重要的理论"。① 朱光潜提出，艺术和"实际人生"都是"整个人生"的组成部分，"离开艺术也便无所谓人生"。他进而主张"生活上的艺术家"和"人生的艺术化"，认为"真理在离开实用而成为情趣中心时，就已经是美感的对象"；"至高的善在无所为而为的玩索"，这"还是一种美"。朱自清先生指出："这样真善美便成了三位一体了。"② 朱光潜强调，在最高的意义上，"善与美是一体，真与美也并没有隔阂"。③ 所以他既认为艺术"是作者情感的流露"，又主张"只有情感不一定就是艺术"，④ 要求对日常感情予以"客观化""距离化""意象化"，使之升华为美情。朱光潜深受梁启超的影响，他的"情趣"范畴与梁启超的"趣味"范畴、"人生艺术化"说与梁启超的"生活艺术化"说，均颇具渊源。朱光潜不仅丰富发展了梁启超的思想，从梁启超到朱光潜，也构成了中国现代美情理论发展的重要脉络。

宗白华是中国现代艺术理论的开山鼻祖之一，也是20世纪中国最为重要的民族美学家之一。他主张"艺术世界的中心是同情"。⑤ 艺术是美的出发点，是实现人的精神生命的。艺术意境就是美的精神生命的表征，是最高的也是具象的理性和秩序，是阴阳、时空、虚实、形神、醉醒之自得自由的生命情调。他说："艺术的里面，不只是'美'，且饱含着'真'"；⑥ "心物和谐底成于'美'。而'善'在其中了"。⑦ 宗白华以情调为内核，以意境为观照，灵动地概括阐发了艺术同情的真善美之统一。

上述这些美学大家的思想观点，都触及了审美活动中真善美贯通之美情的本质、可能、特点，既是对中华美学民族精神的一种具体挖掘和阐析，也是较早的现代意义上的民族美情论。中华美学对于真善

---

① 《朱光潜全集》，第2卷，安徽教育出版社1987年版，第100页。
② 《朱光潜全集》，第2卷，安徽教育出版社1987年版，第100页。
③ 《朱光潜全集》，第2卷，安徽教育出版社1987年版，第96页。
④ 《朱光潜全集》，第2卷，安徽教育出版社1987年版，第19页。
⑤ 《宗白华全集》，第1册，安徽教育出版社1996年版，第319页。
⑥ 《宗白华全集》，第2册，安徽教育出版社1996年版，第72页。
⑦ 《宗白华全集》，第2册，安徽教育出版社1996年版，第114页。

美三者关系的认识，是有发展变化的，但其思想的核心，不是将三者分离，不论是古典时期的美善统一观，还是现代以来的真善美统一观，唯美的、粹美的、纯美的，始终不是中华美论的主潮。中华美学的这种美趣意向，以真善为美的张力内涵，体现了融审美艺术人生为一体的大美视野与关怀生存的人文情怀，突出了美的实践对主体情感的建构功能，也突出了情感在美的实践中的核心地位。

四 审美与创美

康德的"粹情"建立在对"情"的独立考察的基础上，建基于把无利害性确立为鉴赏判断的第一契机的前提之上，建基于真善美分离的先验逻辑思辨。这种观点使得西方经典美学研究，主要偏于审美的一维，而对创美的一维关注不够，使得美学更多地呈现为静态的观照的学问，突出表现为认识论的美学和心理学的美学。

从对真善美有机关联的认识出发，中国现代美学的重要理论家大都主张创美审美相贯通，由此也推动了美学的行动的实践的人文的品格之形成，突出表现为人生论的美学和价值论的美学。

王国维是第一个改造康德意义上的纯粹观审的中国现代美学家。王国维一直被很多学者标举为中国现代无功利主义美学——或者叫纯审美精神——的代表人物。因为王国维说过："美之性质，一言而蔽之曰：可爱玩而不可利用者是已。"[①] 王国维用"无用之用"来诠释康德的"Disinterested Pleasure"，有人认为这是他的误读。实际上，这有中华文化的深层语境和王国维对审美问题的深层立场。康德是从哲学本体论来确立情作为审美判断的独立地位的，而王国维是在中华文化的体用一致观上来考察审美问题的，他对审美精神的认识明显体现出学理认知维度和实践伦理维度的纠结。可以说，王国维的人生哲学和审美哲学并未能够在经验的层面上和解，即他可以在审美实践中将生命转化为观审的对象——美的意境，却不能在人生践行中让生命本身创化为美境。也可以说，王国维更多地体悟了观审的

---

① 姚淦铭、王艳编：《王国维文集》，第3卷，中国文史出版社1997年版，第155页。

"有我"与"无我",却未能真正洞彻创造的"有我"与"无我",也未能真正实现审美与创美、欣赏与创造、艺术与人生的出入之自由。王国维的"意境—境界"说,无疑延续了中国文人艺术生活的传统和中华美学审美艺术人生交融的品格。他的美学突出了个体生命的痛苦和无法解决的欲望冲突,使得"生命的痛苦、凄美、沉郁、悲欢才有史以来第一次进入思想的世界"。① 但是,我们不得不慨叹,王国维对于康德的改造是矛盾的、不彻底的,这使得他自己终究陷溺于审美救世的绝唱和悖论之中。

梁启超是中国现代第一个自觉行动的美学家。他的美学思考,走出了书斋,直接将美导向了火热的生活、鲜活的生命、价值的人生。与王国维美论的核心范畴"境界"相辉映,梁启超美论的核心范畴是"趣味"。"境界"和"趣味"都是对美的本体界定和价值阐释相统一的范畴,突出体现了中华美学知行合一的学理特质和价值追求。梁启超指出,"趣味"是"由内发的情感和外受的环境交媾发生出来的"。② "趣味主义"实现的"最重要的条件是'无所为而为'",③ 它是"把人类计较利害的观念变为艺术的、情感的",是一种"劳动的艺术化"和"生活的艺术化",是与"石缝的生活"和"沙漠的生活"相反对的。④ 梁启超论美很少抽象地从理论到理论的概念辨析,他常常是在谈生活、谈艺术、谈文化、谈教育,乃至谈宗教、谈地理之中,在演讲、书信、序跋、诗话等各色文本中,挥洒自如地表达自己对美、对美趣、对美情的理解和构想。他强调美是人类生活"各种要素中之最要者",认为"在生活全内容中把'美'的成分抽出,恐怕便活得不自在甚至活不成"。⑤ 因此,他主张通过劳动、艺术、学问、生活等具体实践,把人从"麻木状态恢复过来,令没趣变成有趣","把那渐渐坏掉了的爱美胃口,替他复原,令他常常吸受趣味的营养,以维持增

---

① 潘知常:《王国维:独上高楼》,北京出版社出版集团、文津出版社2005年版,第89页。
② 《饮冰室合集》,第5册,中华书局1989年版,文集之四十三第70页。
③ 《饮冰室合集》,第5册,中华书局1989年版,文集之三十九第16页。
④ 《饮冰室合集》,第4册,中华书局1989年版,文集之三十七第67—68页。
⑤ 《饮冰室合集》,第5册,中华书局1989年版,文集之三十九第22页。

进自己的生活康健"。① 梁启超的趣味美论中最具特色和价值的成分，正是他始终将美的创造和美的欣赏相贯通，主张在具体的人生实践中，既创造美，又乐享美的情感实践意向。梁启超的"趣味"和王国维的"境界"，在本质上都是追求一种生命的审美提升，但梁启超的"趣味"更多地呈现出一种积极的乐观的生命精神，一种充盈激扬的健动的生命状态。这种生命和人生的美趣，不仅是审美之观或审美之思，也是生命本身的创化和美化。人生和艺术的统一，不仅是艺术的创造和欣赏，也是人生的创造和欣赏。人生论美学的视角，使得朱光潜先生不仅自觉意识到美与真善的关联，还自觉探入了看与演、知与行、出与入、创造与观审的关联。1947年，他在《文学杂志》上发表了《看戏与演戏——两种人生理想》，把艺术中的看戏与演戏和人生中的知与行、出与入相勾连，深入浅出地分析了两者相辅相成、辩证统一的互动联系。不过，若将梁启超与朱光潜相比较，应该说梁氏更重提情为趣，朱氏更重化情为趣；梁氏更重创化的一维，朱氏更重观审的一维；梁氏的美学更具健动的意趣，朱氏的美学则更著静远的意趣。

中国现代美学融创美与审美为一体的人生论品格，既承续了中华哲学的人生向度和中华美学的诗性传统，也吸纳了西方美学中的情感论、生命论等养分，与当时中国的时代生活和现实吁求相呼应，体现了很强的民族精神特色、广阔的视野气度，极具中华美学刚健务实又超逸诗性的民族气质，迄今仍是中华美学发展的重要标杆。中国当代美学家中，蒋孔阳、曾繁仁、叶朗诸先生对人生论美学思想都有所传承发展。蒋孔阳先生提出"美在创造中""人是世界的美"，是20世纪80年代中国实践美学的重要推动者之一。张玉能先生认为：李泽厚的实践美学，"主要停留在哲学层面""不敢深入到人类学和人生论的层面"；而蒋孔阳的思想，则"经历着由实践论美学到创造论美学的发展，而且还潜蕴着向人生论美学深化的趋势"。② 曾繁仁先生提出"突破思辨哲学与美学的旧规而走向人生美学"，是整个世界当代美学

---

① 《饮冰室合集》，第5册，中华书局1989年版，文集之三十九第24页。
② 张玉能：《新实践美学的传承与创新》，华中师范大学出版社2011年版，第37页。

的趋势，由此，也为培养"生活的艺术家"的人生美育，开拓了广阔的天地。① 叶朗先生以意象为美立基，强调意象的创构使人生通向高远的境界，认为"追求审美的人生，就是追求诗意的人生，追求创造的人生"，"在这种最高的人生境界当中，真、善、美得到了统一"。②

这些思想观点，都承续发扬了真善美贯通、创美审美统一的民族美学的核心精神，而其观念内核也正是中华美情理论最为重要而富有特色的理论基石。

五 从"常情"到"美情"

"美情"与"粹情"相区别，是"常情"的美学提升。"美情"有着丰富的实践意义和人学意义。正如康德和马克思谈到的，人的审美感官和审美感受力是需要培养的。拥有听觉器官，不等于拥有音乐的耳朵。前者只能察觉响动，后者可以区别歌声和喧声。不辨音律的耳朵和美的音乐之间，构不成主客关系。对于美的实践来说，契入其中的具体而独特的情感，既不可能是"粹情"，也不可能是"常情"，应该是也只能是"美情"。

"常情"可以是真实的、丰富的、敏锐的、强烈的，但不等于"美情"。"美情"是审美活动对特定的主体情感的美化创构，它需要有内涵上的美化提升和形式上的美构传达的完美相契。"美情"不排斥真实，但不浮泛；不排斥丰富，但有条理；不排斥感受的敏锐，但不陷于纷乱；不排斥强度力度，但有节奏韵律；不追求唯形式纯形式，但有形式的创构。"美情"是把日常情感的质料，创构为富有审美内蕴及其美感形式的诗化情感。"美情"是人通过创美审美的活动对自身的情感品质和情感能力的独特建构提升。

"美情"是养成的、创成的，不是现成的。日常情感的美不美，不是创美、审美的关键，关键在于能否提"常情"为"美情"。创美、审美的活动不只是情感的原态呈现和静态展示，更为重要的是，它本

---

① 曾繁仁：《转型期的中国美学》，商务印书馆2007年版，第193页。
② 叶朗：《美在意象》，北京大学出版社2010年版，第491页。

身就是一个"美情"的过程，是在创美、审美的实践中，超越种种虚情、矫情、俗情、媚情、滥情，而涵情、导情、辨情、正情、提情、炼情。

那么，与"常情"相对照，"美情"具有哪些基本的美质特征呢？从民族美学的美趣意向来看，"美情"主要具有挚、慧、大、趣等重要的美质特征。

其一，美情是一种挚情。中华美学主张理在物而情在心。物和理的最高境界是求真，心和情的最高境界则为挚。挚情当然也是一种真情。在中国文化中，情乃本初之心，是天人相契，即人有情天亦有情。真情就是天与人的本初之心的质朴自然状态。明代李贽的"童心"说，倡导艺术对真情的抒发。这个思想后来为丰子恺所继承发扬。但是，从理论上说，光讲真，还不足以将情感的日常情状和审美情状准确地区分开来。如"童心"，丰子恺就讲，在艺术中这个不是指小孩子的心，而是指一种审美化的真纯自然的艺术心灵。美情亦是如此，它既具有真的质素，又不是一般日常的真，这种审美化的真情，实为挚情。

诚是挚情的美质之一。"诚"是真在内而神动外，即表里如一的真情，是发自内心的情感流露，让他人可以真切地感受到。因此，"诚"是一种真实不矫饰的情感。

深也是挚情的美质之一。"情深而文明"。[①] 真情拥有深刻的内涵，是作品感染人、启迪人的关键之一，也可以使作者的情怀趣韵传达得更透辟。

纯也是挚情的重要美质，这很值得我们探讨。真情是不是等同于纯情？从美学的角度说，这两者是不能完全等同的。真实发生过的情感和真实发生过的质朴自然的情感，两者的美感指征是不相等的。真情不一定就能激发美感，纯情大都能激起美的体验。

其二，美情是一种慧情。美情是感性中潜蕴理性的诗性情感，是一种具有反思观审意义的明慧之情。常情是即事的，往往因具体事实

---

① 王振复主编：《中国美学重要文本提要》，四川人民出版社2003年版，第66页。

而发生，有特定的现实因由，并随着现实问题的解决、平息、终结而结束。常情以主体自我为中心，直接关涉主体自我的具体需要和满足，在日常生活中可能因为缺失观审和反思，导致主体沉溺于感性的、一己的情感，形成一些极端化的情绪反映和情感态度。爱情是人类最为美好的情感追求之一。日常生活中，失恋会给情感主体带来巨大的打击。他们可能会哭泣、哀诉、酗酒甚至发生丧失理智的行为，陷溺于负面的极端情绪而不能自拔。爱情进入艺术，或两情相悦、生死相契，或失恋痛苦、反目成仇，都需要进行情感观审、反思、提升、加工的工作。

美情不直接关涉特定具体的现实事因，它是一种情理合一的诗性情感。美情通过审美距离的建构，确立超越自由的审美心态，悬搁摒弃某些实用的利害考量，使自身的情感判断具有观审、反思、建构的功能，跳出那些局限于一己的自我的情绪状态，升华为照亮常情的慧情。"只受情绪支配乃是多愁善感，不是艺术"；[①] "艺术情绪本质上是智慧的情绪"。[②] 艺术的情感素材可以是积极的，也可以是消极的，能否对素材作出精妙的审美表现，关键在于艺术家是否具有化常情为慧情的能力，能否对情感素材予以积极主动的审美建构。

其三，美情是一种大情。美情内蕴了人类普遍的、共通的美好情致，是一种诗性高洁的大美情怀。常情作为对对象的一种主体体验，以主体自我为中心，关注的是一己的需要与满足。美情则基于个别又涵通一般，从而成为群体大众甚至人类情感的代言。苏珊·朗格在《艺术问题》中指出："艺术家表现的绝不是他个人的情感，而是他领会到的人类情感。"[③] 康德的《判断力批判》也提出了"普遍情感"的概念，认为鉴赏判断是一种主观必然性，它的契机是"普遍情感"的人类共通感和普遍可传达性。

美情作为一种大情，在本质上是实现了个别与一般、特殊与普

---

① ［德］卡西尔：《人论》，甘阳译，上海译文出版社1985年版，第181页。
② ［苏］列·谢·维戈茨基：《艺术心理学》，周新译，上海文艺出版社1985年版，第278页。
③ ［美］苏珊·朗格：《艺术问题》，滕守尧、朱疆源译，中国社会科学出版社1983年版，第25页。

遍交融的一种类情感，其情感的内涵越具代表性、普遍性就越能激发共鸣，越具有美质。如屈原的上下求索之慨叹，贝多芬的命运交响之激扬，可以穿越时空，激起不同时代、不同地域、不同种族的人们的共鸣。

当然，美情作为一种大情，它不一定就是震天动地、壮怀激烈的，也可以是对细微的平凡的人、事、物、景的具体体验，其核心是能否在具体而微的情感体验、表现、传达中，呈现出人类情感共同的积极的意趣意向。有一句流传甚广的话，说的是"艺术是情感的表现"。这句话实际上并不确切，确切地说，应该是"艺术是美的情感的表现"。艺术的创作和欣赏，首先就需要将"常情"提升为"美情"，艺术活动才得以真正进行，艺术才可能具有体验观照和反思建构的美学功能。可以说，凡是优秀的艺术家，从来都是人类美的共通情感的代言人。所有伟大的作品，即使表现的是最细微、最个人的情感，也是人类美的共通情感的传达。中外艺术史上，概莫能外。

其四，美情是一种趣情。中华美学非常重视情感在艺术中的具象呈现及其韵趣营构，即通过情景、意象、意境等，来化情为境。中华美学也非常强调情感的精神内质和价值意趣，通过否弃种种庸情、媚情、糜情、滥情等，来提情为趣。中华美学还将情趣建构与主体人格相关联，特别重视审美主体的生命美化与精神涵育，强调审美实践涵情为格的人学本义。

常情作为主体体验，是个体生命内在的东西，可以呈现为外在的言、形、行、态等，也可以不形于外。但美情作为美的创造物和可审美的对象，必须具备可交流的介质，显现为一定的具形。在艺术中，美情须转化为线、色、音、影等介质所塑造的各种可诉诸感官的直接形象，或通过文字塑造的充满想象再造空间的各种间接形象，以及现代后现代艺术所呈现的种种象征、抽象、变形的形象等。艺术形象使抽象内在的情感具体化，使种种本来看不见、摸不着的细微情绪变得生动可感，这也是由常情化美情的具体手段之一。如达·芬奇笔下的蒙娜丽莎形象，是女性美的杰出体现，尤其是她的"有时舒畅温柔，有时又显得严肃，有时略含哀伤，有时显出讥嘲和揶揄"的"如梦似的妩媚微笑"，①成为艺术史上最为著名的神秘微笑。很多优秀作品中，人物和作者的情感元素常常不是单一维度的，而是多维交融的，有时相辅相成，有时对立互补，呈现出一定的复杂性，但其内在情感主调一以贯之，使得这种多元和复杂不仅不影响情感特质的呈现，反而增加了其特殊的韵趣。唯此，蒙娜丽莎才有穿越时空道不明说不尽的神秘美。

美情还有醇、雅、逸、怡、谐、高等种种美趣，很需要结合实践展开具体的研讨。

"美情"凸显了审美活动的人学向度，也是中华美学贡献于世界美学和人类精神宝库的独特财富之一。通过美情来观审、反思、提升，来照亮、批判、建构，是美情走向生命、走向生活、走向艺术、走向一切创造和欣赏的实践，完成和实现自身的必由之路。

原刊《社会科学战线》2016年第12期
《新华文摘》2017年第5期全文转摘
《高等学校文科学术文摘》2017年第2期全文转摘

---

① 王小岩等编著：《人一生要知道的世界艺术》，中国戏剧出版社2005年版，第74—75页。

人生论美学传统与中国美学的学理创新

一

从现代学科的意义上说，美学是"援西入中"的产物。中国古代有丰富的美学思想，但没有"美学"这个概念和自觉的学科理论体系。20世纪初，"美学"的学科术语和西方美学理论引入国内。以德国古典美学为代表的西方经典美学的认识论方法、思辨性特征、科学化形态等对中国美学的发展演化产生了直接的影响，推动了中国美学的现代转型和学科理论的自觉建设。但自20世纪下半叶至今，对西方美学盲目崇信、简单照搬、生硬套用的现象也比比皆是，西方化、标签化、简单化的研究思维与评价方式亦愈演愈烈。研究成果主要集中于对西方美学的绍介与描述性研究，很大程度上是把西方美学作为中国美学的衡量标准和努力目标，对于中国美学自身的思想学说、精神特质、学理传统等缺乏原创性的发掘、梳理、提炼，也缺乏真正吃透活用西方美学理论以切实解决中国审美现实问题的美学理论建构与审美批评实践。对西方美学资源的过度崇信与依赖，一味依托西方美学原理、学说、立场、方法的简单比附，以西观中、以西论中、以西证中的崇西媚西心理，使得中国美学研究不仅大有唯西方美学是瞻的状貌和民族美学虚无的心态，也存在着机械割裂中国古典美学与现当代美学的现象，包括人生论美学在内的诸多民族美学的优秀成果，未能得以充分整理和发掘，也难以真正从整体上厘清中国美学的脉络、梳理中国美学的话语、把握中国美学的特点、建构中国美学的学理。

20世纪80年代以来，探索建设中国美学的民族话语与民族体系，推动中国美学的原创发展,已逐渐引起业内有识之士的忧虑与关注,陆续出现了一些较有质量的成果。如叶朗先生提出以范畴命题统史的美学史识,是比较符合中国古典美学思想实际面貌的。他认为:"一部美学史,主要就是美学范畴、美学命题的产生、发展、转化的历史。因此,我们写中国美学史,应该着重研究每个历史时期出现的美学范畴和美学命题。"① 他在此基础上提出的意象美学,也是迄今为止较为切近中国美学思想特征的一种理论表述。他指出:"审美活动是人的一种以意象世界为对象的人生体验活动。"② 但是,叶朗先生对中国美学的观照,主要是以中国古典美学为资源,概括与提炼的主要是中国古典美学特别是中国古典艺术美学的特征。正如他在1985年出版的《中国美学史大纲》中所言:"中国古典美学体系是以审美意象为中心的","应该尊重中国美学的特殊性,对中国古典美学进行独立的系统的研究"。③ 2009年,叶朗先生出版了《美学原理》,2010年又出版了《美学原理》的彩色插图本《美在意象》,由"什么是美学"入题,到"人生境界"收尾,大致体现出一种将审美意象与审美人生勾连的理论意向。叶朗先生对中国美学的研究及其结论,具有重要的开创性,对于理解中国美学的民族特性具有重要意义。但对一些重要和核心的问题,似未及全面详细地展开,尤其在贯通中国古典至中国现当代美学的资源与传统,系统总结阐发中国美学的民族学理特质与民族审美精神,在全面把握审美对自然、艺术、生活的整体关系上,还有待理论上的进一步开掘、提炼、推进。

总体来看,国内美学界对于中国美学的民族学理及其审美精神的系统发掘和全面阐发尚处在起步阶段,目前主要还是以个案的、局部的、描述性的研究为主,在理论基础、观照视野、思维方法、概念范畴、学说体系上都亟须摆脱西方美学的全面影响而逐步走向自觉、丰富、深化、完善,从而推动中国美学的整体创新。特别是从中国审美的历史实践与当下实际出发、扎根于中国哲学与文化源头、民族性与

---

① 叶朗:《中国美学史大纲》,上海人民出版社1985年版,第4页。
② 叶朗:《美学原理》,北京大学出版社2009年版,第14页。
③ 叶朗:《中国美学史大纲》,上海人民出版社1985年版,第2—3页。

普适性相结合的民族美学学理体系的建构，更是一个关键的、基础的问题。只有解决了这个问题，中国美学才可能真正创化出自己的理论话语和民族学派，才可能真正形成与世界美学的平等多元对话，中国美学的创新才可能是有源之水。

"中国美学和西方美学分属两个不同的文化系统"，"西方美学不能包括中国美学"，[①] 简单"援西入中"无法解决中国美学发展的根本问题。而中国古典美学和中国现当代美学虽然都以中华文化为土壤，但中国古典美学也不能涵盖或等同于整个中国美学，简单"援古入今"同样不能满足当下中国美学发展的现实需要。中华文化自古就有浓郁的人文传统与诗性品格，关怀现实生存，追求精神超越，崇尚高逸的生命境界。中国古典美学思想富有人生情韵与诗性意向，但与伦理联系密切，以善立美，道德前置，未形成自觉的学理建构和系统的学科话语。20世纪上半叶，中国现代美学在中西古今的交会撞击中，传承古典美学的人生情韵与诗性意向，接引西方美学的术语学说与学科范型，初步创化发展出以人生论美学精神为标识的中国现代美学传统，涌现出以梁启超、王国维、朱光潜、宗白华等为代表的一批人生论美学家，初步构筑引领了中国美学迈向现代进程的民族理论风范。

二

人生论美学扎根于中国哲学的人生情怀和中华文化的诗性情韵，吸纳了西方现代哲学与文化的情感理论、生命学说等。其理论自觉，奠基于王国维、梁启超等，丰富于朱光潜、宗白华等，构筑了以"境界—意境""趣味—情趣""情调—韵律""无我—化我"等为代表的核心范畴群，以"美术人"说、"大艺术"说、"出入"说、"看戏演戏"说、"生活—人生艺术化"说等为代表的重要命题群，聚焦为审美艺术人生动态统一的大审美观、真善美张力贯通的美情观、物我有无出入诗性交融的审美境界观，成为迄今为止中国美学发展最具特色和价值的一部分，区别于以康德、黑格尔等为代表的西方经典美学的

[①] 叶朗：《中国美学史大纲》，上海人民出版社1985年版，第2页。

学理特质与精神意趣。

审美艺术人生动态统一的大审美观是人生论美学的理论基础。

西方哲学主要以本体论思维、认识论方法、科学主义精神为根基，在美学中的表现之一就是视美为纯粹独立的认识对象。古希腊最早的美学流派毕达哥拉斯学派认为"数的本原就是万物的本原"。① 美就是数的和谐，"事物由于数而显得美"，② 关注的是美的客观本体属性。稍后的柏拉图假设有一个独立存在的先验的美自身，认为"美的东西是由美自身使它成为美的"。③ 他把纯粹、不朽、不变的理念世界看作本源的、最高的、永恒的美，实际上也是沿袭了理性主义的思维方法。西方经典美学一直努力探求美的绝对本质，推崇冷静、思辨、科学的认识方法，以美的问题为真理的领域，直到美学之父鲍姆嘉敦创立"Aesthetica"这个独立的学科，仍将其定位为一门研究"感性认识的完善"的学科，是一种"低级认识论"。④ 此后，西方经典美学的发展从总体上看，形成了以康德为代表的纯审美论和以黑格尔为代表的艺术哲学论两大主要领域。纯审美论在本质上是哲学美学论，主要是以理性思辨的方法来探究美的科学原则。艺术哲学论则以艺术为审美的主要方式，从艺术来探究审美的科学规律。其共同特点是以美论美，重视理论的自我完善，走向了封闭思辨的理论美学。

中国哲学与之不同，具有温暖的人间情怀和深厚的人生情韵。相对于宇宙真理，它更关切的是人的鲜活生命和现实生存。中华文化强调知行合一，主张思想与实践的融通，体现出哲学伦理化、伦理审美化的倾向，表现在中国古典美学思想上，就是重视美善相济，注重体验教化，呈现出向人生开放的入世情致和试图超越现实生存的高逸情韵。审美活动、艺术实践、人生践履往往难分彼此。老子的道化自然之乐，孔子的美善自得之乐，庄子的逍遥自在之乐，既是现实生存之乐，也是精神自由之乐。魏晋名士的淋漓洒脱之乐，宋明士夫的雅适

---

① 蒋孔阳、朱立元主编：《西方美学通史》，第1卷，上海文艺出版社1999年版，第60页。
② 蒋孔阳、朱立元主编：《西方美学通史》，第1卷，上海文艺出版社1999年版，第65页。
③ 蒋孔阳、朱立元主编：《西方美学通史》，第1卷，上海文艺出版社1999年版，第60页。
④ 朱光潜：《西方美学史》，金城出版社2010年版，第223页。

把玩之乐,虽然境界不可与孔庄并提,但也是对艺术式生活的一种心往与践行。至20世纪初开启的中国现代美学,自觉将审美艺术人生相统一,并从西方美学引入了真的维度,从而将中国古典美学偏于美善两维提升为真善美的贯通,开启了一种壮阔高逸的大审美观。这种大审美观将"实际人生"与"美的人生"相区别、"小艺术"与"大艺术"相区别、"唯美"与"至美"相区别,确立了生命永动、艺术升华、人生超拔的大美维度。梁启超指出:"'美'是人类生活一要素——或者还是各种要素中之最要者,倘若在生活全内容中把'美'的成分抽出,恐怕便活得不自在甚至活不成。"①他主张个体生命唯有超越"小我"的成败之执与得失之忧,以"知不可而为"主义与"为而不有"主义相统一的"趣味"精神来融"小我"入"大化",实现个体生命与众生宇宙之迸合,才能具体创化体味不有之为的人生"春意"。因此,梁启超的美也是一种超旷的生命意趣,一种宏阔的艺术情韵。王国维一向被视为中国现代"唯美"论的鼻祖,实际上,他所极力推崇的"境界"说、"大词人"说等,也是着意于从艺术通达人生,是将艺术审美品鉴与人生审美品鉴相融通的"出入"自由的大美论。朱光潜倡言"人生本来就是一种较广义的艺术",每个人的生命作为"他自己的作品","可以是艺术的,也可以不是艺术的",②而其中的关键就是情趣的陶养。"情趣愈丰富,生活也愈美满,所谓人生的艺术化就是人生的情趣化",③用"情趣"的范畴将人生、艺术、审美相勾连,从而构筑了创造与欣赏、看戏与演戏变奏和谐的大美情致。丰子恺提出艺术活动中有"艺匠"和"艺术家"之别,前者只有艺术的技能技巧,后者拥有"艺术心"和"艺术精神"。因此,只有"艺术家"才能创造出"真的艺术的作品",才能由音乐绘画等"小艺术品"的创作通至"艺术的生活"的"大艺术品"的创造,同样体现了以审美实践涵容艺术活动与生命践履的大美情怀。

---

① 《饮冰室合集》,第5册,中华书局1989年版,文集之三十九第22页。
② 《朱光潜全集》,第2卷,安徽教育出版社1987年版,第91页。
③ 《朱光潜全集》,第2卷,安徽教育出版社1987年版,第96页。

三

真善美张力贯通的美情观是人生论美学的理论核心。

西方经典理论美学对美的本体的探讨在康德这里获得了巨大的突破。自康德奠定了以情立美的现代美学基石，凡是讨论美的本体本质等美论问题，都不可能绕开对审美情感的认识与定性。康德把世界区分为物自体和现象界，把人的心灵机能区分为各具自己先验原理和应用场所的知情意三维，"与认识相关的是知性，与欲求相关的是理性，与情感相关的是判断力"。① 审美判断力对应于"愉快及不愉快的情感"，它是对对象纯粹表象的静观，对于对象的实际存有并不关心。这种表象静观切断了自身以外的一切关系，由此也扬弃了凭借逻辑与概念的认识，扬弃了与实存和欲望关联的意志。由此，康德不仅确立了情感独立的命题，也确立了审美无利害性的命题。康德的学说奠定了西方现代美学的情感独立之维和纯粹审美之维，成为西方现代美学的真正理论基石，影响了整个世界现代美学观念的发展。此后，不仅黑格尔的艺术哲学论、席勒的审美教育论是沿着康德的道路前进的，种种形式论、直觉论、非理性论美学，也都纷纷从康德这里寻找到灵感。值得注意的是，"康德研究美学，不是直接地为了解决与人对自然美的欣赏态度以及与艺术和文学的美感有关的理论问题，而是出于他构建自己的独特的理性主义哲学体系的完整性的需要"。② 因此，尽管康德已经窥见了判断力介于知性与理性之间的联结及其可能，但在他的学说与阐析中，对于三者区别的思辨论证显然重于对它们在实践中的自由关联的体察论析。无疑，康德美学最为重要的贡献就在于对审美活动的独立品格和独立价值的肯定。在中国，康德的情感独立和审美无利害命题，由王国维、蔡元培等引入，成为影响中国美学精神现代演化的最为重要的西方学说。另外，中国文化对外来文化也有强劲的同化力，20世纪初期中国社会的现状与需求也有力地强化了这种

---

① 蒋孔阳、朱立元主编：《西方美学通史》，第4卷，上海文艺出版社1999年版，第6页。
② 汝信主编：《简明西方美学史读本》，中国社会科学出版社2014年版，第308—309页。

迫切性。"审美无利害"进入中国文化语境，首先由王国维转化为"无用之用"，它讨论的不再是审美的本体属性问题，而是审美与生活的关联，即审美的作用功能问题，从而由康德意义上的本体考量转向中国式的体用考量。这种对美的性质定位的转化，凸显了中华文化的民族特性和中国美学的民族根性，它不将情感孤立为独立的认知对象，也不将审美绝缘为纯粹的观审活动。也正因此，康德对于中国美学发展的革命性意义之一，是使中国美学的发展扬弃了美善的两维关联。而西方美学自柏拉图、鲍姆嘉敦以来，一直突出的是理性主义的认识论品格与本体论立场，它们和康德的传统相勾连，给中国美学注入了真这个新维度，从而推动了中国现代美学的美论建构朝向真善美三维的张力贯通，由此形成了与中国古典美学德情观和康德美学粹情观的重要区别。

在美论问题上，包括最早在中国使用"美学""美育"学科术语的王国维、蔡元培在内，几乎没有一个中国现代美学大家是真正主张彻底"唯美"的、主张割裂美与真善的关联的。中国现代美学对审美精神的理解首先来自康德的情感独立与审美无利害思想，而其中最为重要的桥梁之一是王国维。康德将审美判断作为科学认知的独立对象来客观地讨论，视审美判断（情）为区别于纯粹理性（知）和实践理性（意）的表象静观的独立性，即"鉴赏是通过不带任何利害的愉悦或不悦而对一个对象或一个表象方式作评判的能力。一个这样的愉悦的对象就叫作美"。[①] 而王国维则将康德意义上纯粹学术层面的本体思辨引向了学理认知与实践伦理的某种纠结。王国维一面说："美之为物，不关于吾人之利害者也。吾人观美时，亦不知有一己之利害。德意志之大哲人汗德，以美之快乐为不关利害之快乐（Disinterested Pleasure）"；一面又说："美之为物，为世人所不顾久矣！庸讵知无用之用，有胜于有用之用者乎？"[②] 因此，康德意义上审美判断的心理本体规定的探讨，也无可避免地转向了王国维语境中审美活动的价值功

---

① [德]康德：《判断力批判》，邓晓芒译，人民出版社2002年版，第48页。
② 姚淦铭、王艳编：《王国维文集》，第3卷，中国文史出版社1997年版，第155页。

能的探讨。"无用之用"论是王国维对康德的某种误读，也是中国本土文化对外来文化的一种同化。与对康德的误读一样，王国维还整合了叔本华的资源，但他也只是借叔本华来浇自己的块垒。康德的无利害判断和叔本华的意志解脱经王国维与本土体用文化的融会，化生为以"境界"为代表的人生审美情致，既指向艺术审美品鉴与生命人格品鉴的统一，也寄寓了以艺术审美活动来解脱人生痛苦的意义价值维度。一直以来，学界常把王国维认定为中国现代无功利主义美学或者叫作"唯美"论的代表，应该说这有一定道理，但不完全符合实际。事实上，恰恰是王国维对包括康德在内的西方现代美学精神的个性化解读，既为中国现代美学推开了一扇全新的窗户，开启了中国古典审美传统与西方现代审美观念之间的本土化交融；又传承推动了中国式的美善和谐观和审美伦理观，从而引领审美之眼从纯艺术品鉴和纯审美品鉴，向着艺术品鉴与人生品鉴相交融的更为深沉宏阔的中国式现代人生审美境域演化。由此，王国维的"可爱玩而不可利用"的"美"，虽未彻底理清审美的认知维度与价值维度的关系，却以对"境界"范畴及其"无我"情韵的构建，对中国现代艺术和审美中的美情理论产生了重要的影响。

  20 世纪 20 年代，梁启超明确提出了"情感"美化的问题。他吸纳了中国古代的德情观，融会了康德的粹情观和柏格森的创化论等，建构阐释了一种"知不可而为"和"为而不有"相统一的不有之为的趣味主义美情观。梁启超指出情感是生命最本质、最内在的东西，是宇宙间最神圣的"一种大秘密"，是"人类一切动作的原动力"。[①]"情感的性质是本能的，但他的力量，能引入到超本能的境界。情感的性质是现在的，但他的力量，能引人到超现在的境界"。[②] 基于对情感性质二重性的认识，梁启超既从根本上肯定了情感对人生实践的积极意义，又强调应对具体的情感采取一分为二的鉴别态度。他说：情感"不能说他都是善的都是美的。他也有很恶的方面，他也有很

[①] 《饮冰室合集》，第 5 册，中华书局 1989 年版，文集之三十八第 71 页。
[②] 《饮冰室合集》，第 4 册，中华书局 1989 年版，文集之七十三第 71 页。

丑的方面。他是盲目的，到处乱碰乱进，好起来好得可爱，坏起来也坏得可怕"。① 梁启超以真善为情的内在尺度，既肯定了情感发自本心的神圣意义，又提出原生情感需要完成从"本能"到"超本能"、从"现在"到"超现在"的超拔，提升为内涵上"善"的、作用上"好"的"美"情。梁启超以"趣"为"情"立杆，主张高趣乃美情之内核。而艺术的价值既在于表情移情，使个体的真情得到传达与沟通；也在于提情炼情，使个体的真情往高洁纯挚提挈。他以中国古典韵文以及屈原、杜甫、陶渊明等大诗人为实例，对真善美相统一的艺术化的美情之内蕴、风范、品性、表达等进行了具体生动的诠释，既能欣赏缠绵悱恻之多情，也能欣赏冲远高洁之豪情；既能欣赏杜甫的热肠与深情，也能欣赏屈原的痛苦与决绝。他的《中国韵文里头所表现的情感》等宏文，可以说是中国现代最早对民族艺术中的情感表现及其审美品格作出的系统探研。30—40年代，朱光潜、宗白华、丰子恺等呼应了王国维、梁启超等开启的中国现代人生论美学的美情传统。朱光潜指出：在最高的意义上，"善与美是一体的""真与美也并没有隔阂"。② 朱光潜以情趣为美情之内质，这在很大程度上继承了梁启超的趣味论。宗白华指出："艺术固然美，但不止于美"；"'生生而条理'就是天地运行的大道，就是一切现象的体和用"；"心物和谐底成于'美'。而'善'在其中"。③ 他以艺术意境为具象，探讨了虚与实、缠绵悱恻与超旷空灵、得其环中与超以象外的张力统一所形成的空灵而充实、至动而条理、冲突而和谐的节奏与韵律及其所表征的艺术宇宙人生相融、真善美相谐的哲诗美。丰子恺则以"童心"为美情之核，倡导"真率"之"情味"。这是一种"热诚的同情"，不"为各种'欲'所迷"，不"为各种'物质'的困难所压迫"，"胸怀芬芳悱恻"，"绝缘"于各种"实利化""虚伪化""冷酷化""大人化"。④ 丰子恺说："艺术

---

① 《饮冰室合集》，第4册，中华书局1989年版，文集之七十三第71页。
② 《朱光潜全集》，第2卷，安徽教育出版社1987年版，第91—96页。
③ 《宗白华全集》，第2卷，安徽教育出版社1994年版，第71、410、114页。
④ 丰陈宝等编：《丰子恺文集》，第2卷，浙江文艺出版社、浙江教育出版社1990年版，第254页。

是美的，情的。"① 他主张美情的涵成必须借助"艺术的心""艺术的态度""艺术的精神"的养成，因此，真率之美情也就是一种本真的艺术化的情感，它并非对人生的解脱，而是人生爱与美的阶梯，"是把创作艺术、鉴赏艺术的态度应用在人生中，即教人在日常生活中看出艺术的情味"之赤情。②

从王国维的"境界"美，到梁启超的"趣味"美、朱光潜的"情趣"美、宗白华的"哲诗"美、丰子恺的"真率"美等，中国现代美论的一个共同特点就是以情为基，贯通真善，体现了蕴真涵善的美情观。这种真善美相贯通的美情观，既将情感从古典伦理美学的道德前置和以善统美中剥离出来，确立了情感在审美中独立的关键地位；也扬弃了以理性作为情感规范与目标归宿的认识论方法和科学论立场，确立了审美情感的价值目标和人文向度。特别是其以真善为美的张力内涵，为审美实践对人生实践的提升超拔奠定了内在基础，揭示了这种美情既是真实的，也是高挚的；既是个体的，也是普遍的；既是现实的，也是超越的；既是观审的，也是创化的。

四

物我有无出入诗性交融的审美境界观是人生论美学的理论旨向。

以康德为代表的西方现代审美精神，突出强调了审美判断的无利害性。康德从纯粹思辨出发，切断了知情意的现实关联，视审美为独立自足的存在，建构了审美观审的纯粹鉴赏本质。审美观审在康德这里是一种脱离感官快适、善恶利害、概念判断、目的限定的普遍愉快。这种粹情，康德也承认只是一种思辨的美，而非理想的美。所以，他区分了作为纯粹鉴赏判断存在的自由美和作为应用鉴赏判断存在的依附美，承认前者是思维的自由，后者才是实践的自由。一方面，康德催生了西方现代审美精神的独立。另一方面，在康德身上，关于审美精神的认

---

① 丰陈宝等编：《丰子恺文集》，第 2 卷，浙江文艺出版社、浙江教育出版社 1990 年版，第 227 页。

② 丰陈宝等编：《丰子恺文集》，第 2 卷，浙江文艺出版社、浙江教育出版社 1990 年版，第 226 页。

识，存在着某种深刻的矛盾。种种形式主义美学、非理性主义美学各取所需，片面发展了康德审美精神中知情意区分的一维，致使其知情意的关联及其实践自由的一维未能得到深刻的理解与充分的发展。

物我有无出入诗性交融的审美境界观，作为人生论美学的理论旨向，与中华文化的诗性传统密切相连。中华文化一方面深深扎根于生活的坚实土壤，一方面神往高远超逸之空灵境界。它不从纯粹思辨去寻求人生真理，也不向彼岸世界去寻求生命解脱，而是倡扬天人合一、物我交融、有无相生、出入自由，崇尚道法自然、生而不有、身与物游、自在自得，从而构筑了既鲜活生动又高逸超拔的生命形态，内蕴着温暖的人生情怀和深邃的诗意情韵。老子可谓中国文化诗性精神之鼻祖。他所构筑的天地始、万物母之"道"，不像柏拉图的理念那样不可触摸，而是既玄既妙、既恍既惚，又有象有物、有精有信。"道"与万物同在，无形而有形，无为而无不为。故于老子言，天下之正道，实乃万物之生德。"道"体现了中国文化的哲诗品性，是人间诗情的突出写照。这种以生命创化去体味身心怡悦和精神自由的人间诗情，呈现出哲学、伦理、审美交糅的文化特质，赋予中华审美精神以独特、丰富、深邃的滋养。老子之后，孔子将"道""德"与"礼""仁"相结合，化生为"游"之"乐"，发展了个体生命与他人、与群体关系之"从心所欲，不逾矩"的自由尺度；庄子则以鲲鹏之"逍遥"、鲦鱼之"从容"、神人之"遨游"、庖丁之"神遇"，丰富了个体生命与天道自然物我两忘、达"道"体"道"的自由尺度。其实质都是物我相谐、有无相成、出入自由的诗性境界。

物我有无出入诗性交融的审美境界观，聚焦了中华审美精神的民族特质，那就是温暖执着的入世情怀和高远超逸的出世情韵之诗性交融。它既非功利亦非出世，既不因超脱功利而否弃人间情味，也不因关怀生存而庸俗媚俗。这种审美品格乃创造与欣赏、感性与理性、物质与精神、个体与群体、有为与无为、有限与无限之诗意和谐，不仅区别于康德意义上的无利害观审，也与宗教意义上的出世哲学划清了界限。这种诗性美境观，确立了审美主体与实践主体合一的诗性命题，它超越了审美活动的用与非用的功能问题，凸显了审美主体以无为精神来创构体味有为生活，追求生命的诗性建构和人生的诗性创化的价值问题。由此，人生论美学不仅将审美活动引向了广阔的人生、绚烂的生命、多姿的生活，也将审美活动确立为人生超拔、生命升华、生活提升之引领，从而不仅为今天民族美学的理论掘进，也为当下中国美学的实践创新，提供了辨析、反思、重构的理论根基和丰富可能。

在中国现代美学史上，梁启超第一个从理论上以"趣味"为"美"张目，通过"趣味"勾连确立了美的本体论与价值论。在梁启超这里，趣味并非单纯的审美判断，也非纯粹的艺术品味，他将趣味提升到人生哲学与生命哲学的意味上来阐释，从而使趣味的创化品鉴和人的生命实践具有了直接而具体的同一性，这不仅在中西美学史上第一个明确将趣味的范畴引向了广阔的人生领域，也赋予了趣味直抵生命胜境的诗性使命，构筑了个体生命之"为"和众生宇宙运化之"有"的对立、冲突、超越、和谐的诗性张力。梁启超指出，个体生命所"为"，相对于众生所成和宇宙运化，总是不圆满的，却是必要的阶梯。个体生命须以"知不可而为"的精神破成功之妄，以"为而不有"的精神去得失之执，与众生宇宙相"进合"，始能创化畅享生命永动、大化"化我"的不有之为的趣味胜境。趣味的境界也就是"劳动的艺术化生活的艺术化"，既是生命具体之践行，又是生命形上之超拔。唯此，它可以是优美怡悦的，也可以是悲壮刺痛的，甚至是牺牲与毁灭。"趣味"精神对朱光潜、丰子恺等产生了重要的影响。朱光潜以"情趣"范畴、"人生的艺术化"命题发展丰富了梁启超的趣味美论，突出了"无所为而为的玩索"的张力尺度，以"绝我而不绝世"的审美人格主张，要求"小我"摆脱现实环境的限制，实现"演戏"和"看戏"之相洽。丰子恺也以"趣味"为美感立基，以其为"实用"和"机械"之反面。他以对真趣的强调与阐释，诠释了世俗生活与艺术生活浑然谐和的人生体味。在这种"艺术的生活"中，丰子恺以为我们不仅可以真切具体地体会"生的哀乐"，也"可以瞥见'无限'的姿态，可以认识'永劫'的面目"。[①] 与"趣

[①] 丰陈宝等编：《丰子恺文集》，第2卷，浙江文艺出版社、浙江教育出版社1990年版，第226页。

味"相呼应,王国维以"境界"为美开道。如果说梁启超是以"化我"之豪情来通至趣味之诗性,王国维则以"有我"与"无我"之交融,发出了既"须入乎其内,故有生气",又"须出乎其外,故有高致"的喟叹。王国维的深沉体验与敏感纠结,不仅是审美认知与实践伦理的冲突,也典型地体现了人生论审美精神在中国现代初创阶段的多元探索。"境界"美论至宗白华,达到了一个新的高峰。宗白华以充实与空灵、至动与韵律、节奏与和谐、得其环中与超以象外的对峙与相洽来表征"境界"之美质,认为可由美的意境通达宇宙秩序和生命本真,引领个体生命超越"机械的人生"和"自利的人生",涵成既"是超脱的,但又不是出世的",既是"最切近自然"的又"是最超越自然"的"中国心灵"的宇宙"交响曲"。[1] 他将意境创构、人格涵养、宇宙俯仰相涵容,建构了生命真境、艺术美境、宇宙深境的交辉互映。"有无穷的美,深藏若虚。"[2] 在真善美的化境中,"最高度的把握生命",亦是"最深度的体验生命"。[3] 唯此,"我们任何一种生活都可以过,因为我们可以由自己给予它深沉永久的意义"。[4] 因此,宗白华的艺术审美论,也是生命(宇宙)本体论和人生价值论,使得中华文化和审美的哲诗传统获得了突出的彰显。

五

中西美学各有自己的特点和优长。人生论美学在对人类美学思想的融汇与创化中,在直面民族审美和生活的实践中,初步形成了自己的理论特征和精神标志。主要表现在以下方面。

其审美艺术人生动态统一的大审美观,大大拓展了审美的领地,不仅将艺术,也将广阔的人生纳入了审美的视域,使得审美的问题不只是理论上的自娱自乐,或单纯的艺术问题,也是关乎人、关乎生存、关乎生命、关乎生活的鲜活问题,从而有效提升了美学理论的思想品

---

[1] 《宗白华全集》,第2卷,安徽教育出版社1994年版,第46页。
[2] 《宗白华全集》,第1卷,安徽教育出版社1994年版,第317页。
[3] 《宗白华全集》,第2卷,安徽教育出版社1994年版,第411页。
[4] 《宗白华全集》,第2卷,安徽教育出版社1994年版,第14页。

格和人文内涵，加深了审美对艺术和人生的深度融入，强化了审美活动的实践品性和生存关怀。

其真善美张力贯通的美情观，既关注情感本身的美学意味，也关注情和知意的美学关联，由此改造了西方意义上只以情感自身为目的的粹情观。真善美相贯通、以情统领知意、蕴真涵善立美的美情观，突出了人类情感的建构性及与其他心理机能的有机联系，昭示了人类情感提升的理想方向，既是扬弃种种贬斥情感的虚伪落后的封建伦理，也是抗衡种种现代主义、后现代主义的工具理性、实用理性、反理性、非理性的有力武器。

其物我有无出入诗性交融的审美境界观，将人生创化、艺术观审、生命超越相融汇，构建了在温暖具体的人事世情和艺术活动中实现审美超越，而非在西方式的纯粹静照中实现审美超越的动态诗性路径和张力超越境界。这种诗性自由的美境，既是梁启超所说的知不可而为与为而不有的统一，也是朱光潜所说的出世与入世的和谐和宗白华所说的得其环中与超以象外的自由。它倡扬的是个体小生命在与众生宇宙大生命之迸合中，去创化畅享生命之看戏演戏相洽、创造欣赏兼济的至美与诗意。

人生论美学的大美观、美情观、美境观，体现了超越单一化、静态化、形式化的深层和谐美感意向，和对动态的、诗性的、张力的人生审美至境的追寻。其关注生活、关切生存、关怀生命的突出品格，凸显了内在的美育指向和深沉的人文意向，必然使其走向具体的生命活动和现实的生活实践，走向审美教育与艺术教育，聚焦到人对自我的美化与涵成。如蔡元培就提出了"美育"的"情感教育"本质和"艺术教育"路径，主张陶养国人"普遍"的"超脱"的情感。[①] 梁启超倡言"人类固然不能个个都做供给美术的'美术家'，然而不可不个个都做享用美术的'美术人'"，[②] 视对大众进行"趣味教育"为"中国人生活"能否向上的重要因素。丰子恺认为艺术教育就是"人

---

① 聂振斌编：《蔡元培文选》，百花文艺出版社 2006 年版，第 189 页。
② 《饮冰室合集》，第 5 册，中华书局 1989 年版，文集之三十九第 22 页。

的教育""美的教育""情的教育",主张通过"艺术的心""艺术的情味""艺术的态度""艺术的精神"的涵养,来培育"真艺术家"和"大艺术家"。这些观点与学说,既是审美教育和艺术教育的题中之义,也构成了人生论美学的重要内涵和独特品格。

人生论美学富有民族特质的大美观、美情观、美境观,倡扬了知情意在生命实践和人生践履中的自由交融与张力和谐。其积极的人生创造精神和超越的生命欣赏情怀的统一,具体的个体生命价值和整体的人类宇宙尺度的统一,标举了以美情高趣至境为内质的民族化审美精神,指向的既是审美的标准与艺术的尺度,也是生命的价值和生存的信仰,由此它不仅将对我们的审美趣味和艺术品味产生积极的影响,也将对我们的生活实践与生命境界产生积极的引领。

20世纪上半叶,人生论美学伴随着中国现代美学前进的步伐,逐渐开启了自己的理论帷幕。其独特的理论品格、学理内涵、审美精神,既不同于西方经典理论美学,也不同于中国古典伦理美学,从而为中国美学民族学理的建设与民族精神的建构开拓了重要的方向。当然,我们也必须承认,20世纪中国美学发展的道路,经验与教训并存,成就与缺失共志。人生论美学作为中国现代美学最富代表性的理论成果和精神标志之一,虽取得了较为丰硕的成果,但缺乏系统的发掘梳理和有深度的总结提炼。而自20世纪下半叶以来,由于美学研究的重心转向西方美学的绍介引进,包括人生论美学在内的民族资源一度不被关注。可以说,从整体上看,人生论美学迄今仍然面临着基本理论建设的艰巨任务。近年来,随着对中国现代美学研究的拓展和深化,人生论美学的理论建设和相关研究呈现出可喜的进展,特别是理论意识和理论立场的逐步明晰,有力地推进了该领域的学理建构、方法确立、资料整理、精神挖掘,使得相关研究逐步走向清晰、丰富、纵深。

今天,人生论美学的理论建设,仍然需要吸纳中西文化、美学的广泛滋养,需要跟种种脱离实践的纯知性探讨、远离具体的纯思辨研究、否弃真善的纯感性观照予以辨析,需要跟认识论美学、实践论美学、生命美学、生活美学等种种以西方哲学原理、文化思潮为根基的学派学说予以辨析，从而真正夯实自己的民族学理根基，建设自己的民族话语体系，建构自己的民族审美精神，切实推动中国美学的理论原创和学派建设。

原刊《社会科学战线》2015 年第 2 期
《新华文摘》2015 年第 11 期全文转摘

人生论美学的价值维度与实践向度

所谓人生论美学，笔者个人的见解就是将审美与人生相统一，以美的情韵与精神来体味创化人生的境界。也就是在具体的生命活动与人生实践之中，追求、实现、享受生命与人生之美化。因此，人生论美学不仅仅是一种理论上的建构，它也必然是一种价值上的信仰和实践中的践履。它要解决的不仅是审美的学理问题，也是人生的状态与意义问题，追求的是生命的诗化和向美攀升。

一

在西方，"美学之父"鲍姆嘉敦认为美学是"指导低级认识能力从感性方面认识事物"的"知觉的科学"，[1] 它的任务是研究感性认识的完善。事实上，在鲍姆嘉敦之前，把美的问题归于认识论的科学主义倾向在西方就已存在。鲍姆嘉敦之后，"美是什么"的追问进一步被纳入知识论的体系之中，以主客二分的立场、科学主义的方法和自然主义的态度，试图解决这样一个本原的问题。欧洲经典美学尽管被区分为经验派、理性派等诸种，但从方法论角度看，大都可归为认识论的传统，即将把握审美现象的最高价值视为认识真理。

但是，"科学的美学"并不能给予审美问题以科学的结论，相反，自柏拉图以来，科学主义的追求美的真理性的诘问，使问题的探讨者

---

[1] 鲍姆嘉敦：《关于诗的哲学沉思录》，转引自李醒尘《西方美学史教程》，北京大学出版社1994年版，第256—257页。

们陷入了深深的自扰之中，以致发出由衷的慨叹："所有美的东西都是困难的！"① 科学主义的知性分析的方法使审美活动成为静观的有限的经验对象，而失掉自由的本质和丰富的体验性。康德以反思判断为前提，树立起了自己美学的旗帜——情感。他将客观的"美是什么"的问题转换成主体的"审美何以可能"。康德强调了情区分于知与意的独立性，从而为审美自主确立了前提，同时也确立了对人与世界二分关系的否定。康德把主体体验的愉悦与否视为审美判断的根本标准。他说："没有对于美的科学，而只有关于美的批判，也没有美的科学，而只有美的艺术。"② 作为西方美学的重要转折点，康德美学追寻的不是美的客观必然性，而是美的主观必然律。康德以降，柏格森的生命美学以直觉的生命创化为美之本原，也是与科学主义美学的重要分水岭之一。康德、柏格森对主体之内在情感自由、生命之精神创造自由的追求开创了西方现代美学的新传统，也直接影响了中国现代美学精神的确立。

中国美学的学科建设，严格意义上应自20世纪初年王国维、蔡元培等引进西方美学学科术语与理论始，但若论对美的问题的思考与审美实践的践履，则历史弥久，有着自己民族的特色。与西方美学的科学主义传统不同，中国美学思想的基本传统是关怀人生、关注意义的。中国人对美的思考是人生思考的重要组成部分，因此，中国古代美论往往也是一种人生境界理论和人格审美理论。作为中国传统文化最为重要代表的儒道两家，尽管在价值取向与表现形式上不尽相同，但它们都体现出关怀人生、关注人格、追寻意义的共同立场。理想（审美）人格实现处也即审美（理想）人生实现处，这正是中国传统文化独特的哲学精神与美学精神。

孔子的学说在本质上是一种伦理学说，但却内蕴着审美的精神。孔子主张将"道""德""礼""仁"的追求和修养都内化为"游"之"乐"，即经过情感的转化由外在的规范而成内在的自觉。这种"乐"

---

① 《柏拉图全集》，第4卷，王晓朝译，人民出版社2003年版，第61页。
② ［德］康德：《判断力批判》，邓晓芒译，人民出版社2002年版，第148页。

的本质在于将个体生命融入到历史、宇宙的宏大进程中，融入群体、社会的广阔图景中，从而使个体生命的得失、忧乐、存亡都有了更广阔的参照系与更崇高的目标。这就是"仁者不忧"之"乐"，是在利他中达到精神之"乐"，是"乐"在"尽善尽美"，在道德与责任的圆成中完成人格与生命的升华，从而达到"从心所欲，不逾矩"的精神自由与情感舒逸。因此，"乐"既是儒家审美人格的理想追求，也是儒家审美人生的终极境界。与儒家追求的伦理审美哲学不同，道家钟情的是自然审美哲学。"游"是庄子钟情的一种生命存在形式和生命活动方式，它具有"戏"的无所待的自由性，而"逍遥"是对这种无所待的自由状态的描摹。"逍遥游"不是某种具体的飞翔，它象征着不受任何条件约束、没有任何功利目的的精神的翱翔，因此它也是一种绝对意义上的消解了物累的心灵自由之"游"，这是一种物我两忘而与天地为一的达"道"、体"道"的具体状态。人与"道"契合无间，那就是无待之"游"。达"道"也即体"道"，是融入生命之中与万物并生而"原天地之美"。

  儒道文化均非专门讨论审美的问题，但儒家所主张的以美善相济使生命获得永恒的意义、道家所主张的以生命体验和精神翱翔来实现生命的自由和本真的思想与视角，却对中国文化的审美传统产生了深刻影响。20世纪以来，西方各种美学学说纷至沓来，尽管科学主义与认识论传统产生了重要影响，但康德的情感学说、柏格森的生命学说等同样影响甚广。中国现代美学史上，梁启超、王国维、蔡元培、宗白华等诸位大家，几乎都承续了民族美学的人生关怀传统，不同的是他们又融合了康德、柏格森等的情感论、生命论等新维度。他们创构了"趣味说"（梁启超）、"境界说"（王国维）、"情趣说"（朱光潜）、"意境说"（宗白华）等富有民族特色的现代美学学说，从民族现实出发着意于以审美来切入人生实践，主张通过美与艺术来涵养整个生命与人格境界，追求把丰富的生命、广阔的生活、整体的人生作为审美实践的对象和目的，追求人生之现实生存与审美超越的统一。这些富有民族情韵的现代美学学说不仅成为中西美学传统交融和新创的重要代表性成果，也成为当时诸多知识分子孜孜践履的方向。同时，也正是这些学说拉开了现代意义上中国人生论美学的序幕。

以孔庄为代表的中国古代文化不乏潜蕴了审美性维度的种种人生学说，但并没有在理论上自觉地把审美与人生相联系并进行相应的建构，这个任务首先是由中国现代美学去拓展的。中国现代美学在学科意识与理论方法上得到了西方美学的滋养，在美学精神上则拥有中国传统文化和西方哲学美学的双重营养。同时，中国现代美学对康德、柏格森等西方现代哲学美学思想的吸纳，显示出以孔庄为源头的民族文化精神的强大整合作用。特别是在近代以来中华民族的深重现实危机面前，中国现代美学在整体上从康德、柏格森等西方现代哲学家美学家那里吸收得更多的是激扬情感、追求自由的主体精神。审美的解放与国民性的启蒙相交缠，成为中国现代美学人生精神建构的一个重要方面和特征。而这种以启蒙为重要前置话语的人生美学既具有深广的中西文化背景，同时还有其孕生的特定现实语境。在近现代民族苦难面前，现实需求有时比学理建构更为强劲，这也必然会在中国现代美学的学理探索和理论建设上留下烙印，从而使取得了丰硕成果的中国现代人生美学仍有待于进一步的学理开掘与理论深化。

二

作为人文学科，美学的根本问题乃是人的问题，而人的问题又自然关联着人的生命活动及其实践。生命的实践与人生的价值构成了每一个个体生命都必然践履追求的两个密切关联的维度。人生论美学试图以美的理论介入生命实践，以美的信仰解决人生价值，其关注的核心就是审美与生命与人生的关联问题，而其首要的和关键的问题仍是对美的内涵与精神本身的把握和理解的问题，这不仅关系到人生论美学能否确立的问题，更是关系到建构怎样的人生论美学的问题。

纵览人类历史上关注倡导审美与人生之关联的种种思想探索与实践践履，大体上可以把它们分为三类。

第一类是把美主要理解为形式层面的东西，在人生实践中重视感官的享受。

盛行于19世纪欧洲的唯美主义不仅是一种理论上的思潮，也是一种生活中的实验。唯美主义者在理论上强调形式高于一切的唯美原则，倡导美与艺术的独立性、自足性；在实践上则主张美与艺术影响生活，倡导新感性的唯美生活原则。他们一般拒绝直接给美下定义，关注的是审美的瞬间快乐感受；主张美与实用、与道德无关，倡导以纯美即纯形式的原则来创造艺术、改造生活。从理论渊源看，唯美主义可以通向康德。自从康德确立了审美自主的原则，一些西方美学家、艺术家就将审美与科学、伦理等人类其他活动绝对对立起来。实际上这是对康德理论的一种片面理解。康德的审美自主强调的是审美活动进行时的纯粹观照特征，但这种观照依据的是主体内在情感，因此它潜蕴了反思与批判，而并非绝对的纯美、纯感性、纯形式等。而唯美主义从康德那里继承了审美自主的理念，又将其片面地发展为形式的感觉的原则。这种倾向在"日常生活审美化"的潮流中走得更远了。它把审美的情感原则偷换成了快感原则，把审美的精神指征转化为物质糖衣。生活中的一切都可以与审美联姻，都市空间、公共场所、商品甚至人自身，一切都可以按照美的时尚法则来润饰或包装。"美的整体充其量变成了漂亮，崇高降格成了滑稽。"① "审美内爆"（著名后现代理论家鲍德里亚语）造就了无距离的美，造就了追逐"不计目的的快感、娱乐和享受"的"美学人"，② 从而使日常生活成为感官欲望流溢的消费主义沃地。如果说"唯美主义"从审美自主出发，还保留了对生活的某种不屈与批判，"日常生活审美化"则差不多以无批判性、无距离性模糊了美令人心颤的情韵和圣洁。但不论是"唯美主义"以艺术为最高原则的人生立场，还是"日常生活审美化"以快感为最高原则的生活姿态，这一类对审美与人生关联的追求，在本质上都是把美主要理解为形式层面的东西，它们在倡导审美与生活的关联时都是把形式和感性视为纽带，追求形式感、装饰性、新奇性、感官享受等外在的、浅层的东西。这类思潮在理论上不乏新奇与探索，在实践上对于美化生活环境、激活生活感受方面也有一定作用。但是对于外在

---

① ［德］沃尔夫冈·韦尔施：《重构美学》，陆扬译，上海译文出版社2002年版，第6页。
② ［德］沃尔夫冈·韦尔施：《重构美学》，陆扬译，上海译文出版社2002年版，第7页。

形式和感官享受的过分倡导或重视，可能流衍为奢靡、颓废、媚俗等种种生活情状，从而偏离了美提升生命的崇高使命。

第二类是把美主要理解为技巧性的东西，在人生实践中注重生存技巧、人际关系等的处理艺术。

中国文人对于审美和生活的联系一直非常关注。他们往往以艺术为中介来观照与切入这个问题，追求一种艺术化的生存方式和人生境界。如孔子推崇的颜回乐处、曾点气象，庄子描摹的庖丁解牛、羽化蝴蝶，到魏晋名士乘兴而来兴尽而归的风流生活，确实展现了艺术自由、个性、情感等种种精神气度。但是，在中国传统社会中，追求艺术化生活理想者主要是一群在现实生活中被边缘化的、失意的而在精神上又对自我有所要求的文人士大夫，按照中国文化"学而优则仕"的原则，他们往往因未能"仕"而在内心情感上失落忧愤，艺术化生活于他们更多的是内心痛苦的一种释放形式和寄托方式。随着封建社会走向晚期，先秦儒道对人生境界的壮阔追求，魏晋士人对于生命情怀的淋漓挥洒，逐渐内敛为一种精致优雅、闲适洒脱的生活情趣，它虽然保留了对于人格精神的向往，但对外在生活方式的追求逐渐成为令人瞩目的重心。这些被边缘化的主体以与世俗化生活疏离的艺术化生存形态，来表明自己高洁的人格情趣与价值旨趣，同时也予自己无所作为的生存事实以精神的自我安抚。艺术化生活方式往往成为中国文人内在的精英主义意识和实际上的边缘化事实的一种调和方式。在这种精神形态下，中国传统文人士大夫的艺术化生活有时就不免蜕化为弱小的个体为了在强大的现实前寻求自保而实践的某种生存的技巧。而中国现代文人中，林语堂、张竞生等更是直白地标榜所谓"生活之艺术只在禁欲与纵欲的调和"。[①] 他们宣称"个人便是人生的最后事实"，关注的重心是如何适度地开垦"自己的园地"，担忧的是在舒适的生活中纵欲过度。因此，这类"生活之艺术"所潜蕴的种种个人主义、享乐主义、中庸主义的旨趣与真正的审美与艺术的精神还是有距离的。这类思潮和实践实际上是把美与艺术主要理解为技巧性的东西，

---

① 《周作人散文选集》，百花文艺出版社1987年版，第109页。

并在生活实践中具体化为对生存环境、生存技巧、生活情状、人际关系等的处理艺术。这类对于审美及艺术性的追求，在某种程度上有助于人际关系与身心的润泽，但过分雕饰则可能流衍为精神的退化和圆滑的生存哲学。

第三类是把美主要理解为一种精神与情韵，在人生实践中注重审美人格和生命境界等的建构。

梁启超提出："美是人类生活一要素"，"人类固然不能个个都做供给美术的'美术家'，然而不可不个个都做享用美术的'美术人'。"[①] 梁启超以"趣味"美来统领人格精神与生命境界，建构了自己独特的趣味论人生美学理想。王国维、宗白华则以"境界"美来诠释人生，并将对境界的品鉴从唐以降的侧重艺术品鉴推进到艺术与人生相统一的审美品鉴。王国维不仅提出了"境界"的"有我"与"无我"、"造境"与"写境"等别，更是以"大词人""真感情"等为标准，以艺术境界融含作者情感与人生况味，赋予了境界深沉的人生体验和宏阔的人生意蕴。宗白华主张建设"艺术的人生观"，"我们人生的目的是一个优美的高尚的艺术品似的人生"。[②] 他通过对艺术意境的生命底蕴和诗性本真的发掘，诠释了天地诗心的最高人生美境。朱光潜更是直接提出了"每个人的生命史就是他自己的作品"和"人生的艺术化"的口号。[③] 这些中国现代美学家都不局限于艺术作品本身的技能优劣来讨论审美的问题，而是崇扬从作品通向人生，从艺术与审美通向生命与生活，把丰富的生命、广阔的生活、整体的人生作为审美实践的对象和目的，创造一种"大艺术"与"大艺术品"。

这一类对美的定位和人生践履与西方现当代美学中种种倡导"唯美""审美"的生活化审美思潮相比，显然有别于其追逐快感、悬隔意义的泛审美指征；而与中国传统文人的某种"生活之艺术"相比，也呈现了精神上的内在深度与力度。它把目光从对美的局部性、外在性、技巧性等要素的关注投向了美的内在精神与整体情韵，从而将对

---

① 《饮冰室合集》，第5册，中华书局1989年版，文集之三十九第22页。
② 《宗白华全集》，第1卷，安徽教育出版社1996年版，第207页。
③ 《朱光潜文集》，第2卷，安徽教育出版社1987年版，第91页。

审美理想的追求和对美的人格精神的追求统一起来，为将审美由求知提升为信仰提供了思想理论的基础。

值得注意的是，人生论美学并不否定人生的感性愉悦。审美的基础就是美感的享受。但审美追求与物质追求的区别就在于后者始终停留在感官的层面，前者则由感性的愉悦通至精神的攀升。感性的标准成为美的基本前提，而精神的理想也就成为美的最后尺度。由此，也可从中确立人生论美学所应持守的基本价值维度和实践向度。

三

作为富有民族特色的美学资源，人生论美学从中国古典文化、中国近现代美学传统一脉而下，是中国美学在现代学科意识觉醒之前提下融会中西文化而孕育的一种独特的学术建构与人文建构。人生论美学是中国现代美学最具特色的精神传统之一。今天，对人生论美学的民族资源予以梳理和新构，应是当下发展推进民族美学建设、促进当代生活实践和人自身建设的一个重要方面。

20世纪上半叶，中国现代美学在人生论美学思想精神方面作出了重要开拓，取得了诸多引人注目的成果，但人生论美学并未能在学理上得到系统的建树，在实践上也有诸多现实限制与困难。1949年后的中国当代美学，则很长时间纠结在美是什么的纯理论争辩中，使美学缺失了它应有的生命热度和生活激情。今天，随着现代科技的日新月异，随着经济与效益观念的不断强化，人文学科抚慰心灵、追寻信仰、陶铸人格的价值日益引起人们的关注。显然，把人生论美学仅仅理解为审美知识或审美技巧在生活实践中的接纳和运用是不够的。人生论美学关注现实关怀生存，它是实践的美学，也是价值的美学和意义的美学。它的思想根基建立在审美对于生命的价值、对于人生的意义之上，它的理论建设也离不开舒展生命、体味生命、提升生命的现实人生践履。以人生论美学的视野来观照审美实践，其核心价值和现实维度就在于为生命的诗化和向美攀升打开广阔的天地。

审美乃生命之谐和。审美以情感为基质，通过贯通知情意的生命多极维度使生命从人与人、人与自然、人与自我的分裂中重归和谐。

◆◇◆ 拥抱人生的美学

　　科学与审美代表了人类两种不同的实践方式和价值追求。科学化代表的是理性、逻辑、规整、统一等实践模态。审美化代表的则是情感、个性、具象、创造等诗性模态。人类早期，并未严格区分科学理性活动与审美艺术活动的界限，这就使得人性自我、人与他人、人与自然的关系在原始生活实践中处于混沌整一的状态。但是，今天所要倡导的和谐之生命不是恢复原始的整一，而是以实存的生命本身的丰富差别性和多样矛盾性为基础的。和谐之生命对生命自身的和谐之道路与追求是有清醒的意识的。因此，和谐追求的生命旅程本身就成为一首歌、一首诗，成为丰满而生动的艺术作品，牵动着实践主体的真情真性。

　　知情意在人性中被割裂，一直是现代性批判的重要论题。现代科技文明促成了物质的进步和繁荣，但在某种意义上也是人性从混沌整一走向机械分裂的重要推手。美的生命和谐基于生命的实存运动，贯通于具体的人生实践之中。宗白华先生以诗性之眼去观照生命的奥秘，发现了生命律动和宇宙旋律的相契性，提出"心物和谐底成于'美'。而'善'在其中"。[①] 可以说，穷极宇宙的究竟，科学与美并非不可通约；穷极人生的究竟，伦理与美也非互不关联。在情感的舒张中达到契真合善的美好境界，这是知情意和谐的美丽生命的一种理想标识。梁启超把这种生命状态誉为蕴溢"春意"的生命，它是对功利之执的实用理性的超越和得失之忧的道德理性的升华。而其中的关键是，美的主体必然是在现实的感性生命实践中去践履的，在具体的人生实践中去创化的。美的体验与生命的活动由此贯通而成为和谐生命建构的一种理想方式。

　　审美乃生命之翔舞。审美通过情感的舒翔和身心的解放，不仅让生命更完满地体验自身的丰富性，也提升着生命对实存的诗性超越。

　　不可否认，生命的体验首先就是肉身的体验，是视觉、听觉、味觉、嗅觉、触觉的丰富感受及其满足。每一种真实的感受都构成了生的理由，使生命过程交织成真实绚烂的画卷。事实上，审美并不否定

[①] 《宗白华全集》，第2卷，安徽教育出版社1996年版，第114页。

感性的体验。审美与求知与德性活动的根本区别之一就在于审美总是具体的，总是面对形象的。丰富的感受正是通向审美体验、获得审美愉悦的必不可少的基础。同时，审美的体验又并不使自身仅仅停留在感受的物质性上。它包孕着情感，从具体的感受上升华起来，从物质的肉体的感受上提升起来。审美的体验由此超越了物质的泥滞，而实现灵肉的交融达致生命的翔舞。

肉身是离不开物质的，肉身离不开现实的时间与空间，这使得实存的生命无法飞翔。肉身成为生命翔舞的牵绊。《沉重的肉身》，刘小枫的书名可以概括古今中西哲人们对身体问题的某种共识。西方著名的生命哲学家柏格森把生命视为无间断的绵延，其实质就是一种与物质、与惰性、与机械相抗衡的精神创造之心理冲动。生命之绵延，不断地努力洞穿向下坠落的物质之阻碍，而为自己开辟出自由的新境界。柏格森认为要把握生命的本质只有借助直觉置身于对象中来体验。绵延充分体现了生命的运动与生长、变化与统一。在柏格森看来，艺术与审美就是借助直觉对生命冲动的一种把握、再现，甚至就是生命冲动本身。他强调："艺术家则企图再现这个运动，他通过一种共鸣将自己纳入了这运动中去。"① 艺术与审美活动成为生命冲动的一种创造形式，实现了对物质肉身的飞跃，也实现了对生命自身的占有。在中国，著名美学家宗白华曾以哲情和诗意交融的温暖目光，深沉提出了"生命情调"与"真生命"的问题。他认为："生命创造的现象和艺术创造的现象，颇有相似之处。"② 艺术就是"生命的表现"。③ 美的艺术和美的生命一样，就是宇宙创化的旋律与圆满，就是至动而有韵律的诗意翔舞。它以纯粹的感性律动契合最深的宇宙节奏，从而把人从"物质的奴隶"与"机械的奴隶"、从"抽象的分析的理性的过分发展"和"人欲冲动的强度扩张"中解放出来，提升起来，"突破'自然界限'"、"撕毁'自然束缚'"而"飞翔于'自然'之上"。④ 这就

---

① 伍蠡甫主编：《西方现代文论选》，上海译文出版社1983年版，第87页。
② 《宗白华全集》，第1卷，安徽教育出版社1996年版，第208页。
③ 《宗白华全集》，第1卷，安徽教育出版社1996年版，第545页。
④ 《宗白华全集》，第2卷，安徽教育出版社1996年版，第296页。

◆◇◆ 拥抱人生的美学

是宗白华所领悟的由形象（生命）具象道、由艺术和审美通至形上的理想路径，它既是一条审美与艺术的诗性之路，也是一条生命与人生的翔舞之路。在此境界中，生命才拥有了最丰沛的自我和最自由的心灵。艺术、审美、人生的贯通终使生命之和谐达到了新境界。

审美乃生命之归真。审美是生命潜心体验天人合一、万物一体之本真，复归于澄明。

生命不是孤立的，人的生命尤其不可能孤立独存。生命的活动与实践建构了人与自然、与宇宙、与他人的关联，从而也构筑了人生的丰富图景，使每一个生命变得多彩而充实。在这个意义上，每一个生命都不仅仅局限于个体，归属于个体。我是谁？我从哪里来？又要到哪里去？每一个自觉的生命都会思索这个问题追问这个问题。1918年，梁启超发表了一篇文章叫《甚么是"我"》。在这篇文章里，梁启超针对"小我"，提出"大我""无我""真我"的概念。他说："拼合许多人才成个'我'，乃是'真我'的本来面目。"[①]"真我"的境界是"此我"与"彼我"可以在精神上合为一体。因此，梁启超把"我"认定为超越物质界以外的普遍精神和同一性质。在这个意义上，梁启超提出，完全无缺的"真我"就是"无我"，亦是"大我"。20世纪20年代，梁启超在对趣味思想的建构阐释中，不仅继续倡导个体与众生合一的生命伦理追求，更是从人与人的关系层面拓进到人与宇宙运化的本质关联，以趣味美来界定对个体生命的价值思考和审美阐释。而中国魏晋时期士人崇扬的"天放"，西方浪漫主义时代卢梭倡扬的"回归自然"，实质上也是把超越个体局限追求天人合一视为生命本真之美的种种个性化实践。现代西方哲学家海德格尔的诗意栖居也是对这种物我消融、天人合一的澄明之境的美学表达。

在现实实践中，诗与艺术是生命体验天人合一万物一体之本真、复归于澄明的理想途径之一。因为艺术可以使"小我的范围解放，入

[①] 金雅主编：《中国现代美学名家文丛·梁启超卷》，浙江大学出版社2009年版，第44页。

于社会大我之圈，和全人类的情绪感觉一起颤动"，"并扩充张大到普遍的自然中去"。① 宗白华认为，艺术由美入真，因为至美最深、最厚的基础在于真和诚。唯有心灵的真诚，才能抵达生命的核心，直达宇宙的真境。因此，"伟大的艺术是在感官直觉的现量境中领悟人生与宇宙的真境"。② 这也是对最高之真的把握，合于宇宙秩序与规律，从而也合于善。在宗白华这里，这个"真"具有终极的指向。

人与生命价值意义的问题，在西方，提出于20世纪30年代。③ 直至今天，这一页并没有翻过。在古今中外哲人眼里，生命的诞生并不意味着人的实现。阿波罗神殿大门上的箴言"认识你自己"拉开了人类反思自我的帷幕。17世纪，卢梭曾感叹："最有用而又最不完备的，就是关于'人'的知识。"④ 直到20世纪，海德格尔仍慨叹："没有任何时代像今天这样对于人是什么知道得更少。没有任何时代像当代那样使人如此地成了问题。"⑤ 人生论美学把丰富的生命广阔的人生纳入了自己的视野，由此也为我们观照与提升自我提供了一条独特的路径。在当下这个以物质、技术、经济为要的社会中，人生论美学是对现代文化工具理性指征的一种人文反思，也是对后现代文化放逐意义价值的一种人文守护。同时，它也是对美丽人格与美好人性的一种永恒人文追寻。"人来源于动物界这一事实已经决定人永远不能完全摆脱兽性，所以问题永远只能在于摆脱得多些或少些，在于兽性或人性的程度上的差异。"⑥ 不断地摆脱自身的兽性，向着真正的人攀升，这是包括人生论美学在内的一切人文学科的永恒命题，也是人生论美学建构的最深根基和最终向度。

原刊《学术月刊》2010年第4期
《复印报刊资料·文艺理论》2010年第10期全文转载

---

① 《宗白华全集》，第1卷，安徽教育出版社1996年版，第318—319页。
② 《宗白华全集》，第2卷，安徽教育出版社1996年版，第61页。
③ 参见[美]威尔·杜兰特《论生命的意义》，褚东伟译，江西人民出版社2009年版，第2页。
④ [法]卢梭：《论人类不平等的起源和基础》，李常山译，商务印书馆1962年版，第62页。
⑤ 孙周兴选编：《海德格尔选集》，上卷，上海三联书店1996年版，第101页。
⑥ 《马克思恩格斯选集》，第3卷，人民出版社1979年版，第140页。

人生论美学与中国美学的学派建设

中国有没有自己的美学？这是长期以来困扰中国美学界的难题之一。肯定派认为，中国自先秦以来就有关于"美"的思想和文字，所以中国是有自己的美学的。否定派认为，美学是 20 世纪初从域外引入的现代理论学科，中国没有自己学科意义上的美学。这种争议的实质，不仅是中国有没有自己的美学的问题，还隐含着中国美学有没有自己的学派的问题。如果说中国有自己的美学，那么我们的美学，区别于西方美学的理论内涵和学理体系是什么？我们的美学学派，区别于西方美学学派的话语特征和理论特质又是什么？

上述问题的提出，不管答案何时能够令人满意，都呈示出一个事实，那就是中国美学自我意识的觉醒。这种觉醒，其意义不只在美学的民族学术话语的层面，还意味着对美学的民族学派的呼唤。如何通过美学的话语建构和学派建设，推动中国美学对于世界美学的原创性贡献，推动世界美学大家庭的多元对话、互学互鉴、精神共融，成为今天中国美学发展不容回避的基本课题。

一

中国美学发展的历程，既是一部古今文化交替和中西文化交融的历史，也是一部民族美学淬火涅槃的历史。中国美学学派的自觉建设，始自 20 世纪初启幕的现代美学，初呈于 20 世纪后期迄今，影响较大的主要有认识论美学、实践论美学、生命美学、生态美学等。此外，现象学、本体论、存在论、形式论、主体论等西方思潮，在中国当代美学中也开枝散叶，产生了诸多影响。这些学派或思潮，具体的观点、立场各异，但它们有一个共同的特点，就是其哲学基础，主要来自西方。其中，认识论美学、实践论美学、生命美学、生态美学等，都不同程度地在西学基础上融入了本土文化，取得了较为丰硕且具一定特点的理论成果。

认识论是西方哲学最为古老而重要的理论基石之一。认识论美学也是当代中国美学最为重要最具影响的学派之一。20世纪五六十年代名噪一时的美的本质的论战，主要就是在认识论美学的框架内展开的。吕荧、高尔泰等主张美是主观的。吕荧提出了"美的观念"的命题，认为美的本质就是"作为社会意识形态之一的美的观念"。[①] 高尔泰明确提出"客观的美并不存在"，[②] "美与美感，实际上是一个东西"。[③] 与之相反，蔡仪作为客观派美学的重要代表，强调"美学的根本问题就是认识论的问题"；[④] "美感根本上就是对美的认识"；[⑤] "客观事物的美的性质是它本身所固有的客观性质"。[⑥] 调和两者的，是以朱光潜为代表的主客观统一论。他认为："美是客观方面某些事物、性质和形状适合主观方面意识形态，可以交融在一起而成为一个完整形象的那种性质。"[⑦] 认识论美学在20世纪下半叶发展为以审美反映论为中心的理论主张，体现出某种强大的生命力和不容忽视的影响力。钱中文、童庆炳、王元骧、杜书瀛等都是这派的重要拥趸者。钱中文提出了"审美反映的创造性本质"，[⑧] 认为"审美反映是一种灌满生气、千殊万类的生命体的艺术反映"，"可使主客观发生双向变化"。[⑨] 王元骧反对将认识与情感截然割裂，认为"在审美反映过程中，它的内容不

---

① 《吕荧文艺与美学论集》，上海文艺出版社1984年版，第402页。
② 高尔泰：《论美》，甘肃人民出版社1982年版，第3页。
③ 高尔泰：《论美》，甘肃人民出版社1982年版，第13页。
④ 蔡仪：《美学论著初编》，下册，上海文艺出版社1982年版，第568页。
⑤ 蔡仪：《美学原理》，湖南人民出版社1985年版，第111页。
⑥ 蔡仪：《美学论著初编》，下册，上海文艺出版社1982年版，第951页。
⑦ 《朱光潜美学文集》，第3卷，上海文艺出版社1983年版，第74页。
⑧ 钱中文：《最具体的和最主观的是最丰富的——论审美反映的创造性本质》，杨扬译，《文艺理论研究》1986年第4期。
⑨ 钱中文：《现实主义与现代主义》，人民文学出版社1987年版，第75页。

是直接以认识成果的形式反映在作品之中，而是从作家的态度和体验中间接地折射出来"。① 他力主"审美反映"不是"实是"，而是"应是"，认为反映的内容"包含着这样两个方面，即'是什么'和'应如何'"。② 这些观点呈现出向生命、体验、创造、意义等维度的开放，是对传统认识论美学的某种理论深化和自我超越。

实践论美学在当代中国美学发展中的重要意义毋庸置疑。实践论美学以马克思主义实践唯物论为理论基础，初成于20世纪五六十年代，至80年代声誉日隆，在很长一段时间里都是中国当代美学中具有主导地位的学派。李泽厚无疑是中国实践论美学最为重要的代表人物，也是当代中国美学迄今最具影响力的人物之一。他提出和阐释了审美活动中的"自然的人化""积淀说""情本体""新感性"等一系列重要命题和概念。他的著作《美的历程》《美学四讲》《华夏美学》等体现了其厚实的理论功底、深广的历史视野、良好的思辨能力，自问世以来一直是众多中国美学研究者和爱好者的入门书和必读书。实践论美学比较有影响的学者，还有蒋孔阳、刘纲纪等。蒋孔阳提出了"美是劳动的创造"和美是"一种多层累的突创"等命题。③ 实践美学在20世纪80年代末90年代初开始走向后实践美学，主要代表人物有杨春时等。杨春时提出了"后实践美学"的概念，构成了对实践美学的批判与超越。此后，朱立元、邓晓芒、张玉能、彭富春等提出了对"后实践美学"的质疑，形成了"新实践美学""实践存在论美学"等后实践美学之后的开放景观。实践美学及其引发的论争，是当代中国美学理论建设中最富思辨活力的场景之一，但无论是实践美学还是后实践美学及其后，美学的理论生命力最终还是靠审美实践本身来检验。是否真正切入了当代中国大众的审美实践，是否切实回答了当代中国审美的具体问题，这恰恰是任何美学学派都需要面对和解决的关键问题所在。

生命美学在当代中国美学发展中有着重要的位置。生命美学在中

---

① 王元骧：《审美反映与艺术创作》，《文艺理论与批评》1989年第4期。
② 王元骧：《论马克思主义文艺学在当代的发展和意义》，《文艺研究》2008年第1期。
③ 《蒋孔阳美学艺术论集》，江西人民出版社1988年版，第74、136页。

国美学的理论自觉与学派建设中,是很值得辨析和研究的。后实践美学也将其纳入自己的麾下。事实上,中华文化本身就是非常重视生命的。"生生"是中国古典哲学的精髓之一。但作为学科意义上的生命美学,很难说是中国古典美学的命题。学科意义上的生命美学,主要还是西方现代美学中的命题。对于"生命"的理解和定位,在中西文化中,几乎有着根本性的差异。中华文化很早就体现出对生命的自觉,但这种自觉,主要是一种道德理性的自觉,即把生命主体视为具有道德规定的人。这种"人",与天地同化,与万物并生,对自然、他人、社会负有自觉的责任。因此,这个"人",从来就不可能从纯粹个体的心理去解读,也不可能落脚于纯粹生理的层面。而对于西方文化来说,"生命"就是那个独立的"我",是"我"的最真实的肉和灵。对"我"的唯一性与本然性的张扬,形成了西方生命美学凸显个体欲望和身体解放的显著特点。生命美学在西方的亮相,甚至就伴随着潜意识、欲望等的登场。可以说,中国古典美学思想中,并不乏对生命审美的凝思,但与西方意义上的生命美学,实质上却大异其趣。20世纪始,以柏格森为代表的西方生命哲学引入,对20世纪上半叶中国现代美学的建设产生了巨大的影响。被冠以"生命美学"的美学家,重要的有宗白华、张竞生等。宗氏探究生命的"情调""意境",张氏宣扬生命的"美流""美力",内中意趣则颇相径庭。20世纪晚期,国内对"生命美学"进行自觉建设且较具代表性的,首推潘知常。他直接亮出了"生命美学"的旗帜,认为"美学即生命的最高阐释",审美活动是"人类生命的最高表现"和"普遍形式",强调"美学倘若不在人类自身的生命活动的地基上重新建构自身,它就永远是无根的美学,冷冰冰的美学"。[1] 21世纪伊始,姚全兴提出了"生命美育"的主张,认为生命美育是"最基本的美育",和素质教育、终身教育紧密联系。[2] 生命美育体现了生命美学的实践拓展。当代中国美学中的生命美学思潮,吸纳了中西滋养,呈现出较为活跃的状貌,但也体

---

[1] 潘知常:《生命美学》,河南人民出版社1991年版,第2、6、7页。
[2] 姚全兴:《生命美育》,上海教育出版社2001年版,第4—6页。

现出一定的复杂性，需要结合本土实践予以深入研究与建设。

生态美学与西方的生态存在论哲学、深层生态学、生态批评、环境美学等渊源颇深，在当代中国美学建设中有着长足的发展，并且与本土文化产生了较好的交融。中国古典文化虽然没有打出"生态"的旗帜，实则深深地潜蕴着生态的理念和维度。中国文化讲的天人合一，可说是最彻底的生态论。曾繁仁、徐恒醇、袁鼎生、程相占等学者，都力倡生态美学的研究和建设。生态美学是20世纪90年代中期以来最具实绩和影响的中国当代美学学派之一。据曾繁仁考证，生态美学是1994年由中国学者李欣复首次提出的。[1] 而中国生态美学学者中，用力最勤、成果最为丰硕的，首推曾繁仁。曾繁仁提出要建构具有中国特色的"当代生态存在论审美观"，[2] 提倡一种广义的生态美学。他把人与自然、与社会、与他人、与自身的关系都纳入生态美学的视野中，倡导动态和谐的生态整体审美观，即大生态审美观。这种思想与他在美育中倡导"生活艺术家"的大美育观，有着内在的共通点。袁鼎生提出了"生态美场"的概念，并进而提出"依生""竞生""共生""衡生"等生态审美范式和审美理想。曾氏和袁氏还致力于生态美学学术团队的建设，功不可没。生态美学是当下中国美学领域最为活跃的思潮之一，且呈现出研究队伍的日渐扩大及与西方美学积极对话的趋势，令人欣喜。

值得注意的是，20世纪以来中国美学的一些重要理论家，应该说很难将他们锢于某一派，只能说他们主要归于哪一派，或某个阶段主要归于哪一派。像朱光潜，谈认识论美学要提到他，谈实践美学也要提到他，他无可争议也是人生论美学的代表人物之一。这既是中国现当代美学家思想本身的开放性，也体现了美学问题本身的复杂性和活力。对美的研究和体认，其生成演进的过程，就是人类思想、精神、韵致的多元而精彩的绽放。于个体，于学派，莫不如此。

---

[1] 曾繁仁：《试论人的生态本性与生态存在论审美观》，载《转型期的中国美学——曾繁仁美学文集》，商务印书馆2007年版，第327页。

[2] 曾繁仁：《生态美学论——由人类中心到生态整体》，载《转型期的中国美学——曾繁仁美学文集》，商务印书馆2007年版，第323页。

二

  20世纪迄今，中国美学发展的历史图谱中，许多重要的美学学派或思潮，主要都以西学作为理论基础。较具民族渊源且影响较大的，首推叶朗先生生力主的意象美学。"意象"的范畴，中西均涉。"意象"一词在中国典籍中，很早就有运用，真正作为美学和艺术范畴，则主要始于唐代。作为对中国艺术非常重要的一种形象形态、思维特征、表现方式的概括，在中国古典文论中并没有出现系统专门的研究论著，这与中国古典文论偏于品评赏鉴的形态特点密切相关。同时，在中国古典文论中，"意象""意境""境界"三个概念，也一直交叉并用，未定一尊。20世纪80年代以来，经过叶朗先生的倡导，"意象"研究日渐活跃，但成果主要散见于单篇论文和一些著作的章节，大量的是结合作品的品鉴评析。这种状况使得意象美学作为对中国美学重要特点的一种理论概括，虽有一定的共识和较为广泛的影响，但总体上缺失相匹配的系统阐释和专门建构。而"意象"范畴本身，其主要侧重于对艺术特别是中国古典艺术形象特征的一种概括，在客观上也限制了意象美学在当代理论创造和实践应用上的拓展空间。在《美在意象》一书中，叶朗先生说："至今我们还找不到一个体现21世纪时代精神的、体现文化大综合的、真正称得上是现代形态的美学体系。"[①]可见他对意象美学所达到的理论高度是有自己的客观判断的。他的《美在意象》从首章"美是什么"（美在意象）始，到末章"审美人生"（人生境界）终，也呈现出一种由艺术衍向人生、从艺术入至人生出的思维路向，一种基于意象又力图超越意象的理论意趣。[②] 意象美学面对当下实践的发展，如一味固守古典规范，似会有一种理论认知和实际应用的错位尴尬。其突破与发展，必然要走出古典意象论的范围，吸纳中西美学特别是现代美学发展的新成果，切入鲜活而丰富的当代实践，既继续发挥其阐释中华艺术形象特征的所长，也拓向更

[①] 参见叶朗《美在意象》，北京大学出版社2010年版。
[②] 参见叶朗《美在意象》，北京大学出版社2010年版。

为广阔的当代实践天地。

　　人生论美学也是颇具中华文化特质的美学学说之一。人生论美学的理论基础，直接源自民族文化的精神内核。中华文化的根基，既非认识论，也非实践论，而是人生论。与西方文化不同，中华文化在始源上，并不叩问于宇宙的本质，也不自命为万物之上帝，而是温情于生。这个"生"既是最具体的人的生命、生存、生活，也是最鸿渺的天地万物。中华文化即大即小，即实即虚，即入即出。中华文化的胸怀实实在在地拥抱着生命、生存、生活，既是具体而微的生活，也是诗意超逸的人生。中华文化既倡扬爱生、护生、惜生，又倡扬大我、无我、化我，在物我、有无、出入中自在、自得、自由。由此，人生论美学既不同于认识论美学对真的倚重，也不同于实践美学对善的思辨，而聚焦于审美艺术人生动态统一、真善美张力贯通所创化的大美情韵和美情意趣。人生论美学也有别于生命美学的非理性维度、生态美学的自然维度，而强调知情意和谐统一、物我有无出入诗性交融所开掘的美境创化。人生论美学由纯审美和纯艺术的品鉴向着创美审美相谐的诗性美境的创化，既是对中国古典美学尽善尽美论的一种扬弃，也是对西方经典美学审美独立论的一种超越。笔者认为，简单套用一种现成的西方美学学说，是难以框范和裁剪人生论美学的理论内涵和学理特质的。

　　中华古典美学没有人生论美学的自觉理论建设，但中华古典文化有着浓郁的人生情韵，源远流长。中华古典人生审美情韵，为人生论美学的现代创化与理论建构提供了重要的精神渊源。儒家的"尽善尽美"和自得之乐，道家的"天地大美"和逍遥之乐，均不尚粹美、纯美、唯美，其中所追求的社会伦理和自然伦理相洽的理想境界，潜蕴着人生审美化的内在情韵，具有中华文化独有的诗性因子，是人生论美学的重要思想渊源。

　　20 世纪初年，西方美学东渐，直接推动了中国美学的理论自觉和学科建设。中国现代美学从西方美学中所接受的最为重要的影响之一，就是对于美和真的关系的科学认知。中国现代第一代重要美学家，几乎都将中国古典美学尽善尽美的核心理念与西方美学以真证美的现代精神相结合，结合20世纪初年中国社会的现实，以极具民族特色的角度和立场，以恢宏的视野和高度的自信，开始重新阐释富有时代和民族气息的真善美关系论，审美成为基于真善而高于真善的一种富有人生价值旨向的精神追求。20世纪上半叶，中国现代美学呈现出人生论意识的初步孕萌，在基本精神、理论视野、范畴命题等主要领域，都取得了令人瞩目的成果。中国现代人生论美学家群星璀璨，可以列出梁启超、王国维、朱光潜、宗白华、丰子恺、吕澂、邓以蛰、王显诏、李安宅、方东美等长长的一串名单，他们所呈现的深邃高逸的思想情怀和生机蓬勃的理论创造力，迄今都是中国美学与文化发展的一种高度和标识。梁启超的"趣味"、王国维的"境界"、朱光潜的"情趣"、宗白华的"情调"、丰子恺的"真率"、方东美的"生生"等，构筑了中国现代人生论美学思想的绚烂世界，它们共同指向了审美艺术人生、真善美、物我有无出入、审美创美诸关系的张力统一和诗性内核，从而为人生论美学民族学说的创构奠定了核心精神品格和基本理论视野。

　　20世纪下半叶以来，在西学几乎一统天下的中国美学语境中，人生论美学未绝其缕，有所承化。如实践美学的代表人物之一蒋孔阳，审美教育和生态美学的代表人物之一曾繁仁，审美反映论的代表人物之一王元骧等，均体现出人生论的某些思想、立场、方法或转化，这使得他们的美学思想在整体上呈现出一种既复杂又开放的样态。如蒋孔阳，其本人并没有提出"人生论美学"的概念。1999年，蒋氏逝世当年，他的弟子郑元者即在《复旦学报》刊文《蒋孔阳人生论美学思想述评》，将蒋氏的美学思想成就总结为"建立起以人生相为本，以创造相为动力，以美的规律和生活的最高原理为归旨的人生论美学思想体系"。① 步入21世纪，蒋氏的另一弟子张玉能在《东方丛刊》发文《审美人类学与人生论美学的统一》，提出："随着中国当代美学的成熟，20世纪八九十年代中国美学却正在向人生论美学回归。其标志就是蒋孔阳先生的《美学新论》的出版，此一著作标志着蒋先生的美学体系的变化逻辑：实践论美学—创造论美学—人生论美学。"该文

---

① 郑元者：《蒋孔阳人生论美学思想述评》，《复旦学报》1999年第4期。

还指出:"人生论美学这个中国传统美学的优长之处,由于西方哲学美学的移置而被中断或淡漠了。"强调"实践美学在当代中国的进一步深入和发展,应该走向审美人类学和人生论美学的统一"。① 2012年,张玉能的弟子黄定华出版专著《蒋孔阳人生论美学思想研究》,提出蒋氏美学以"人是世界的美"为总命题。"蒋孔阳关于美的本质论、美感论、美学范畴论、审美教育理论以及艺术论,共同形成了他完整的美学思想体系,这个体系始终由一根红线贯穿,那就是人和人生,因此,我们把蒋孔阳的美学思想称为人生论美学思想。"② 曾繁仁是我国当代审美教育和生态美学的领军人物,他力主大美育观和大生态观,倡导"生活的艺术家"的培育。应该说,他的整个美学思想是潜蕴着人生论的价值向度的,其相关思想观点也是当代人生论美学的重要资源之一。如他认为,美育理论的产生本身就是"美学领域由认识论美学到人生论美学"的反映。③ "西方美学从1831年以后,逐步发生一种由思辨美学到人生美学的'美育转向',到20世纪更为明显";"从尼采直至当代,人生美学基本成为整个西方美学的主调"。④ "美育的根本任务是培养'生活的艺术家'"。⑤ 与蒋门弟子将人生论美学视为蒋氏美学思想新发展的基本立场相通,王元骧的弟子也明确研讨了王氏美学思想的人生论转向。2014年,王氏弟子李茂叶发表《关于王元骧"人生论美学"的哲学思考》,将王氏的美学研究内容归纳为四个方面,其中之一就是"对审美与人的生存之间的关系等问题的探讨",并认为"近几年他(指王)由探讨美学中的基本问题和个案研究逐渐转移到对美与人的生存、对人的关怀和对社会现实的介入"。⑥ 同年,王

---

① 张玉能:《审美人类学与人生论美学的统一》,《东方丛刊》2001年第2期。
② 黄定华:《蒋孔阳人生论美学思想研究》,中国社会科学出版社2012年版,第1页。
③ 曾繁仁:《马克思主义人学理论与当代美育建设》,《天津社会科学》2007年第2期。
④ 曾繁仁:《论西方现代美学的"美育转向"》,载《转型期的中国美学》,商务印书馆2007年版。
⑤ 曾繁仁:《关于当代美育理论建构的答问》,载《转型期的中国美学》,商务印书馆2007年版。
⑥ 李茂叶:《关于王元骧"人生论美学"的哲学思考》,载浙江大学文艺学研究所编《文艺学的守正与创新——王元骧教授八十寿辰暨从教五十五周年纪念文集》,浙江大学出版社2014年版。

氏另一弟子苏宏斌发表《试论王元骧文艺思想的人生论转向》，认为"王先生文艺思想的人生论转向是其原有理论在社会现实推动之下发生蜕变的结果"，并认为王先生这一转向的时间为21世纪初。① 王元骧本人也体现出对这种学术转向的自觉追求。2010年，王元骧参加了《学术月刊》组织的"人生论美学初探"专题讨论，发表《美：让人快乐、幸福》，提出"美学就其性质来说不是认识论的，它不只限于艺术哲学，而是属于人生论、伦理学的"。② 2011年，他与弟子赵中华合作，发表《关于"人生论美学"的对话》。他在文中更为明确地提出"'人生论美学'就是从人生论的角度来探讨美对于人生的意义，具体说也就是对于提升人的生存的价值，使人具有自己独立的人格而成为真正自由的人的作用的问题"。③

中国当代美学思潮中，近年兴起的生活美学，可能是最接近于人生论美学的一种理论表述。④ 在英文中，单词life有着生命、生活、生存、人生等多种含义。生活美学的表述，从其思想源头说，应溯自19世纪末西方现代美学与艺术思想的先驱——"唯美主义"思潮。"唯美主义"主张"艺术美高于一切""艺术先于生活"，倡导"为艺术而艺术""为艺术而生活"，追求"形式至上"的艺术趣味和"刹那主义"的生活态度，以此来对抗庸俗的现实。唯美主义的"核心思想就是提倡生活的艺术化"。⑤ 其代表人物佩特、莫里斯、王尔德等，热衷于种种居室的美化、日用品的形式美改造、唯美的装扮行头等。崇尚艺术自律和精英主义的唯美主义，可以说是最早走向日常生活审美化和现代消费文化的。进入20世纪以来，西方哲学"出现了明显的

---

① 苏宏斌：《试论王元骧文艺思想的人生论转向》，载浙江大学文艺学研究所编《文艺学的守正与创新——王元骧教授八十寿辰暨从教五十五周年纪念文集》，浙江大学出版社2014年版。
② 王元骧：《美：让人快乐、幸福》，《学术月刊》2010年第4期。
③ 赵中华、王元骧：《关于"人生论美学"的对话》，载《中文学术前沿》第3辑，浙江大学出版社2011年版。
④ 国内"生活美学"的著作主要有刘悦笛《生活美学——现代性批判与重构审美精神》，安徽教育出版社2005年版；刘悦笛《生活美学与艺术经验》，南京出版社2007年版；张轶《生活美学十五讲》，北京师范大学出版社2011年版，等等。
⑤ 周小仪：《唯美主义与消费主义》，北京大学出版社2002年版，第3页。

'生活论'转向",①西方现代后现代诸多美学和艺术思潮也相继出现了种种生活论的转向,实用主义美学、身体美学、生存美学,行为艺术、大地艺术、装置艺术,都在呈现一种"重新进入生活"和"回归'生活世界'"的倾向。②1914年,达达主义的代表人物杜尚"直接将一个供出售的瓶架贴上了艺术的标签,也就是在艺术史上第一次将日常用品拿来直接当作了艺术品"。③"生活即审美"正在模糊"艺术、审美与日常生活的边界",④成为一种"审美生活"或"日常生活审美化"的西方现代后现代样态。⑤但生活和审美,不可能完全同一或直接相互取代。生活美学和人生论美学,也不能直接等同。"生活美学"对"活生生""平民化""回归现实生活"等的倡导,⑥对人生论美学的建设也具有重要的启益。两者的对象、方法、立场等非截然对立,但在研究视野的广度、研究方法的综合、研究立场的取向上,是有区别的。从理论意识言,"生活美学"的命名主要突出了研究对象的前置,以对象来导引方法和立场;"人生论美学"则以方法前置,以方法来导引对象和立场,从而使得后者更具理论意识和价值态度,也拓展了更为广阔的研究视野。国内生活美学的重要倡导者刘悦笛主张把"生活美学"这个概念英译成"Performing Live Aesthetics",显然这个"Performing"限定的增加可以更好地体现理论的立场,应该说是一种智慧的选择。⑦实际上,"生活"和"人生"的考量,在20世纪上半叶的中国知识界,就已经发生过。随着西方哲学、美学、艺术思想的东渐,20世纪20年代前后,生活艺术化及其相近表述,在中国知识界开始流行。1920年,田汉在给郭沫若的信中使用了"生活艺术化"

---

① 张轶:《生活美学十五讲》,北京师范大学出版社2011年版,第2页。
② 刘悦笛:《生活美学与艺术经验》,南京出版社2007年版,第91、105页。
③ 刘悦笛:《生活美学与艺术经验》,南京出版社2007年版,第91页。
④ [美]理查德·舒斯特曼:《生活即审美》,彭锋等译,北京大学出版社2007年版,第3页。
⑤ 刘悦笛:《生活美学——现代性批判与重构审美精神》,安徽教育出版社2005年版,第73页。
⑥ 参阅刘悦笛《生活美学——现代性批判与重构审美精神》,安徽教育出版社2005年版;张轶《生活美学十五讲》,北京师范大学出版社2011年版。
⑦ 刘悦笛:《生活美学——现代性批判与重构审美精神》,安徽教育出版社2005年版,第408页。

的概念，用以翻译 Artification，是目前所见较早的。①嗣后，20 世纪二三十年代，郭沫若、江绍原、赵景深、吕澂、李石岑、张竞生、周作人等，或使用了"生活的艺术化"的表述，或使用了"美的生活""美的人生""人生的美术""人生的艺术化""生活的艺术""艺术的生活化"等种种相近、相关的表述。②值得注意的是：其一，1921 年，梁启超在《"知不可而为"主义与"为而不有"主义》一文中也用了"生活的艺术化"的表述，但对其精神旨趣进行了民族化的改造，成为一种"知不可而为"与"为而不有"相统一的不有之为的"趣味"精神的阐释；③其二，1932 年，朱光潜在《谈美》中用"人生"取代了"生活"，以"人生的艺术化"来系统阐发一种"无所为而为"的"情趣"精神，既与梁启超的趣味精神相承化，也吸纳了西方现代心理美学等成果。④20 世纪三四十年代，"人生的艺术化"的表述逐渐定型，为当时中国的知识群体所广泛接纳。特别是宗白华、丰子恺等，主要承化梁朱一脉，共同丰富发展了这一命题。"人生的艺术化"命题的建构、定型、阐发，对中国现代人生论美学思想基本精神向度和内在价值意趣的奠定具有极为重要的意义，也凸显了中华文化吸纳、消化、新构的能力。这个融会中西而又富有民族特色的理论表述，成为中华美学思想内涵和理论精神的一种重要民族化概括，对人生论美学的民族理论建构，产生了直接而重要的影响。

三

与 20 世纪上半叶人生论美学思想所取得的丰硕成果相比，20 世纪下半叶我国人生论美学的发展，从整体上看有一定的泥滞状态。这种状况，进入 21 世纪后，渐呈回暖。尤其是 21 世纪的第二个十年以来，随着民族优秀文化资源的价值日益得到重视，富有民族精神内质

---

① 田汉 1920 年 2 月 29 日给郭沫若的信。参见《宗白华全集》，第 1 卷，安徽教育出版社 1994 年版，第 265 页。
② 周小仪：《唯美主义与消费主义》，北京大学出版社 2002 年版，第 224—226 页。
③ 《饮冰室合集》，第 4 册，中华书局 1989 年版，文集之三十七第 86 页。
④ 《朱光潜全集》，第 2 卷，安徽教育出版社 1987 年版，第 96 页。

的人生论美学也重回人们的视野。人生论美学的理论自觉与相关建设渐引关注，在一定程度上形成了某些共识。

2010年第4期《学术月刊》，以"人生论美学初探"为题，率先发表了一组专题讨论，共3篇文章，分别为王元骧《美：让人快乐、幸福》、王建疆《建立在审美形态学研究基础上的人生美学》以及金雅《人生论美学的价值维度与实践向度》。刊物专门为这组文章加了编者按："从人生论的观点来看待美是中国传统美学思想的特点。20世纪，西方美学由王国维介绍到中国以来，也被许多研究者把它与解决社会人生的问题联系起来思考。只是到了50年代，受苏联美学的影响，才转向认识论视界，把它等同于艺术哲学，导致美学研究日趋高蹈和狭隘。今天回顾和总结百年来中国美学研究走过的道路和经验，在当代意义上重新探讨人生论美学的价值、形态和意义，对发扬中国现代美学的优良传统，建设符合我们时代所需的美学学科，具有重要的意义。"① 作为"初探"，这组稿在观点和论证上，并非无懈可击，甚至各篇文章在标题上也未统一亮出"人生论美学"的概念，但整组文章以"人生论美学"为总题，作为一种引领性的学术理论探索，其立场和意义，已然自明。

2011年第1期《社会科学辑刊》，在"美学与人生建设"的总题下，推出了包括聂振斌《艺术与人生的现代美学阐释》、郑玉明《人生苦难与审美拯救》、朱鹏飞《美学伦理化与"人生论美学"的两个路向》和金雅《梁启超趣味人生思想与人生美学精神》在内的4篇论文。聂振斌的论文提出"咏叹人生是中国艺术的根本主题"，"礼乐的艺术——审美形式成为中华民族爱美心理形成的根源之地"，并探讨了中国现代文化在理论上对这一传统的弘扬。② 郑玉明的文章强调了从日常生活实践出发，关注苦难与超越的永恒人生美学命题。③ 朱鹏飞的文章比较了西方美学的尼采之路和柏格森之路，倡导美学走向与

---

① "人生论美学初探"栏目编者按，《学术月刊》2010年第4期。
② 聂振斌：《艺术与人生的现代美学阐释》，《社会科学辑刊》2011年第1期。
③ 郑玉明：《人生苦难与审美拯救》，《社会科学辑刊》2011年第1期。

伦理结合的高扬超越性人文价值的积极人生论美学。① 金雅《梁启超趣味人生思想与人生美学精神》以梁启超为个案，认为梁启超的趣味人生学说是一种将审美、艺术、人生相统一的大美学观，对中国现代人生美学精神的建构和演化产生了深远影响。② 这组文稿未明确以"人生论美学"命名，但其问题和精神都是属于"人生论美学"的。

2014年11月19日，《光明日报》刊发潘玲妮、郝赫撰写的《人生论美学和中华美学传统》，对11月2日在杭州召开的"'人生论美学与中华美学传统'全国高层论坛"的情况予以报道总结。提出论坛的主要学术成果：一是"明确人生论美学的理论概念，提出和进行基本学理建构"；二是"发掘中国现代美学名家的人生论思想学说，梳理人生论美学的现代民族资源"；三是"整理中国和西方的人生论美学思想资源，发掘其对当下人生论美学建构的启示"。该文引述笔者浅见，强调人生论美学"是中国美学自己的民族化学说，是中国美学最具特色和价值的部分之一"；应加强系统的学理建设，应从理论上辨析"人生论美学"和"人生美学"的概念，"后者重在研究对象的性质，前者则突出了理论意识，具有方法论的意义。'人生论美学'可以用自己的学理原则来全面研究审美中的各种现象与问题，包括对自然、人、艺术、生活中的各种审美活动、审美现象、审美规律的研究"。③ 此次论坛，学术氛围浓郁，取得了一定的探索性成果。

2015年10月，中国言实出版社出版了聂振斌先生和笔者共同主编的《人生论美学与中华美学传统——"人生论美学与中华美学传统"全国高层论坛论文选集》，集子遴选论坛论文38篇。④ 其中部分论文在文集出版前为各期刊先行刊用，及被《新华文摘》《复印报刊资料》等全文转载。金雅《人生论美学传统与中国美学的学理创新》首刊于《社会科学战线》2015年第2期，论文首次尝试对中华人生论

---

① 朱鹏飞：《美学伦理化与"人生论美学"的两个路向》，《社会科学辑刊》2011年第1期。
② 金雅：《梁启超趣味人生思想与人生美学精神》，《社会科学辑刊》2011年第1期。
③ 潘玲妮、郝赫：《人生论美学和中华美学传统》，《光明日报》2014年11月19日。
④ 参见金雅、聂振斌主编《人生论美学与中华美学传统——"人生论美学与中华美学传统"全国高层论坛论文选集》，中国言实出版社2015年版。

美学的民族特质予以系统的理论概括。文章认为审美艺术人生动态统一的大美观、真善美张力贯通的美情观、物我有无出入诗性交融的美境观，既是人生论美学的民族精神特质，也是当下中国美学学理创新的重要路径。① 聂振斌的《人生论美学释义》首刊于《湖州师范学院学报》2015年第5期，文章认为"人生论美学"的提出，是中国现代美学研究的创新之点，也是与中国古代美学密切相连的传承之点，其研究内容涵盖审美、艺术、人生关系的四个方面，即人的生命活动和艺术的生命精神、生活与生活的艺术化、生存环境和生态环境美、文化理想与艺术—审美境界。② 马建辉的《人生论美学与审美教育》首刊于《社会科学战线》2015年第2期，该文认为人生论美学的关键之一就是参与人生或建构人生的取向，审美教育是人生论美学的题中之义。③ 整部文集涉及了人生论美学的概念、渊源、精神特质、理论特征、价值取向、实践意义、与审美教育的关系、与当代艺术的关系等多方面问题，也具体讨论了梁启超、王国维、朱光潜、宗白华、老庄、朱熹、罗斯金等人的相关思想学说。此文集是迄今第一部公开出版的以"人生论美学"命名的专题文集。④

2010年至今，人生论美学的建设伴随着对中华美学精神传统的再发掘，出现了令人欣喜的新面貌。20世纪上半叶我国人生论美学的成果，主要表现为人生论美学精神的初步确立，以及相关学说、范畴的初步创构。此后，经历了20世纪下半叶以来的相对沉寂，2010年以来，人生论美学迎来了学科意义上的学理自觉。其突出特点，是将人生论美学自觉作为中华美学源远流长的精神传统与民族话语之一，开始系统而有步骤地进行资源梳理、理论阐释、学理建构、实践探研。

---

① 参见金雅《人生论美学传统与中国美学的学理创新》，《社会科学战线》2015年第2期。
② 参见聂振斌《人生论美学释义》，《湖州师范学院学报》2015年第5期。
③ 马建辉：《人生论美学与审美教育》，《社会科学战线》2015年第2期。
④ 2017年6月，"人生论美学与当代实践"全国高层论坛在杭州召开，这是继2014年11月在杭州召开的"人生论美学与中华美学传统"全国高层论坛后的第二次人生论美学专题全国性论坛。论坛正式入选论文50篇，从人生论美学与当代艺术实践、人生论美学与当代生活实践、人生论美学与当代美育实践等方面进行了对话争鸣。文集将正式出版，成为继《人生论美学与中华美学传统》后，人生论美学研究领域公开出版的又一部专题文集。

当然，现在来看，这个工作还仅仅只是开始。但我们有理由期待，人生论美学的独特资源，因为深扎于民族哲学文化的沃土，深融于民族精神心理的内核，深切于社会人类发展的期许，是可以在当代传承创化中开出璀璨的思想花朵，结出丰硕的理论果实的。

四

任何创新都不是无源之水。中国现代美学是人生论美学的思想沃土，也是当代人生论美学建构的直接资源，但是中国当代人生论美学的建设，不能机械地"照着讲"，而要在扬弃中"接着讲"。我们可以传承前人的精神、方法、立场，包括概念、范畴、命题、学说等一切可以为今天所用的东西，但我们需要直面今天的语境，面对当下的现实，创造性地弘扬发展，从而使理论真正具有面对实践发言、引领实践发展的生命力。

人生论美学理论意识的自觉、民族资源的整理、话语体系的建构，在今天仍有许多基础工作要做。甚至可以说，真正从理论上自觉和系统地建设，还仅是启幕。

人生论美学不能简单等同于生活美学或生命美学。"人生"与"生命""生活"等概念，既有一定的交叉，又有不同的内涵。"生命"的概念，人和动物共用，其基础是生理的肉体维度。"生活"的概念，个体和群体共用，其基础是生存的日常维度。"人生"的概念，专门指涉人，但又扬弃了人的个体限度，而全面呈现了人的个体生命及与自我、与他人、与自然等关联所产生的丰富意义及其具体性。人生论美学视野中的人，是扬弃了感性与理性、生理和精神、个体和社会的分裂的活生生的完整的人。与"生命"和"生活"的概念相比，"人生"的概念不否弃生理的肉体维度，不否弃生存的日常维度，但又将自己的理论规定探入了人与动物生存的差别性，探入了人与世界关联的超越性。作为一个理论概念，以"人生论"来界定一种中国美学的理论创构，来阐发一种中华美学的理论精神和理论传统，可能是比"生活""生命"的界定更贴近中华文化统合的、人文的、诗性化的内质的一种表述，也是比仅用"人生"的表述更具理论意识、方法论立场、价值论意向的一种表述。

人生论美学也不能简单等同于伦理学的美学，它不仅要研究美与善的关系，也要研究美与真的关系。准确地说，它是要超越一切孤立地对待真美关系或善美关系的美学研究方法，而将真善美的立体张力关系纳入自己的视野。由此，它必然不是单纯地研究美与艺术的关联，而是要将审美艺术人生的动态关联纳入自己的视野。它要解决的问题，不仅仅是审美一维的问题，也是创美与审美的关系，是要在审美艺术人生的动态统一的大美境界中解决物我有无出入的诗性创化的问题。所以，人生论美学的理论建构，不仅仅是人生伦理的课题，也不仅仅是审美标准的问题，而是一种人的美学情怀与风韵气象的建设。这种情怀和气象，不仅能够涵育人、升华人，也能通过人作用于实践，影响于社会，是人创化世界和美化自我的重要心灵之源和精神动力。

人生论美学呈现出极强的理论成长空间和现实针对性，它对于当代中国美学建设的意义，突出表现为人文性、开放性、实践性、诗意性等可拓展的维度。

其一，人生论美学具有内在的人文性维度。人生论美学凸显了中华文化之民族特性。与西方文化突出的科学精神相映衬，中华文化最具特色的是浓郁深沉的人文情怀。科学精神追根究底，是探寻宇宙和自然的奥秘，终以神学为信仰之依托。人文情怀穷极其奥，是对人及其生命、生活、生存的关爱与温情，终以艺术为心灵之依托。科学精神以认识论为主要方法，追求真善美各自独立的逻辑体系。人文情怀关注人在天地宇宙中的和谐，憧憬真善美贯通相成的诗性心灵。中华文化这种泛审美泛艺术的诗性特质，自先秦孔庄以降，绵延流长，是中国心灵最恰切最深刻的写照。它自然而直接地孕育了中华美学不泥小美、崇尚大美的精神情怀和关爱生命、关怀生活、关注生存的人文情韵。这种民族特质，奠定了中华美学不是纯理论的冷美学，而是关切人生的热美学。人生论美学的人文性维度，鲜明深刻地昭示了中华文化的民族精神传统和民族美学旨趣，具有传承开拓的深厚根基和大有作为的广阔天地。

其二，人生论美学具有突出的开放性维度。这种开放性，一是时空维度上向古今中西相关资源的开放，二是学科维度上向哲学、心理学、教育学、伦理学、文化学等相邻学科的开放，三是理论打开自我封闭之门，向着实践的开放。其以真善美贯通为基石的美论品格，使其不是将视野局限于小美，而是将审美艺术人生、创美审美的统一都纳入自己的视野，不仅突破了西方经典美学偏于哲学思辨或艺术观审的视野，也拓展了中国古典美学偏于伦理考量或艺术品鉴的视野，建构了审美主体与自然、社会、他人、自我关联的立体图景，从而为自身的理论建设与实践应用开掘出广阔的天地。这种开放包容的理论智慧，使得人生论美学与生命美学侧重关注人自身、生态美学侧重关注自然、文艺美学侧重关注艺术等相比，呈现出更强的理论涵摄力，不仅构成与其他美学思潮学派的区别与互益，也凸显了自己包容、整合、统驭的理论特征。20世纪下半叶以来，中西文化和哲学都出现了人生论的转向。中国当代美学的一些重要学派和代表思想家，也相继出现了人生论的转向，包括实践美学、生态美学、认识论美学、意象美学等重要学派和蒋孔阳、曾繁仁、王元骧、叶朗等重要学者。这种趋势，也进一步推动了人生论美学的开放维度。需要注意的是，开放不等于放弃自己的边界，消解自己的对象、方法、特质等，而是要在包容开放中实现理论的整合、概括、深化、统驭的能力。

其三，人生论美学具有鲜明的实践性维度。人生论美学勾连了审美艺术人生的关系。它对美和艺术的叩问，必然要落实到人生之上，这就使得人生论美学把创美审美的实践问题及其人生关联，自然而必然地纳入了自己的视域，作为自身的目标指向。人生论美学的视野不限于艺术，也不限于生活，而是与文化、哲学、伦理、心理、生态、教育等交糅，直接探入了人的生活、生命、心灵的建设、涵育、提升的广阔、丰富、多样的领域，将知情意统一的美学理论命题落实于行，以"践行"来"移人"。如果说西方美学中的"移情"范畴以"情"为关注焦点，重在把握知情意中情之要素的美感心理特点；那么民族美学中的"移人"范畴则以"人"为关注焦点，将整体的人纳入自己的视野而必然触及知情意三要素在美的实践中的汇融；前者体现了心理美学的科学主义方法，后者则与诗性美学的人文精神相呼应；前者以美学研究的科学结论为旨归，后者由关怀人、关爱人走向人的自身涵育与建构。由此，美育必然成为人生论美学的题中之义，使得人生论美学突出呈现出中华文化以人为本、知行合一的民族气韵和实践路径，凸显了其创造性、理想性、诗意性等价值向度。由此，人生论美学的实践维度，对于引导美学理论切入当代实践具有鲜明的针对性，同时对于当下传统文化的传承创新、大众文化的批判引领、国民素养的美学提升、民族精神的涵育建设等，亦大有可为。

其四，人生论美学具有深蕴的诗意性维度。生命的诗意建构和诗性超拔，是人生论美学最富魅力的精神内核之一。应该说，只要是美学，应该都是人的生命实现现世超拔的一种精神向路，这应该就是美学的使命和宿命。美赋予人生以超拔的张力，使人的生命不致在生活中沉沦。人生论美学的起点和终点，就是这种生命的出入、有无、物我的对峙和超越，是诗意地交融和创化，由此去建构和观审生命的自在、自得、自由。这种现世超越的生命诗性，是中华文化的信仰标识和精神标识，即以大美为内核的心灵超越和内在超越，它不像西方文化的神性超越，它不从彼岸世界求寄托，而在此岸世界求自由。人生论美学创化了"境""趣""格""韵"等一系列富有人生指向和人生韵味的理论范畴，导引作为实践主体的人，切入与自然、艺术、生活的多维交融，探入自我生命和心灵的丰盈世界，创化并体味生命的诗意和超拔。这种生命的自在、自得、自由之境，既不可能在抽象的思辨中实现，也不可能通过将艺术和人生互相抽离而实现，而是需要融入审美艺术人生统一的艺术实践和生命践行中来涵成。

上述四个维度及其交融，呈现了人生论美学独特的民族理论特征。这种特征不是简单固守民族资源形成的，而是广纳中西古今之滋养，直面民族现实实践的需要，逐步探索、创化、发展的。同时，上述四个维度的弘扬，并不排斥科学性、概括性、理论性、现实性等相辅相成的维度，而是在呼应互融中逐步生成自身的特质，逐步凸显自身与世界美学对话的独特性和相洽性。如人文性这个维度，其核心是"情"，但并不排斥"真"和"善"，而是追求以"情"来贯通"真""善"，努力将中国古典美学重美善两维和西方经典美学重美真两维拓展为真善美的三维立体构架,但其核心和基点则始终为"情"。再如开放性这个维度,不等于说人生论美学就没有了自己的边界,有人把生命美学、伦理美学、生态美学、实践美学等都归于人生论美学,这就是对开放性的某种误解,模糊了人生论美学方法立场、价值意趣等的规定性。

　　人生论美学是民族文化学术和社会时代发展在美学领域的一种逻辑生成。其在当下,是生成态,而非成熟态,更非完成态。人生论美学的中心是人,是让美回归人与人生,是让人在美的人生践行中,创化体味生活的温情和生意,涵成体味生命的诗情与超拔,达成创美和审美的交融。人生论美学视野中的美,是温暖的,但不媚俗;是圣洁的,但不神秘;是接地气的,但也是超拔的。人生论美学的神髓,是向着人生开放的入世情致和生命生存的超拔情韵的相洽相融。它不仅是对美学学理问题的科学求索,更是由知到行,是知情意贯通在人的生命的美的践行中的圆成。唯此,美才成为生命中永不可分的部分,实实在在地融入人生的旅程,陪伴之涵育之导引之。也唯此,人生论美学才能实现美学理论和人生创化之相洽,涵成自身的理论品格和精神韵致。

　　20世纪初年,梁任公曾在《欧游心影录》中指出:"我们的国家,有个绝大责任横在前途。什么责任呢?是拿西洋的文明来扩充我的文明,又拿我的文明补助西洋的文明,叫他化合起来成一种新文明。"[①]他还具体提出了"四步走"的策略:"第一步,要人人存一个尊重爱护本国文化的诚意。第二步,要用那西洋人研究学问的方法去研究他,得他的真相。第三步,把自己的文化综合起来,还拿别人的补助他,叫他起一种化合作用,成了一个新文化系统。第四步,把这新系统往外扩充,叫人类全体都得着他好处"。[②] 任公虽非专言美学,但其高屋建瓴的宏阔胸襟和意义深远的战略眼光,对于今天中国美学的民族道路和学派建设,仍具重要启示,人生论美学的建设亦复如是。

原刊《社会科学战线》2017年第10期

[①]《饮冰室合集》,第8册,中华书局1989年版,专集之三十二第35页。
[②]《饮冰室合集》,第8册,中华书局1989年版,专集之三十二第37页。

论中国现代美学的人生论传统

本文所说的中国现代美学在时间起止上特指19、20世纪之交至20世纪40年代中华人民共和国成立前。[①] 这个阶段，是中国美学发展中一个非常重要、具有特色、卓有成就的时期，思潮竞萌，学说迭出，群星璀璨。其中，以梁启超、王国维、蔡元培、朱光潜、宗白华、丰子恺等为代表的中国现代美学大家们，面对中西撞击、古今交替的历史语境和文化语境，直面民族学术文化涅槃新生的现实需求和重大课题，既广纳西学又坚守民族韵脉，既努力新变又不失文化之根，不仅探索拓进了与西方美学对话的中国美学的现代学科之路，也创化引领了以审美艺术人生相统一为标志的人生论美学的重要精神传统。他们的探索奠定了中国美学的重要民族化学理根基和理论特质。但这些特色和成就，过去我们重视不够，发掘提炼滞后，影响了中国美学的发展及与世界美学的对话。今天，我们应该对民族美学的传承创化和精神传统予以认真深入的梳理研究，贯通中国美学自身的血脉，积极推

[①] 本文所说的"中国现代美学"在时间起止上与常见的中国历史分期中的"近代"（从鸦片战争至1919年"五四"运动）、"现代"（从"五四"运动至1949年中华人民共和国成立）、"当代"（中华人民共和国成立后至今）的时间概念有所不同。应该承认，重大历史事件包括中国革命的历史进程对中国学术文化的发展演化确实产生了影响，尤其是美学、文学等与人的思想观念、与社会思潮联系密切的领域。但是，学术文化的发展演进与社会史、革命史的轨迹并不完全重合。基于此，本文依据中国美学学科与美学思想发展演化的实际状貌，兼参中国社会变革发展对美学的具体影响，将19、20世纪之交至20世纪40年代中华人民共和国成立前的中国美学称为"中国现代美学"，并以此区分于"中国古典美学"（先秦至晚清）和"中国当代美学"（1949年中华人民共和国成立后至今）。

进中国美学的健康成长及其在世界美学之林中的话语权。

一

中国现代美学是在西方美学的直接推动和中国现代社会文化的现实需求下孕生的。作为中国传统思想文化的重要组成部分，中国古代没有"美学"之名，美学思想主要包含在哲学、道德、教育等领域及各种艺术论中，美的概念更多的是作为形容词或副词，附丽于善、道、真、阴阳等基本文化范畴上。20世纪初，随着"美学""美育"等西方专门学科术语的引入，"审美无利害""情感独立"等西方现代美学理念的引入，"悲剧""喜剧""崇高""优美"等西方现代审美范畴的引入，以及"政治小说"等西方现代文艺样态的引入，给中国古典美学思想带来了学科意识、理论体系、概念术语、逻辑方法等一系列新的现代性要素，促进了中国美学独立学科体系的建设和理论精神的自觉。自此，美学登上了中国现代学术的舞台，拉开了自觉建设的帷幕。同时，中国现代美学的发生不仅是学术自身逻辑发展与演变的结果，也是中国社会、文化、审美多重要素变奏交会的结果。中西古今文化撞击交会的宏阔背景，异族入侵与民族生存的严峻现实，使得包括美学在内的学术文化的建设，既肩负了学术自身发展更新的使命，也成为当时进步知识分子思想启蒙的武器。可以说，中国现代美学自诞生伊始，就成为一门与人、与生命、与生活、与文化、与社会空前密切交融的学问。

中国现代美学不是单纯学科意义上的理论美学。中国现代美学的突出特征是：它是关注现实、关怀生存的人生美学。中国现代美学区别于中国古典美学，体现出学科建设和理论建构的自觉意向，从而在审美意识、话语方式、学科形态上构筑了与西方美学、与现代学科对话的某种基础。同时，中国现代美学以强烈的现实精神和突出的生存关怀，构筑了既区别于中国古典伦理美学又不同于西方现代理论美学的人生审美品格，凸显出鲜明的人生精神、积极的美育指向、内在的诗性情怀和强烈的文化批判意识。而这，正是中国美学在中西古今交汇的历史舞台上，孕生涵成的精神特质与民族特征，也是中国美学向世界发出的声音!

中国现代美学不是西方美学的简单移植与复制。从梁启超、王国维、朱光潜、宗白华等中国现代美学的代表思想家们来看,他们既吸纳了西方现代美学情感独立、审美自律等核心理念和思辨、逻辑、科学的方法形态,从而为中国现代美学的创构奠定了重要的理论基石与方法基础。同时,他们又都有着深厚的国学根基和坚实的民族立场,批判传承了以儒道释为代表的中国传统文化以人生为中心、知行合一的实践精神、体验方法等,与西方美学的启蒙意向、情感哲学、生命理念等相融会,与当时迫切的社会改造、人格提升、人性涵育的现实需求相结合,着力创化出思想与学理相结合的概念、范畴、学说,形成了中国现代美学独特的审美精神与理论传统。中国现代美学融中西古今而直面现实人生的开拓与探索,取得了丰硕的成果和重要的实绩。特别是对中国古老的艺术与审美概念加以现代转化,所创化的"境界""趣味""情趣""情调""美术人""大词人""人生(生活)的艺术化"等一系列既具现代审美内涵又富民族气韵特质的概念范畴和思想学说,突出了艺术品鉴与人生品鉴相统一、真善美相贯通、远功利而入世、既不同于西方经典理论美学又区别于中国古典伦理美学的人生审美品格,为中国美学民族思想体系的建设、民族审美范畴的确立、民族审美精神的化育奠定了重要的基石,有力地推动了中国美学的蜕变新生与民族学派的涵育化成!

二

人生美学精神的自觉与创化,是中国现代美学最为重要的思想成果与学术成果之一。一种文化最为核心的就是文化精神,这是一个民族最根深蒂固的东西。西方文化主张经验与超验的二元对立,在思维方式上注重感性与理性的逻辑区分,以理性为尚,崇真求知。中国文化则主张经验与超验的融通统一,在思维方式上注重整体性,强调知行合一,以善为本。在美学上的表现,就是西方美学自古希腊以来就追问美的本质,关注美真的统一。西方现代美学自康德始,虽拓展了情感、主体等人文向度,确立了审美的独立地位和特殊性质,但整体上仍重视科学方法和逻辑规范，注重美学自身的纯学理建设与体系化建构。以康德、黑格尔等为代表的西方经典美学，就是典型的理论美学，它运用逻辑思辨的理论思维方法，以理论体系的自我完善为核心目标，体现出理论上的某种封闭性。而中国古典美学思想自先秦始，则以儒家为主导，特别关注美善的关联，把社会伦理与自然伦理作为美的前置条件，在方法上重体验，在目标上重教化，贯彻知行合一的研究——实践方法，体现出向人生开放的思想——理论特性。中国文化是务实的也是温情的，中国文化倡导在最痛苦、最艰难的生活中也能品出人生的甘美与诗意。中国人中的大多数不需要宗教来拯救，他们可以在文学、艺术、审美的诗化生活中获得生命的安宁与超拔。这种伦理审美化的文化精神使得中国古典美学思想和各门艺术的创设，总是和社会人生紧密相连，审美活动、艺术活动与人的生命、生活、生存实践合一，审美和艺术就是人生的重要组成与寄托。但是，由于这种文化的思维方式是整体性的，感性和理性是密不可分的，因此，中国古典美学没有生成自己独立的学科形态与纯粹的理论体系，也没有美学精神的自觉学理建构。

　　真善美相贯通的美情论，是中国现代美学学科理论体系与人生审美精神构筑的学理根基与思想根基。西方现代美学的确立是以鲍姆嘉敦对知（理性认识）和情（感性认识）的逻辑区分为起点，以康德对情的独立性质和中介作用的逻辑建构为基石的。从鲍姆嘉敦、康德、黑格尔到席勒，西方现代美学的核心命题是以知（理性）来照亮情（感性），而中国现代美学的核心命题则是以情（美情）来蕴真涵善。西方文化的理性启蒙在中国现代文化语境中，转换为理性与情感的双重启蒙。西方现代美学的"审美无利害"与"情感独立"是中国现代审美意识和美学精神觉醒的第一催化剂，中国现代几乎所有重要的美学家都深受其影响。但在中国的文化与现实土壤中，"审美无利害"与"情感独立"又自然地也是逻辑地转换成了生命启蒙、人生意义及其与审美的关联问题，不仅是对情感与审美的考量，也是对生命与生存的切入，不仅是知意情中情的标举与体认，也是达知通意美情的生命化育与诗意升华。

中国现代美学的重要美学家,在美论问题上,没有一个是彻底主张唯美的、主张割裂美与真善的关联的。即使王国维说过"美之性质,一言以蔽之曰:可爱玩而不可利用者是已"的名言,但他也不是完全在康德的纯粹观照意义上来讨论审美的,而是在广阔的人生与审美的艺术相统一的视野中,主张出入相谐,主张美对于主体的无用之用,实质上已经引领审美之眼逸出了西方现代美学的纯粹观审。王国维的意义在于突破了古典美学美善的和谐而敏感到审美与伦理的冲突,从生命之欲到静观到无我,将康德"无利害"的审美心理观审转化为"境界"所构筑的个体生命诗性的创化,是从古典艺术品鉴论向现代艺术品鉴与人生品鉴相交融的更为宏阔深沉的审美境域的一种演化,也是中国现代人生美学精神自觉的重要始源。与"境界"相映衬,后期梁启超以"趣味"为美张目,提出"趣味"精神是与"功利主义"根本反对的,是一种孔子式的"知不可而为"与老子式的"为而不有"的统一。他也吸纳了康德、柏格森等的情感、生命力、主观创造意志等理念,以不有之为为审美生命立基。趣味生命是执不有之为的纯粹实践精神,以大有之襟怀融入众生宇宙的整体运化中,在个体众生宇宙的"进合"中创化体味生命之"春意"。因此,王国维所纠结的审美之用与不用的问题,在梁启超这里已经转化为有与不有的问题,从而进一步凸显了审美主体建构的地位与意义。"趣味"的化我型生命审美理想与人格超越之路明确确立了现实生存与诗性超越的一种张力维度,也就是"生活的艺术化"。前期朱光潜以"情趣"与"意象"之契合、"演戏"与"看戏"之贯通进一步阐释、充实、丰满了"人生的艺术化"的思想,并使这个命题产生了较为广泛的影响,其理论表述也逐渐定型;后期朱光潜则强调美的主客观统一命题,这与前期"人生的艺术化"的主张并不矛盾,是其力求将西方文化中分裂的知情意返回到中国文化的人的有机整体中,实现科学的人、道德的人、美感的人的合一的一种努力。此外,蔡元培、宗白华、丰子恺等也无不主张真善美的贯通。蔡元培以"普遍"和"超脱"为美定性,认为只有普遍才可打破人我之见,只有超脱才能超越利害关系。而这种普遍的超脱的情感陶养,不源于智育,而源于美育。由此,蔡元培由情感本体、人格目的、美育途径最后通向了人生价值，把乐享发动于情感的伟大高尚的行为视为人生之美趣。宗白华提出至动而韵律的生命"情调"是宇宙的最深真境与最高秩序，也是艺术境界的最后源泉，把缠绵悱恻与超旷空灵相谐的艺术"意境"的创成、"生生"与"条理"相谐的宇宙秩序的运化、有为与无为相谐的艺术人格的涵成相联系，追求宇宙真境、艺术美境、人生至境的无间，有力地推进了中国现代美学人生审美体验的深度和诗性。丰子恺则从"真率""童心""同情"等范畴出发，倡导"大艺术"和"大艺术家"的涵育。审美艺术人生相统一、真善美相贯通的人生美学精神，构成为中国现代美学精神传统的重要方面，并以远功利而入世的诗性超越旨向勾连了美学理论、艺术实践、审美生存的贯通，凸显了中华民族审美精神的独特神韵。

三

作为中国现代美学的重要创化与成果，中国现代人生美学精神集中体现为审美艺术人生相统一的大审美大艺术大人生的理论建构指向；以美的艺术情韵与精神体味创化人生境界的远功利而入世的诗性价值指向；注重审美与艺术教育，倡导在具体的审美活动、艺术实践、人生践履中去创造、欣赏、实现、享受生命与人生之美乐的实践超越指向。如梁启超提出："'美'是人类生活一要素——或者还是各种要素中之最要者，倘若在生活全内容中，把'美'的成分抽出，恐怕便活得不自在甚至活不成"；"人类固然不能个个都做供给美术的'美术人'，然而不可不个个都做享用美术的'美术人'"。[①] 朱光潜认为："人生本来就是一种较广义的艺术。每个人的生命史就是他自己的作品"；"离开人生便无所谓艺术"，"离开艺术也便无所谓人生"。[②] 宗白华强调："哲学求真，宗教求善，介乎两者之间表达我们情绪中的深境和实现人格底谐和的是'美'"；[③] "'美的教育'，就是教人'生

---

① 《饮冰室合集》，第5册，中华书局1989年版，文集之三十九第22页。
② 《朱光潜全集》，第2卷，安徽教育出版社1996年版，第90—91页。
③ 《宗白华全集》，第2卷，安徽教育出版社1996年版，第344页。

活变成艺术'"。① 丰子恺慨叹:"我们的身体被束缚于现实,匍匐在地上,而且不久就要朽烂。然而我们在艺术的生活中,可以瞥见生的崇高、不朽,而发见生的意义与价值了";"艺术教育,就是教人以这艺术的生活的","不是局部分的小知识小技能的传授"。② 这些言论与观点,都是中国现代人生美学精神的生动表述。

中国现代人生美学精神秉持大人生大艺术大审美的理念,反对美只以自身为目的,反对人生只是实际实用的领地,也不主张艺术局限于作品本身的技能优劣与作家一己的悲喜忧乐。在人生维度上,它把"实际人生"和"整个人生"相区别,认为"完满的人生"是实用(善)、科学(真)、美感(美)多方面和谐的整体,主张创造与欣赏相贯通的"人生(生活)的艺术化"。在审美维度上,它把"唯美"与"美"相区别,主张超越纯粹形式与感性之悦乐,提出了"刺""提""宏壮""悲剧""真美""大词人"等富有张力内涵的审美范畴及其对人生的审美品鉴。在艺术维度上,它把"小艺术"与"大艺术"相区别,提出两者的区别在于以"技"为主还是以"心"为主,着意于品鉴富有人生情致的"境界""趣味""情趣""情调"等审美要素与艺术品格。

中国现代人生美学精神将审美和艺术导向人生实践,重视审美教育与艺术教育,注重人格、人性与生命境界的美化涵育。在中国现代美育思想史上,蔡元培于1901年在《哲学总论》中最早引入了"美育"的概念,明确把美育界定为"情感教育",倡导"艺术教育"的独立地位,强调美与艺术的教育在人格和文化涵育中的突出意义,是中国现代美育思想的重要奠基人。梁启超于20世纪20年代倡导"趣味教育"思想和"美术人"的理想,是中国现代人生美育思想富有特色的重要开拓者与建设者之一。丰子恺始终以艺术教育为主要阵地与途径,提倡实施"很广泛很重大的一种人的教育",他身兼艺术家与理论家,从儿童入手,成为中国现代人生美育思想的重要倡导者与践

---

① 《宗白华全集》,第2卷,安徽教育出版社1996年版,第114页。
② 丰陈宝等编:《丰子恺文集》,第2卷,浙江文艺出版社、浙江教育出版社1990年版,第226页。

行者。

中国现代人生美学精神聚焦为以诗性超越为旨向、远功利而入世的中国式人生审美情致，主张蕴真涵善创美，追求"无我""大我""化我"的生命审美建构和"人生（生活）的艺术化"的人生审美创化，其实质就是要求主体以无为精神来创构体味有为生活，实现出世与入世、有为与无为、感性与理性、个体与众生、物质与精神、创造与欣赏、有限与无限之相洽。王国维以"境界说""悲剧说"等为重要代表的艺术美学思想，凸显了以"无我"为最高理想的艺术超越之路。梁启超以"趣味"说倡导了"生活的艺术化"理想，主张个体生命以与众生宇宙之"进合"来扬弃自身的得失之执和成败之忧，创化体味大化"化我"的生命"春意"。宗白华将艺术"意境"、生命"情调"、宇宙"韵律"相贯通，以"充实"与"空灵"的二元对峙与交渗和谐来解决"小我"与"大我"的矛盾，创化"超世入世"的"艺术式的人生"。中国现代人生审美精神以深沉旷逸的诗性人生情怀和多姿多彩的具体范畴学说，构筑了中国现代美学的重要民族品格和精神之根。

标志性术语、范畴的建构，代表性学说、观点的明晰，美育、艺术教育的重视，以及代表性思想家群体的形成等，是20世纪上半叶中国现代美学发生创化和人生美学精神涵育自觉的具体体现。应该说，这种强调有无相成、追求诗性超越的人生审美精神，在本质上是不可能出现在传统社会及其以优美为主导的和谐审美理想下的，因为它要解决的在根本上就是人与自我、与他人、与外部世界的现实冲突及其诗性升华，它是以承认人生的矛盾、对立、毁灭、苦难、失落、无望等为前提，它的审美精神是对人生矛盾、痛苦、不完美的艺术化超越及其达成的诗性和谐。这种人生审美精神及其理论品格，具有突出的开放胸怀、强烈的主体意识、鲜明的现实立场、深沉的诗性维度，对于纯粹理论美学的封闭性、认识论美学以物与客体为主导的目的性、将美育仅仅作为技能教育的歧见等都具有积极的意义。

四

中国现代人生美学精神以美为救世良方，无疑也有着过于重视精神作用的乌托邦色彩。人既是生物的人，也是文化的人。物质的解放与精神的解放于人而言均不可缺，两者互为促进。而对当代中国美学建设来说，则既要传承发扬中国现代人生美学精神的体验维度、价值维度、反思维度等优秀传统，也应重视推进实践维度、科学维度等建设，从而更好地发挥美学的理论功能和实践功能。

近年来，对中国现代美学的研究与反思已经引起国内美学界的关注。这不仅是中国现代美学自身梳理的需要，更是中国当代美学发展的需要。中国现代美学历史地、逻辑地站在了中国美学承前启后、传承创化的交会点上。今天，我们不清理中国现代美学的成果与传统，就不可能实现从过去到未来的贯通，就不可能坚实地、清醒地迈开中国当代美学前进的步伐。其实，我们过去对西方文化与美学的吸纳理解并不全面，偏重于其知识——科学论的传统，而忽视其信仰——价值论的传统；倚重于以知识——科学论维度上的西方理论美学作为样本，哪里不相符就自己先短了气，失了语，当然是无法客观辩证地认识自己的情状与得失了，结果不仅总是赶不上人家，也妨碍了自身特色的发现与建构。如果承认美和美感是历史的动态的发展的，如果承认审美的人文属性，那么美学理论就不可能只有唯一的一种模式，美学思想也不可能只有既定的一种样板。西方美学曾经是、将来也会是中国美学的重要借鉴，但不会是也不应是中国美学的教条和世界美学的终点。对中国现代美学的梳理与总结，也不是去寻找几个放之四海而兼准的教条，而是要从中发现其发展运动的脉搏与规律，反思中国美学在世界美学中的位置与前景，考量中国美学由过去通向未来的诸种可能。

作为中国美学学科自觉的起点，作为中国美学历史发展的阶段，中国现代美学不可能已臻完善。但中国现代美学为我们留下了丰富的宝藏，包括它的经验、得失等。我们应该珍惜这份财富，认真梳理发掘相关资源，特别是需要在理论上予以总结提炼，重视并推进中华民族美学的学理建构。只有这样，才能在世界美学的大家庭中拥有我们自己的位置，发出我们自己的声音，从而为世界美学的发展作出我们的贡献，也能使我们的美学更好地扎根于民族生活的土壤，更好地回应当代新生活的挑战！

与聂振斌先生合作
原刊《安徽大学学报》（哲学社会科学版）2013年第5期

人生论美学与中华美学精神

——以中国现代四位美学家为例

中华文化和哲学具有浓郁的人生精神，关注现实，关怀生存，关爱生命。相比于西方文化的认识论和科学论的主导地位，中华文化和哲学的根底就是人生论。这种源远流长的深厚传统，也深刻影响了中华美学的情趣韵致。如果说西方美学自古希腊以来就叩问"何为美"的问题，即关注美自身的本体性问题；那么中华美学自先秦以来就叩问"美何为"的问题，即关注美对于人的功用性和价值性问题。

一

中华古典美学有着丰富的人生美学思想和人生审美情韵，但没有自觉系统的理论建构。20世纪上半叶，梁启超、朱光潜、宗白华、丰子恺等在内的一批中国现代美学（育）家，可以说是人生论美学思想最早的倡导者。

人生论美学的核心命题是审美艺术人生的关系问题、真善美的关系问题、物我有无出入的关系问题。中国古典美学非常重视美善的关联，涵育了"大美不言""尽善尽美"等思想学说，着重从人与自然、与他人的关系视域，阐发美的伦理尺度。中国现代美学既传承了民族美学的精神，也吸纳了西方美学的滋养，将美善的两维关联拓展到真善美的三维关联。中国现代美学诸大家，都主张真善美的贯通。即不崇尚西方现代理论美学所崇扬的粹美或唯美，而是崇扬真善美贯通之大美。真善美贯通的大美观，奠定了中华美学的基本美论品格，这也是人生论美学的核心理论基石。这种美论，引领审美逸出自身的小天地，广涵艺术、自然、人生，要求审美主体超越一己的小情和生活的常情，追求诗性之美情，彰显了以远功利而入世的诗性超越旨趣为内核的、既执着深沉又高旷超逸的独特的民族美学精神。

二

"趣味"是梁启超美学精神的神髓。梁启超认为，趣味是内发情感和外受环境的"交媾"，是个体、众生、自然、宇宙的"迸合"，也是蕴溢"春意"的"美境"。他说："问人类生活于什么？我便一点不迟疑答道：'生活于趣味。'""假如有人问我：'你信仰的什么主义？'我便答道：'我信仰的是趣味主义。'有人问我：'你的人生观拿什么做根柢？'我便答道：'拿趣味做根柢。'""倘若用化学化分'梁启超'这件东西，把里头所含一种元素名叫'趣味'的抽出来，只怕所剩下仅有个'0'了。"[①] 梁启超主张"凡人必常常生活于趣味之中，生活才有价值"。他突破了中西美学和艺术思想中将趣味仅仅作为艺术范畴或审美范畴的界定，而拓展为一种广义的生命意趣，倡扬以趣味来创化和观审自然、艺术、人。他以"'知不可而为'主义"与"'为而不有'主义""'无所为而为'主义""生活的艺术化""美术人"等范畴和命题，来阐发趣味之境和趣味之人。他提出"人类固然不能个个都做供给美术的'美术家'，然而不可不个个都做享用美术的'美术人'"。[②] 这个"美术人"，实际上就是趣味的人。梁启超的趣味在根底上就是一种不执成败不计得失的不有之为的纯粹生命实践精神，也是一种内蕴责任、从心畅意、不着功利、超逸自在的人生论美学精神。趣味的实现，在梁启超这里，也就是一种生命的自由舒展，是知情意的和谐，是真善美的贯通，是美情的创化，也是创造与欣赏的统一。

梁启超和王国维、蔡元培并称中国现代美学三大开拓者和奠基人。

[①]《饮冰室合集》，第5册，中华书局1989年版，文集之三十九第15页。
[②]《饮冰室合集》，第5册，中华书局1989年版，文集之三十九第22页。

◆◇◆ 拥抱人生的美学

　　梁启超的美学以趣味为核心范畴，他也是趣味精神的倡导者和力行者。他的人生可以说是践履趣味精神的活生生的典范。他自己说，每天除了睡觉外，没有一分钟一秒钟不是积极的活动，不仅不觉得疲倦，还总是津津有味，兴会淋漓，顺利成功时有乐趣，曲折层累时也有乐趣，问学教人时有乐趣，写字种花时亦有乐趣。他总结自己的趣味哲学，就是"得做且做"，活泼愉快；而不是"得过且过"，烦闷苦痛。

　　梁启超的夫人卧病半年，他日日陪伴床榻，一面是"病人的呻吟"和"儿女的涕泪"，一面则择空集古诗词佳句，竟成二、三百副对联。他又让友人亲朋依自己所好拣择，再书之以赠。

　　梁启超的儿女个个成才，一门出了三个院士。他可以说是天底下最懂得也最擅长子女教育的父亲了，他贯彻的就是趣味教育的准则。他称呼孩子们"达达""忠忠""老白鼻""小宝贝庄庄""宝贝思顺"，算得上20世纪初年的萌父了。他的家书亲情浓挚，生动活泼，睿智机趣，境界高洁。如他1927年2月16日写给孩子们的信，就回答了长子思成提出的有用无用的问题，既指出只要人人发挥其长贡献于社会即为有用，又指出用有大用和小用之别，最后强调要"莫问收获，但问耕耘"，实质上就是阐发了他所倡扬的趣味精神。对于孩子们的学业，梁启超既主张学有专精，又不赞成太过单调，鼓励子女在所学专业之外学点文学和人文学。生物学是当时新兴的学科，梁启超希望次女思庄修学此科，但思庄自己喜欢图书馆学，梁启超最终还是尊重了思庄自己的趣好。

　　中国文论讲"文如其人""言为心声"，梁启超的美学文章也是他整个生命神韵和人格精神的生动写照。他以趣味言美，对艺对人，无不以此为赏。他独具只眼，誉杜甫为"情圣"，认为他的美在于"热肠"和"同情"；陶渊明的美并非追求"隐逸"，而在崇尚"自然"。而论屈原，梁启超赞赏他的美就在"All or nothing"的决绝。他批评中国女性文学，"大半以'多愁多病'为美人模范"，不无幽默地宣称"往后文学家描写女性，最要紧先把美人的健康恢复才好"。①

---

① 《饮冰室合集》，第4册，中华书局1989年版，文集之三十七第127页。

梁启超的趣味范畴，突破了囿于审美论或艺术论的单一视域，而将审美、艺术、人生相涵容。梁启超的趣味范畴，在20世纪上半叶产生了重要的影响，朱光潜、丰子恺的美学文章中都有大量运用。作为人生论美学的重要范畴之一，趣味在中华美学精神的传承创化中不容忽视，尤其是这一范畴对情的核心作用的肯定和对美情创化的弘扬，更是彰显了中华美学独特的美论取向和美趣神韵。

三

朱光潜美学思想的核心范畴是"情趣"。他说，"艺术是情趣的活动，艺术的生活也就是情趣丰富的生活"；"所谓人生的艺术化就是人生的情趣化"。[1]

朱光潜的情趣范畴直接受到了梁启超趣味范畴的影响。梁朱渊源颇深。这一点，朱光潜自己多有表述。他曾谈到，自己在"私塾里就酷爱梁启超的《饮冰室文集》"，此书对他"启示一个新天地"；"此后有好多年"，自己是"梁任公先生的热烈的崇拜者"；而且，"就从饮冰室的启示"，"开始对于小说戏剧发生兴趣"。[2] 20世纪20年代初，梁启超以"无所为而为主义"亦即不有之为的精神来阐发趣味的范畴，并认为这种主义也就是"生活的艺术化"。30年代初，朱光潜在《谈美》中集中阐发了情趣的范畴和"人生的艺术化"的命题，认为科学活动（真）、伦理活动（善）、审美活动（美）在最高的层面上是统一的，都是"无所为而为的玩索"，是创造与欣赏、看戏与演戏的统一。朱光潜和梁启超之间既有明显的相通之点，但朱光潜也有自己的发展和特点。如果说梁启超更重审美人生的伦理品格，强调提情为趣；朱光潜则更重审美人生的艺术情致，重视化情为趣。也可以说，梁启超的"趣味"精神更具崇高之美质，朱光潜的"情趣"精神则更著静柔之旷逸。梁启超是把"无为"转化为不有之"进合"，朱光潜是把"无为"转化为去俗之"玩索"。

---

[1]《朱光潜全集》，第2卷，安徽教育出版社1987年版，第96页。
[2]《朱光潜全集》，第3卷，安徽教育出版社1987年版，第442页。

◆◇◆ 拥抱人生的美学

朱光潜的《给青年的十二封信》《谈美》《文艺心理学》《诗论》等著作流播甚广，迄今仍是学习美学的入门书。他的文章文字流畅，说理通透，通俗易懂。1925—1933年，朱光潜留学欧洲，在英法等国学习，先后取得硕士学位和博士学位。他的《谈美》《文艺心理学》《诗论》等初稿，都是在欧洲期间完成的。朱自清认为最能代表朱光潜美学特色的是"人生的艺术化"思想。朱自清在《〈谈美〉序》中说："人生的艺术化"是"孟实先生自己最重要的理论。他分人生为广狭两义：艺术虽与'实际人生'有距离，与'整个人生'却并无隔阂；'因为艺术是情趣的表现，而情趣的根源就在人生'"，"孟实先生引读者由艺术走入人生，又将人生纳入艺术之中"，"这样真善美便成了三位一体了"。[①]

朱光潜一生致力于美学的研究和译介，希望将美感的态度推到人生世相，秉承"以出世的精神，做入世的事业"。[②] 1924年，从港大回来的朱光潜，到春晖中学任教。他结识了一批性情相投的好友，尤其欣赏"无世故气，亦无矜持气"的丰子恺和"虽严肃，却不古板不干枯"的朱自清。十年浩劫中，朱光潜被抄家、挨批斗、关牛棚，但他在困境中仍孜孜问学，雅逸洒脱，践行了他自己以情趣为宗旨的人生信条。

朱光潜的《西方美学史》写得平易晓畅，迄今仍是中国人了解学习西方美学最为经典的著作之一，但他最具影响、流播最广的美学著作则首推《谈美》。《谈美》写于1932年，被称为《给青年的十二封信》之后的"第十三封信"，也被称为通俗版的"文艺心理学"。实际上，《谈美》就是把审美、艺术、人生串联起来，它的核心宗旨就是让当时的青年，以艺术的精神求人生的美化，即追求"人生的艺术化"。《谈美》正文共15篇，第一篇以人与古松的关系为例，分析了实用的、科学的、美感的三种态度，提出了何为美感的问题。接着逐篇切入艺术和审美中的各种具体问题，如距离、移情、快感、联想、

[①] 《朱光潜全集》，第2卷，安徽教育出版社1987年版，第100页。
[②] 《朱光潜全集》，第1卷，安徽教育出版社1987年版，第76页。

想象、灵感、模仿、游戏等，终篇为"人生的艺术化"，朱光潜将此命题总结阐发为"慢慢走，欣赏啊"的诗意情趣。这篇文笔优美的美学文章，写得深入浅出，机趣灵动，体现了作者很好的美学修养和高逸的品格胸怀，广为读者喜爱。也正是因为这篇美文，"人生的艺术化"逐渐定型为20世纪三四十年代中国美学、艺术、文化思想中一个重要的理论命题，产生了广泛的影响。

四

宗白华的美学是中国现代美学"哲诗"精神的典范之一。他的美学文章，既是轻松自在的精神散步，又内蕴温暖深沉的诗情哲韵。

朱光潜和宗白华并称中国现代美学的"双峰"。两位大师同年生同年逝，同沐古皖自然人文，同留学欧洲学习哲学和美学，晚年亦同在北京大学任教。他们都学问冠绝，质朴无华，真情真性。20世纪50年代，在北京生活的宗白华常常挎着一个装干粮的挎包，拿着一根竹手杖，挤公共汽车去听戏看展，有时夜深了没有回程车了，他便悠然步行回家。宗白华家里有一尊青玉佛头，他非常喜欢，置于案头，经常把玩，伴其一生。抗战中宗白华曾离家避难，仓促中也不忘将佛头先埋入园中枣树下。佛头低眉瞑目，秀美慈祥，朋友们认为宗白华也有神似之韵，戏称之"佛头宗"。宗白华才华横溢，年少成名，20世纪30年代就是中央大学的名教授，是当时学术界举足轻重的人物。但他从不恃才傲物，计较名利。50年代调到北京大学后，学校给他评了个三级教授，而他的学生都评上二级教授了。宗白华则风神洒脱，坦然处之。

宗白华的美学深味生命之诗情律动。他叩问"小己"和"宇宙"的关系，探研"小我"和"人类"情绪颤动的协和整饬。他提出了一个重要的范畴——生命情调。生命情调在他看来，就是个体生命和宇宙生命的核心，是"至动而有条理""至动而有韵律"的矛盾和谐，是刚健清明、深邃幽旷的"生命在和谐的形式中"，既"是极度的紧张"，也"回旋着力量，满而不溢"。

宗白华的美学从艺术观照生命与宇宙，把四时万物、自然天地融通为一，旨在提携"全世界的生命"，"得其环中"而"超以象外"，能空、能舍，能深、能实，"深入生命节奏的核心"，直抵生命的本原和宇宙的真体，超入美境，"给人生以'深度'"。亦正因此，宗白华自豪地说："我们任何一种生活都可以过，因为我们可以由自己给予它深沉永久的意义。"[①]

《歌德之人生启示》作于1932年。文章开篇，宗白华就提出了"人生是什么？人生的真相如何？人生的意义何在？人生的目的是何？"[②]这四个"人生最重大、最中心"的问题。全文以歌德的人生为例，作出了生动深刻的诠释。歌德是宗白华最为推崇的伟大诗人之一，文章内蕴热烈激越的情感，又化绚烂为平静，引动象入秩序，文与诗交错，极富美意哲韵。

在早年作品《青年烦闷的解救法》《新人生观问题的我见》中，宗白华就明确提出了"艺术的人生观"的问题，倡导"艺术的人生态度"和大众艺术教育。他的名篇《中国文化的美丽精神往哪里去》《唐人诗歌中所表现的民族精神》《论〈世说新语〉和晋人的美》等，均将审美、艺术与人生相关联。《唐人诗歌中所表现的民族精神》认为文学是民族精神的象征，唐人诗歌体现的正是中华民族铿锵慷慨的民族自信力。《论〈世说新语〉和晋人的美》论析了晋人简约玄澹、超然绝俗的人格个性和美感神韵。《中国文化的美丽精神往哪里去》则指出中国哲人本能地找到了事物的旋律的秘密，即宇宙生生不已的节奏，而端庄流利的艺术就是其象征物，也是我们和生命、和宇宙对话的具体通道。宗白华在此文中说，在"生存竞争剧烈的时代"，我们的"灵魂粗野了，卑鄙了，怯懦了""我们丧尽了生活里旋律的美（盲动而无秩序）、音乐的境界（人与人之间充满了猜忌、斗争）"，"这就是说没有了国魂，没有了构成生命意义、文化意义的高等价值"。他惆怅而尖锐地叩问"中国精神应该往哪里去"？[③]

《中国艺术意境之诞生》是宗白华美学思想最为重要的代表作品

---

① 《宗白华全集》，第2卷，安徽教育出版社1996年版，第15页。
② 《宗白华全集》，第2卷，安徽教育出版社1996年版，第1页。
③ 《宗白华全集》，第2卷，安徽教育出版社1996年版，第403页。

之一。他在引言中说:"历史上向前一步的进展,往往地伴着向后一步的探本穷源","现代的中国站在历史的转折点。新的局面必将展开"。① 在此文中,宗白华指出中国艺术是中国文化最中心、最有世界贡献的方面,而意境恰是中国心灵的幽情壮采的表征。研寻意境的特构,正是中国文化的一种自省。他认为,艺术意境从主观感相的摹写,活跃生命的传达,到最高灵境的启示,是一个境界层深的创构,也是人类最高心灵的具体化、肉身化。艺术诗心映射着天地诗心,艺术表演着宇宙的创化。中国的艺术意境传达着中国心灵的宇宙情调。

五

丰子恺被誉为"中国现代最像艺术家的艺术家"。② 他虽以漫画最负盛名,亦广涉音乐、书法、文学等领域,在画乐诗书中自如穿梭,在诸多方面都取得了很高的成就。他的美学思想是以身说法,身体力行,且高度重视艺术教育的人生意义。

丰家祖居浙西石门。在私塾求学时,丰子恺就善描人像,有"小画家"盛名。后拜李叔同为师,深受影响,痴迷美术和音乐。1919年11月,他和姜丹书、周湘、欧阳予倩等共同发起成立"中华美育会",这是中国美学史上第一个全国性的美学组织。1920年4月,中华美育会会刊《美育》创办出版,这是中国第一本美育学术刊物,丰子恺是编辑之一。

在《美育》创刊号上,丰子恺发表了《画家之生命》,提出画家之生命不在"表形",其最要者乃"独立之趣味"。何谓趣味,丰子恺力主其要旨在"真率"。他以"成人"和"孩子",分别指代实用的、功利的、虚伪的和艺术的、真率的、趣味的。他说:"童心,在大人就是一种'趣味'。培养童心,就是涵养趣味。"③ 这个"童心",是

---

① 《宗白华全集》,第2卷,安徽教育出版社1996年版,第356页。
② [日]谷崎润一郎:《读〈缘缘堂随笔〉》,夏丏尊译,载《丰子恺文集》,第6卷,浙江文艺出版社、浙江教育出版社1990年版,第112页。
③ 丰陈宝等编:《丰子恺文集》,第2卷,浙江文艺出版社、浙江教育出版社1990年版,第254页。

丰子恺对艺术精神和美感意趣的比喻，而不是真的要人做回小孩子。在丰子恺这里，"儿童""顽童""小人"各有所指。"顽童"是少不更事，未失天真，他那颗美的"童心"尚未激活，因此需要艺术和美育。但"小人"就不同了，他是自甘沉沦的大人，是"或者为各种'欲'所迷，或者为物质的困难所压迫"的钻进"世网"的"奴隶"，他们的精神世界是顺从、屈服、消沉、诈伪、险恶、卑怯、浅薄、残忍等种种非艺术的品性。"大人化"在丰子恺这里是个贬义词。他把艺术家比喻为"大儿童"，是用"真率"的"童心"来抵御"大人化"的"真艺术家"。丰子恺强调，"真艺术家"即使不画一笔，不吟一字，不唱一句，他的人生也早已是伟大的艺术品，"其生活比有名的艺术家的生活更'艺术'"。[①]

丰子恺的《从梅花说到美》《从梅花说到艺术》《新艺术》《艺术教育的原理》《童心的培养》《艺术与人生》等文，均写得深入浅出，生动易读。抗战期间，他还写了《桂林艺术讲话》（之一、之二、之三），力主"'万物一体'是中华文化思想的大特色"，是"最高的艺术论"，而"中国是最艺术的国家"，我们"必须把艺术活用于生活中""美化人类的生活"。"最伟大的艺术家"，就是"以全人类为心的大人格者"。[②] 这样的人，在神圣的抗战中，也必至仁有为。他说，美德和技术合成艺术；若误用技术，反而害人。这些思想，都体现了人生论美学家的共同原则，即不将美从鲜活的生活中割裂出去，不主张从理论到理论的封闭的美学路径，而是主张审美艺术人生的统一，倡扬真善美的贯通，引领物我有无出入之超拔。

原刊《中国文艺评论》2017 年第 9 期

[①] 丰陈宝等编：《丰子恺文集》，第 4 卷，浙江文艺出版社、浙江教育出版社 1990 年版，第 403 页。

[②] 丰陈宝等编：《丰子恺文集》，第 4 卷，浙江文艺出版社、浙江教育出版社 1990 年版，第 16 页。

中国现代美学对中华美学精神的传承与发展

中国现代美学是中国美学发展进程中重要而特殊的一个阶段，也是一个承前启后、卓有实绩的阶段。① 一方面，在20世纪上半叶古今中外思想文化大撞击、大交会的时代，西方美学东渐，直接影响并推动了中国美学现代学科意识的自觉；另一方面，中华传统美学精神并没有在现代美学话语建设的步伐中消解，而是在学术文化发展和时代社会需要的双重吁求中传承发展，达到了一个新的阶段。梳理总结中国现代美学与中华美学精神传承发展的关系，对于贯通中华美学的民族血脉，推动中华美学精神在当下的创造性发展和创新性转化；对于中国美学构建自己的民族话语和强化自己的民族特色，更好地与世界美学深入对话交流；对于当代中国美学总结民族美学发展演化的经验教训，更好地引领美学理论及其相关实践的发展，都具有重要的理论意义和现实针对性。

一

本文首先讨论中国现代美学对中华美学精神侧重于传承的方面。

---

① 本文所说的中国现代美学在时间跨度上特指20世纪上半叶，不包括1949年后。这个时间的取舍主要是从中国美学史自身发展特点出发的考量。笔者倾向于把迄今为止的中国美学史区分为中国古典美学（先秦至晚清）、中国现代美学（晚清至1949年）、中国当代美学（1949年迄今），而不赞成单独列出中国近代美学，也不赞成把中国现代美学和中国当代美学统称为中国现代美学。

◆◇◆ 拥抱人生的美学

  笔者认为，中国现代美学主要传承了民族美学的人文情怀、辩证思维、诗性品格、艺教传统等重要精神因子。

  第一，中国现代美学传承了民族美学的人文情怀。中国古代没有现代学科意义上的美学，但却有丰富的美学思想。中华古典美学思想的精髓之一就是浓郁的人文情怀。一个民族的美学品格与其哲学和文化的品格密不可分。与西方文化突出的科学精神相映衬，中华文化最具特色的就是关怀人、关注人生的人文情怀。"人生论是中国哲学之中心部分。"[①] 如果说，古希腊哲学的目光最先投向的是浩瀚的宇宙，追问的是人所面对的宇宙的本体存在和理性认知；那么，中国先秦哲学的目光最先投向的是人，是天人合一的大千世界中人的生命体认和自由存在。孔子和庄子所代表的中国哲学的儒道两大源头，一崇入世，一尚出世，都是试图建构人的现世伦理哲学，或与社会伦理相洽，或与自然伦理相洽，其核心都是对人的现实生命、生存、生活的关注、关爱、关怀。中华传统美学秉中华文化与哲学之核，阐发体现了这种以现实的人为中心、关怀关注关爱人的浓郁人文情韵。"中国文化的最高境界表现在美学境界上"；"中国传统美学熔注了中国人的心灵情感，是中国人将实体世界和世俗世界相贯通的肯綮"；"柔性的审美精神，是中国人精神的家园"。[②] 中华传统美学不以对美学活动的科学认知见长，而是倡扬身心俱化的整全体验，在主体对自然、艺术、人自身的体验交融中，达到物我两忘的心灵自在之境。这种境界不是引人超向宗教的彼岸，而是体入人生的此在，寻求生命的观审、体认、感悟的生生之美和诗性安顿，其实质乃是温暖的人文情怀，是不弃此生而寻求超拔，这与宗教的彼岸解脱是方向不同的路径和意趣。中国现代美学从传统美学的人文情韵一脉而下，突出体现了对生命、生气、生机、活力、创造等人生美的肯定和礼赞。梁启超的"趣味"美，肯定的就是一种情感激发、生命活力、创造自由相会通的具体生命状态，他也誉之为"生活的艺术化"。"趣味""情感""情趣""意境""境

---

  ① 张岱年：《中国哲学大纲》，中国社会科学出版社1982年版，第165页。
  ② 袁济喜：《承续与超越——20世纪中国美学传统》，首都师范大学出版社2006年版，第10—11页。

界""情调""真率""风骨"等概念,成为中国现代美学频繁使用的核心词。这些概念勾连了审美艺术人生和真善美的关联,突出了情感、个性、生命等因素的美学意义。同时,中国现代美学对传统美学人文情怀的传承也呈现出新的时代因子,如科学精神的融入、启蒙意向的凸显、生命情感的张扬等,特别是对于知情意完善的新人格生成的聚焦。一批影响较广的重要命题学说,如梁启超的"美术人"说、丰子恺的"大艺术家"说、朱光潜的"人生的艺术化"说、蔡元培的"以美育代宗教"说等,其终极目标都不是指向科学的求知或道德的致善,而是追求知情意和谐的美的人的涵育和生成,崇尚一种以美为核心的融真蕴善的人文情韵。

第二,中国现代美学传承了民族美学的辩证思维。中华文化是高度重视辩证思维的文化。《五经》之首的《周易》就是中华文化这种辩证思维的重要源头。《周易》提出"《易》与天地准,故能弥伦天地之道",开篇先定乾坤天地男女阴阳,继衍动静刚柔,是以明"一阴一阳之谓道"和"生生之谓易"。① 即以对立统一的动态生成之"易"为"道",亦即天地生命之本源和规律。这种深刻的辩证思维,与其说它是对事物生成变化规律的逻辑总结,不如说它是对事物生成变化规律的本体洞悉。因此这种辩证思维从内在精神说是智慧,而非仅知识。"夫易广矣大矣!"《易经》的辩证法的最终目标,是追求一种"大生"和"广生",是谓"大德"和"至德",也是"美在其中""美之至也",它与人文情怀有着内在的贯通性。② 也正因此,《周易》虽非今天所说的美学专著,但它和《论语》《庄子》等典籍一样,都潜蕴着由道德追求通向审美精神的内在理路,这也是中华文化泛审美、泛艺术的重要特点之一。中国古典美学的概念范畴、理论命题、思维方式等,都深受其浸润和影响,衍生出形神、情理、言意、文质、虚实、动静、巧拙等辩证范畴,和大音希声、无法至法、意在言外、韵外之旨等辩证命题,几乎覆盖了艺术审美中形象构造、表现形态、技

---

① 陈戍国点校:《四书五经》,上册,岳麓书社2002年版,第196—197页。
② 陈戍国点校:《四书五经》,上册,岳麓书社2002年版,第144页。

巧手段等各方面。中国现代美学家如王国维、宗白华、朱光潜都很好地传承了中华古典美学的辩证思维，进行自己的理论建构。如宗白华的"情调"范畴，强调了节奏与韵律的对立和谐，对动静关系及其美感创化作出了生动诗意的辩证诠释。辩证思维讲对立统一，在论证问题时抓主要方面而不走极端，既全面观照又切中肯綮。这一点，梁启超在研究艺术情感时，就有很好的体现。他认为中国韵文重点关注和表现的主要是含蓄蕴藉的情感，缺少奔迸刺痛情感的表达。但"人生的目的不是单调的，美也不是单调的"，因此他主张只要是真情流露，那么不管是"歌的笑的"还是"哭的叫的"诗，都是好诗。[1]他在对中国传统诗歌和代表诗人的表情特点进行系统总结和反思的基础上，提出要先梳理中国诗歌表情方法用得最多最好的，以此"做基础来与西洋文学比较，看看我们的情感，比人家谁丰富谁寒俭，谁浓挚谁浅薄，谁高远谁卑近，我们文学家表示情感的方法，缺乏的是哪几种，先要知道自己民族的短处去补救它，才配说发挥民族的长处"。[2]这种既宏观把握又洞幽烛微、既肯定优点又把捉缺点，从而找到核心问题和突破方向的考察分析，是辩证思维运用的范例。

第三，中国现代美学传承了民族美学的诗性品格。中华传统美学的人文情怀，其核心韵致就是一种诗性的品格。理想人格实现处也即审美人生实现处，这是中华传统文化最为深刻的美学精神之一，也是中华传统美学最具特色的文化精神之一。这与整个中华文化泛审美泛艺术的特点是紧密相连的，即不寻求寄于彼岸之解脱，而憧憬现实升华之诗意。如孔子的"从心所欲，不逾矩"、庄子的"物我两忘"而"道通为一"，崇尚的都是一种自在自得自由的精神怡乐和心灵遨游。从这种诗性内核出发，中华传统美学追求一种物我、有无、出入之间的张力和谐，构筑了虚静、妙悟、玄览等一系列即虚即实的审美方式，注重的不是语言、色彩、线条等外在形式方面的品鉴，而是一种对整体意境、意趣、意韵的领悟，由此去构筑一方物我一体的诗意心灵天

---

[1]《饮冰室合集》，第5册，中华书局1989年版，文集之三十八第50页。
[2]《饮冰室合集》，第4册，中华书局1989年版，文集之三十七第72—73页。

中国现代美学对中华美学精神的传承与发展

地。中国现代美学家也自觉不自觉地在不同程度上秉承了民族美学的这种诗性情韵,这既是一种文化的濡染浸润,也是当时社会历史特点所推动的一种文化选择。中国现代的民族苦难使得知识群体很需要一种精神的寄托与超拔,但又不脱离这个现实。这也就是朱光潜说的"以出世的精神做入世的事业"的精神,① 梁启超说的"'知不可而为'主义与'为而不有'主义"相统一的精神,② 王国维说的"须入乎其内,又须出乎其外"的精神。③ 这种诗性的情韵也化生为这些美学家们所倡扬的"趣味—情趣""意境—境界"等理论学说,不仅是对文学艺术的审美品鉴,也体现了以艺术和审美超拔人生的诗性智慧。

第四,中国现代美学传承了民族美学的艺教传统。中国古典美学高度重视艺术教育及其社会功能。古典"六艺"教育中,"乐"和"书"属于艺术教育。但"乐"不仅指现在的音乐。郭沫若指出它的内容包含很广,既含乐、诗、舞的三位一体,也包含其他可使人感官得到享受的东西。④ "诗教""乐教"既是古典艺术教育的基本形态,也是整个传统教育的重要形态。叶朗认为孔子"是中国历史上第一个重视和提倡美育的思想家"。⑤ 孔子主张"兴于《诗》,立于礼,成于乐",⑥ 即倡导一种美善相济的艺教传统,由"诗"(艺术)入,而"礼"(道德)通,而"乐"(艺术)乐。中国古典艺术教育有着浓郁的以艺育人的教化色彩,核心是美(善)的人格的生成。中国现代美学从蔡元培、梁启超始,高度重视艺术(审美)教育的作用,但他们的以艺(美)育人,强化了艺(美)育中情感教育的核心地位,从而体现了新的启蒙色彩。如梁启超提出"情感教育""趣味教育"的概念,主张通过以情感教育和趣味教育为核心的艺术审美教育,来实现"人类固然不能个个都做供给美术的'美术家',然而不可不个个都做

---

① 《朱光潜全集》,第1卷,安徽教育出版社1987年版,第76页。
② 《饮冰室合集》,第4册,中华书局1989年版,文集之三十七第68页。
③ 姚淦铭、王艳编:《王国维文集》,第2卷,中国文史出版社1997年版,第155页。
④ 郭沫若:《公孙尼子与音乐教育》,第16卷,《沫若文集》,人民文学出版社1962年版,第186页。
⑤ 叶朗:《中国美学史大纲》,上海人民出版社1985年版,第42页。
⑥ 陈成国点校:《四书五经》,上册,岳麓书社2002年版,第31页。

享用美术的'美术人'"的理想。① 丰子恺也主张艺术教育"非局部的小知识、小技能的教育","是很重大很广泛的一种人的教育",艺术教育的关键是培养艺术的"趣味""'艺术的'心眼",教人"艺术的生活",进而培育能将艺术和生活相统一的"大艺术家"。② 艺术教育的目的不只是技能技巧的习得,更是情感、趣味、人格的涵育,这种艺术教育的启蒙导向和人学指向,是中国现代美学对传统美学艺教传统在传承基础上的发展,也成为中国现代美学一个富有特色的重要方面。

二

中国现代美学对中华美学精神的传承发展,是传承中有发展,发展中有传承。这种传承和发展,既是古今的问题,也是中西的问题。古今中西的撞击交汇,中国现代空前激烈的民族矛盾和阶级矛盾,使得中国现代美学对民族美学精神的传承发展,也具有颇为复杂的状貌。但是中国现代美学精神的主脉,始终没有离开民族文化和民族美学的根基,这正是研讨中国现代美学对中华美学精神传承发展所要把握的主要方面。前面侧重从传承的方面来考察,现在则侧重从发展的方面来考察。笔者认为,中国现代美学主要体现了对民族美学的人生视野、理性精神、崇高意趣、实践向度等方面的现代拓展。

第一,中国现代美学拓展了民族美学的人生视野。20世纪初的中国现代美学,从学科意识和理论形态的层面说,是在西方美学的直接影响下启幕的。它在话语形态、学科架构、理论方法各方面,都大量直接借鉴西学。这个时期科学精神也正是整个中国现代文化向西方学习的重心。中国现代美学并不排斥科学精神和逻辑方法,王国维、梁启超、朱光潜等先驱,都身体力行,既借鉴学习西方理论思维和理论模态,也直接从理论话语上倡导美与真之统一。但是他们的美学思想,包括宗白华、邓以哲、吕澂等在内,并不是从理论到理论,而是直面

---

① 《饮冰室合集》,第5册,中华书局1989年版,文集之三十九第22页。
② 丰陈宝等编:《丰子恺文集》,第2卷,浙江文艺出版社、浙江教育出版社1990年版,第226—227页。

人生、切入人生。这既与中华美学自身的人文传统相关联，也与当时民族危难的时代背景有着密切的关系。中国现代美学家大都自觉承担了启蒙和救赎的双重角色，旨在以审美话语来启蒙大众，其终极指向还是以诗性人格的涵育来引领一种现世的精神超越，形成了一种人文情怀和启蒙意趣的交融。中国古典美学主要集中在艺术论，主要是对具体作品的诗文评；其美趣意向，主要通过艺术审美来体现。而中国现代美学的视野则以艺术为主要领域，又拓出了艺术的天地，广涉文化、哲学、教育、心理、社会等诸多领域。如梁启超的《美术与生活》《学问之趣味》《趣味教育与教育趣味》，蔡元培的《真善美》《美育与人生》《以美育代宗教》，宗白华的《歌德之人生启示》《哲学与艺术》《艺术生活》，朱光潜的《文学与人生》《看戏与演戏——两种人生理想》，以及丰子恺的《音乐与人生》《图画与人生》《艺术与人生》等，都直接将人生命题纳入了美学视野。中国现代美学发展了古典美学中就已出现的一批重要概念，丰富、拓展了它们的问题视野和理论内涵，如梁启超的"趣味"、王国维的"意境"、朱光潜的"情趣"、宗白华的"情调"等。这些范畴在中国古典美学中，应该说已经有着某种人生的维度和意趣，但在艺术和人生的两维中，它更著艺术之意味。而在中国现代美学中，不仅上述这些重要范畴呈现出向人生维度的开掘，还直接出现了"生活（人生）的艺术化"等命题。如"境界"在王国维《人间词话》中出现的频率就远高于"意境"，从而体现出由艺术品鉴向人生品鉴的美趣意向的开拓。[①] 而梁启超和朱光潜美学思想中的核心范畴"趣味"与"情趣"，更是直接与"生活的艺术化"和"人生的艺术化"命题相连接，从而直接导向了审美艺术人生相统一的命题，将美学的终极目标直接指向了生命情趣和人生境界的建构。中国现代美学倡导的不是一种对粹美（情）或唯美（情）或小美（情）的关注，而是一种打通生活、艺术、审美的大美视野。这种人生美学视野的自觉拓展，以艺术美为内在尺度，以人生

[①] 据陈望衡先生统计，在《人间词话》中，"用'境界'概念凡32处，而'意境'只出现2次"。见陈望衡《中国美学史》，人民出版社2005年版，第440页。

美为价值指向，潜蕴了一种审美艺术人生相统一的以美情为核、追求知情意行合一、创美审美相谐的精神追求。

第二，中国现代美学拓展了民族美学的理性精神。中国古典美学偏于美善的关系，主张美善相济、尽善尽美的审美原则，主要是以德来照亮情。西方经典美学则以知情意的区分和独立为逻辑起点，其核心是以知（理性）来照亮情。中国现代美学对理性精神的拓展，应该说直接受到了西方美学的影响，主要表现为科学论和认识论维度上的"真"的引入。蔡元培、梁启超都是较早从现代立场上自觉讨论真美关系的中国现代美学家。蔡元培于1921年2月发表了《美术与科学的关系》一文，认为"科学虽然与美术不同，在各种科学上，都有可以应用美术眼光的地方"。[①] 稍后，1922年4月，梁启超在北京美术学校也发表了题为"美术与科学"的讲演，明确提出了"真美合一"的命题，要求"求美先从求真入手"，主张最美的作品是由"真人"创作的"真文艺"；文章剖析了科学和艺术相通的四个方面，包括热心和冷脑的结合、抓事物的特点、深刻锐入的观察、内蕴理法的组织表达；倡导一种"科学化的美术"和"美术化的科学"。有学者认为自此开始了"真正从理论上以近代的思想方法把'美'与'真'联系起来论述"。[②] "真"在此时，也明确成为衡量艺术境界美的一个重要尺度。如"境界"说的代表人物之一王国维，就提出艺术"能写真景物、真感情者，谓之有境界"。[③] 而鲁迅则从去伪"善"、崇"真"诚的角度，倡导"真美"的价值，要求艺术描写真实和真实地描写。宗白华则提出了"由美入真"的命题，并衍生出"由幻以入真"等命题。[④] 值得注意的是，这个阶段对"真"的维度的引入，已具有了现代性的因子，但并未将中国现代美学的主流引向科学的美学。中国现代美学对理性精神的拓展，一方面与古典伦理哲学意义上的"真"相区别，从而撼动了传统美学的伦理核心，另一方面也推动了现代美学启蒙维

---

① 中国蔡元培研究会编：《蔡元培全集》，第4卷，浙江教育出版社1997年版，第326页。
② 陈伟：《中国现代美学思想史纲》，上海人民出版社1993年版，第39页。
③ 姚淦铭、王艳编：《王国维文集》，第2卷，中国文史出版社1997年版，第142页。
④ 《宗白华全集》，第2卷，安徽教育出版社1996年版，第71—72页。

度上的"真"的张扬,特别是在此基础上推动了以真善美贯通为内核的人生论美学旨趣的孕萌。真善美三者的关系及其贯通,是当时诸多中国现代美学家关注的重要命题,这是中国现代美学与理性精神拓展相关联的民族特色的重要特点,突出体现了中国现代美学吸纳化用西方理性精神的民族化创构,即既以真善美的区分和情感的独立开启了现代美学的学科自觉,又以真善美的关联推进了民族美学的自身话语和精神建构。朱光潜是明确讨论真善美关系问题的重要现代美学家之一。他的《谈美》,最为核心的问题就是真善美三者的关系,及其在人生实践中的践履——"人生的艺术化"问题。朱光潜认为"真理在离开实用而成为情趣中心时就已经是美感的对象了",而"'至高的善'则有内在的价值",即在"无所为而为的玩索",他的结论是"科学的活动也还是一种艺术的活动,不但善与美是一体,真与美也并没有隔阂"。[①] 宗白华也是20世纪中国最为重要的民族美学家之一。他认为,艺术意境就是美的精神生命的表征,是最高的也是具象的理性和秩序,是阴阳、时空、虚实、形神、醉醒之自得自由的生命情调。"艺术的里面,不只是'美',且饱含着'真'";[②] "心物和谐底成于'美'。而'善'在其中了"。[③] 在他这里,艺术意境就是真善美一体和谐的生命情调和意境创化,是艺术美境、宇宙真境、人生至境的统一。中国现代美学对理性精神的拓展,始终是与善、与美相勾连的,这种独特的精神品格及其话语方式,对中华美学美情精神的创化发展起到了直接而重要的作用,值得我们深入探讨。

第三,中国现代美学拓展了民族美学的崇高意趣。中国古典美学崇尚中和之美,偏于赏会优美和谐之对象。从和谐美向崇高美的拓进,是世界各审美文化、审美意识演进的共同规律。相较于优美的平和宁静的快感,崇高是内含痛感和激情的快感。中华典籍中最早使用"崇高"一词的,可能是《国语·楚语上》的"土木之崇高",指的是建筑物的高峻,主要是形式上的阳刚美。中国古典艺术中有雄浑、宏壮

[①] 《朱光潜全集》,第2卷,安徽教育出版社1987年版,第95—96页。
[②] 《宗白华全集》,第2卷,安徽教育出版社1996年版,第72页。
[③] 《宗白华全集》,第2卷,安徽教育出版社1996年版,第114页。

等风格范畴，都属比较纯粹意义上的阳刚美，与西方美学以对立、冲突、毁灭等痛感要素为基础的崇高美，并不完全等同。中国古典美学中，还有一个和崇高相近的概念"大"。《左传》中就用"大"这个概念来评论音乐，《论语》中孔子则用"大"来评价君子之美。这个"大"主要是一种道德评判，但由它所呈现的"德至""盛德""巍巍乎""荡荡乎""焕乎"的风采韵致，还是内蕴了一种崇高的意趣。在《庄子》中，则直接以"大"来界定美，提出了"天地有大美而不言"的命题。这个"大美"也就是天地之道，是万物最高的自然规律。它不仅有道德的内涵，也是一种真善美的贯通，即客观规律、主体把握、情感体味的统一。它虽不能简单用西方美学的崇高来对举，但却内蕴了一种主体自我心灵提升的崇高意趣。在中国现代美学中，王国维也用到了"大诗歌""大文学"的概念，用来指称"北方人之感情，与南方人之想象合而为一"的作品，其代表就是屈原的作品。而"北方人之感情"，乃是屈原那种"坚忍之志，强毅之气"，那种"不屑为，亦不能为"而"终不能易其志"的"廉真"。① 这种"大"，显然不是古典式的壮美了，而内蕴了独立、决绝、悲壮，有了某种更为复杂的况味，这与西方美学的崇高有所趋近，也与中国现代美学崇高意趣的总体走向相一致。中国现代美学家中，王国维、梁启超、鲁迅等，都是倡导崇高美的先驱。如梁启超就明确提出"美的作用，不外令自己或别人起快感。痛楚的刺激，也是快感之一"。② 在《诗话》中，他极力张扬的是"深邃闳远""精深盘郁""雄伟博丽""长歌当哭"的性情之作，反对"靡音曼调"，要求"绝流俗""改颓风"，显然推崇的是崇高之美。中国现代美学崇高意趣的掘进，既与西方美学的影响密不可分，也与凄风苦雨的时代特征相映照，形成了自身的某些特点。

其一，中国现代美学的崇高意趣突出了人和社会领域的崇高美，尤其突出了崇高人格的美感价值。如梁启超所描画的屈原形象，其核心就是"All or nothing"的人格神韵。而鲁迅将"立意在反抗，旨归在动

---

① 姚淦铭、王艳编：《王国维文集》，第1卷，中国文史出版社1997年版，第31—33页。
② 《饮冰室合集》，第5册，中华书局1989年版，文集之三十八第50页。

作"的摩罗诗人誉为"最雄桀伟美者",弘扬的是一种"强力高尚"的人格风采。其二,中国现代美学的崇高意趣往往与悲剧精神相融会。1904年,王国维发表《〈红楼梦〉评论》,第一个明确肯定了《红楼梦》作为"彻头彻尾之悲剧"的"美学上之价值"。梁启超也把《垓下歌》所描绘的失败英雄慷慨赴死的悲壮视为"中国最伟大的诗歌"。① 其三,中国现代美学的崇高意趣具有重要的文化反思和批评精神,是从民族审美现实和时代需求出发的自觉的理论选择。如鲁迅对崇高的弘扬就是从批判"中国人向来不敢正视人生,只好瞒和骗,由此也生出瞒和骗的文艺来,由这文艺,更令中国人更深地陷入瞒和骗的大泽中,甚而至于已经自己不觉得"入笔,进而呼吁"我们的作家取下假面,真诚地,深入地,大胆地看取人生并且写出他的血和肉来",② 倡导"将人生有价值的东西毁灭给人看的"的对立型崇高美。而梁启超亦对传统诗教提出了尖锐的批评:"我们的诗教,本来以'温柔敦厚'为主","对于热烈磅礴这一派,总认为别调"。③ 王国维对传统戏曲、小说"始于悲者终于欢,始于困者终于亨,始于离者终于合"的"乐天"精神,也都予以了反思批评。中国现代美学对崇高意趣的拓展,体现了美学的思想锋芒和文化批判精神,使美学成为一种有热度的关注现实的学问。由此,中国现代美学的崇高意趣,始终没有走向纯形式的关注,而是与审美艺术人生统一的人生视野和真善美贯通的美情旨趣相呼应,成为民族美学精神传承发展中的重要一维。可惜这个优秀传统,在当代美学中,似未得到很好的弘扬。当代艺术创作、批评等实践中,种种低俗媚俗、缺失筋骨正气的现象,就很需要重扬民族美学的崇高意趣以补正。

第四,中国现代美学拓展了民族美学的实践向度。中国古典美学思想,从孔庄的源头来说,就不是一种纯粹知识的建构,而是从人的生存的现实问题而来,内蕴着关怀和思考人的生存的价值维度。在这个问题上,儒道两家都选择了富有诗性内核的解决之道,形成了孔子

---

① 《饮冰室合集》,第10册,中华书局1989年版,专集之七十四第14页。
② 《鲁迅全集》,第1卷,人民文学出版社1981年版,第240—241页。
③ 《饮冰室合集》,第4册,中华书局1989年版,文集之三十七第72—73页。

以"乐"为中心和庄子以"游"为中心的审美化人生哲学。这种哲学本身，就有着丰富的人生实践向度。它也深刻影响了中国艺术的审美趣味，使得中国艺术也成为人生智慧的一种表现和传达。在美学和实践的关联上，中国现代美学是中华美学精神发展中的一个高峰。中国现代美学虽然直接受到了西方理论美学的广泛影响，但它从一开始，就没有走向从理论到理论的封闭路径，而是凸显了鲜明的实践向度。这种实践向度，与人文情怀紧密相连，与人生视野紧密相连，与艺教传统紧密相连，与诗性品格紧密相连，使得创美审美的美学实践活动直接成为生命和生活的自觉践行。"生活—人生的艺术化"是中国现代美学最具代表性的学说之一，也是美学理论切入人生实践的一种具体表述。1920 年，田汉在给郭沫若的信中较早使用了"生活艺术化"的概念。① 此后，与其相近相关的概念和表述在 20 世纪上半叶广泛运用，产生了重要的影响，如江绍原的"美的生活"，② 宗白华的"艺术式的人生"，③ 梁启超、郭沫若、樊仲云的"生活的艺术化"，④ 吕澂、李石岑的"美的人生"，⑤ 朱光潜的"人生的艺术化"等。⑥ 这些表述，就其具体的内涵来说，有着细微的差别，但都体现了将审美、艺术、人生相勾连的实践向度。这种实践向度，推动了以伦理教化为核心的古典艺教传统向以情感启蒙为核心的现代审美和艺术教育的转型，也推进了中国现代美学知情意行合一的人生论美学精神的创化。

三

相对于西方美学和中国古典美学研究，对于中国现代美学的研究，

---

① 《宗白华全集》，第 1 卷，安徽教育出版社 1996 年版，第 265 页。
② 江绍原：《生活艺术》，《东方杂志》1920 年第 17 卷第 15 期。
③ 宗白华：《青年烦闷的解救法》，《解放与改造》1920 年第 2 卷第 6 期。
④ 《饮冰室合集》，第 4 册，中华书局 1989 年版，文集之三十七第 67 页；郭沫若：《生活的艺术化》，《郭沫若全集》，第 15 卷，人民文学出版社 1990 年版，第 207 页；樊仲云：《生活的艺术》，《文学周刊》1926 年第 155 期。
⑤ 吕澂：《美学浅说·色彩学纲要》，山西人民出版社 2015 年版，第 43 页；李石岑：《美育之原理》，上海教育出版社 2011 年版，第 107 页。
⑥ 《朱光潜全集》，第 2 卷，安徽教育出版社 1987 年版，第 90 页。

一直是较为薄弱的环节，这与中国现代美学的实际成果和重要地位很不匹配。这方面研究的滞后，也直接影响了当代美学的建设发展。近年来，国内美学界对于20世纪中国美学，有一种流行颇广的"西方美学在中国"的观点，强调了一种对于中国现当代美学"失语"的焦虑。事实上，只要认真梳理中国美学发展的历史，一切从中国美学发展的实际出发，而不是简单以西方美学的理论特征、框架命题、话语形态等来硬性框范，就可以发现，所谓的"失语"在某种意义上恐失偏颇。因为中国古典美学并不是西方现代学科意义上的美学，自然无法用西方美学的范式特征来对应。而中国现代美学一方面自觉吸纳了西方美学的学科意识，借鉴了西方美学的话语方式，在此基础上开启了自己的现代学科建设的脚步，也构筑了与西方美学、与现代学科对话的必要基础；另一方面，中国现代美学的精神意趣、话语体系、概念命题等，并没有全盘西化，其主脉始终凸显了民族的立场，关切于民族审美的现实，在吸纳西学中既有传承传统，也有发展创化，而且取得了迄今尚未超越的现代意义上的中国美学发展的某种高峰，这又岂能简单以"失语"概之。可惜的是，中国现代美学开创的民族新美学建设的优秀传统，在20世纪下半叶以来的中国当代美学建设中，并未得到持续发扬。20世纪50年代以来的中国当代美学建设，将视线和兴趣主要转向认识论层面的纯理论探讨，颇有些闭门造车、远离实践、自娱自乐的状貌。尤其是20世纪80年代以来，普遍西化的倾向逐渐占据了主导地位，一方面有意无意地跳过或淡化了中国现代美学这个承上启下的重要历史阶段，疏于发掘和总结，无意于打通民族美学从古代到现代至当代的血脉；另一方面大量直接照搬的各种西方美学话语，大多只停留于理论本身的绍介阐释，缺乏与中国审美现实的血肉联系。如此种种试图直接以西方资源或中国古典资源的嫁接，来一举完成所谓当代中国美学体系建设的努力，难以结出令人满意的果实。幸运的是，人们逐渐意识到这方面的缺失，21世纪以来，对中国现代美学的研究，渐趋回暖。在研究的视野、问题、方法上，都有相当的进展，体现出面上的拓展和一些重要问题的深化。梁启超曾在《欧游心影录》中谈到，一种思想，"没有不受时代支配的"，因此，

◆◇◆ 拥抱人生的美学

我们要关注的,是"那思想的根本精神"。① 精神是思想观点的灵魂,可以超越具体的限定,穿越它的时代,产生历久弥新的影响和作用。梳理观照中国现代美学对中华美学精神的传承发展,正是这样一种试图发现、挖掘、把握"根本"的努力。这种努力,或可为梳理和总结民族美学的思想特征、话语特点、演化规律、理论智慧等,提供某些关键的视点和有益的启思。

首先,中国现代美学对中华美学精神的传承发展,体现在多个具体的方面,但有它核心的聚焦点,这也是当代中国美学发展建设所需关注的重要问题。这个聚焦点,笔者认为,就是以审美艺术人生相统一的大美情韵为核心的人生论美学精神的自觉、丰富、演进,这不仅突出体现了中国现代美学的核心精神旨趣和主要理论风范,也深刻地呈现了中华文化独有的人文特质、诗性智慧、践行品格。不理解这一点,就很难准确把捉中国现代美学对中华美学精神传承发展的主脉,就很难准确理解这种传承发展的深层根源及其代表成果,也很难深刻认识民族美学精神和西方美学精神的核心差别。而这种考察,既需要全面具体地观照中国现代美学的整体面貌和成就得失,也需要有重点、有针对性地梳理其间涌现的代表理论家、核心概念范畴、重要观点学说,深入辨析这些理论家、概念范畴、观点学说是如何从中华传统文化和美学精神的主要方面一脉而下,又如何在古今中西的融汇化合中演化发展的,其主要方面是什么,代表成果是什么。中国现代美学虽思想多元、思潮纷纭,但从发展的实际来看,其精神体现的主要方面,如人文情怀、人生视野、美情旨趣、诗性品格、艺教传统、实践向度等,都是从民族文化突出的人文性、诗意性、践行性等基本精神传统传承发展而来,聚焦于审美艺术人生统一的人生论美学精神。这种极具中华文化韵致的人生论美学精神,在梁启超、王国维、蔡元培、朱光潜、宗白华、邓以蛰、丰子恺、方东美等代表理论家的思想理论,特别是他们所创化的"意境—境界""趣味—情趣""情调—韵律""无我—化我"等核心概念范畴,"美术人说""大艺术说""有无出

---

① 《饮冰室合集》,第 7 册,中华书局 1989 年版,专集之二十三第 37 页。

入说""看戏演戏说""无所为而为的玩索""生活—人生的艺术化"等重要命题学说上,得到了初步而具体的呈现,它们共同体现了对审美艺术人生统一的大美观、真善美贯通的美情观、物我有无出入交融的美境观为标识的民族化美学精神的追求,对审美创美相谐、知情意行合一的民族化美学旨趣的追求。中国现代美学传承发展中华美学精神所创化的这种人生论美学精神,有别于西方现代粹美论或唯美论的美学精神,它最终要求美学切入包括艺术、教育、文化等在内的广阔、丰富、具体的人生实践中,这是中华美学精神迄今区别于西方美学精神的最具标识性的代表成果,也是我们推动民族美学建设和进一步走向世界、与世界美学深度对话互鉴的重要基础。

其次,中国现代美学对传统美学精神的传承发展,突出体现了中华美学和中华文化吸纳化用、自力更生的强劲活力,也为中国当代美学的建设提供了积极启示。中国现代美学发展的50余年,是中华民族苦难深重的年代,也是中西古今文化大撞击、大交汇的时代。中国现代美学的传承发展,既有学术和文化的逻辑,也具有突出的时代性和现实性;既是一种古今的演进,也是一种中西的交融,是中西古今撞击交汇中的主动选择和积极创化。它对于传统美学和西方美学,均非一概拒斥,亦非全盘接纳,而是呈现了一种为我所用的开放智慧,不仅突出体现了面向时代、直面现实的问题意识和情怀担当,也体现了中华文化强劲的同化能力和独特的方法智慧。20世纪上半叶,西方哲学家和美学家对中国美学发展产生重要影响的,主要有康德、柏格森、尼采、叔本华等,他们的思想学说在中国现代美学语境中,既是推动中国现代美学精神发展的新因子,也产生了某些中国式的改造。如康德的"审美无利害"(aesthetic disinterestedness)说,是西方经典美学的核心理论基石。但"审美无利害"说进入中国现代语境后,就被王国维转化为"无用之用",从而由康德本体论意义上的对审美心理的考量,转换为中国式的对审美性质功能的体用考量;由此,中国现代美学精神的主流并没有因为接纳这个概念而将情感孤立为独立的认知对象,或将审美绝缘为纯粹的观审活动,而走向粹美粹情的唯美论或形式论的道路。事实上,恰恰因为包括康德美学在内的西方认识论美学和科学论美学的影响，给中国美学注入了"真"这个新维度，使得中国现代美学精神的发展开始扬弃美善两维关联而走向真善美三维的贯通，推动了与中国古典美学德情观和康德美学粹情观相区别的对真善美贯通的民族化美情品格的追求。从而，一方面"审美无利害"成为影响中国现代美学精神演化的最为重要的西方学说，另一方面中国现代美学又很好地承接和发展了民族美学关注人生、关爱生命、关怀生存，追求物我有无出入诗性交融的核心精神传统，并在这个主脉上有重要的推进。

最后，中国现代美学对中华美学精神的传承发展，并非终点，亦非顶峰，而需要进一步思考，如何在当代语境中推进传统美学精神的创造性转化和创新性发展，引领既扎根民族历史又面向世界的当代民族美学新体系的建设及其与世界美学的深度对话互鉴。叶朗曾针对当代西方美学谈到"我们至今还找不到一个成熟的、现代形态的美学体系"，而中国当代美学又何尝不是如此。他说："现代形态的美学体系，一个最重要的标志，就是要体现21世纪的时代精神。这种时代精神，就是文化的大综合。所谓文化的大综合，主要是两个方面，一个方面是东方文化和西方文化的大综合，一个方面是19世纪文化学术精神和20世纪文化学术精神的大综合。"[1] 这里谈的还是如何在中西古今的化合中创成新说的问题。在今天这个全球化的时代，世界文化的发展，已经进入一个新的大综合、大创化的阶段，这已成为基本共识。如果说，20世纪上半叶的中国现代美学面临的主要还是古典文化学术精神和19世纪文化学术精神的化合的话，那么今天的民族美学面临的则是在中国现代美学传承发展的优秀精神传统的基础上，进一步和20世纪迄今的中西文化学术精神化合，而生成能够切实面对今天民族审美的新现实，回应今天时代发展所催生的新的美学问题的当代民族美学精神的问题。真正有生命力的美学精神，应该兼具理论性与思想性、历史性与时代性、现实性与超越性、民族性与世界性，而最关键的还是能够真正切入并深刻洞悉美学所关涉的核心问题，即对于人的生命、

---

[1] 叶朗：《美学原理》，北京大学出版社2009年版，第20页。

生活、生存的现实关怀和诗性引领的问题，这不仅关涉美学自身，也是哲学、教育学、历史学、文化学等所有关涉人文的学术所要思考的共通问题。中国现代美学在这个问题上，传承了中华传统文化的丰厚资源，也吸纳融汇了佛学、西学等多种资源。其所创化的"美术人"说、"有无出入"说、"看戏演戏"说、"生活—人生的艺术化"说等理论学说，集中体现了中华美学执着入世和超逸出世张力和合的美情高趣。这既是中国现代美学传承发展中华美学精神的重要成果，也是推动知情意行合一的当代民族美学与文化精神建设的重要资源，对于当下种种物欲主义、游世主义、唯形式、唯技术等思潮，种种欲望追逐、感官享乐、放纵粗俗、消解意义、唯利是从等现象，具有重要的理论意义和现实针对性，很值得结合当代语境和具体问题，予以发展、丰富、深化、推进。

原刊《学术月刊》2018年第2期
《高等学校文科学术文摘》2018年第3期全文转摘

中华美学精神的实践旨趣及其当代意义

中华美学有着自己丰富的思想资源和独具的精神特质。中华美学精神孕生于民族文化的深厚土壤，广吸博纳，传承新变，有着极大的包容性和强劲的生命力，不仅在文学艺术实践中，更在国人的生命和生活实践中，产生了广泛而深刻的影响。

20世纪初，西方美学东渐，其科学化、学理化的思维方法和理论形态，直接影响了民族美学的现代进程，但中华美学的核心精神并未消解。尤其是以人文意趣、美情意趣、诗性意趣等为内核的实践旨趣绵延瓜瓞，在艺术实践、美育实践、生活实践中产生了积极深刻的作用。与西方美学突出美的抽象本质命题和审美心理命题不同，中华美学重在将美与人的鲜活生命、与人的现实生活相关联，不仅在哲学和艺术的层面观审省思美，也延展至生命和生活的时空来创化体味美。20世纪上半叶，以王国维、梁启超、蔡元培等为代表的中国现代美学家，融汇中西、贯通古今，丰富拓进了民族美学的实践旨趣，特别是由古典美学的美善相济，拓展为现代意义上的知情意行合一，强化了中华美学创美审美兼济的鲜明而强烈的人生实践向度。但自20世纪50年代尤其是80年代以来，唯西方美学是瞻和民族美学虚无的心态滋长蔓延，包括实践旨趣在内的优秀民族美学精神传统，未能很好地传承弘扬。

今天，重新发掘、研讨、阐释、总结中华美学精神的实践旨趣，既是对优秀民族文化精神的致敬，也是推动中华美学走向世界与人类美学对话互鉴，推动中华美学的创造性转化和创新性发展，推动实践创造与文化创造、历史进步与文化进步互动共进的积极尝试。

一

与西方美学精神突出的理论旨趣相比，中华美学精神最为突出的特点，就是其鲜明而强烈的实践旨趣。

西方美学的第一问题，即美的本质问题。它首先是以认识论的方法将美本身放置到独立的客体地位上来考察。古希腊柏拉图是最早叩问"美是什么"的人类思想先哲之一，虽然他没有为自己的问题找到答案。1750年，鲍姆嘉敦第一个提出了"Aesthetics"（感性学）的学科构想，试图以科学的方法给予柏拉图"美是难的"以答案。鲍姆嘉敦说："美，指教导怎样以美的方式去思维。"[①] 这个关于"美"的问题的答案，从把握问题的方式来说，并没有偏离柏拉图的传统，仍然是一种认识论意义上的考察。康德可以说是真正意义上的西方经典美学的第一奠基人。康德第一次从学理上构建了关于人的心理的知意情（即纯粹理性、实践理性、判断力）三维理论框架，不仅第一次从理论上明确赋予"情"（"美"）与"知"（"真"）、"意"（"善"）同样重要的独立地位，也第一次将"美"与"情"从认知逻辑上建立了关联。康德将鲍姆嘉敦的感性学导向了自己的美感学，但在方法论层面，他并没有脱离认识论的基本立场。由康德美学起，西方现代美学由柏拉图的美的神坛回到美的现实，美学研究的目标开始走向美的活动的主体——人，但这个"人"与其说是美的实践活动中的活生生的人，不如说是美的理论思辨中的抽象的人。建立在知意情三分基础上的人的独立的美感心理，抽象的是粹情（美）的问题——人对美的静观心理特征及其科学规律。康德自己也承认这种粹美或许只是理论的可能和理想的假设，为此他试图以依存美作为纯粹美的某种补充和调和。康德对于美学学科发展的巨大影响，正是粹情（美）的抽象和假设，可以说，这不仅构成了整个西方现代美学的理论基石，也成为西方经典美学精神最为重要的内核——以知、意、情三分为前提的纯粹

[①] 《朱光潜全集》，第6卷，安徽教育出版社1987年版，第326页。

美感心理观照。这种美学精神使得西方经典美学突出了理论的、思辨的、心理的向度，突出了以审美静观为中心的理论建构模态。

中华美学始终叩问美之于人的意义。它关注的不是美游离于人的纯粹理论问题，而是美与人、与人的现实生存、与人生存于其中的天地万物间的温情而又诗意的动态关联。这与整个中华文化泛伦理、泛审美、泛艺术的特点紧密相连。从先秦老孔庄始，我们的先哲首先叩问的不是"美是什么"的本体性问题，而是将自己的视野投向了"美何为"的价值性和目的论问题。他们不做静态的概念界定和抽象的理论思辨，而是从鲜活的人生实践来体味美、践行美。"天地有大美而不言""尽善尽美""美不自美，因人而彰"等，都体现了中国文化对美的价值导向。这种价值导向，突出强调了美的人生向度和德性向度，强调了美的生成不是静态封闭的，而是孕成于具体的生命活动和生存实践，即真善美的贯通及其美的实践生成。突出的实践旨趣，构成了中华美学精神显著而独特的标识之一，也是其区别于西方经典美学精神的重要特质之一。从这个特质来看，我们可以把中华美学称为行动的美学，它突出了美的生成创化及人与生活的直接对接。也正因此，美学的影响在中华文化中就远不只在自身，而是广泛渗入了中国社会的方方面面，介入了中国人的日常生活，参与了文化、哲学、艺术、心理、生活等多方面的建构。20世纪初年，西方美学东渐，梁启超、王国维、蔡元培等现代美学先驱率先吸纳其逻辑范式、概念术语、话语形态等，但他们并未离开自己的民族精神土壤和社会现实语境，他们的美学建构体现了强烈的现实关怀和突出的实践意趣。梁启超的"趣味"说、王国维的"境界"说、蔡元培的"以美育代宗教"说，从不同的角度承续发扬了民族美学的核心向度，即以美育人的人生实践旨趣。特别是"趣"和"境"，可以说是中华美学精神的典范聚焦和重要标杆，与"格""骨""韵"等核心词相映衬，构成了中华美学精神风范风尚的立体图卷。

中华美学精神的实践旨趣，指向人的生命和生活，具有突出的人文意趣、美情意趣、诗性意趣。这也构筑了中华美学最为重要的理论内核，它不以严格的定义、严密的逻辑、完整的体系取胜，而是以开放、鲜活、生动、具体的特性,从理论勾连实践,从学理通达人生,在知(真)、情(美)、意(善)的三维构架上凸显了行之旨向,既呈现出中华美学精神实践旨趣的基本特征,也是中华美学贡献于世界美学的民族瑰宝。

二

中华美学精神的实践旨趣具有突出的人文意趣。

中华美学主要叩问于人自身,这使它将自己的最高目标不是锁定于美本体,而是人自身的美化。由此,中华美学精神的实践旨趣浸润着浓厚的人文情韵,关爱人、关怀生命、关注生活、关切生存,具体而微地透入了人的生命、生活、生存的方方面面,呈现出温暖浓郁的人生情怀。中华美学的这种人文向度,离不开中华文化的大人文传统,也离不开中华文化泛伦理、泛审美、泛艺术的深层特质。中华文化是温情于生的,它并不着意从纯粹思辨去寻求人生真理,也不崇尚向彼岸世界去寻求生命解脱,而是倡扬天人合一、物我交融,倡扬对于具体生活和鲜活生命的品味体认。这与西方经典美学以认识、思辨、理性、科学为核心的精神特点,构成了显著的文化差别。

中华美学精神的实践旨趣及其人文意趣,相对于西方美学的理论旨趣和科学意趣,应该说是更切近于美学自身之特性的。美学究竟是科学的还是人文的,实际上,无论中西,都存在着这两种特点和方法的交融。从中西美学的源头论,中国古典美学的传统更多偏向于人文,重情尚境、论味崇格;而西方美学的传统,既有黄金分割的理性尺度,也有灵感的先验尺度,甚至在柏拉图一人身上,就交织着双重的视野与方法。此后,鲍姆嘉敦和康德的西方现代美学传统,则明显地倾向了理性和科学的尺度。而中国现代美学的传统,主要是中国古典美学传统和西方现代美学传统的叠加。20世纪上半叶的中国现代美学大家,基本上没有抛弃本民族关于美的人文传统,但多多少少又都吸纳了西方美学的科学向度。这一点,像梁启超、朱光潜、丰子恺等表现得较显著。朱光潜直接提出了美真善的关系命题。关于朱光潜的美学,究竟是科学性为主还是人文性为主,学界一直有不同的看法。但笔者更赞同朱自清和劳承万的观点,朱自清认为"人生的艺术化"是朱光潜最重要的理论,[①] 劳承万认为"情趣"是朱光潜美学体系的聚焦点,[②] 他们两人都把"情趣"范畴与"人生的艺术化"命题勾连起来,来理解朱光潜以人生之美化为最高目标的美学思想的核心精神。笔者认为这种解读是抓住了朱光潜美学的神髓的。中国现代美学广泛吸纳了西方现代美学的理论品格和科学精神,但其根子上还是立基于民族美学的实践旨趣和人文情韵的,因此,诸如"人生(生活)的艺术化"等兼融审美、艺术、人生为一体的理论命题,几乎成为中国现代美学家们的共同命题。

中华美学精神实践旨趣的人文意趣,直接推动了美学的美育之维。中华美学自其始源起,就与美育紧密交融,这是中华美学精神最为突出的标识之一,也是中华文化精神的重要特征之一。如乐教的思想,从孔子、孟子、荀子到白居易、王夫之,浸润着中华文化、美学、美育思想的独特智慧。中华乐教的核心精神首先来自以天道化人文,天地阴阳之节律的变化与和谐就是乐之本体,它可以贯通于万物之运行,因此,诗歌、音乐的学习,并不需要抽离于人的生命活动和生活实践,这就构筑了中华美学也是中华文化内在的美育之维,使得它弥漫着突出的美善兼济的人文实践意趣。20世纪以来,这种浓郁内在的美育精神,与启蒙精神相交结,使得美学成为中国文化现代进程中的先锋。从蔡元培的"以美育代宗教",到梁启超的"情感教育"与"趣味教育",都体现了中华美学精神这种实践旨趣与人文意趣的内在勾连,使得美学逸出了纯粹理论的、学科的话语体系,进入了社会的、文化的、人的多元视野和丰富世界。同时,中华美育实践的神髓,不只是关于艺术和美的知识技能的学习,还是倡导由技达道,最终涵育人、改造人、影响人,提升人的整体生命境界。因此,中华美学的美育理想,是富有深刻深沉的人文情怀的,它是中华美学精神实践旨趣具体而重要的呈现之一。

---

① 《朱光潜全集》,第2卷,安徽教育出版社1987年版,第100页。
② 劳承万:《朱光潜美学论纲》,安徽教育出版社1998年版,第1—3页。

三

中华美学精神的实践旨趣具有浓郁的美情意趣。

美情是中华美学精神最为重要的核心标识之一。西方经典理论美学首先叩问的是"何为美"的问题，中华美学首先叩问的则是"美何为"的问题。针对前者，康德以知情意的天才逻辑建构，以情为美立基，构建了西方现代美学体系的先验理论基础。中华美学不以严密、系统的逻辑论证见长，从先秦以降，主要是在对艺术美、自然美、生活美等的具体品鉴中，来阐发自己的美感意趣和美学理想的。20世纪以来，中国现当代美学大师辈出，但客观来说，似不能够说是完全以中华哲学为根基的、系统的、形成高度共识的、明显区别于西方现代美学原理体系的民族化美学原理体系。但是，这不等于说中华美学没有自己的思想特点和理论特色。笔者认为，"美情"就是一个极具中华美学特色的概念与命题。"美情"强调了美学的情感理想和核心价值。它将美的实践活动中的"情"与日常生活实践中的"情"、科学认识活动中的"情"区别开来，突出它独有的品质和独特的品格，赋予以情为中心的美的实践无可取代的生命本体意义。

"美情"之"美"，既是形容词，也是动词。"美情"既是不同于"常情"的美的情感，也是对"常情"的美的创化。中华文化泛审美的特点，使其从本源上就深蕴着"美情"的意向，不仅在根子上重视情，而且特别强调情之化育，注重美善相济，强调养情、涵情、正情、导情等对情感的本源意义和建构意义。"道始于情"。[①]"道"是中国文化哲学中的最高范畴，乃天地万物之本，把情视为"道"之始出，是对情的极高定位与认识评价。这个观点出自《郭店楚墓竹简》的《性自命出》一文。在此文中，还提出了"君子美其情""未言而信，有美情者也"等观点。[②] 这大概是"美情"一词的最早典籍资料。虽然，这主要是一种伦理哲学意义上的运用，但"情"需"美"、可"美"

[①] 《郭店楚墓竹简·性自命出》，文物出版社2002年版，第3页。
[②] 《郭店楚墓竹简·性自命出》，文物出版社2002年版，第20、51页。

的价值意向已显端倪。另外，它也佐证了中华美学从始源上即重美善兼济的精神意趣。同时，这种美情视角的开放性特点，也为中华美学精神的大美情怀奠定了某种始基。中华美学的美情观，从来不是只就情感论情感，不是康德式的"粹情"，将知情意予以先验切割，而是涵容真善，追求真善美的贯通。这一点，对于中华美学精神的建构发展来说，具有根本性的意义，在中国现代美学思想发展中渐趋自觉。中国现代美学诸家，包括王国维、梁启超、朱光潜、范寿康等，或是美情理论的直接建构者，或是美情思想的重要拥趸者，直接引领真善美贯通的美情观和大美视野。

中华美学精神实践旨趣的美情意趣，大大强化了美学与艺术的关联。美学精神是艺术精神确立的重要标准，是艺术理想建构的重要尺度，也是艺术情怀提升的重要滋养。美学精神和艺术精神的密切关联，相互激扬，是中华文化的重要特点。我国传统美学，主要依托艺术来阐释，具有浓郁的艺术美学色彩，与西方的哲学美学、科学美学等特点具有显著的差别。美学精神构成了中国艺术的重要内核，主要体现为美的理想对于艺术的引领、反思、批判、介入等功能。情感是中国艺术的核心。中国美学与西方美学讲粹情、重形式不同，它强调的是对于情感的审美创化。美情的思想，凸显了美学之于艺术的根本意义，也是中国艺术以美学精神来映照艺术精神、以美学精神来提升艺术实践的基本准则。情致、情韵、情调、情味、情趣等民族美学范畴，以情为中心，凸显了创造品鉴艺术而生成的那些既具体又朦胧的个体体验及其独特的美学品格。中华美学对情感美质的理想诉求，也引领推动着艺术去追求大情、挚情、醇情、逸情、慧情、趣情、高情等美的情感，从而更好地观审、照亮艺术实践，提升、建构美的艺术。

四

中华美学精神的实践旨趣具有深沉的诗性意趣。

中华文化具有浓郁的诗性传统。它不从纯粹思辨去寻求人生真理，也不向彼岸世界去寻求生命解脱，而是既深切于现实具体的生活，又神往于高远超逸的境界。崇尚天人合一、物我交融、有无相生、出入自由，从而构筑起既鲜活生动又高逸超拔的理想生命形态，深蕴着温暖的人生情怀和深邃的诗意情韵。老子是中华文化诗性精神的鼻祖，那个无形而有形、无为而无不为的道，是中华文化哲诗品性和人间诗情的突出写照，体现了中华文化哲学、伦理、审美密切交糅的独特性。孔子的"乐"、庄子的"游"，也都体现了这种物我相谐、有无相成、出入自由的诗性向度，成为中华美学诗性意趣的重要源头。

中华美学精神实践旨趣的诗性意趣，以物我、有无、出入之关系为核心，体现了动态的、张力的、超越的美思哲趣，这在中国现代美学思想中有着较为丰富具体的呈现。如朱光潜曾以看戏和演戏为例，探讨过个体生命如何建构入世与出世之诗性张力的问题。此文借莎士比亚语提出："世界只是一个舞台""戏要有人演，也要有人看"，[①] 也就是"能入与能出"的关系。朱氏认可"看与演都可以成为人生的归宿"，[②] 但他更倾心于"以出世的精神，做入世的事业"，[③] 在物我、有无、出入的两极冲突中，追求主体精神上的超有入无、以出导入，即以艺术的灵魂践行于人生。宗白华的美学是中国现代美学哲诗精神的典范之一。他深味生命之诗情，叩问"小己"与"宇宙"、"小我"与"人类"的关系。他以"生命情调"来象征个体生命和宇宙生命"至动而有条理""至动而有韵律"的矛盾和谐，[④] 主张"全世界的生命"均应"得其环中"而"超以象外"，"回旋着力量，满而不溢"，[⑤] 而超入美境。唯此，艺术意境表演着宇宙的创化，艺术诗心映射着天地诗心。

中华美学精神实践旨趣的诗性意趣，有力引领了美学对生活的提升。美与生活的关联，在中国文化中，有着悠久的传统。中国人的琴棋书画、衣食住行，都渗入了美的元素。自魏晋时代起，对日常用品、居家环境、衣食形貌等的审美品鉴，就见诸文人笔端。如《世说新语·容

[①] 《朱光潜全集》，第9卷，安徽教育出版社1987年版，第257页。
[②] 《朱光潜全集》，第9卷，安徽教育出版社1987年版，第269页。
[③] 《朱光潜全集》，第2卷，安徽教育出版社1987年版，第76页。
[④] 《宗白华全集》，第2卷，安徽教育出版社1996年版，第98、374页。
[⑤] 《宗白华全集》，第2卷，安徽教育出版社1996年版，第58页。

止》篇，就勾勒了何平叔、嵇康、王安等若干男性的美姿美仪，形容他们面至白、双目闪闪、容貌整丽、爽朗清举、丰姿特秀等。书中叹美王羲之"飘如游云，矫若惊龙"，[1] 杜弘治"面如凝脂，眼如点漆"，[2] 极尽生动传神。当然，此类嗜好，也有刻意讲求之嫌，甚至不乏恶俗之趣。如中国古代女性缠足，就是病态审美趣好的一种典型。再如《世说新语》还记载了石崇家的厕所，备有香粉香水，有十多个丽服藻饰的婢女侍候，客人如厕后脱下旧衣换上新衣才让其出去。刘义庆将此篇取名为《汰侈》，已经表明了作者的一种批判态度。中华美学精神的实践旨趣，不仅是引领美向生活的融入，也应该是引领美对生活的建构。它倡导的是一种生活主体的诗性美，即通过美的渗入，使主体建构对生活的一种张力尺度，而不致完全附丽于生活、陷溺于生活之琐细。这种诗性之美，正是美学提升生活的正能量。它通过美的精神对生活的照亮，推动作为实践主体的人，在生活中持守诗意的品格和诗性的精神，不只局限于生活的形式追逐、技巧讲求、人际营构等，而是以身心的和谐与人格的升华为理想目标，建构高逸超迈的生命境界和心灵天地。

五

中华美学精神实践旨趣的精髓，是崇扬知情意行合一、创美审美兼济。

知情意的逻辑区分及其审美独立性的确立，是西方现代美学的精髓，也是美学学科创立的核心理论根基。但是，美学的人文性，使得它从来不可能离开鲜活的人及其具体的生存。事实上，抽离于人的实践活动的美学，只能在思辨的意义上存在，这一点在康德那里，就已警觉到，由此，康德在严密的理论思辨中，也提出了纯粹美和依存美的问题，意识到理论与实践可能的矛盾。西方现代美学从理论到理论的封闭特性，追求的是学理的自洽。与这种理论品格不同，中华美学

---

[1] 刘义庆：《世说新语》，浙江古籍出版社2015年版，第185页。
[2] 刘义庆：《世说新语》，浙江古籍出版社2015年版，第185页。

自其始源，就一直向着人生开放，是人生哲思的有机组成。

20世纪初年，西方美学东渐，直接影响了中国美学的现代转型和理论建设，但一批富有实绩和影响的中国现代美学大家，基本上都没有脱离民族美学的基本品格，即关怀人生、关爱生命、关注生存的哲思情韵。这种富有民族情韵的美学精神，在20世纪上半叶聚焦为一个极富代表性的命题，就是"生活—人生的艺术化"，它突出了知情意行统一、创美审美兼济的民族化追求，并对这种民族化的大美情韵进行了初步的理论探索和尝试建构。审美之观照，离不开创美之相谐。知情意之统一，亦需实践之践行化成。由此，中华美学始终强调了美的行动性、美内蕴的热度、美与实践的深切关联。

"生活的艺术化"这个术语并非本土原创，20世纪早期由田汉等从域外引入。目前可考的文献资料，大概是1920年2月，田汉在给郭沫若的信中较早使用。田汉说："做艺术家的，一面应把人生的黑暗面暴露出来，排斥世间一切虚伪，立定人生的基本。一方面更当引人入于一种艺术的境界，使生活艺术化（Artification），即把人生美化（Beautify），使人家忘记现实生活的苦痛而入于一种陶醉法悦浑然一致之境，才算能尽其能事。"[1] 他举了当时的新剧《沉钟》为例，认为这部剧描写了艺术生活与现实生活的冲突，而艺术的精神当是超悲喜而入美境。田汉引入"生活的艺术化"概念，主要还是从西方唯美主义吸收的营养，不乏一种唯美式的痛楚与解脱。1921年，梁启超发表《"知不可而为"主义与"为而不有"主义》一文，也使用了这个术语，但从其精神上进行了民族化改造。梁氏以孔子的"知不可而为"与老子的"为而不有"来阐发"生活的艺术化"，将"劳动的艺术化"与之并提，指出这就是要把"人类计较利害的观念，变成艺术的、情感的"，[2] 从而纯粹做事，破妄去妄，不执成败，不较得失。20世纪20年代，梁氏对此做了系列阐发，将侧重于艺术审美层面切入的"生活的艺术化"命题，转换为从整体人生实践层面切入的美学命题，

---

[1] 宗白华等：《三叶集》，安徽教育出版社2006年版，第67—68页。
[2] 《饮冰室合集》，第4册，中华书局1989年版，文集之三十七第67页。

推动了审美、艺术、人生有机统一的人生论美学视野的创构，以及对真善美、创美审美关系的实践考量。1932年，朱光潜发表《谈美》，专列"人生的艺术化"一节，延续并进一步发挥了梁启超的致思方向。"人生的艺术化"这一更具中国式的文字表述也日渐定型，影响迅速扩大。从"生活的艺术化"到"人生的艺术化"，不只是文字上的细微变化，更是突出了价值的、反思的、建构的、引领的美学立场与文化精神。

伟大的艺术和伟大的人生是相通的。以美（艺）育人，以文（艺）化人，是中华文化和中华美学源远流长的优秀传统，从儒家的"六艺"到现代的"生活—人生的艺术化"，无不展示了以美（艺术）引领生命实践提升生存境界之神髓。"人生的艺术化"，不仅是要以艺术的心境来观审生活，更要以艺术的品格来创造生活，这就勾连了创美与审美的双向通衢，弘扬了知情意行的统一谐和。没有实践之品格，一切美的精神，都无从创生，也无从附丽。这就是中华美学精神实践旨趣的深刻意义，当然也需要我们从今天的语境出发，深入挖掘和总结，以更好地推动民族美学发挥现实功能，推动中华美学与世界美学对话互鉴。

原刊《社会科学辑刊》2018年第6期

大美：中华美育精神的意趣内涵和重要向度

一

大美是中华美育的重要命题之一，它与和谐等命题共同构筑了中华美育精神的核心谱系。中华美育精神聚焦以真善为内核的美的人格涵育，标举美情高趣至境的主体生命涵成，形成了富有特色的民族意趣。

中华美育与美学同根同源，离不开民族文化的滋养。与西方自古希腊以来叩问"何为美"的认识——科学论命题相映衬，中华民族自先秦以来就探寻"美何为"的价值——人生论命题。自前学科的古典思想形态始，到学科意义上的现代理论形态，美与人的生命、生存、生活的价值关联，在中华美学中始终占据着极其重要的位置。崇扬大美，是中华文化与中华美学的重要价值旨趣。中华之大美，既是对象的刚健超旷之美，也是主体超越小我之束缚、与天地宇宙精神往还和合的诗性美。中华大美之意趣，究其根底，乃"天地与我并生，而万物与我为一"的浩然正大之美。[1] "大"，不能简单将其等同于体积之大、数量之巨等形式化因素，它与西方美学中的"崇高"也"并不是同一的范畴"。[2] 西方式的"崇高"美，追求"理性内容压倒和冲破感性形式"，与内容形式统一的"和谐"美往往"是对立的"。中华之"大"美，建基于中华哲学天地万物相成化生之"大道"，深具中华文

---

[1] 陈鼓应注译：《庄子今注今译》，上册，中华书局1983年版，第71页。
[2] 叶朗：《中国美学史大纲》，上海人民出版社1985年版，第54页。

化的独特印记。"'大'者，也是'道'（天）之义"，"在古人的观念里，'大'是最美的"。① "大"是刚健正大与超旷高逸的统一，是物与我、我与他、小我与大我的诗性关联及审美生成。它并不破坏事物要素间的内在联系与整体和谐，而是通过以整体涵容局部的诗性化成，达致新的更高的更大的正大之美。"大"可以是"压倒和冲破"的超拔浩然，也可以是"和谐的统一"的诗性正大，其要义是冲破一切、升华自我、直抵大道的大无畏、大涵容、大自由之美。

王国维在《孔子之美育主义》中说："美之为物，不关于吾人之利害者也。"② 这里的"吾人"，即"我"，即审美主体，后人据此常常把王国维解读为审美无功利论者。实际上王国维谈的是审美主体应超越美之于"我"的利害判断，而不是否定美之于人的普遍价值。"利害"作为偏正结构的语词，内含了辩证的尺度。以实用尺度的功利考量来替换利害考量，并不切于王国维的本义。在该文中，王国维又说："无利无害，无人无我，不随绳墨而自合于道德之法则。"③ "无利无害"指审美主体超越"我"之一己利害判断，而达"无人无我"的道德境界，实现美的道德目标。因此，王国维的美的无利害并不是康德意义上的审美无利害。在中华文化中，"道德"的最高境界乃是合于宇宙自然之大道，亦即抵达"天地之大美"。所以，中华美学的核心命题乃"美何为"，而非西方式的"何为美"。中华美学必然要走向美育，以人的审美生成为最高目标。可以说，正是在这个意义上，王国维又说："观我孔子之学说"，"其教人也，则始于美育，终于美育"。④ 如此，"之人也，之境也，固将磅礴万物以为一，我即宇宙，宇宙即我也"。⑤ 我与宇宙万物融通之大美，超越了美对于"小我"之利害。唯此，大美与那些"逐一己之利害而不知返者"正相反对，是

---

① 仲仕伦、李天道：《中国美育思想简史》，中国社会科学出版社2008年版，第215页。
② 姚淦铭、王艳编：《王国维文集》，第3卷，中国文史出版社1997年版，第155页。
③ 姚淦铭、王艳编：《王国维文集》，第3卷，中国文史出版社1997年版，第157页。
④ 姚淦铭、王艳编：《王国维文集》，第3卷，中国文史出版社1997年版，第157页。
⑤ 姚淦铭、王艳编：《王国维文集》，第3卷，中国文史出版社1997年版，第157页。

超越"有用之用"的"无用之用"。① 前一个"用",对"小我"言。后一个"用",对"无我"言。"无我"之"我",也就是"宇宙即我"之"我",是突破了个体与宇宙之对立、实现两者和合的诗性"大我"。

对诗性大我的体悟与涵育,是中华哲学精神之灵魂,也构成了中华大美命题之神髓。道家的大美,乃宇宙自然之道。老子以"大道"论之,庄子以"天地有大美而不言"应之。② 大美乃"大方""大器""大音""大象",乃"大成""大盈""大直""大巧"。③ 老子概之:"故'道'大,天大,地大,人亦大。"④ 儒家的大美,乃"万物并育而不相害"之"大德敦化",⑤ 是由自然之道贯通人伦之德。孔子以"仁"释之。闻道知命,尽善尽美;乐山乐水,立人达人。是以"子曰:'大哉尧之为君也!巍巍乎!唯天为大,唯尧则之。荡荡乎!'"⑥ 而"天何言哉?四时行焉,百物生焉,天何言哉?"⑦ 儒道均强调主体之我应循天地、百物、人伦之规律德性,而达大道,而成大美。天地物我和合,小我才有来处,大我方具进路。大美之刚健超旷,才可行可味。诗性之快乐,才与纯粹的愉悦同一。

"大"之天地物我往还和合的宇宙根性、立人达人无利无害的道德根性、超越小我宇宙即我的诗意根性,潜蕴了与美与艺术的天然关联,也潜藏了与生命与人生的深层关联。中华美学对大美的追求及其刚健超旷的精神意趣,在对普遍超越的至美追求上与康德等为代表的西方现代美学的无利害性是相通的,但中华美学的大美意趣又有别于康德美学为代表的偏倚以美论美的纯思辨循环,而是主张美向现实人生的开放,主张真善美的实践贯通,主张创美审美的动态统一,主张美学美育的知行合一,倡扬天地运化之美、艺术创造之美、生命化育

---

① 姚淦铭、王艳编:《王国维文集》,第3卷,中国文史出版社1997年版,第158页。
② 陈鼓应注译:《庄子今注今译》,中册,中华书局1983年版,第563页。
③ 陈鼓应:《老子注译及评介》,中华书局1984年版,第457页。
④ 陈鼓应:《老子注译及评介》,中华书局1984年版,第449页。
⑤ 陈戍国点校:《四书五经》,上册,岳麓书社2002年版,第13页。
⑥ 陈戍国点校:《四书五经》,上册,岳麓书社2002年版,第32页。
⑦ 陈戍国点校:《四书五经》,上册,岳麓书社2002年版,第55页。

之美的融通无悖。中华大美之意趣不停留于对艺术、对形式的有限的、静态的、优美的观照，而从美的艺术教育、美的知识教育、美的技能教育走向大美人格涵育和大美人生创化，使美育开掘出广阔的视野，升华出形上之维，激荡着浩然正大之辉光。

二

在中华美育视野中，小我和大我，在大美的终极追求和理想涵成中，可以道通德成，天人合一，成就"大人（我）"。这个"大人（我）"，既是中华哲学的范畴、道德的范畴，也是审美的范畴。

"大人（我）"构成了中华美育"大美"精神的人格构像。艺术并不是中华美学的终极归宿，中华美学最终要走向人，落到人的涵育上，贯通于主体的生命、生活、生存实践中，这就是生命的审美化、人生的艺术化。中华美学不局限于唯艺术而艺术的小美唯美，而是通向人的美化和人生的美育，由此，美学与美育密不可分。对大美人格的美趣致思，在20世纪上半叶生成了一定的话语谱系，如梁启超的"大我"、王国维的"大词（诗）人"、丰子恺的"大艺术家"、方东美的"大人"等，它们和现代启蒙思潮相呼应，突出体现了中华美育精神的民族传承与现代推进。

梁启超的"大我"，是对其趣味精神的形象诠释。梁启超把趣味视为美的本质与本体，即以"知不可而为"和"为而不有"相统一为内核的不有之为的大美生命意趣。趣味的人乃大化化我之人，是"大我""真我""无我"，是实现了个体众生宇宙"迸合"的艺术化的人，是将人生的外在规范转化为主体的情感欲求的达致生命胜境的大美之人。1918年，梁启超发表了《甚么是"我"》一文，专门讨论了对"我""我的""我们""小我""真我""无我""大我"之理解。在他看来，没有"无我"，就不可能超越"我的"。但他的"无我"，又不是不要"我"，也不是无视"我"，而是倡扬"大我"，准确地说是不执成败不忧得失的大化化"小我"之"大我"，这与他所主张的"迸合"论统一了起来。梁启超吸纳佛学智慧，以佛化儒道，认为肉体的"我"是最低等的"我"。"我"可以通过文化化育，不断"迸合",层层升华,最终实现自我超越。故"化我"之"大我"才是"真我",是"我"的生命本真与终极归宿。他说:"此'我'彼'我',便拼合起来。于是于原有的旧'小我'之外,套上一层新的'大我'。再加扩充,再加拼合,又套上一层更大的'大我'。层层扩大的套上去,一定要把横尽处空竖来劫的'我'合为一体,这才算完全无缺的'真我',这却又可以叫做'无我'了。"① 无我的趣味精神是梁启超的美之基石,也是梁启超美育思想的核心命题。在中国现代美育思想史上,梁启超第一个明确提出"趣味教育"的概念,强调以艺术美育为主要途径,辅以自然、劳动等多样方式,涵养趣味化的人,实现生活的艺术化。值得注意的是,梁启超的"趣味化"的"大我",是兴味与责任相统一的"我",是个体与社会、自我与宇宙和谐和合的"我",也是创造与欣赏在实践践行中直接同一的"我"。梁启超曾说:"人类固然不能个个都做供给美术的'美术家',然而不可不个个都做享用美术的'美术人'。"② 20世纪初年,梁启超以"美术家"与"美术人"的对举,富有远见地提出了人人成为"美术人"的美育愿景,突出了美育的人文底蕴和价值向度,也突出了对生命审美化的"大我"意趣之期许。

王国维较早从域外引入与绍介美育。王国维一直被看作中国现代无功利主义美学的代表人物。实际上,他虽受叔本华、尼采、康德、席勒等的影响,以艺术形上学为人生之解脱,但他从未把唯美化的超然物外看作艺术和美的终极追求。他以真情、德性、胸襟、人格等为前提,标举"境界",弘扬"大文学""大诗歌",推崇"大诗人""大词人",探索艺术之美与人生之美的融通。何谓"大词(诗)人"?王国维以为,"大"不仅是拥有艺术的技巧技能,关键是有着生命之境界。他以东坡、稼轩为例,认为若"无二人之胸襟而学其词,犹东施之效捧心也"。③ 他把艺术视为生命的写照与存在方式,艺术的美境乃生命追求之标杆。他以"三种之境界"来比喻艺术和生命不断

---

① 夏晓虹辑:《〈饮冰室合集〉集外文》,中册,北京大学出版社2005年版,第767页。
② 《饮冰室合集》,第5册,中华书局1989年版,文集之三十九第22页。
③ 姚淦铭、王艳编:《王国维文集》,第1卷,中国文史出版社1997年版,第152页。

追求、层层奋进、渐次提升的三个阶段,以此为古今之成大事业、大学问者的必由之径,而"此等语皆非大词人不能道"。① 王国维慨叹:"美之为物,为世人所不顾久矣!"② 他痛惜国人缺乏"审美之趣味",只知"朝夕营营,逐一己之利害而不知返"。③ 因此,他对艺术与美的思悟,也是他对学问与事业、对生命与人生的感悟。正是在这个意义上,他认为孔子思想的美育底蕴与席勒的美育理想,在对美的"无用之用"和"有用之用"的联系上,是有相通之处的。"大词(诗)人"不仅是王国维心中伟大的艺术家,也是实现了有我与无我、出与入的自由超越的审美化的人。

丰子恺是中国现代美育的重要倡导者与践行者。他提出"最伟大的艺术家",就是"胸怀芬芳悱恻,以全人类为心的大人格者",④ 这才是"真艺术家"。⑤ 他最鄙夷"小人"。"小人"不是指年龄之小,"小人"也不是那些尚存天真的"顽童",而是那些爱美体美之心蒙垢的"虚伪化""冷酷化""实利化"的成年人。丰子恺说,生活是"大艺术品",绘画、音乐是"小艺术品"。他主张通过艺术审美教育,把美的精神贯彻到生活中,涵育"生活的大艺术品",涵育趣味化的真率的"大艺术家",实现"事事皆可成艺术,而人人皆得为艺术家"的美育理想。⑥

方东美是新儒家的代表人物之一。他的美育思想突出体现了传统儒家以文化人的大美育理念。他说,"天大其生""地广其生""合天地生生之大德,遂成宇宙"。⑦ 他认为中国文化的"天人合一说",就是把"宇宙和人生打成一气","这种宇宙是最伟大的、最美满的";

---

① 姚淦铭、王艳编:《王国维文集》,第2卷,中国文史出版社1997年版,第147页。
② 姚淦铭、王艳编:《王国维文集》,第3卷,中国文史出版社1997年版,第158页。
③ 姚淦铭、王艳编:《王国维文集》,第3卷,中国文史出版社1997年版,第158页。
④ 丰陈宝等编:《丰子恺文集》,第4卷,浙江文艺出版社、浙江教育出版社1990年版,第16页。
⑤ 丰陈宝等编:《丰子恺文集》,第4卷,浙江文艺出版社、浙江教育出版社1990年版,第403页。
⑥ 丰陈宝等编:《丰子恺文集》,第3卷,浙江文艺出版社、浙江教育出版社1990年版,第293页。
⑦ 方东美:《中国人生哲学》,中华书局2012年版,第39页。

"人的小我生命一旦融入宇宙的大我生命，两者同情交感一体俱化，便浑然同体浩然同流"。① 方东美以"广大和谐"来阐释宇宙精神和生命精神，倡扬"大人"之涵成。"大人"是方东美理想中的"全人"（"Perfect and perfectied man"），是"尽己之性、尽人之性、尽物之性"的"至人"。② 他引《周易》之"夫'大人'者，与天地合其德，与日月合其明，与四时合其序"，③ 认为"大人"乃知性人、德性人、宗教人、艺术人合一的行动人，是真善美和融的诗意化的"时际人"和"太空人"，也是与天地同心之"大诗人""大音乐家""大艺术家"。"大人""大诗人""大音乐家""大艺术家"，词异而意通，诠释了方东美以精神美成践形于世的美育致思。

三

大美之根本，在于对中华民族生生不息、与天地大化浩然同流的生命气韵与精神气象的激扬赏会。中华美育的大美意趣，最终体现在对大美生命的涵育上，体现在真善美和融正大的人格化成上，体现在小我大我汇通进合的自由升华上。但"大"在中国古典美育中，因为与道德、天道等的纠缠，其作为美育范畴的功能并未得到充分发挥。20世纪上半叶，伴随中国现代美学的理论自觉，"大"的话语建构和理论内涵得到了丰富推进。特别是与"新民"的时代命题相结合，在确立情的核心地位的基础上，"大美"阐发聚焦主体人格刚健、精神浩然、生命正大等美趣意向，突出了美育的道德向度、崇高向度、自由向度等。

大美弘扬了美育的道德向度，是对主体共情能力的激发。审美主体对道德律的体认，是对自然律把握的道德升华及其情感体认，大美的生成须由主体从道德体认超向情感体认，即由道德知性通达道德美感，而生成刚健超旷的情感认同和浩然正大的情感愉悦。朱光潜指出，"道德家的极境，也是艺术家的极境"。④ 大美基于大爱。小我之展拓

---

① 方东美：《中国人生哲学》，中华书局2012年版，第161页。
② 方东美：《方东美先生演讲集》，中华书局2013年版，第26页。
③ 陈成国点校：《四书五经》，上册，岳麓书社2002年版，第143页。
④ 《朱光潜全集》，第2卷，安徽教育出版社1987年版，第77页。

扩张，援物入我，援他入我，爱我及他。身之小我，爱披众生。通宗会源的大美至情，俱兴于纵横灿溢的高趣艺象，迹化于生生不息的生命爱境。梁启超独具慧眼誉杜甫为"情圣"，认为他常把"社会最下层"的痛苦"当作自己的痛苦"，[①] 以"安得广厦千万间，大庇天下寒士俱欢颜"的至情，抒写了大爱之美的正大辉光。丰子恺的画作将满溢的爱意和清致的美感相交糅，"物我无间，一视同仁"，处处洋溢着美与爱的主题，浸透着"对人和生命的最深切的关怀"，[②] 体现了绝我不绝世的清雅超旷的大爱大美。

大美弘扬了美育的崇高向度，是对主体共情能力的锤炼。刚健超旷的大美，激扬着崇高的意趣，但不能把大美与崇高美直接画等号，也不能将大美与和谐美截然对立。大美、崇高、和谐，既有对立要素的冲突与超越，也有多元要素的融通与升华。中华文化之"大"，乃万源归一。中华文化之"和"，乃和而不同。大有根，和存异。没有矛盾冲突，就没有同一和谐。没有相辅相成，就没有诗意升华。有限之小我与无限之大我，在大美生成中冲突与和解，最终实现了小我的超越与诗性。梁启超以"进合"来诠释"大我"的这种超越与升华，高度肯定了悲剧精神的崇高品格与大美意趣。他高度赞赏屈原"All or nothing"的人格美，指出屈原"最后觉悟到他可以死而且不能不死"，是拿自己的生命去殉改造社会的高洁热烈的"'单相思'的爱情"，"这汨罗一跳，把他的作品添出几分权威，成就万劫不磨的生命"。[③] 在他笔下，屈原既是伟大的诗人，也是大写的人。

大美弘扬了美育的自由向度，是对主体共情能力的升华。大美是纯粹之大无畏、大涵容、大自由的美。"大雄无畏"[④]"惟大英雄能本色"。[⑤] 美的实践主体，纯粹刚健而自由辉光。他向最高本体提升又践行于生命自身，非彼无我，一体俱化，同情交感，至纯至善。空灵超

---

① 《饮冰室合集》，第5册，中华书局1989年版，文集之三十八第41页。
② ［挪］何莫邪：《丰子恺》，张斌译，山东画报出版社2005年版。
③ 《饮冰室合集》，第5册，中华书局1989年版，文集之三十九第67页。
④ 方东美：《生生之德》，中华书局2013年版，第331页。
⑤ 《朱光潜全集》，第2卷，安徽教育出版社1987年版，第92页。

脱的艺术世界、巍然崇高的道德世界、澄明莹彻的真理世界，迹化于鲜活烂漫的生命世界。即小而即大，至实而至虚，无所不容而无所不可容。健进通贯，至真至纯，无畏自在。这种纯粹大美的境界，也是中华文化自古以来向往的生命审美化、人生艺术化的自由境趣。正如朱光潜所言："伟大的人生和伟大的艺术都要同时并有严肃与豁达之胜"；①"'无所为而为的玩索'是唯一的自由活动，所以成为最上的理想"。②唯纯粹而至大，唯无畏而至大，唯涵容而至大，唯自由而至大。创造与欣赏，看戏与演戏，出入自如，是谓"谈美"。朱光潜感叹，在最高的意义上，美与真、与善并无区别。走向大美，正是走向伟大的人生，走向生命的纯粹与自由。

四

在当下实践中，传承弘扬中华美育的大美意趣，具有重要的现实意义和针对性，对于培养艺术家高洁的审美趣味和刚健的精神境界具有积极的引领意义。习近平总书记在谈到改革开放以来我国的文艺创作时，批评了"调侃崇高""低级趣味""形式大于内容"等现象。③文艺界的有识之士也呼吁当前艺术活动要正视"喧嚣、浮躁、浅薄化、空心化、形式化、游艺化"等现象，反对"奴颜媚骨""市侩气息""拜金主义"诸情状，关注"中华民族精神的矮化，中华民族风骨的软化，乃至中华民族生命力的退化"之忧患。④弘扬大美，是对艺术风骨精神的呼唤，是对旖靡媚俗、追名逐利、形式至上的反拨、超越、审思。

大美是对旖靡媚俗的反拨。先秦汉魏，中华文化不乏雄健之风。初唐盛唐，亦多雄健气象。但很久以来，西方世界包括我们自己，渐渐忘却了中华文化的阳刚之美，放大了温柔敦厚、蕴藉柔美的气息，

---

① 《朱光潜全集》，第2卷，安徽教育出版社1987年版，第94页。
② 《朱光潜全集》，第2卷，安徽教育出版社1987年版，第95页。
③ 《习近平总书记在文艺工作座谈会上的重要讲话学习读本》，学习出版社2015年版，第10页。
④ 陆贵山：《刻画新人形象　树立时代典型》，《中国文艺评论》2020年第6期。

甚至渐成民族文化的标记。这在中国文学史上，曾漫衍出种种偏狭和病态的趣味。梁启超曾指出，中国韵文的表情法历来"推崇蕴藉，对于热烈磅礴这一派，总认为别调"。① 而就中国文学对女性审美的病态，他更是予以了辛辣批评："近代文学家写女性，大半以'多愁多病'为美人模范"，"以病态为美，起于南朝，适足以证明文学界的病态。唐宋以后的作家，都汲其流，说到美人便离不了病，真是文学界一件耻辱"。② 这种病态趣味，在当代并未根绝，"娘炮"等称谓，就是对当代性别审美的病态异化的嘲讽调侃。文艺创作要"存正气""讲品位""有筋骨"。"有筋骨，就是作品要表现崇高的理想信念、非凡胆识和浩然正气"，"这种精神上的硬度和韧性，正是伟大的作家艺术家之所以伟大的根本所在，也是一切伟大作品之所以伟大的艺术质地"，"一部堪称优秀的作品，都应该有大胸怀、大格调、大气度"。③ 习近平总书记先后提出"中华美学精神"和"中华美育精神"，高屋建瓴地指明了以民族美学和美育的优秀精神传统引领当代艺术实践发展提升的深刻意义。王元骧谈到，席勒美育的内容包含"融合性的美"与"振奋性的美"，前者"在紧张的人身上恢复和谐"，后者"在松弛的人身上恢复张力"。④ 他认为，"美育问题近年来已引起学界普遍的重视并在研究上有了很大的发展"，但"也存在某些认识上的不足"，其中之一就是"以能否直接引起人的精神愉悦为标准，把美育等同于'美'（优美）的教育"，而"美育并非只是'美'的教育"。⑤ 他引席勒的观点"假如没有崇高，美就会使我们忘记自己的尊严"，⑥ 进而指出"崇高感的审美价值以及它在美育中的地位一样，目前还很少为人们所认识"。⑦ 这类偏狭的认识，不仅影响了我们对美育的全面

---

① 《饮冰室合集》，第4册，中华书局1989年版，文集之三十七第93页。
② 《饮冰室合集》，第4册，中华书局1989年版，文集之三十七第127页。
③ 《习近平总书记在文艺工作座谈会上的重要讲话学习读本》，学习出版社2015年版，第30页。
④ ［德］席勒：《美育书简》，徐恒醇译，中国文联出版社1984年版，第96页。
⑤ 王元骧：《艺术的本性》，复旦大学出版社2016年版，第250页。
⑥ ［德］席勒：《席勒散文选》，张玉能译，百花文艺出版社1997年版，第109页。
⑦ 王元骧：《艺术的本性》，复旦大学出版社2016年版，第262页。

理解，也影响了我们对优秀民族美育资源的发掘。推动中华美育精神的传承弘扬，发掘中华民族源远流长的大美意趣，对于拨正提升当代艺术实践的精气神，夯实提振艺术家"精神上的正能量"，在艺术创作中展现"大真大爱大美"，具有切实的意义。

大美是对追名逐利的超越。当代社会，商业化、市场化的冲击，拜金主义、极端个人主义的滋生，使得有些艺术家、评论家失却了艺术的情怀信仰，作品粗制滥造，评论吹捧抬轿，把创作和评论"当作追逐'利益'的摇钱树"，① 投机取巧，沽名钓誉。有些艺术家只抒写一己悲欢，有些评论家脱离现实大众，他们的创作和评论缺乏大情怀、大格调，难以与民族同脉搏、与人民共呼吸，丢失了追求君子人格、鄙弃追名逐利的美好情操。大美要求艺术家具有博大的胸怀、高洁的情趣、高远的境界。"自我价值的过度膨胀、个人私欲的过度放纵，缺少理想和爱，难以与文艺的崇高追求合拍，也不符合人民的审美意愿，最终只能停留在粗鄙的境界之中。"② 当代文艺创作应积极回应时代发展的新态势，深入结合新的时代生活，创作出体现大胸襟、大情怀、大格调的生动文本，发挥好艺术审美教育的独特作用。③

大美是对形式至上的审思。从古典到现代，中华之大美从不以形式为要。孟子曰"充实之谓美。充实而有光辉之谓大"，④ 他的"大"就是"充实"之内质与"光辉"之气象的统一。改革开放以来，西方现代形式主义思潮对我国文艺活动产生了一定的冲击。特别是"当前我们的一些文艺作品，沉醉于玩弄形式技巧，缺乏表现'心灵'的深度，致使作品沦为单纯的炫技表演"。⑤ 在文艺创作中，"单纯地、片

---

① 《习近平总书记在文艺工作座谈会上的重要讲话学习读本》，学习出版社2015年版，第10页。
② 《习近平总书记在文艺工作座谈会上的重要讲话学习读本》，学习出版社2015年版，第104页。
③ 《习近平总书记在文艺工作座谈会上的重要讲话学习读本》，学习出版社2015年版，第115页。
④ 陈戍国点校：《四书五经》，上册，岳麓书社2002年版，第134页。
⑤ 《习近平总书记在文艺工作座谈会上的重要讲话学习读本》，学习出版社2015年版，第33页。

面地、不问其他价值因素地去一味求'美',作品就容易变得苍白、流于形式、丧失精神"。① 西方现代美学中的"美",很大程度上是指形式性的美,偏于感官观审的美,与之相联的美感通常指单纯的愉悦。这与康德美学将情与知意相区分所构建的判断力命题相联系,所以形式论者常将自己的鼻祖溯至康德。而黑格尔的艺术哲学,主要将"美"导向了艺术领域。他们的思辨,强调了美与艺术的独立品格,却有意无意疏离于美与人的现实关联,疏离于美向人生开放的实践品格,使得美在走向鲜活的人和鲜活的实践时,难以完全发挥其深刻的美育效能,难以充分发挥美反哺主体、涵育心灵的独特作用。

今天,对包括大美在内的民族美育资源的梳理、发掘、辨析、阐发,是传承弘扬中华美育精神的重要基础工作。一方面,要积极梳理这些资源的发展演化脉络,摸清自己的"家底",挖掘自家的宝贝;另一方面,要积极推动理论与实践的结合,推动优秀民族理论资源走向艺术实践、引领艺术实践,在介入实践中推动其创新性发展。

原刊《中国文艺评论》2020年第8期

---

① 《习近平总书记在文艺工作座谈会上的重要讲话学习读本》,学习出版社2015年版,第103页。

加强艺术学理论民族学理的建设

作为一门年轻的人文理论学科，艺术学理论的建设任重道远，既面临着前所未有的历史机遇，也面临着来自学科内部和外部的种种挑战；既有学科自身的个性化问题，也有社会对艺术学科发展的客观要求，以及人类文化发展的长效需求。而其中，一个重要的基础问题就是，如何加强自身民族学理的建设，从而使我国的艺术理论既能在世界艺术理论之林中拥有自己的一席之地，也能更好地服务于艺术实践和文化建设的需要。

我国很早就有从综合的文化的角度认识艺术活动的传统，它源自中国哲学的人生精神和中国文化的诗性思维。艺术、审美、生活、文化紧密相连，凸显了中国艺术理论以和谐理念、人间情怀、诗性品格等为基本特征的"大艺术"理论风貌。当前艺术学理论的建设，就亟须高度重视民族艺术理论的精神传统，在广纳中西滋养的基础上，重新打通民族审美与艺术精神的血脉，夯实艺术学理论的民族学理基石，推进建设既能与世界艺术理论对话又能切实解决自身问题的中国当代艺术理论话语和学理体系。

一

从世界范围来看，艺术学理论是一门年轻的现代学科。1906年，德国学者玛克斯·德索出版了《美学与一般艺术学》一书，正式确立了"一般艺术学"的学科概念和研究对象，催产了一般艺术学剥离于美学的独立。1922年，俞寄凡翻译出版了日本艺术理论家黑田鹏信的

《艺术学纲要》一书，书中的"艺术学"即德索所说的"一般艺术学"，由此在我国引入了"艺术学"的学科概念。20世纪20年代，宗白华撰写了《艺术学》和《艺术学（演讲）》两份讲稿，在东南大学首次开设该课程。20世纪30—40年代，张泽厚、马采的《艺术学大纲》《从美学到一般艺术学》等论著相继问世。"艺术学"学科的建设在我国初见雏型。[①] 可以说，20世纪上半叶，我国学界积极吸纳国际艺术学独立运动的理论成果，开始了艺术学理论学科建设的第一个阶段。这个阶段的主要贡献，是确立了基本的学科理念、研究对象和研究方法，为艺术学理论在我国现代学科体系中的建设打下了重要的基础。然而必须看到，这个基础直接来自西方相关理论的输入，而不是从中国自身的艺术实践中自然生发出来的，也不是从中国艺术思想的实际中发展建构起来的。这样说，不等于否认中国艺术思想和理论资源所拥有的相关成果和特点。事实上，中国艺术思想和观念，一直以来就有广义的、综合的、文化的取向。但艺术学理论真正作为学科的自觉建设，是从1997年"艺术学"的名称正式列入国家的学科体制后才开始的。2011年，"艺术学"更名为"艺术学理论"，正式成为一门独立的一级学科。因此，"艺术学理论"学科若从体制层面来说，还是一个落地不久的新生儿。当然，一门学科的建设与成长，绝不只是体制的问题，它更需要来自学科自身的长期、不懈的自觉努力和科学、艰辛的理性探索。如果说，我国艺术学理论学科的最初胚胎与营养来自西方。现在，就非常需要中西结合，发现我们自身的相关基因，打通我们自身的学理血脉，只有这样，才能使这个新生儿在当下中国的文化土壤中健康地成长，在全球化的文化语境中茁壮地成长。吸收一切优秀的理论资源和思想养分，最终直面自己的现实，说自己的话，解决自己的问题。唯此，才能使我国的艺术学理论学科从嫁接到自生，对人类艺术实践与理论建设的发展，作出应有的贡献。

---

① 参见凌继尧《中国艺术批评史·绪论》，上海人民出版社2011年版；王廷信《艺术学的学科状态与新的学科设置》，载李荣有主编《新起点上的艺术学理论》，中国社会科学出版社2012年版。

二

艺术学理论学科在我国的孕生和确立，是20世纪中国几代艺术学学者共同努力的结果。虽然艺术学理论学科诞生的逻辑前提是现代学科界限的明晰化和独立性，但是，艺术学理论学科建设的理论方法却离不开综合与一般，离不开我国艺术实践和文化发展的实际情状。目前，我国艺术学整个学科门类大家庭中，集聚了艺术学理论以及美术学、设计学、音乐舞蹈学、戏剧影视学等五个一级学科。如果说，后四者是属于艺术学的分类研究，前者就是艺术学的一般研究、综合研究、基础研究。仲呈祥先生曾谈到，在艺术学升门过程中，学界曾有一些说法反对在中国建设一般艺术学，如"没有什么艺术学，只有具体的美术学、音乐学"，又如"外国没有艺术学"等。他认为"一个民族统领全局的艺术学不能没有"，外国没有的中国也可以有；并指出中西艺术理论史上都有一般艺术学意义上的思想与文献。[①] 应该说，从中国艺术思想和理论发展的实际来看，对于艺术的综合研究和一般研究源远流长，是一个比较明显和突出的特点。

从先秦始，中国艺术思想就与伦理、哲学、教育、文化等思想交糅在一起。中国艺术思想的源头，孔子、老庄的艺术思想，首先就是一种伦理思想和哲学思想。如孔子谈的礼乐关系和美善关系，老庄谈的虚实关系和道技关系，都不仅仅是从艺术着眼，而首先是对宇宙、社会、自然、人伦问题的根本性思考。孔子十分重视艺术的道德化育功能，以仁释礼，以乐传礼。他的"乐"涵盖了诗、乐、舞等多个现代艺术样式，是一种综合性艺术活动。孔子将"乐"的审美功能、道德功能、文化功能相贯通，虽然，在今天看来，有过于重视以善立美的某种偏颇，但他从美善相乐出发，强调艺术内容与形式的和谐，强调艺术的社会责任和文化功能，强调艺术审美和人性的内在关联，对于中国艺术思想和理论的发展产生了重要的影响。如果说孔子是从个

[①] 仲呈祥：《中国当前艺术学学科发展的若干问题》，载李荣有主编《新起点上的艺术学理论》，中国社会科学出版社2012年版，第10页。

体的社会责任出发观照艺术，老庄则是从生命的自然规律出发观照艺术。与孔子从"礼"到"乐"不同，老庄是从"道"到"游"。"道"即本体，"道"在万物。"道"是有无的统一，体"道"乃是神味虚实之妙契和出入之自由。庄子赞美大美不言、得道遗技、虚静无为、心斋坐忘，追求素朴自然的逍遥至美。庄子并没有直接谈论艺术的问题，但无疑是中国艺术精神不可忽略的源头。孔庄学说构筑了中国哲学和艺术思想的根基，在几千年中国文化的发展承续中显示出强大的生命力，孕育了中国艺术思想"大艺术"的独特文化品格和审美特性。孔庄之后，从汉魏经唐宋至明清，随着艺术实践的不断发展，艺术样式的日益丰富和独立，艺术思想和理论对艺术自身构成、内部要素的关注日益加强，乐论、画论、书论等各自独立，涌现了阮籍《乐论》、嵇康《声无哀乐论》等音乐理论论著，谢赫《古画品录》、石涛《画语录》等绘画理论论著，孙过庭《书谱》、张怀瓘《书断》等书法理论著作，以及计成的《园冶》、焦循的《剧说》等园林、戏曲理论论著。这些论著不仅有对音乐、绘画等世界各民族共同拥有的艺术样式的探讨，也有对书法、戏曲等极富中华民族特质的艺术样式的探讨。同时，它们在探讨艺术问题时，也大多延续了孔庄以降将艺术放在社会文化、自然宇宙的大视野中来观照的传统。如阮籍的《乐论》，就把音乐视为"天地之体，万物之性"，[①] 既讲乐有"常数"，也讲乐以"化人"，把音乐放在自然、个体、社会的大系统中。再如王羲之的《题卫夫人〈笔阵图〉后》，提出了"意在笔前，然后作字"的创作原则，有学者认为这是"书法从单纯的文字符号"，"朝着'人格化'方向所进行的初步转化"。[②] 中国哲学和文化强调主客、内外、出入的矛盾统一，重视自然、社会、个体的交融和谐，以生命之眼、诗情之怀观照自然、宇宙、人生的生生化演，使得中国艺术理论涌现出"大音希声""澄怀味象""气韵生动""离形得似"等一批富有人生底蕴的理论命题和"神思""风骨""玄鉴""境界""机趣"等一批

[①] 王振复主编：《中国美学重要文本提要》，上册，四川人民出版社2003年版，第149页。
[②] 王振复主编：《中国美学重要文本提要》，上册，四川人民出版社2003年版，第194页。

富有人生情致的理论范畴。这些命题和范畴，大都把人情、物理与艺术的形象、意趣相贯通，体现出艺术品鉴与人生品鉴相统一、真善美相贯通的大审美、大艺术的理论旨趣。徐复观先生在《中国艺术精神》一书中谈到，"人生即是艺术"[①]"人人兼有艺术精神"，[②] 这是自孔庄以降中国文化和艺术的重要传统。这种传统，涵育了中国艺术与思想理论浓郁的人文情韵和文化气象，使得中国艺术理论的许多范畴和命题不是专泥于一种艺术样式，也不是仅仅局限于艺术自身。"为人生而艺术，才是中国艺术的正统"，[③] 由此，也成就了中国传统艺术和思想理论"大艺术"的重要视野与风貌。

中国艺术理论在各门类艺术间的贯通，及其艺术和人生的密切关联，都为以基础性、一般性、综合性研究为特色的艺术学理论学科的建设打下了厚实的文化根脉，提供了丰富的理论资源。20世纪以来，我国艺术理论的建设积极学习与引进西方，尤其是西方知识化、科学化、逻辑化的现代学术范式，但在本民族艺术理论及其精神传统的传承发展上，却一度着力不够，甚至不乏虚无失语之虞。今天，贯通中西资源，打通古今传统，在自觉的、科学的、逻辑的、系统的维度上推进学科化的艺术学理论民族学理的建设，既是我国艺术理论发展新阶段的必然要求，也是当下艺术学理论学科确立以后面临的迫切任务。

三

夯实艺术学理论的民族学理基石，推进艺术学理论的民族学理建设，是我国艺术学理论学科建设面临的重大任务和现实课题。否则，学术推进、人才培养、实践引领都将无从谈起。

中国艺术理论的特点与中国文化的品格密切相连。中国文化孕育了中国艺术理论"大艺术"的气象、视野和方法，涵泳了中国艺术理论以和谐理念、人间情怀、诗性品格等为重要标识的民族元素和民族气质。

[①] 徐复观：《中国艺术精神》，华东师范大学出版社2001年版，第20页。
[②] 徐复观：《中国艺术精神》，华东师范大学出版社2001年版，第30页。
[③] 徐复观：《中国艺术精神》，华东师范大学出版社2001年版，第82页。

中国艺术理论具有突出的和谐理念。儒家文化追求的是人与社会的和谐，道家文化突出的是人与自然的和谐。以儒道为代表的中国哲学的和谐观也孕育了中国艺术的和谐论。如《国语》曾提出："夫美也者，上下、内外、小大、远近皆无害焉。"[①] 和谐要求艺术在整体与部分、语言与形象、内容与形式等各种要素的组合上都能把握相辅相成的对立统一关系。"质胜文则野，文胜质则史"，[②] 这就是因为在文与质的关系上没有把握好对立统一的尺度。"乐而不淫，哀而不伤"，则较好地把握平衡了音乐情感不同质感表现的差别与和谐。特别值得注意的是，中国艺术的和谐美并不是简单地把和谐理解为相同。"和实生物，同则不继"。[③] "和谐"是相灭相生、相反相成的辩证统一。"和谐"美揭示的是艺术中多种元素对立统一所达成的内外相谐、言意相称、形神相生、大小相应、有无相成、虚实相生的美境妙韵，是在矛盾、冲突、差异中升华的复杂美感，是艺术对事物内在规律与整体法则的深层体味。从儒道的孔庄，到现代的宗白华、丰子恺，中国艺术的和谐理想源远流长，一方面，集中体现了中国文化与哲学的核心理念，突出了中国艺术理论的重要旨趣；另一方面，"和谐"的理念在艺术的发展中，也面临着实践的挑战，需要解决实践中提出的新问题。20世纪初，王国维、梁启超、鲁迅等都曾对中国艺术"悲剧""崇高"美感的缺失提出批评。实际上，包括"悲剧""崇高""怪诞""丑"等在内的现代艺术范畴，都对传统艺术"和谐"观的内涵和精神提出了发展深化的要求，需要理论工作者不断予以推进。周来祥曾针对"和谐观"的发展提出了古典素朴和谐美和现代辩证和谐美的概念，体现了理论上的一种积极探索与回应。今天，如何更好地发展提升极富民族特色的和谐美论，回应和引导艺术实践的需要，无疑是中国艺术理论应该去思考和解决的重要而现实的问题。

中国艺术理论具有温暖的人间情怀。"中国文化的主流，是人间

[①] 王振复主编：《中国美学重要文本提要》，上册，四川人民出版社2003年版，第194页。
[②] 王振复主编：《中国美学重要文本提要》，上册，四川人民出版社2003年版，第22页。
[③] 张岱年：《中国古典哲学概念范畴要论》，中国社会科学出版社2000年版，第128页。

的性格，是现世的性格。"① 中国文化的理想，既不是科学实证的，也不是宗教幻想的。中国哲人的安顿不在彼岸——天堂，而在富有艺术——审美品格的现实人生中。相对于宗教的超越，艺术的情味在中国人的生活中有着更为广泛的影响。中国艺术对于人生抱着温暖的情怀，能够在矛盾冲突中体味和谐，在虚寂静笃中体味生意。中国艺术活动的目的始终不是否弃人生，而是在自然、宇宙、个体、社会的审美观照中，更好地实现"生活的艺术化"和"人生的艺术化"。这就是孔子"从心所欲，不逾矩"的自由，也是庄子"物我两忘"而"道通为一"的逍遥，是一种情感的深沉与超拔，是一种生命的温情与坚守，也是一种心灵的虚静与高逸。中国的艺术理论，谈着谈着，就会逸出艺术而潜入生命与生活，把人格情怀、生命情调、时空意识、宇宙精神都涵入了自己的观照中。观画、品字、赏乐，无一不着人不著情。中国艺术理论，有"小艺术"和"大艺术"之说，"美术家"和"美术人"之喻，前者更多是从艺术的技能角度着眼，后者则涵摄了审美化的生活和艺术化的人。把生活涵成为"大艺术品"，这是中国艺术理想的最高境界，由此，在对艺术性、艺术精神、艺术美的理解上也体现出相应的旨趣，在生活、人生、艺术的实践中呈现出相应的态度。中国艺术理论的人间情怀，在根子上就是真善美相贯通的审美旨趣和人生情致。所以，中国的艺术理论不会拘泥于为美而美，为理论而理论，而是体现出生命的慧眼、开放的胸襟、人文的情韵。当然，这不等于把中国艺术理论视为玄学。中国历代的艺术理论，都不乏科学的、理性的、逻辑的元素，不乏对于艺术技巧技能的精到认知，不乏对于各门类艺术的精深研究。如战国时期的《乐记》，就从音乐的本质谈起，较为系统地论析了音乐的情感、形式、作用、教育诸方面的问题。更遑论《文心雕龙》《艺概》等宏篇。实际上，科学精神和人间情怀并不是也不应成为对立的因素，这也正是西方现代性发展中需要反思的重要问题。今天，我们应该将艺术理论的科学品格与人间情怀相贯通，吸纳中西艺术理论在思维方法、价值取向等方面各自

---

① 徐复观：《中国艺术精神》，华东师范大学出版社2001年版，第1页。

的优长，结合当下艺术实践与文化建设的实际需要，予以发展推进。

中国艺术理论具有内在的诗性品格。"大艺术"的追求使得中国艺术理论非常关注艺术活动的诗性品格和超越精神，这种由艺术的具象通向精神的诗意的形上旨趣，可以追溯到老庄哲学以及儒家的有关学说。老子建构了"道"的最高哲学范畴。"道"是化生万物的本体，"道"又与万物同在。"道"是有，"道"是无，"道"是自然。体"道"乃美，既是对形下的体认，也是对形上的妙悟。可以说，老子的至美是有无虚实相生相成的美，体现出崇无尚虚的审美旨趣。庄子进一步发展丰富了老子的思想，他以大量生动的例证，精到地阐析了"唯道集虚"的哲学观和审美理念。"原天地之美而达万物之理"，万物之理和至美"道通为一"。除了老庄，以孔子为代表的原始儒家实际上也内蕴着形上之气质。儒家文化最核心的精神是生生的精神，也就是生命的精神。"道"也好，"生"也好，归根结底追问的都是人对宇宙的根源感。儒家由"生"到"仁"，强调生命之爱，追求"大生"与"广生"，从而由"器"达"道"，乐天知命。由物、器、道之间的关系，儒道两家都进而讨论了言、象、意之间的关系，并不约而同地把意视为高于言和象的存在，主张言不尽意、立象尽意、大象无形、得意忘言，从而把审美的目光和旨趣导向了形上之维，并与实存的生活产生了亦实亦虚的诗性张力。中国艺术理论的诗性品格使其孕育了包括趣、境、韵、妙、气、品等在内的一系列即实即虚、富有延展性的民族化范畴，它们往往不是对艺术形象的某种具体技法的总结，而是对其整体性特征和诗意性情致的品鉴，并且往往由艺术而人生，把审美的目光和情怀引向更为超旷高远的天地，重视以艺术的美境高趣来引领人格的提升和人性的化育。在技与道、象与意、形与神等诸对关系中侧重后者，强调艺术创作者不是艺匠而是艺术家，重视他们在人类的精神生活中的引领意义。如宗白华的"意境"论，勾勒了艺术意境由直观感相到活跃生命到最高灵境，也即从情到气到格，从写实到传神到妙悟的美感路径，从而昭示了每一个具体的生命都可以通向最高的"天地诗心"和"宇宙诗心"的自由诗意。这不仅是对中国艺术诗性精神的深刻体悟，也是对诗意的艺术人格和诗性的艺术人生的形象标举。中国艺术理论的这种诗意取向，使得理论本身呈现出感性与理性统一、经验与超验融通的整体性特征，同时也突出了艺术对于生活的张力纬度和超拔意义。这种理论方法和价值取向，对于现代社会理性务实的文化特性具有突出的针对性，切入了个体生命存在的某种根基。中国艺术理论在这方面具有较为丰富的资源和自己的优长，需要我们结合当代生活实践和艺术实践予以梳理发展。

中国艺术理论的和谐理念、人间情怀、诗性品格，渊源于中华民族文化的深厚传统，构成了与西方艺术理论认识论方法、思辨性特征、科学化品格相区别的民族化标识，并以其"大艺术"的理论气象和方法视野，凸显了独特的理论品格和突出的人文意蕴。

20世纪以来，学术文化领域漫衍盛行的唯西是瞻、以西观中的立场方法，给民族学术文化的传承发展造成了巨大的戕害。今天，我们应该高度重视民族理论资源及其精神传统的梳理发掘和丰富推进。诚如费孝通先生所言，先需各美其美，再则美美与共。只有这样，才能使我国的艺术理论学科建设，既不失现代的大气开放和国际视野，又不失自身的民族血脉与民族根基，在当前的全球化语境中实现与世界艺术理论的对话与共同发展，并能面对当下丰富多元快速发展的艺术现实予以切实而有针对的引导。

原刊《东南大学学报》（哲学社会科学版）2014年第5期
《复印报刊资料·文艺理论》2014年第12期全文转载

加强中华美学精神与艺术实践的深度交融

一

中华美学和艺术源远流长，孕育了自己独特的理论精神和思想学说。但自近代以来落后挨打的局面，引发了长达一个多世纪的引进西学之潮。包括美学和艺术理论在内，一度大有唯西方是瞻的状貌。西方美学和艺术理论的引入，在中国美学与艺术的现代进程中，产生了不可忽视的直接作用。但是，以西方之美为美，以西方之艺为艺，悬搁中国美学与艺术生成发展的鲜活土壤和现实需求，不仅隔靴搔痒，甚或南辕北辙。美学与艺术，作为精神之果，与物质产品不同，具有内在的价值底蕴。一个民族的美学趣味和艺术情致，与这个民族的哲学品格、文化价值观密不可分，是与这个民族的意识形态相关联的。如果说，在中国的现代化进程中，我们的经济、科技发展了，我们的物质生活富裕了，但是，我们的文化、我们的价值观都不是自己的了，那就失去了我们民族的立身之本、精神之根。当代审美和艺术实践中的种种乱象，在一定程度上，正是这种失本失根的苦果。

中国古典美学没有形成系统的逻辑形态的理论体系。这使得中国美学在进入现代进程后，明显缺失了融入世界美学之林、与西方美学平等对话的先机。因此，中国现代美学几乎从启幕，就离开了民族美学原有的形态轨迹，走上了与西方美学直接对接的道路。这种对接，在中国现代美学学科的理论建设上，确实起到了极为关键的作用。我们几乎直接引入或者说是搬用了西方美学的学科形态、概念术语、话语方式甚至审美观念等，这使得中国现代美学学科的基本建构几乎在

20世纪初不长的时间里就基本完成了，但这种揠苗助长式的速成，也留下了可怕的后果。其中最根本的问题就是民族美学的全面失语、民族审美精神的某种遗落。

西方经典美学以探求美的逻辑本质为核心问题，推崇冷静、思辨、科学的认识论方法。鲍姆嘉敦、康德等西方现代美学学科的创始人，是在感性与理性分离、美与真善分离的基础上，确立美的独立地位和美学的学科体系的，他们努力探求和界定的是纯粹的美与美感。黑格尔从审美走向艺术，他把美学视为艺术哲学，主要也是以理性逻辑的方法来探讨艺术的科学美学规律。西方现代美学和艺术观主要体现出以美论美、以艺论艺的科学论倾向，与整个西方现代文化的理性追求相吻合，在艺术实践中直接推动了粹情、唯美等倾向。中国古典美学无西方经典美学的显性逻辑形态和科学话语体系，其基本精神源自中国文化、哲学、艺术的多维交融，是把审美和艺术放在宇宙纵横、物我交融、生命化成、人生仰俯的宏阔天地中来观照体味的，所以中华美学精神追求的是感性理性交汇、抽象具象兼具、形上形下兼容、美与真善相济的大美观大艺术观，它最终试图解决的不是美和艺术究竟是何的问题，而是美与艺术究竟何为的问题，是把美和艺术作为精神成人的本体途径来建构的。这种美论和艺术论，不像西方现代美论和艺术论那样，对于学科自身的问题具有清晰的逻辑界定，但它的优点是突出了审美和艺术的价值向度与信仰向度，使得审美实践和艺术实践存技向道，而非以技盖道，或以物非道。

如果说，西方经典美学自黑格尔始，形成了一定的艺术哲学的传统。而我国美学与艺术，一直就有密切的关联。中国传统美学主要依靠艺术来阐释，意境、情趣、韵味、虚实、形神、道技等重要范畴，都是美学与艺术共通共用的，又共同指向了宇宙人生这一宏大的天地。审美、艺术、人生的有机交融，使得中国美学和艺术精神崇尚大美，追求真善美的统一，以境界为高，讲美情，识美趣，崇美格，将生命的涵育与人性的升华，深深地契入了审美与艺术的鲜活实践中，不仅具有突出的民族特质，也推动了审美实践和艺术实践的理想维度和诗性向度。

二

1946年，宗白华先生写了《中国文化的美丽精神往哪里去》，引用了印度诗哲泰戈尔的话："世界上还有什么事情，比中国文化的美丽精神更值得宝贵的？"① 他指出，中华文化最核心的精神就是对宇宙旋律、生命节奏的创造性体验，并由形上启示形下，以艺术作为具象。因此，真正美的艺术应该是生命意义、文化意义的最高表征，也是自然规律、宇宙规律的最深写照；真正美的艺术除了"形制优美"的要求外，一定还有充盈于内的"高超趣味"。宗白华的观点阐发了文化、审美、艺术之间的内在关系，也强调了宇宙天地、个体生命、艺术创化之间的深度关联。

在中外艺术史上，真正伟大的作品都是时代风貌、民族命运的映照，是人类心灵、人民情怀的抒写。那些只讲技巧、手法，缺乏精神、情怀的作品，或能流行一时，难以代代相承。那些流俗、媚俗、唯市场、唯刺激的作品，或能投机谋利，难成精品力作。习近平总书记在与文艺工作者座谈时，就批评了当代文艺创作中"有数量缺质量""有'高原'缺'高峰'""抄袭模仿、千篇一律""机械化生产、快餐式消费"等问题："在有些作品中，有的调侃崇高、扭曲经典、颠覆历史，丑化人民群众和英雄人物；有的是非不分、善恶不辨、以丑为美，过度渲染社会阴暗面；有的搜奇猎艳、一味媚俗、低级趣味，把作品当作追逐利益的'摇钱树'，当作感官刺激的'摇头丸'；有的胡乱编写、粗制滥造、牵强附会，制造了一些文化'垃圾'；有的追求奢华、过度包装、炫富摆阔，形式大于内容；还有的热衷于所谓'为艺术而艺术'，只写一己悲欢、杯水风波，脱离大众、脱离现实。"同时，他也指出了当下文艺批评"庸俗吹捧、阿谀奉承""红包厚度等于评论高度""用简单的商业标准取代艺术标准""套用西方理论来剪裁中国人的审美""褒贬甄别功能弱化，缺乏战斗力、说服力"等不良倾向。② 当代

---

① 《宗白华全集》，第2卷，安徽教育出版社1994年版，第400页。
② 《习近平总书记在文艺工作座谈会上的重要讲话学习读本》，学习出版社2015年版，第10页。

加强中华美学精神与艺术实践的深度交融

中国艺术实践的种种乱象，根子上还是因为我们的艺术活动缺失了内在的精神引领，在市场经济大潮中、在世界文化激荡中迷失了方向。

美学精神是艺术精神的重要引领，它对艺术理想的建构、艺术情怀的提升、艺术标准的确立，都具有关键的意义。中华美学精神具有自己独特的内涵和特质，其对艺术实践的深度融入，是当代艺术实践健康发展的重要推力。

首先，中华美学精神以真善美贯通的美情观为基石。西方现代美学精神的确立以鲍姆嘉敦对知（理性认识）和情（感性认识）的逻辑区分、康德对情（区分于知意）的独立性质和中介作用的逻辑建构为基础。康德提出"与认识相关的是知性，与欲求相关的是理性，与情感相关的是判断力"，[①] 审美判断"联系于主体和它的快感和不快感"。[②] 这种扬弃与概念和逻辑相联的认识，扬弃与实存和欲望相联的意志，切断自身以外一切关系的美感，使审美成为对对象的实际存有毫不关心的表象静观。这样的美，难免成为纯艺术的、形式的、直觉的。中华美学精神以真善为美之内质，追求真善美贯通的大美情怀，由此把审美与艺术与人生勾连在一起。中国古典美学注重美善的关联。孔子就倡导"尽善尽美"，以此为标准对音乐进行品鉴批评。中国现代美学在美善基础上强化了真的维度，以蕴真、涵善、立美为最高目标。朱光潜先生指出，在最高的意义上，"善与美是一体，真与美也并没有隔阂"。[③] 宗白华则把艺术意境视为宇宙、生命、艺术三者的诗性交融。这种美论体现了宏阔的审美视野，体现了以艺术观照天地提升人生的情怀，既是执着热烈的，又是超越高逸的。对于艺术实践基本品格的确立具有关键和基础的意义。

其次，中华美学精神以涵容人生与艺术的范畴命题为血肉。实际上，中国美学与艺术理论，在范畴命题这个层面，很多是共通共用的。如情趣、意境、形神、道技、言意、虚实、巧拙等范畴，如出入说、无我化我说、看戏演戏说、大艺术说、美术人说、人生艺术化说等命

[①] 蒋孔阳、朱立元主编：《西方美学通史》，第4卷，上海文艺出版社1999年版，第6页。
[②] 伍蠡甫：《西方文艺理论名著选编》，北京大学出版社1985年版，第369页。
[③] 《朱光潜全集》，第2卷，安徽教育出版社1987年版，第96页。

题。但是，这些源自中华文化、哲学、审美、艺术土壤的范畴学说，在20世纪下半叶以来，几为西方的典型、形式、语言、直觉等术语替代。少数几个尚在使用的，也大都是在理论的圈子里自娱自乐，并未能够真正与当代的艺术实践和艺术作品相结合，不能随着艺术实践和艺术作品的发展而推进，从而失去了理论应有的阐释能力和引领能力。中华美学的这些范畴命题，既重艺术自身的品鉴，又重天地、人生、艺术的关联，着意由艺术来观审和品鉴人生，是艺术实践美情至境之涵育提升的重要范导。

最后，中华美学精神以诗性超越的人文情怀为旨归。中华美学精神追求真善美的贯通，追求审美艺术人生的关联，不以小美、唯美、媚美、俗美为目标。中华美学精神既寄情于鲜活温暖的人间情怀，又神往于高远超逸的诗意情韵，在出入、有无、物我、虚实、彼岸此岸间，构筑了往还回复、自在自得的诗性张力。这种审美精神正是人间诗情的具体呈现，既非西方美学的纯粹观审，也非宗教意义的出世哲学，而是要求超越用与非用的功能限定，以无为精神来创构体味有为生活，从而追求大用大美的至美至情。它对艺术活动超越俗趣提升境界无疑有着重要的引领意义。

总之，中华美学精神与西方美学精神的重要区别，一为大美，一为纯美，论其与艺术的关系，则前者以美提领艺术，后者唯美之为艺术，前者以趣情境格等为要，后者重形言技等独立。两者虽各有特点，但在对艺术审美价值的深层范导上，在艺术活动自觉提升主体情趣境界，重视受众化育涵泳，抵御艺术实践中种种欲望化、低俗化、市场化、形式化等偏畸上，中华美学精神自有其不可忽略的深刻意义和重要作用。

三

当前中国艺术实践的发展，迫切需要优秀民族美学精神的价值引领和深度融入。如何切实推进这个目标的实现，首先就需要从文艺工作者自身做起。

文艺工作者需要加强美学理论修养。这个修养不仅指西方美学理论，更指中华民族自己的美学理论。我们无疑需要广泛吸纳与借鉴，但也需要理清自身的传统，深入发掘民族美学优秀的资源和自身的神髓。实际上，当前在实践一线的艺术家，不乏认为不需要什么理论来指导，或有意无意地唯西美为美的。这在一定程度上是20世纪以来，我国美学和艺术理论界以介绍西方理论为主，还常常一知半解生吞活剥的某种结果。西方美学理论是西方文化土壤和艺术实践的产物，简单套用西方理论，难免隔靴搔痒。由此，使得本土艺术家对理论更为排斥。这里还有一种对理论的错误期待，认为理论可以应对一切具体的实践问题。笔者认为，理论主要是解决问题的观念、方法、视野、智慧等，而不是放之四海而皆准的教条。20世纪初，梁启超就曾提出中国学术思想，迫切需要"除心奴""反依傍"。他既批评欧化派的沉醉西风，也批评保守派的夜郎自大，呼吁既"勿为中国旧学之奴隶"，亦"勿为西人新学之奴隶"。[①] 他说，学一种思想，是要"学那思想的根本精神"，再根据具体需求加以创化运用，而不是亦步亦趋，全盘接纳，反致得不偿失。"拿一个人的思想做金科玉律，范围一世人心，无论其为今人为古人，为凡人为圣人，无论他的思想好不好，总之是将别人的创造力抹杀，将社会的进步勒令停止了。"[②] 这就是不读书不可，尽信书亦不可，一切领域皆然。没有对中西美学理论的全面观照和深度把握，是难以实现民族美学精神和艺术实践的深度交融的。

　　文艺工作者需要加强对中华文化与民族哲学的了解学习。一个民族的美学与艺术精神，离不开这个民族自身的文化土壤和哲学品格。而中华文化，更是一种文化、哲学、艺术、生命融为一体的大文化观、诗性哲学观、人生艺术观，是将对宇宙、自然、社会、生命、艺术等的考察交糅融会。不懂得中华文化与中华哲学对宇宙、自然、社会、生命之规律和韵律的独特解读，就不能把捉中华美学和中华艺术的要义。中华文化和中华哲学最重要的不是神性的维度，而是诗性的维度，是艺术化生命向度所凸显的物我、有无、虚实、出入的张力交融，既

[①] 《饮冰室合集》，第2册，中华书局1989年版，文集之十三第12页。
[②] 《饮冰室合集》，第7册，中华书局1989年版，文集之二十三第25页。

不漂浮，亦不沉沦，既是实存，又尚超拔。因此，中华美学和中华艺术的核心，都不是它们本身的问题，而是美之化人、艺之成人的终极问题，是以具象观照和反思创化去涵成一种独特而高逸的美情高趣至境的问题。只有探入中华文化和中华哲学之根，才能深刻理解中华美学和中华艺术的理想尺度，推动民族美学精神和艺术实践的深度交融。

文艺工作者需要在实践中积极践行民族美学精神，创化运用民族审美方法与思维。理论最终要到实践中去运用。文艺工作者只有自觉在实践中践行创化中华美学精神，民族美学精神和艺术实践的深度交融才能真正成为现实，产生积极实际的作用。深度交融，不是将理论生硬绑架到作品上。"文革"时期，观念口号先行，生产的只是"高大全"的假英雄，不可能产生真正有生命力的艺术形象。20世纪80年代、90年代，我们照搬西方的艺术观念和概念术语，做过一些先锋探索，也很少留下有生命力的精品。中华美学精神既有自己的内核特质，同时也在历史发展中传承创化。我们在实践中，既要秉承中华美学精神的神髓，也要具体地、灵活地去化用，从而真正发挥中华美学精神引领艺术实践的现实作用。

原刊《艺术百家》2016年第2期

"美情"与当代艺术理论批评的反思

"美情"是中华美学和艺术思想的民族标识之一。对美情的弘扬是中华美学和艺术精神的重要传统与核心追求之一,它对当代艺术理论批评情感品格的提振,具有根本性的意义。日常生活情感和艺术审美情感不能简单画等号。前者是"常情",后者乃"美情"。美情是在日常生活情感基础上提升起来的真善美贯通的艺术化审美化的情感,是一种以挚、慧、大、趣等为内质的创造性的诗性的情感。[①] 以美情来烛照和导范艺术理论批评,可以推动和引领艺术理论批评辨析、反思艺术活动中种种唯理的、媚俗的、粗鄙的、功利的等非美趋向,推动艺术理论批评的美思美质之提升和情感品格之建设,特别是对中华美学大美情韵的传承弘扬具有深刻的意义。

一

与西方美学相比较,中华美学的神髓之一就在于对美情的倡扬。西方经典美学是以知情意的区分为逻辑前提的,由此形成了以求真为核心的认识论美学传统,试图把情与美从与周围世界的复杂联系中抽取出来,进行客观科学的纯粹研究。这种立场突出了情感的独立意义,但在对情感心理要素的绝对抽离中,使艺术和审美或成为感性完善的理性目标,或成为潜意识的直觉宣泄。中华传统文化则强调人与周围世界的整体联系,既不将人的知情意相孤立,也不将审美与人生相割

[①] 参见金雅《论美情》,《社会科学战线》2016年第12期。

裂，这就形成了一种既重情又不唯情的美情传统，它强调知情意的有机联系，追求真善美的内在统一，崇尚审美和艺术活动中以情蕴真涵善立美的诗意性，由此形成了一种富有民族特质的美情意趣，突出了对情感的诗性品格、社会内涵、人文价值的关注。

艺术情感是美情的一种典型呈现。诗人艾略特曾说："诗人的任务并不是寻求新情绪，而是要利用普通的情绪，将这些普通情绪锤炼成诗，以表达一种根本就不是实际的情绪所有的感情。"[1] 在这里，"普通的情绪"就是常情，诗人的任务就是化常情为美情，"锤炼"出"不是实际的情绪"的艺术化的美的情感。因此，在艺术中，美情从根本上体现着艺术家的才情，是艺术家情感处理能力和艺术表现水准的一种尺度。美情具有超越于常情的强度、深度、力度、厚度、醇度、高度、丰满度、复杂度等，是具有创造性的挚诚、明慧、超逸、趣味化的诗性情感。过去，我们对创作、作品、作家艺术家的情感问题有所关注，但较少论及理论家批评家的情感能力。实际上，无论艺术创造还是艺术理论批评，情感能力都具根本的意义。美情的涵养，也是理论家批评家应该具备的核心能力之一，是理论批评美思传达和品格气象的基本保证之一。

纵览中国艺术与审美理论，不管是古典情感论，还是现代情感论，尽管存在着具体观点的差异和一定的发展演化，但主情派一直占有很重要的地位。值得注意的是，中国文论中的主情派大都不是孤立地谈"情"，几无绝对意义上的崇情论或唯情论。中国古典文论提出了"性情""情志""情景""情理"等命题，认为"情"需以"志"来调节，以"理"来疏导，主张以情导欲、以理节情、情理交至。这与中国文化中主张情欲区分和以道德理性来规范引导个体情感的立场是一致的，表现在美学和艺术论中，就形成了一种德情（善美）观，即以善为美的前置条件，主张尽善尽美。最有代表性的是孔子鉴乐："子谓《韶》：'尽美矣，又尽善也。'子谓《武》：'尽美矣，未尽善也。'"[2] 将善视作

---

[1] [美] 苏珊·朗格：《艺术问题》，滕守尧、朱疆源译，中国社会科学出版社1983年版，第25页。

[2] 陈戍国点校：《四书五经》，上册，岳麓书社2002年版，第22页。

评鉴音乐作品之美的必要条件。20世纪以来,西方美学东渐,中国现代文论对"情"的界定,一方面吸纳了传统文论的德情观,另一方面又受到了西方现代情感论包括康德的纯粹判断力、柏格森的直觉创化论等推崇情感独立的思想观点的影响。王国维的审美"无用之用说"直接改造自康德的审美判断"无利害说",试图将康德式的粹情(真美)与传统文论的德情(善美)相嫁接,呈现出"用"与非"用"的某种纠结。梁启超比王国维更显自信与超迈。他承认情感含有一定的神秘性,不能完全用理性来解剖;主张情感的作用是神圣的,但它的本质不都是善的美的;认为情感的性质是本能的、现在的,但其力量可以引人进入超本能、超现实的境界,使个体生命与众生宇宙相迸合,从而达到"化我"(大化化小我)之境界。这种认识,并未将情感简单归结为感性的非理性的东西,也未简单将情感纳入理性或道德的轨道,而是初步窥见了情感的感性独特性及其与理性(真)和道德(善)之间的某种复杂关联。由此,梁启超将艺术的表情本质与其情感教育的功能相结合,明确提出艺术是"情感教育最大的利器",[①] 极力倡导通过艺术审美来涵情成趣和提情为趣,化"情感"为"趣味"。朱光潜发展了梁启超的"趣味"命题,并建构了以"情趣"为中心的谈美体系,集中讨论了真善美在艺术中的融通及其审美建构。他认为艺术"都是作者情感的流露",但"只有情感不一定就是艺术",[②] 要求对感情予以"客观化""距离化""意象化",使之升华为艺术化的美情。宗白华则提出了"情调"的概念,主张"艺术世界的中心是同情",[③] 艺术意境就是美的精神生命的表征,是阴阳、时空、虚实、形神、醉醒之自得自由的生命"情调"。可以说,20世纪中国现代美学与艺术思想的主流,在情感这个问题上,没有抛开古典文论的德情传统,且有了新的发展。特别是把趣(境、调等)与情相勾连,既在真善美三维关系的视野上来讨论情感的审美命题,又突出了中国文论不以纯美唯美为美亦少迷醉于纯形式或非理性的情感论本质。可以说,

---

[①] 《饮冰室合集》,第4册,中华书局1989年版,文集第三十七第72页。
[②] 《朱光潜全集》,第2卷,安徽教育出版社1987年版,第19页。
[③] 《宗白华全集》,第1卷,安徽教育出版社1996年版,第319页。

中国文论的情感论不仅将艺术形象的审美创构作为自己的中心课题，也把对艺术主体的人格创构和精神涵育纳入了自己的视野，使得艺术审美实践由静态单维的科学心理观审走向了动态多维的人文生命创化，形成了中华美学和艺术思想极富民族标识的美情意趣。

二

中国古典文论非常重视情感的地位和作用，但其自身形态偏于感悟式的诗话、词话、小说评点等，对问题的阐发往往较为零散。1922年，梁启超在清华大学发表演讲《中国韵文里头所表现的情感》，对以韵文为代表的中国艺术的表情方法率先进行了理论性的梳理总结。该文近四万字，迄今仍是我国学者研究艺术情感问题的宏篇之一，也是我国文论最早以现代理论方式具体研究艺术情感问题的专论之一。关于此文的研究，大都将重点放在解读梁启超对艺术表情方法类型划分的理论贡献上，实际上在这篇文章中，梁启超针对中国艺术表情方法的总体特点，提出了一个非常重要而深刻的关键性问题，这也是他写作此文的根本目的。"我讲这篇的目的，是希望诸君把我所讲的做基础，拿来和西洋文学比较，看看我们的情感，比人家谁丰富谁寒俭？谁浓挚谁浅薄？谁高远谁卑近？我们文学家表示情感的方法，缺乏的是哪几种？先要知道自己民族的短处去补救它，才配说发挥民族的长处。这是我讲演的深意。"在文中，他明确要求艺术家向内要修养提挈自己的情感，向外要打进别人的"情阈"，从而引领"人类的进步"。由此，将艺术情感的美化与民族精神的陶养，直接联系在一起，赋予艺术情感问题以宏阔的视域和高远的目标。从这样的高度出发，梁启超以对中国韵文表情法的梳理总结为基础，指出中国艺术以含蓄蕴藉的、回荡的表情法为主，这与诸夏民族温柔敦厚的文化特性和诗教传统相契合。他尖锐批评了在这种情感观濡染下形成的中国女性文学，大半以多愁怯弱为美，认为这是"文学界一件耻辱"。他提出中国艺术中有一种"奔迸的表情法"，属于大叫大哭大跳一类的，情感抒发淋漓尽致，可以说是手舞足蹈，语句和生命迸合为一。他以为这类艺术是"情感文中之圣"，"西洋文学里头恐怕很多，我们中国却太少了", 殷切"希望今后的文学家, 努力从这方面开拓境界"。①

从理论史来看, 梁启超、王国维、鲁迅等均是较早明确对中国古典和谐型审美情趣提出反思批评的理论家。这既是中国艺术和美学理论现代转型的需要, 也是时代和社会的呼唤。中国古典美学尊崇天人合一、物我同和的原则, 以中和为美。表现在艺术情感趣味上, 主要追求以优美、柔美等为基调的和谐型美感。这类作品往往以情景相洽、含蓄空灵的意境营构为尚, 即使是以表现矛盾冲突为依托的戏剧、小说等, 虽亦讲究情节的曲折与波澜, 但往往以"团圆"作结, 情感脉络上虽有起伏, 但终归和美。著名国学家钱穆先生对此做过分析:"中国民族在大平原江河灌溉的农耕生活中长成。他们因生事的自给自足, 渐次减轻了强力需要之刺激。他们终至只认识了静的美, 而忽略了动的美。只认识了圆满具足的美, 而忽略了无限向前的美。他们只知道柔美, 不认识壮美。"② 20 世纪初年, 针对中国艺术的这种情趣取向, 梁启超发表《论小说与群治之关系》, 提出艺术情感"刺"和"提"的美。他的《诗话》反对"靡音曼调", 要求"绝流俗""改颓风", 振励人心。他在《情圣杜甫》中提出"痛楚的刺激, 也是快感之一";③ 诉人生苦痛、写人生黑暗、哭叫人生的艺术, 与歌的、笑的、赞美的艺术具有同等重要的价值。他的《屈原研究》, 讴歌了"All or nothing"的悲壮情怀和"眼眶承泪, 颊唇微笑"的从容赴死的崇高人格。梁启超的这些批评文字, 呼唤艺术精神的时代新变, 呼唤激越、遒劲、磅礴、博丽的情趣意向, 是将传统艺术情趣和现代审美精神相结合的重要审美批评实践。王国维于 1904 年发表《〈红楼梦〉评论》, 肯定了《红楼梦》"彻头彻尾之悲剧"美。1907 年, 鲁迅发表《摩罗诗力说》, 高度评价了"无不刚健不挠, 抱诚守真, 不取媚于群, 以随顺旧俗"的拜伦、雪莱、普希金、裴多菲等八位欧洲浪漫派诗人的情感指向④。

---

① 《饮冰室合集》, 第 4 册, 中华书局 1989 年版, 文集第三十七第 72—72 页。
② 钱穆:《湖上思闲录》, 生活·读书·新知三联书店 2000 年版, 第 29 页。
③ 《饮冰室合集》, 第 4 册, 中华书局 1989 年版, 文集第三十七第 78 页。
④ 《鲁迅全集》, 第 1 卷, 人民文学出版社 1981 年版, 第 99 页。

"我们的诗教,本来以'温柔敦厚'为主",批评家总是把"含蓄蕴藉"视为文学的正宗,对于"热烈磅礴这一派,总认为别调"。① 20世纪初年,梁启超、王国维、鲁迅等中国现代美学先驱反思和关注的问题,实质上并不是含蓄蕴藉与热烈磅礴的表面对立,而是呼唤民族精神和民族情感的强健与多元。事实上,今天的艺术理论批评,早就不拘于含蓄蕴藉的单一审美标准了。但是,我们的艺术,从20世纪初年的呼唤崇高到今天的消解理性,在某些作品中,从我情到我欲,从我思到我要,矫情、滥情、俗情、媚情、糜情,浮泛粗糙,宣泄欲望,缺乏情感的热度、力度、深度、高度等,并不鲜见。当今时代,迫切需要"有筋骨""彰显信仰之美、崇高之美""反映中国人的审美追求"的优秀作品。② 呼唤艺术中的崇高情怀、高洁情感、刚健情趣,仍然是当下艺术理论批评无可旁贷的职责。

三

挖掘发展民族美学和艺术的美情意趣与理论传统,对于当下的艺术实践及其理论批评具有重要的针对性。世界的全球化和社会的急剧变革,新的经济、技术、信息形态的兴起,各民族文化的开放和对话,都给当代艺术与审美带来了前所未有的广阔天地和丰富生机,同时也催生了许多新的现象和问题,使得艺术审美领域既绚丽斑斓又五色炫目,精彩纷呈又良莠并存。时代和实践给理论提出了严峻的挑战。理论对实践的疏离和乏力,是我国艺术领域长期存在的突出问题,也是当下极为突出的现状。究其根本原因,还在于理论自身缺少远见卓识,缺失血性筋骨,缺乏活力魅力,难以动人、撼人、影响人、引领人。

从当下艺术理论批评看,以下四个方面的问题尤须引起关注。第一是趣味不高,境界低俗。这主要表现在艺术理论批评中,存在着是非不分、善恶不辨、美丑颠倒的现象。有些艺术理论批评思想情趣不高,人文精神缺失,无力回应急剧变化的社会现实,对一些卖弄技巧、

---

① 《饮冰室合集》,第4册,中华书局1989年版,文集第三十七第93页。
② 《习近平总书记在文艺工作座谈会上的重要讲话学习读本》,学习出版社2015年版,第7—8页。

追求刺激、搜奇猎艳、粗制滥造、过度渲染社会阴暗面的作品，缺乏鉴别、分析，甚至盲目跟风追潮，为那些庸俗、低俗、媚俗的作品喝彩叫好，丧失了艺术理论批评应有的情怀与锋芒。第二是唯西是瞻，缺失根基。20世纪以来，我国艺术理论唯西方是瞻，已经成为一个非常突出而严峻的问题。一些艺术理论批评无视民族精神传统，一味简单照抄照搬西方，致使艺术理论批评严重缺失民族文化的深厚根基，滞后于鲜活的艺术实践。第三是急功近利，拜金逐名。有些艺术理论批评急功近利，使自身异化为名利之奴隶，为商业运作、金钱人情等利益与关系所左右。第四是自娱自乐，远离人民。有些艺术理论批评忽视艺术实践与人民生活的血肉联系，以理论为理论，满嘴概念术语、思潮学说，不是让读者明白，而是把人搞晕，晦涩生涩，自娱自乐，为理论而理论，只能沦为远离人民大众的呓语。

这些问题的出现，原因当然不是单一的，解决问题的药方也不止一种。其中一些问题是艺术理论批评和艺术创作共同的问题。解决这些问题，关键还是要从理论观念的根子上入手，从艺术精神的根本上入手，明源固本，方能事半功倍。笔者认为，深刻理解和传承发展民族美学的美情传统，是极具针对性的方法和举措之一。美情与粹情，是中西美学确立的重要理论基石之一。美情与粹情的不同，体现了中西美学在美的本体、内涵、价值、方法、思维等方面的差别，对中西艺术创作与理论批评，从根本上产生了深刻而直接的影响。抓住美情，不仅可以推动民族美学在基本学理上的建设，也可以有效提升理论批评的深层品格和精神气象。

美情聚焦的是艺术活动中情感美化的自觉命题，实际上也就导范了理论家批评家以审美为中心的重要而独特的艺术职责和社会职责。美情强调了艺术审美情感的品格、内涵、价值取向、人文意义等，要求艺术情感具备挚诚、具形、蕴藉、共通、超越、创新等诸种审美品格。对于美情的深刻理解和实践运用，可以有效反思引领艺术理论批评中相关具体问题的深层拓展。艺术理论批评中的趣味不高、唯西是瞻、急功近利、远离人民，其根本原因还在于对人民大众的情感情趣体验不切，对民族独特的情感情趣理解不深，对高尚高洁的情感情趣把握不力，从而随波逐流，误以种种泛情、庸情、糜情等迎合市场口味的随性宣泄为美。西方现代后现代艺术，由崇尚粹美唯美而衍生出种种形式化、非理性的思潮，追求形式技巧的新奇，崇尚感官感性的刺激。这些艺术审美的新思潮，与市场经济的冲击、现代后现代的价值观、信息技术时代的生活方式等交糅，对于我国当代艺术实践产生了双刃效应。以艺术理论批评的趣味境界为例。一个理论家批评家如能自觉以美情为尚，就不可能为那些情感低俗、庸俗、粗俗的一味追求宣泄刺激的作品叫好，不可能为那些缺乏内涵精凿、情感肤浅浮泛的作品叫好，不可能为那些是非、善恶、美丑不辨或肆意嘲讽、歪曲诋毁人类诚挚、朴实、深沉、崇高等美好情感的作品叫好。理论家批评家如果对自己民族高洁的审美情感和精神意趣缺乏了解与认同，那就从根子上背离了理论批评之初衷，唯有追新逐异步人后尘，用理论舶来品来生搬硬套、生硬剪裁，难以回应解决当下民族艺术实践中的鲜活问题。

四

"美情"的神髓，在于真善美会通的大美情致。美情非个体情感的原生状态，非个人欲望的自然呈现。它对常情的诗性升华，突出了艺术活动的审美本质及其对主体情感能力的独特要求。它以情蕴理，以情涵德，强调个体与众生、个人与自然、生命与宇宙的情韵往复、迸合和融；它提情为趣，融情为境，涵情为格，使主体的情感气韵成为成就艺术气象之关键。美情不以形式技巧为尚，而重象境趣格之构。在艺术实践中，美情勾连了艺术活动、情感涵育、人格精神的有机联系，也凸显了本体论与价值论相统一的理论视野。

传承发展中华美学的"美情"思想，对于推动当下艺术理论批评的品格提升，有着极为重要的意义。理论家批评家要从自身做起，加强理论修养，磨砺审美触角，提升美的情感体验、感受、鉴析、品评的综合能力。

第一，理论家批评家要回到艺术，具有精准鉴析作品情感价值观的能力。理论家批评家需要准确把握艺术形象的情感内涵，对艺术形象是否呈现了适当的情感态度、情感立场、情感判断予以分析鉴别。美情非日常情感的自然宣泄或原生呈现。不能认为任何情感，只要发生过的，都可以原封不动放到作品中去。人类情感中有美好的、高洁的、深沉的、伟大的，也有卑劣的、低俗的、自私的、盲目的。从常情来说，有积极的、正向的和消极的、负向的两种。从理论上说，不管哪种情感，都可以成为艺术的素材和表现的对象，但艺术需要对日常情感予以审美观照，赋予审美态度，呈现审美评价，这就是从生活到艺术，从常情到美情，艺术创作和理论批评概莫能外。艺术理论批评是对作品情感内涵和情感表达的再鉴析、再评价。如爱情，是艺术最为重要而永恒的主题之一。但爱有多种，有纯洁的、高尚的爱，也有自私的、欲望的爱。《红楼梦》对宝黛爱情的描写，之所以成为千古经典，就在于作品始终从心灵世界和精神层面来展现宝黛之间特别是黛玉对爱之挚诚。当代有些年轻读者，却不能体会黛玉的这种视爱情高于生命的至情，甚至嘲讽这是一种傻乎乎的、神经质的情感。这就需要艺术理论批评的正确解读和鉴赏引导了。再如，当代艺术作品中，不乏直接宣泄欲望的，展示粗俗情感的，创作者往往以真实相标榜。所谓的"下半身写作"，成为赤裸裸的欲望宣泄。一些视觉艺术形象，展现血腥的场面，宣称"零度情感"，这种嗜血的漠然，悬隔了美情的理性尺度和伦理内涵，也放弃了艺术的情感立场和情感判断。正如罗斯金所指出的："少女可能会吟唱失去的爱情，但吝啬鬼肯定无法吟唱丢失的钱财。"[①] 对于艺术理论批评来说，能否从艺术的具体描写中抓住情感的主核及其审美品质，这虽然是并不新鲜的话题，但仍然是考验其主要功力的基本标准之一。如一个表现雌性动物拼死保护幼崽的作品，一个批评家看到的如果是环保的主题，这也不能算错误，但这个批评无疑已经偏离了作品的审美特质，即以动物亲子之情所包蕴的对美好亲情的礼赞。这个情感内蕴及其态度取向，才是引导读者品赏该作品之美的关键。偏离艺术的情感内蕴及其价值取向，不引领欣赏者去体味艺术内蕴之美情，而是以简单寻求思想启示和道德

---

① ［英］罗斯金：《艺术与道德》，张风译，金城出版社2012年版，第33页。

启迪等为目标，这在艺术理论批评中是一个本末倒置的低级老错误，但在今天的艺术实践中仍不鲜见。要让艺术回归自身，让理论批评回归艺术，就必须牢牢抓住美情这个根本的艺术审美要素，深切关注艺术的情感内涵、情趣态度、价值判断等内在的精神尺度。

第二，理论家批评家要回到作品，具有精到评判作品情感表现力的水准。不通一艺莫谈艺，这个话说得有些偏激。应该承认，优秀的理论家批评家，不一定就是杰出的创作者。但这个话又说得不无道理。理论家批评家一定要广泛接触作品，对于具体艺术门类和艺术作品有基本而丰富的了解。尤其对于艺术中情感的传达方式、表达技巧、表现特点等，要有敏锐的感觉和深入的把握。理论家批评家既要有深厚的理论修养，也需要有敏锐细微的艺术感受力和精湛、精准的审美评判力，能够洞悉作品情感传达之幽微。梁启超是中国现代开启艺术情感研究的重要理论家之一。他将小说的情感感染力分为"熏""浸""刺""提"四种；将中国韵文的传统表情方法概括为"奔迸的""回荡的""含蓄蕴藉的"三类，在"回荡的表情法"中又区分出"螺旋式""引曼式""堆叠式""吞咽式"四种。这些分类在今天看来，理论上不一定很严密，但其研究的方向及其细致具体的评析，仍具有重要的借鉴启发意义。这方面的理论资源，还有大量的尚待发掘整理，理论家批评家可以研究和运用并重，在提升情感理论修养中，推动情感批判能力的提高。此外，优秀艺术传达的人物情感和作家情感往往不是简单化的而是复杂的，不是浮在表面的而是需要深掘的，可能是悲喜交加，可能是喜怒交错，可能是似喜实哀，可能是悲喜莫名，这都需要艺术理论批评既整体把握，又细察入里。中国传统艺术很少追求纯形式或纯技巧的东西，情感传达的方式、手法、技巧等，很少与情感内涵特征相分离；当代艺术接受外来影响，有很多新的探索，也不乏重形式技巧的尝试，这些都需要具体予以鉴析和评判。当代生活的激变、新媒体的涌现催生了新的情感体验，也催生了艺术情感传达的媒介、方式、手段等的新变化，这也要求艺术理论批评与时俱进。总之，理论家批评家首先需要回到作品，这是精到体察准确把捉作品情感水准的第一步，也是艺术理论批评的基点。

第三，理论家批评家要胸纳宇宙人生，涵养高逸的情趣情怀。中华美学与艺术最讲求主体的审美胸襟和审美人格。它不是就美论美，就艺术论艺术，局限于审美和艺术的自我天地中，而是和宇宙人生相融通，形成了一种真善美贯通的大审美、大艺术的气象与情韵，追求审美至境、艺术美境、生命胜境的汇通，由此也形成了一系列富有民族特色的艺术理论批评范畴，与情感相关联的有情趣、情韵、情致、情调、情味、情采、情气、情态、情状、情性、情意、情志、情理、情景、情境等。这些范畴，关涉了情、意、理、性等关系，强调了它们的联系与互动。更为重要的是其中的大部分范畴，强调了个体之情与整体生命、宇宙运化的深度关联，突出了种种物我交融的个体情感的生命气韵况味，如情趣、情韵、情致、情调、情味等范畴，以及由个体情感生命的美构所创成的情景、情境等主客一体的至美艺术世界。冯友兰在《中国哲学简史》里曾谈到，中国艺术的"动情"，往往不在个人的得失，而在宇宙人生的某些普遍的方面。由此，中国审美和艺术中的情感传达，包容了物我、有无、出入的诗性关系。理论家批评家如果没有涵育高逸、超旷的情趣情怀，光有对于情感技巧、技能的知识积累，或者对于情感内涵的客观分析，是难以真正洞悉优秀艺术作品的情感气象的，也是难以深刻把捉伟大作品撼动人心的情感美质的。

原刊《中国文艺评论》2018年第5期

文学审美的情感功能

文学作为人类精神活动的一种特殊形态，离不开人类心理的情感要素。情感是文学活动顺利展开的原动力，是文学活动能力的重要标志。它在文学活动中的切入、活跃、舒展、激扬，展现了文学活动独特迷人的审美特性与审美功能，也揭示了文学作为审美活动的人学本义。

一

情感首先是一种素质。作为对象价值与主体态度的体验，一个人情感丰富不丰富，善不善于体现与表达情感在很大程度上具有先天的生理、心理因素。同时，情感也是一种能力。情感力是指主体对情感发生、感受、处理、表达与创造的综合能力。

现代心理、生理学研究揭示了情感的先天生理基础。心理学把情感界定为人对与之发生关系的客观事物的价值及主体态度的体验。大脑是情感心理活动的生理基础。大脑组织具有先天生理的限定，但人脑机能的发挥和实现程度更取决于后天环境的塑造。一个从小离开人群的狼孩不能使用人类的语言和情感符号，甚至不能直立行走和享受人类的食品。他的人脑机能已经完全退化。事实上，人作为社会的动物，其一切生理、心理想象都与文化密不可分。正是在这个意义上，我们认为情感是生理、心理和文化的统一。文化塑形不仅可以促进人的情感心理的发展，同时也可以促进人的情感生理机制——大脑皮层下系统的成熟。因此，我们认为，情感力不仅是一种先天条件和素质，情感力也是可以培养引导的。其中，生活实践是情感培养的根本途径，而文化传统与教育方式也具有不容忽视的重要意义。后者在人的情感特征形成与情感力的开拓上，都具有极为重要的意义。

东西方人由于文化背景与教育方式的不同，形成了明显的情感特征差异。如中国人一般不喜欢直率地暴露自己的情感，相对于西方人，显得更为含蓄、内敛。这在很大程度上就是由中国文化塑造的。中国传统文化讲中庸之道，不大喜大怒，注重用比较理性的东西来规范人性。这有一定的合理性。但在中国传统文化中，还常常把情和欲混同起来，似乎讲情感就不好，就比较低级。在这种文化形态的长期积淀与熏陶下，形成了中国人重理轻情、中和内敛的个性心理结构与情感方式。中国的家长最爱孩子，但这种爱更多的是伦理责任，理性成分重，较少甚至根本不注重、不知道去体验亲情中的感性愉悦与感觉状态。他们不去表达自己的情感，也不善表达自己的情感，这在文化层次较低的群体中几乎是一个普遍的现象。

情感是心灵完满和个性完善的必备条件。从康德到席勒，无一不把知、情、意的完善与统一视为人类个性心理结构的必备条件。马克思主义美学更是从人的社会历史实践和人的自我发展的现实统一高度，提出了"把人的全部精神能力——感觉、情感、理智、意志和想象——统一和融合为一个完整的统一体"，把人"作为尽可能完整的和全面的社会产品生产出来"的理想。[①] 知、情、意作为人的个性心理结构的基本内涵与基本要素，缺一就不能成为完整的人。在现代社会转型与商品经济条件下，一方面，生产的飞速发展为人的发展开辟着物质基础与前提；另一方面，紧张的工作、功利的追逐、忙碌的生活又使人几乎无暇去顾及情感的需求与发展。情感变成沙漠中的绿洲，成为珍稀之物。散文《渴望亲情依旧》是一篇大一女生的泣情之作。作者描写家庭富裕后，在城里造了新房。从此，爸辞去以前的工作，自己经营了一家餐馆，成了实实在在的生意人，妈则当了地

[①] [苏] 列·斯托洛维奇：《审美价值的本质》，凌继尧译，中国社会科学出版社1981年版，第15页。

地道道的老板娘。

　　爸的变化已不只让我惊异,而是让我全然陌生了。他的应酬,他的那帮朋友,早已令他失去了与女儿闲聊一会的心情和时间。偶尔他见我那怅然若失的眼神,只会抛下一句:"哦,我的宝贝女儿,想要什么,跟爸说一声,爸爸保证办到。"我失望地摇摇头,目送着爸爸气宇轩昂的背影,我感到我的心在呼喊:爸爸,你应该懂得女儿需要什么!家离我是愈来愈远了。星期天偶尔回家,那抑郁的气氛也令我有离家的冲动。于是我一个人走出来,走在五光十色的霓虹灯下,想着家,想着爸爸他们称兄道弟喝酒猜拳的声音,想着妈妈搓麻将时高叫"和了"的声音,一股强烈的空虚与寂寞感重重压向心头。一个人沿着街道缓缓地走着,茫茫然望着那被街灯拉长的影子。家啊,我真的好怀念那个被青山怀抱着的小家。

　　物质的丰裕不能满足作者的情感需求。作者倾诉了"家离我越来越远"的空虚与寂寞。希望回到童年时代其乐融融的家庭氛围中。在只重理性、不重情感的文化氛围中,在只讲实际、无视情感的客观环境中,必然会使我们对情感的需求趋向麻木,使我们的全部能力和感觉沦为只懂得占有和消费的冷漠偏见和粗野的感觉。面对中国文化长期孕育的情感态度与情感特征,面对现代社会转型与商品经济条件,情感的培养与开发尤须引起我们的关注。要让每一个人都成为完善的人,要让每一个人都拥有丰富的情感和完善的情感能力,让人类的实践不仅成为按照"美的规律"改造外部世界的创造性活动,也成为按照"美的规律"塑造主体自我的诗意旅程。

二

　　情感是人性的基本要素,也是人性完善的重要基础。一个完善的人是知、情、意和谐发展的人。情感问题并不是某一个社会的特殊问题。而是人性与人类生活的共通问题。在现实生活中,一个没有情感的人，必然是没有生命活力的人，是个性不完善的人。而在文学实践中，没有情感，也就没有创造的动力，没有鉴赏的激情。失却情感，文学就失却了动人的魅力与感染力。情感是文学活动的基本能力，也是文学活动的人学本义。文学情感来源于生活情感，但文学情感又具有自己鲜明的特性，具有生活情感所不能取代的特质，即美的特质。

英国著名诗人托马斯·艾略特指出："诗人的任务并不是寻求新情绪，而是要利用普通的情绪，将这些普通情绪锤炼成诗，以表达一种根本就不是实际的情绪所有的情感。"① 艾略特的话从一个侧面指出了文学情感与生活情感之间的内在联系及其本质差异。其实，文学情感与生活的差别远不止此。

具体来看，文学情感主要具有如下审美特征。第一，文学情感具有超越性。生活情感是即事的、功利的。它总是因为具体事实而产生，有特定的现实因由，并随着现实问题的解决、平息、终结而结束。文学情感则不指向特定具体的现实事件。文学情感是在一定的心理距离下，对艺术想象的移情。按布洛的说法，"距离"就是"通过把客体及其吸引力与人本身分离开来而获得的，也是通过使客体摆脱了人本身的实际需要与目的而取得的"，即"摈弃了我们对事物的实际态度"。② "距离"是进入文学活动的必要条件，因此，它也是文学情感萌生的基本前提。在摒弃了科学的、实用的、伦理的等种种实际态度后，文学活动的主体进入一个自由的精神境界。他以自由的心态去想象与虚构，以审美的心境去体验与感受。庄子喜鱼，屈原爱橘，激起他们情感态度的并非鱼或橘的物质属性，他们不是商人关注对象能卖多少钱，不是食客关注对象能提供多少营养，不是生物学家或植物学家关注对象的解剖和构造。他们欣赏赞叹的是鱼的自由，是橘的高洁，是对于一种精神姿态、一种精神境界的向往、想象和体认。由此，在文学活动中，审美主体身居贫寒，却可以为作品中人物的富足美满而陶醉；审美主体处境顺遂，也可以为作品中虚拟的灾难毁灭而忧惧。

---

① 《诺贝尔文学奖获奖作家谈创作》，北京大学出版社1987年版，第149页。
② 布洛：《作为艺术因素与审美原则的"心理距离说"》，载蒋孔阳主编《二十世纪西方美学名著选》，上册，复旦大学出版社1987年版，第245页。

由于超越了直接的现实事件与利害关系，审美主体就可以摆脱实际的、功利的束缚，而进入对人生况味与底蕴的深层品鉴，由此而熔铸的文学情感也就显得更纯粹、更高洁。

第二，文学情感具有普遍性。生活情感总是个体的，是情感主体对特定对象价值与主体态度的体验，它以主体自我为中心，关注的是一己的需要或满足。文学情感则具有普遍性。文学情感是主体审美理想的体现，是对感性个体情感的超越。文学情感具有基于感性又超越感性，立足于个别又指向一般的特点。苏珊·朗格在《艺术问题》中曾指出，"艺术家表现的并不是他个人的实际情感，而是他领会到的人类情感"。[1] 文学情感的普遍性体现了文学活动主体高度的艺术责任感与精神使命感。在文学史上，所有伟大的作家都是人类情感的代言人，他决不沉溺于一己的情感天地中，痴迷于咀嚼个人的悲欢。杜甫的《茅屋为秋风所破歌》、陈子昂的《登幽州台歌》，既包含了个人生活中的深切体验，又能超越个人的悲情愁绪，体现出广阔、深邃的人生情怀，从而能够超越时空局限，为世世代代诸多仁人志士所共鸣。

第三，文学情感具有开放性。生活情感是个体情感，是以个体为基础、为载体、为目的的，带有一定的内在性与封闭性。文学情感则超越一己的直接功利，对日常生活情感进行审美观照。文学观照的目的并不只是要体验情感、品味情感，更是要表现情感、传达情感。情感的沟通是文学情感表现的根本目的。生活情感往往自生自灭，很少人注意去刻意传达与沟通。文学则通过富有美感的艺术手段和艺术媒介来塑形、传达，从而使情感的体验观照具有了可沟通性。"五四"时代，郭沫若抒发了热爱祖国、期待祖国新生的热切情感。这种深刻的情感，借助于凤凰涅槃的动人形象而获得了广泛的传播与共鸣。

第四，文学情感具有蕴藉性。生活情感与具体事物、事件相联系，是对具体事物、事件的直接态度与反映，淳朴、粗糙、自然，具有宣泄性、非还原性、即时性。生活情感总是与特定主体的情景状态相联

---

[1] ［美］苏珊·朗格：《艺术问题》，滕守尧、朱疆源译，中国社会科学出版社1983年版，第137页。

系。情景条件变化了,具体的情感也就无从捕捉。文学情感则是对日常情感的审美反刍,它不以即时宣泄为目的,而是通过文学内容和形式的完美统一,通过文学形象的建构,通过文学媒介的塑形,来寄寓情感,表现情感,使特定的情感状态成为可供反复品鉴、体味、发掘的审美对象。对爱情的体验是人类情感生活的重要内容。失恋会给情感主体巨大的打击。在日常生活中,情感主体常常采用倾诉、哭泣、喝酒甚至其他丧失理智的行为与方式来达到情感的宣泄与平衡。但许多伟大的作家却把这种最深刻的情感体验转化为优美动人的艺术形象,使自己的情感获得了超越与升华。歌德的《少年维特之烦恼》就体现了作者对爱情的深刻体验。歌德与主人公维特一样爱上一个美丽的少女,但少女已经有了心上人。歌德把所有的情感都变成了笔下纯情动人的形象,拨动了古今中外无数有情之人的心弦。

第五,文学情感具有具象性。作为主体的内心体验,情感从本质上来说是抽象的、内在的。喜怒哀乐之情孕于主体心灵之中,只有主体自我才能真切地感受。但文学却可以通过作家的创作与读者的接受,通过文学想象与文学技能,将抽象内在的情感转化为生动具体的形象。如"愁"是一种内在的感受。但在文学作品中却化作了"一川烟草,满城飞絮,梅子黄时雨",化作了"梧桐更兼细雨,点点滴滴",化作了"夜半钟声",化作了"一江春水",从而使这种看不见、摸不着的内在情绪变得生动、具象、可感。

第六,文学情感具有形式美。生活情感偏于感性,形式上较为粗糙单一。虽然它也有喜怒哀乐的表达方式及其交叉形态,但与文学情感相比,则远较平淡。文学可以运用各种语言手段与形式技巧来强化情感表达,使其生动丰满、鲜明强烈,充满动人的美感。如同样是"愁",既有"一川烟草,满城飞絮,梅子黄时雨"的莫名之愁,也有"梧桐更兼细雨,点点滴滴"的闺中之愁;既有"夜半钟声到客船"的思乡之愁,更有"一江春水向东流"的亡国之愁。愁的内涵不同,作者遣词造境也就各具特色,给人品味与遐想的无尽空间。语言的美感、结构的美感、表现技巧的美感、修辞手段的美感,烘托强化了文学情感表现与接受的审美快感,使文学情感更动人、更精美、更有感染力。

总之，与日常情感相比，文学情感形态丰富、内涵充实、底蕴深厚、形式生动、它在感性中熔铸了理性，在激情中熔铸了美感。它比生活情感更具震撼力、更具表现力、更具感染力，更高雅纯粹，更饱满生动。

三

情感是文学活动的表现对象，也是文学活动的基本能力。作为文学活动的表现对象，情感的最终源泉在于生活；作为文学活动的基本能力，情感同样离不开具体的生活实践。生活是情感的第一课堂，而艺术实践对于情感的培养具有非常重要而特殊的意义。作为情感内涵与情感机能的综合体现，从事文学活动（创作和接受），可以使主体的情感内涵趋向丰富、高尚，使主体的情感机能获得锤炼、强化，从而使主体的情感力获得积极有效的提升与拓展。具体来看，文学审美活动的情感功能主要体现为五个方面。

其一，文学审美活动可以丰富主体的情感体验。情感是丰富多样的。朱自清《春》表现了欣喜之情，鲁迅《狂人日记》描摹了紧张与恐惧之情，恩格斯《在马克思墓前的讲话》传达了崇敬与惋惜之情。清代评点家张竹坡在小说评点中提出"化身"说，指出作家可以"千百化身"，去体验人物的状态。当然，读者也可以"千百化身"，去体验人物与作者的状态。现实生活中，人的直接生活经验总是有限的，文学活动给情感体验提供了广阔多样的天地，即"为我们的情感经验增添了新的东西"。[①] 这种增添既是对直接生活经验中的原生情感体验的突破，更是因为艺术手段的审美参与而构成了完全超越于生活情感的全新体验。通过文学审美活动，可以有效地丰富主体的情感体验。

其二，文学审美活动可以加深主体的情感认知。文学的情感体验不仅是横向展开的，也是纵向拓展的；文学不仅是对情感的表现，也是对情感的反刍。文学不是单纯的生活情感，而是个体情感、生活情

---

① ［英］克莱夫·贝尔：《艺术》，周金环、马钟元译，中国文联出版公司1984年版，第165页。

感与审美理想的合一。文学通过情感典型化，通过文学技巧与艺术手法生动明晰地表现出经过理性过滤、深含意蕴的艺术情感。如卡夫卡《变形记》运用变形的技巧来表现人在生活中的异化感，又运用一系列动词表现格里高里成为甲虫后的窘境。这些艺术手段鲜明、强烈、集中地体现出作者对现实的强烈感受和深刻认知，不仅有效地激发了我们对无奈、窘迫、漠然的感知，也成功地加深了我们对异化感及其所映照的社会本质的体认。

其三，文学审美活动可以补偿主体的情感需求。文学审美的情感功能虽然不是直接的现实的情感的满足，但是它可以通过情感宣泄、表达与交流，尤其是通过情感想象，有效地补偿人对现实情感的需求。在现实生活中，人有很多情感需求是不能或难以得到满足的。长此以往，就会造成人的情感压抑状态，形成负面情感因素的郁结。文学活动通过情感的想象、表现与鉴赏，达到情感的宣泄、转移、倾诉、补偿、交流等多种效应，使负面情感得以疏导。据西方学者研究表明：一般女读者都爱读罗曼史，"因为罗曼史使她们能够暂时摆脱为人妻为人母的琐碎事务……她们从罗曼史中得到的是希望、安慰和知识"。[①] 文学史上，武侠和爱情是长盛不衰的两个题材。情与侠本质上正是人对平凡生活的情感想象。西方现代心理学的重要开拓者弗洛伊德对于文学艺术的情感补偿功能与机制极为重视，认为可以通过文学艺术的"白日梦"方式来保持心理与情感的平衡。

其四，文学审美活动可以提升主体的情感品质。文学中的情感是经过审美规范的，不是生理情绪的，也不是情感宣泄。正如维戈茨基所言："艺术情绪本质上是智慧的情绪。"[②] 文学活动过程中，作者的情感体验与表达，读者的情感接受与交流，都包含了对情感的审美评判。因此，文学审美的过程也是情感提升的过程，是创作主体对情感材料、经验的分析辨别、清理评判，是对琐碎、庸碌、功利的个体情感的剥离，也是对纯粹、高洁、理想的美的情感的想象。同时，文学

[①] 鲍晓兰主编：《西方女性主义研究评价》，生活·读书·新知三联书店1995年版，第63页。
[②] ［苏］列·谢·维戈茨基：《艺术心理学》，周新译，上海文艺出版社1985年版，第278页。

审美的过程也是接受主体感知、体验、反刍文学形象的情感内蕴的过程。文学活动的情感功能是双向的，既指向作者，也指向读者；既是情感发现的过程，也是情感培养的过程；既是情感体验的过程，也是情感提升的过程。文学情感经过主体审美情感、审美理想的过滤，熔铸了主体对真、善、美的理想与追求，熔铸了主体对人性的发现与思索，熔铸了主体对人生价值与意义的追寻。文学的情感是感性与理性的统一，是情感与良知的统一，是现实与理想的统一，它可以净化人的心灵，提升人的情感品质。

其五，文学审美活动可以提高主体的情感技能。文学运用各种方法技巧来表现情感、表达情感。文学审美（创作与接受）的过程也就是感受、开发、把握情感技能的过程。现实生活中，由于社会、文化、心理等各种各样的因素，我们得以表现或表达情感的机会与场合并不多。文学是情感表现的演练场。文学作品中各种各样的人物表达情感的方式与方法各不相同。这对于作家而言，就是寻找、发现、创造表现手段与表现技巧的过程。美国著名的艺术理论家鲁道夫·阿恩海姆指出："艺术家与普通人相比，真正的优越性就在于：他不仅能够得到丰富的经验，而且有能力通过某种特定的媒介去捕捉和体现这些经验的本质和意义，从而把它们变成一种可触知的东西。"[①] 对于接受者而言，这是一个感受、体认、评判情感手段与表现技巧的过程。文学家是通过何种手段把内心孕育的情感转化为接受者可以理解和把握的生动形态？情感的内容与形式是通过何种途径交融在一起，而转化成读者可以感知的形象？在把握感知情感内涵的过程中，接受者也在学会情感表现的方法与技能。文学给情感表现提供了广阔的天地，也是帮助审美主体把握丰富的情感技能的佳径。

文学情感的审美特质与功能效应为开拓主体的情感世界、提升主体的情感力提供了现实而有效的途径。在人类思想史上，从古希腊、先秦至今，无以数计的伟大思想家从不同立场、不同角度探讨、研究、

[①] ［美］鲁道夫·阿恩海姆：《艺术与视知觉》，滕守尧、朱疆源译，中国社会科学出版社1985年版，第228页。

呼吁这一问题。但是，在人类历史实践中，审美教育与情感教育仍未获得足够的重视与广泛的展开。笔者认为，一方面，我们不能脱离生产力与生产关系发展所制约的历史实践与现实情感；另一方面，我们又不能放弃"在一切个人的自由时间内，对他们进行艺术教育和科学教育，并且使用大家都能享用的手段"。[①] 在现代社会转型与商品经济条件下，把人的发展从片面地注重开发外部自然和片面地开发人的内部自然的历史中解放出来，既是文化建设的题中之义，也是社会发展的必要保证。在科学教育早已深入人心的时代，面对民族传统的情感特征与商品经济冲击，审美教育与文学实践尤需引起我们足够的重视与关注。

原刊《江西社会科学》2003 年第 1 期
《中国社会科学文摘》2003 年第 5 期论点摘编

[①] 《马克思恩格斯论文学与艺术》，人民出版社 1960 年版，第 371 页。

"人生艺术化"：学术路径与理论启思

一

"人生艺术化"是20世纪上半叶中国现代人生论艺术美学思想的一种重要学说。它以美的艺术精神为标杆，主张艺术、审美、人生的统一，倡导艺术品鉴与人生品鉴之贯通。

从理论史来看，"人生艺术化"的相关理论表述初萌于20世纪20年代前后。2020年，田汉在给郭沫若的信中较早提及了"生活艺术化"的概念。他说："我们做艺术家的，一面应把人生的黑暗面暴露出来，排斥世间一切虚伪，立定人生的基本。一方面更当引人入于一种艺术的境界，使生活艺术化 Artification。即把人生美化 Beautufy，使人家忘现实生活的苦痛而入于一种陶醉法悦浑然一致之境，才算能尽其能事。"[①] 同年，宗白华在《青年烦闷的解救法》《新人生观问题的我见》等文中，提及了"艺术人生观""艺术式的人生""艺术的人生观""艺术的人生态度""艺术品似的人生"等与"生活艺术化"相关的概念。他说："唯美主义，或艺术的人生观，可算得青年烦闷的解救法之一种"；[②] 艺术人生观"就是从艺术的观察上推察人生生活是什么，人生行为当怎样"；艺术的人生态度"就是积极地把我们人生的生活，当作一个高尚优美的艺术品似的创造，使他理想化，美化"。[③] 最早提出"生活艺术化"口号的是欧洲唯美主义思潮的理论家

---

① 田汉1920年2月29日致郭沫若的信，见《宗白华全集》，第1卷，安徽教育出版社1994年版，第265页。
② 《宗白华全集》，第1卷，安徽教育出版社1994年版，第180页。
③ 《宗白华全集》，第1卷，安徽教育出版社1994年版，第207页。

们。唯美主义作为现代文艺思潮的先驱，主张纯艺术和艺术至上，要求通过艺术对生活的美化，来解脱生活的平庸、鄙俗和痛苦。唯美主义"生活艺术化"的实践主要是对生活环境、日常用品、人体等的装饰美化，侧重于形式。田汉、宗白华的相关思想受到了唯美主义的影响，均强调艺术高于生活的特质和解脱生活痛苦的功能。但宗白华与唯美主义并不完全相同，他认为艺术除了解脱人生痛苦的消极功能以外，更有"高尚社会人民的人格"[1]和使生活"理想化，美化"的积极功能。[2] 这些表述虽缺乏翔实丰满的论证，但从概念表达或精神倾向看，可以说是中国现代"人生艺术化"学说的最初萌芽。

中国现代"人生艺术化"学说的核心精神奠基于梁启超。长期以来，梁启超与王国维被区分为中国现代功利主义与非功利主义艺术美学思想的代表人物。实际上，不论对于梁启超还是对于王国维，这样的看法都有偏颇。中国现代艺术审美精神直接受到西方现代美学理念的影响，特别是康德的审美无利害思想。但是，从王国维始，审美"无利害"就已经转换为"无用之用"，从而由康德意义上对审美活动心理独立性的本体规定，转向对审美活动的价值功能的探讨，也就由纯粹的审美之"情"转向以情为中介的真善之"美情"。王国维确实说过"美之性质，一言以蔽之曰：可爱玩而不可利用者是已"的名言，[3] 但不等于他是主张唯美的。王国维是以艺术境界融涵人生境界，将艺术品鉴与人生品鉴相统一。在他那里，西方现代艺术审美精神和中国传统艺术致用理念就已经交缠在一起，并对以后中国现代艺术美学思想的发展产生了重要的影响，也成为中国现代人生论艺术与美学思想的重要始源。20世纪20年代，梁启超由前期对文学政治社会功能的探讨转向对艺术和美的价值意义的追寻。他在《"知不可而为"主义与"为而不有"主义》《为学与做人》等文中，不仅使用了"生活的艺术化"的口号，还将其精神阐释为"知不可而为"与"为而不有"相统一的"趣味主义"。趣味这个范畴非梁启超首创，中国传统

---

[1] 《宗白华全集》，第1卷，安徽教育出版社1994年版，第180页。
[2] 《宗白华全集》，第1卷，安徽教育出版社1994年版，第207页。
[3] 姚淦铭、王艳编：《王国维文集》，第3卷，中国文史出版社1997年版，第31页。

◆◇◆ 拥抱人生的美学

文论和西方美学理论都有使用,但梁启超是中西艺术与美学史上第一个明确地将趣味从纯艺术领域和纯审美领域拓展到人生领域的美学思想家。他提出趣味具有"生命""情感""创造"三要素,其实质就是与功利主义根本反对的不执成败不计得失的不有之为的纯粹实践精神,是一种责任与兴味相统一的艺术化生命精神。这种精神倡导小我生命活动与众生宇宙运化之"进合",从而创化体味大化"化我"的人生"春意"。因此,梁启超的"生活的艺术化"并非逃避责任,也非游戏人生,而是要求个体从生命最根本处建立纯粹的情感与人格,实现生命创化的大境界大价值,并从中体会到生命活动的美与诗意。由此,梁启超奠定了中国现代人生艺术化精神的核心旨趣,即以无为品格来实践体味有为生活,追求融身生活与审美超越的诗性统一。

1932年,朱光潜发表了他的早期代表作《谈美》,其中专列了"慢慢走,欣赏啊——人生的艺术化"一节。自此,"人生的艺术化"的提法被确定下来,并产生了较为广泛的影响。朱光潜着重从艺术切入,强调学问、事业、人生都要像创造艺术品一样贯彻美的艺术精神,他将其表述为"无所为而为"的"脱俗"的审美精神。他提出,"人生的艺术化"既是"人生的情趣化",也是"人生的严肃主义"。[①] 朱光潜的思想主要承续了梁启超的致思方向。他将"趣味"转换为"情趣","生活的艺术化"转换为"人生的艺术化","无所为而为"转换为"无所为而为的玩索",这不仅仅是字面的承续与变化,更是内在情致上的承续与发展。梁启超主张提情为趣,强调在不有之为的纯粹生命实践中大化"化我",创化体味人生之"春意"。朱光潜主张化情入趣,强调在生命实践中融创造与欣赏、看和演为一体,在"无所为而为的玩索"中实现真善美的贯通。朱光潜之后,20世纪30—40年代,包括丰子恺、宗白华等在内的诸多艺术家、美学家,均从不同侧面、不同程度涉及了此命题,并共同丰富拓深了这一命题的理论内涵与精神特质。如丰子恺强调通过"真率"的艺术态度与精神来建设艺术化的人生。宗白华则借"韵律"和"意境"将宇宙真境、生命至

[①] 《朱光潜全集》,第2卷,安徽教育出版社1987年版,第93—96页。

境、艺术美境相贯通，提出至动而韵律的生命情调是宇宙的最深真境与最高秩序，也是艺术境界的最后源泉，从而深化丰富了他早期关于艺术化人生命题的初步诠释，成为中国现代"人生艺术化"学说中最富诗情的华章之一。

二

中国现代"人生艺术化"以美的艺术精神为标杆，主张真善美之贯通、艺术品鉴与人生品鉴之融通。这种理论取向主要体现在哲学、审美、艺术三个互为联系的维度：在哲学维度上，主要表现为对审美生命建构及其诗意价值的追寻；在审美维度上，主要表现为对真善美相贯通的美的本质、理想、价值的思考；在艺术维度上，主要表现为对"趣味（情趣）"与"意境（境界）"的标举。

对生命审美本质及其诗性价值的追寻，构成了中国现代"人生艺术化"学说的基本哲学维度。出入相谐、有无相成、现实生存与诗性超越的统一，则是中国现代"人生艺术化"学说对这个问题的基本回答。

人的生命与动物的生命是有区别的，这个区别在中国现代"人生艺术化"学说的视野中，主要在于人的生命的精神性。"人之所以异于动物的就是于饮食男女之外还有更高尚的企求"，[1] 即人有"自由意志""人是自己心灵的主宰"。[2] 梁启超把人的生活分为物质生活与精神生活。他认为人首先是动物，因此，人首先就要有物质的生活，需要"穿衣吃饭"等，以"求能保持肉体生存"。同时，人又不甘于做物质的奴隶，因此，他又要追求精神的生活。精神的自由就是不受物质的牵制而独立，就是要养成自由意志，"把精神方面的自缚，解放净尽，顶天立地，成一个真正自由的人"。[3] 西方康德哲学将人的心理分为知、情、意三要素，相应地也就有了科学（理性）的判断、道德（意志）的判断和情感（美）的判断。康德认为审美判断是理性判断与意志判断的中介及其扬弃，唯有通过审美判断的桥梁才能实现人性

---

[1] 《朱光潜全集》，第2卷，安徽教育出版社1987年版，第12页。
[2] 《朱光潜全集》，第2卷，安徽教育出版社1987年版，第12页。
[3] 《饮冰室合集》，第5册，中华书局1989年版，文集之三十九第110页。

的和谐与自由。康德的观点为中国现代"人生艺术化"论者所普遍接受，他们都赞同"真善美三者具备才可以算是完全的人"。①但是，他们从康德那里吸纳的主要不是真善美的分离及其审美观照的纯粹意义，而是把美视为生命启真涵善的重要基础与必要条件，主张真善美贯通的诗性生命与诗化人生的建构。"'美'是人类生活一要素——或者还是各种要素中之最要者。"② "美是事物的最有价值的一面，美感的经验是人生中最有价值的一面。"③ 艺术化审美化的生命，成为对生命本质的基本规定，这也构成了中国现代"人生艺术化"学说的重要特征。这种艺术化的生命本质，梁启超以"无所为而为"来概括，朱光潜以"无所为而为的玩索"来概括。梁启超讲"无所为而为主义"就是孔子的"知不可而为"与老子的"为而不有"的统一，即个体生命不执成败不计得失，在与众生宇宙的"进合"中创化体味生命的"春意"。朱光潜把人生分为创造与欣赏、看戏与演戏两种状态，主张要以出世的精神做入世的事业，从而达成"无所为而为的玩索"的自由境界。丰子恺把人生分为物质生活、精神生活、灵魂生活三种形态，物质生活就是衣食，精神生活就是学术文艺，灵魂生活就是宗教。他认为艺术的低层次是艺术的技巧；而艺术的最高点就是艺术的精神，与宗教相接近，也就是"化无情为有情"的"物我一体"的人格境界与灵魂超越。宗白华则把"情调"与"意境"视为宇宙真境、艺术美境、人生至境的源泉与依据，深沉阐释了生命"至动而有韵律"的诗意本质。"人生艺术化"学说在本质上追求一种"天地与我并生，而万物与我为一"的生命境界，追求一种"宇宙未济，人类无我"的生命精神。④ 它的落脚点是为，不是无为；是入世，不是出世；是脱俗超越，而非厌世弃世。中国现代"人生艺术化"学说主张出入相谐、有无相生，把艺术精神与生命理想相贯通，入可合一精进，出可观审自得，从而达成现实生存与诗性超越的张力统一。

---

① 《朱光潜全集》，第2卷，安徽教育出版社1987年版，第12页。
② 《饮冰室合集》，第5册，中华书局1989年版，文集之三十九第22页。
③ 《朱光潜全集》，第2卷，安徽教育出版社1987年版，第12页。
④ 陈鼓应注译：《庄子今注今译》，上册，中华书局1983年版，第71页。

"人生艺术化"：学术路径与理论启思

中国现代"人生艺术化"学说既是一种艺术美学思想，更是一种人生美学思想。它对艺术审美的思考总是与人生审美建构相联系，从而体现出真善美相贯通的动态性、思想性、开放性的美论特征。

朱光潜提出"谈美"就是"研究如何'免俗'"。[①] "俗"就是"缺乏美感修养"，而美感（艺术）的精神就是超乎利害关系而独立的无所为而为的精神。朱光潜认为美"是把自然加以艺术化""是'美'就不'自然'"。因此，要使生命美化，就必须使生命艺术化。"人生的艺术化"的实现就是使人生成为"广义的艺术"，让每个人的生命成为"他自己的作品"。在"无所为而为"的艺术（美感）活动中，"善与美是一体，真与美也并没有隔阂"。[②] 丰子恺则从"童心"立基，主张以"绝缘"为前提，达成万物一体之"同情"，从而实现真情率性的艺术化人生，"体验人生的崇高、不朽"。[③] 因此，艺术教育"非局部的小知识、小技能的教育"，而是"很重大、很广泛的一种人的教育"；[④]"事事皆可成艺术，而人人皆得为艺术家"。"艺术是美的"，要把这艺术的美拿来"应用在人的物质生活上，使衣食住行都美化起来；应用在人的精神生活上，使人生的趣味丰富起来"。[⑤] 宗白华则以"意境"为艺术美之象征，以至动和韵律的化演和谐为美之最高境界。他说："和谐与秩序是宇宙的美，也是人生美的基础。"[⑥] "心物和谐底成于'美'，而善在其中了。"[⑦] 宗白华以艺术意境为核心，打通了宇宙真境、艺术美境、人生至境的关联，从而具体生动而富有深韵地揭示了艺术在生命践履和宇宙运化中的意义价值，揭示了美的自由本质及其和谐诗境。中国现代美学思想深受西方现代美学思想特别是康德

[①] 《朱光潜全集》，第 2 卷，安徽教育出版社 1987 年版，第 6 页。
[②] 《朱光潜全集》，第 2 卷，安徽教育出版社 1987 年版，第 6 页。
[③] 丰陈宝等编：《丰子恺文集》，第 2 册，浙江文艺出版社、浙江教育出版社 1990 年版，第 226 页。
[④] 丰陈宝等编：《丰子恺文集》，第 2 册，浙江文艺出版社、浙江教育出版社 1990 年版，第 227 页。
[⑤] 丰陈宝等编：《丰子恺文集》，第 3 册，浙江文艺出版社、浙江教育出版社 1990 年版，第 300 页。
[⑥] 《宗白华全集》，第 2 卷，安徽教育出版社 1994 年版，第 58 页。
[⑦] 《宗白华全集》，第 2 卷，安徽教育出版社 1994 年版，第 114 页。

的影响，康德以三大批判之严密学理体系的建构为情立基，确立了美即情感判断的现代审美意识，是强调知情意的区分与情的独立地位的本体美论。中国现代"人生艺术化"学说既吸纳了康德的情感理论，也吸纳了歌德的浪漫理想、柏格森的生命理念、席勒的人文精神等，与中国传统文学艺术思想的体用理念相融会，直面中国现代社会迫切的文化需求和现实需求，建构了追求真善美统一的美情论，突出了审美艺术人生贯通的实践指向和诗性取向。美情，非纯粹之情，非无视理性的从心所欲之情，非纯任欲望的感性宣泄之情，而是情的涵育美化。境界、趣味、情趣、情调等，都是美情的艺术化形态，是艺术中内容与形式、技巧与情韵、部分与整体、形象与诗意、创造与欣赏的和谐，也是生命中感性与理性、个体与众生、小我与大我、有为与无为、入世与出世的和谐。

三

中国现代"人生艺术化"学说的哲学立场和美学态度，具体到艺术维度上，突出表现为对"趣味（情趣）"和"意境（境界）"等范畴的标举。

"趣味"是中国"人生艺术化"学说的重要理论范畴之一，与之相近的有"情趣"的范畴。趣味在中国古代艺术理论和西方美学理论中早有运用。"味"本指食物的口感，先秦时，"味"被用来与欣赏音乐的快感相比较。至魏晋，"味"开始明确地与精神感觉相联系，用于品评艺术作品的美感，并且出现了"滋味""可味""余味""遗味""辞味""义味"等概念。"趣"在魏晋时代，亦进入文论之中，比"味"用法上更复杂，也更多精神指向，它或被用来指称作品的"意"或"旨"，或被用来指称作品的美感风格。唐代诗论可能是最早将"趣"和"味"直接组合在一起使用的。如司空图的《与王驾评诗书》就用"趣味"来指称作家创作的一种情趣风格。在西方美学史上，明确提出"趣味"概念的，是18世纪英国经验主义者休谟。休谟把"趣味"界定为人的审美判断力，提出"趣味无争辩"。此后，康德从情感体验出发，进一步指出审美判断就是一种纯粹趣味判断。

中国现代"人生艺术化"学说的"趣味"范畴，既不是中国古代艺术论中以艺术元素的赏鉴为基础的单纯美感取向，也不是西方美学中的纯粹情感判断，而是将艺术元素的赏鉴、艺术情感的体验与人生况味、生命境界相融汇而涵成的美的生命意趣。梁启超第一个明确地将"趣味"从纯艺术范畴和纯审美范畴导向人生审美领域，贯通了艺术与生活的趣味之美。在艺术中，梁启超的"趣味"旨向突出表现为注重作品精神境界与作者人格境界的赏鉴，倡导以生命的活力和高洁的精神为核心的美趣，以及"奔迸""含蓄蕴藉""慷慨悲歌""放诞纤丽"等挚情。他对作家的赏鉴强调以个性为要，认为屈原的价值在于"All or nothing"的独立人格，而陶渊明的意义在于冲远高洁和热烈缠绵互为表里的真趣。他说陶渊明不是不想做官，而是捐钱做了官以后，体会到这不是自己的真趣，故毅然"归去来"了，因此渊明的美不在他天生免俗，而在他坦然从性，不虚伪不文饰。而对中国韵文中女性形象的塑造及审美，梁启超更是提出了尖锐的批评。他说从诗经、楚辞到汉赋，以"容态之艳丽"和"体格之俊健"的"合构"为女性美的基本标准，其品鉴基本上是健康的。但从南朝始至唐宋到近代，描写女性"大半以'多愁多病'为美人模范"。这种"病态"的症结在于"把女子当男子玩弄品"。[①] 他提出"女性的真美"是刚健之中含婀娜，高贵之中寓自然，体现了融生命活力与性别魅力为一体、着重从精神气韵上观照女性美的女性审美趣味。这种思想观点即使在今天，仍有其思想高度和现实意义。梁启超还指出中国古典艺术偏于优美、和谐、含蓄等美感风格，故需要倡扬奔迸、刺痛、慷慨悲歌等悲剧美感与崇高美感。此后，朱光潜、丰子恺等都大量使用了"趣味"的概念，但也各有自己的特色。朱光潜将"趣味"与"情趣"并用，并以"情趣"多见。应该说，在真善美的关系上，梁启超、朱光潜都是主张统一论的。但梁启超更重美善的关联，重在提情为趣。朱光潜更重美自身的艺术特质，重化情入趣。朱光潜说，美有两种：一种是"自然美"，这个"美"是事物的常态、普遍态，也就是客观美；另一种

---

① 《饮冰室合集》，第4册，中华书局1989年版，文集之三十七第125页。

是"艺术美",这个"美"是审美主体把自己的情趣投射进去的美,是人情化与理想化了的艺术美。朱光潜虽然承认有两种美的存在,但他又宣称是美就不自然。因此,朱光潜的美学趣味是肯定艺术美的。所谓艺术美,在朱光潜看来,最根本的就是要拥有以出世来入世的艺术精神,同时又必须借助一定的艺术方式,如距离、移情、格律等达成这种出入自如的艺术境界。与梁启超、朱光潜一样,丰子恺也主张趣味的本质是理想主义的,他以"童心"为趣味之要,强调趣味在艺术中就是真率绝俗的美感,在生活中就是真率同情的生命态度。丰子恺不仅在理论文字中论析了这种以"童心"为核心的趣味美感,还在大量的绘画、散文作品中,生动具体地展现了这种"童心"之美与"童心"之趣。虽然具体阐释各异,但"趣味(情趣)"范畴主要标举的是纯粹执着的生命精神(如梁启超)、浪漫脱俗的人格理想(如朱光潜)、真挚自然的情感态度(如丰子恺)等,突出了艺术及其人生审美中主体情感与个性人格的意义。

"意境(境界)"是中国现代"人生艺术化"学说在艺术维度上与"趣味(情趣)"并举的另一个重要范畴。如果说"趣味"的范畴中西兼用,"意境"则是古代文论的原创,是对美的诗词意象的审美特性的一种理论概括,主要关注诗词审美中情与景、言与意的关系,主张美的艺术形象乃情景交融、象外有味。"意境"思想最早可追溯至先秦《易传》的言、象、意关系论。至唐代,"意境"始成为诗学的概念并在托名王昌龄的《诗格》中首次出现。《诗格》将"意境"视为在"物境""情境"之上的诗歌的最高境界。后刘禹锡提出"境生于象外",司空图主张"象外之象,景外之景",进一步丰富了意境虚实相生、情景交融的审美特征。近代,王国维对中国古代诗词"意境"论进行了较为系统的总结梳理,并在"意境"之外别择"境界"一词。《人间词话》中,"境界"运用的频率远较"意境"为多。从"意境"到"境界",王国维不仅突出了情与景—意与境—主观与客观的对立统一,也提出了"诗人的境界"与"常人的境界"、"真感情"与"大词人"、成就大事业大学问的"三种之境界"等问题,从而引领艺术审美之眼逸出了自己的领地,从单纯的艺术品鉴衍向艺术品鉴与人生品鉴的交融。由此,王国维也成为中国古典意境论与中国现代意境论的分界点。前者是非系统的零散的,后者是自觉的系统化的。前者重在艺术把握,后者既是艺术探索,又是人生品鉴。"意境(境界)"理论是中国艺术和美学的重要理论成果。中国现代美学与艺术理论家中,对"意境(境界)"范畴情有独钟的还有宗白华。宗白华承继了中国传统艺术意境论以情景交融来界定意境内涵和特征的基本观点,同时他也承继了王国维"境界"范畴的人生论倾向。值得注意的是,宗白华没有满足于对"意境"的"形而下的描述,而是上升到人生观、宇宙观的形而上层面加以诠释",① 他明确提出自己研究意境的意义,是为了"窥探中国心灵的幽情壮采,也是民族文化的自省工作"。② 宗白华以"意境"为核心,将生命情调、文化精神、宇宙韵律相贯通,将宇宙真境、艺术美境、人生至境相贯通,从而建构了人、艺术、世界的整体关系格局。他说人与世界的关系有五种基本境界,即主于利的功利境界、主于爱的伦理境界、主于权的政治境界、主于真的学术境界、主于神的宗教境界。艺术境界的意义就在于它"介乎后二者的中间,以宇宙人生的具体为对象,赏玩它的色相、秩序、节奏、和谐,借以窥见自我的最深心灵的反映;化实景而为虚境,创形象以为象征,使人类最高的心灵具体化、肉体化"。③ 正是从这样宏观的高度出发,宗白华也第一次深刻地窥见了艺术意境的生命底蕴。他指出,意境的底蕴就在于"天地诗心"和"宇宙诗心",因此,"意境"不是"一个单层的平面的自然的再现,而是一个境界层深的创构"。从"直观感相的模写"到"活跃生命的传达"到"最高灵境的启示",是从"写实"到"传神"到"妙悟",也是从"情"胜到"气"出到"格"高,飞动的生命化为深沉的观照,由此直探生命的本原,成就"缠绵悱恻"与"超旷空灵"、"得其环中"与"超以象外"之和谐统一的活跃、至动而韵律的美境。由意境,宗白华不仅深刻诠释了中国艺术的动人情致,也由艺术通向了本真的哲学境界与和

---

① 欧阳文风:《宗白华与中国现代诗学》,中央编译出版社2004年版,第71页。
② 《宗白华全集》,第2卷,安徽教育出版社1994年版,第356—357页。
③ 《宗白华全集》,第2卷,安徽教育出版社1994年版,第358页。

诗性的人生境界。"意境（境界）"范畴的建构，突出了主体精神与外部世界的对话与诗意。"意境（境界）"作为主体生命和天地宇宙的一种诗性交融，是主体精神入与出、创造与欣赏关系的一种诗性象征，"意境（境界）"既是个体生命意韵的一种艺术呈现，也是主体与世界关系的一种诗意象喻。

四

"人生艺术化"学说非以艺术论艺术，而是秉持一种大艺术的精神与理想，主张审美艺术人生相统一、真善美相贯通、艺术品鉴与人生品鉴相交融，以美的艺术来提升人格人生，追求远功利而入世的艺术超越精神的涵育。

中西古今文化、艺术、审美思潮中，注重艺术与人生（生活）的关系、强调两者的关联，并非中国现代"人生艺术化"学说一家。但由于对艺术美和艺术精神本身理解的差异，有关"生活（人生）艺术化"的理论和实践也存在着明显的差异。我们大体可把相关学说与思潮分为三类。第一类把艺术美主要理解为形式性元素。在相关理论阐释与实践中，主要表现为崇尚艺术的装饰性、新奇性、感官化元素，注重对日常用品、生活环境、人体等的装饰与修饰。第二类把艺术美主要理解为技巧性元素。在相关理论阐释与实践中，主要表现为重视艺术创作与审美欣赏的技巧，注重对生存技巧、生活情状、人际关系等的处理艺术。第三类把艺术美主要理解为精神性元素。主要表现为对以趣味（情趣）、意境（境界）等为代表的艺术内在精神和整体品格的关注，追求人格心灵和生命境界的美化。西方现代唯美主义"生活的艺术化"思潮以新奇时尚的形式美来对抗反讽物质机械的生命与生活，骨子里虽有理想与批判，但实质上还是感官至上。而后现代"日常生活审美化"思潮的追逐者，则在"身体、灵魂和心智"上全方位"时尚设计"化了，沃尔夫冈·韦尔施戏称为"自恋主义"的"美学人"，[①] 实质上已经彻底抛弃幻想沉醉感官。这两种生活艺术化

---

① ［德］沃尔夫冈·韦尔施：《重构美学》，陆扬译，上海译文出版社2002年版，第11页。

的思潮与实践大致可归第一类。中国传统文化也是非常崇尚艺术化的生存方式与人生境界的。孔子讲颜回乐处、曾点气象，庄子讲羽化蝴蝶、鲲鹏展翅，魏晋名流讲乘兴而来、兴尽而归，都内蕴了艺术生活的情致。但中国传统社会中，追求艺术化生存方式的主要是在野或具有在野意向的文人士大夫，他们大都是在现实中边缘化的、失意的而在精神上又对自我有所要求的主体。随着封建社会发展到晚期，先秦儒道、魏晋士人对艺术生活的精神向往逐渐内敛为文人士大夫内心痛苦的释放、安抚及与现实调和的一种方式，甚至蜕化为在强大现实前寻求自保的圆滑与技巧。这种在痛苦中寻求逍遥的姿态与技巧，在中国现代文化与审美思潮中，比较典型的有林语堂、张竞生、周作人等为代表的所谓"中庸生活"艺术，即"名字半隐半显，经济适度宽裕，生活逍遥自在"的"半玩世"法，① 这种"生活之艺术"的要害在他们自己看来"只在禁欲与纵欲的调和"。② 以上两类生活艺术化实践的关注点在于技巧的合度，大致可归第二类。中国现代"人生艺术化"学说则以美的艺术精神为标杆，以审美人格创化与诗性生命建构为核心，将真善美的追求在审美实践、艺术活动、人生践履中统一起来，倡导感性与理性、出与入、创造与欣赏、有为与无为、有限与无限相谐的艺术情韵，应属第三类。这一类与前两类思潮的本质区别在于：对艺术美的理解，是重在形式与技巧等外在的局部性的元素还是重在内在的精神气韵；对艺术价值的理解，是仅仅追求感官悦乐与消极解脱人生痛苦，还是积极提升人格情趣与人生境界。中国现代"人生艺术化"学说通过后一向度的倡导，把自由、真率、热情、生动、圆满、完整、和谐、秩序、创造等美的艺术精神与品格引入了人格、人性和生命的涵育中，强调了生命的本真生成、人格的和谐建构、人生的诗意超越，由此也对人性中粗鄙、麻木、虚伪、庸俗、功利等非艺术品格予以了否定和批判。它以艺术介入人生、以审美提升人生、以诗意升华人生，其致思路径与理论构想虽有过于强调艺术（审美）

---

① 林语堂：《生活的艺术》，陕西师范大学出版社2006年版，第124页。
② 张菊香编：《周作人散文选集》，百花文艺出版社1987年版，第109页。

救世和倚重精神作用的乌托邦色彩，但其对艺术研究视域的拓展、方法的变化等，有其积极的意义；特别是它所倡扬的艺术与生活深度关联的立场、远功利而入世的艺术超越精神等，在今天这个重视技术和效益的时代更具独特的价值。

从原始时代艺术与生活的混沌合一、到科学时代艺术与生活的理性分离，今天，艺术和生活之间正在重新呼唤并发生着一种新的交融。艺术品、艺术行为、艺术性正越来越多地向着生活的各个领域和各种层面弥散与渗透，以致人们惊呼艺术和生活之间的边界正在消失。尤其是消费文化的兴起，使得艺术与生活、艺术家与接受者泾渭分明的艺术观念面临巨大的挑战，使得以无功利的精神需求为核心的艺术理念面临巨大的挑战。卡拉OK、街头舞蹈、行为艺术、装置艺术，新的艺术样式层出不穷。在资本文化、商业原则、大众口味的冲击下，在市场、效益、感官的需求中，艺术又如何更好地应对当下新生活的挑战？古典艺术审美意识或讲尽善尽美（如孔子），或讲理念即美（如柏拉图），以善或真作为美的先决条件。古典艺术实践往往与先民的生产实践、宗教活动相结合，那些精心打磨的生活用品、生产工具、祭祀器皿等也就是他们的艺术作品，艺术与生活混沌合一，艺术意识尚未独立与自觉。现代审美意识的确立，是以人对情（美）的独立认知为起点的。康德第一个从逻辑上系统区分规范了知意情的心理功能、作用领域，并建立起相应的纯粹理性（真）、实践理性（善）和判断力（美）的先验学理体系，确立了情的独立性质，树立了情感体验——反思判断——审美愉悦的人文维度。现代美学由此真正奠基，现代艺术审美意识也正是从这里出发的。它重视艺术的自律性与纯粹性，重视艺术的形式、语言、技巧、纯粹的情感表现等，使得艺术自身的特质得到了强化。这种现代艺术审美意识发展的极致是以"唯美"相标榜，追求"为艺术而艺术"，或着眼于所谓纯艺术元素，或注重于艺术表现本身，使得艺术远离了与真善的关联，远离了鲜活的生命与生活，成为封闭的小艺术。与这种狭义的艺术观不同，中国现代"人生艺术化"学说秉持的是一种大艺术的精神与理想，倡导艺术向生命与生活开放，追求以美（情）为核心的真善美的贯通。"人生艺术化"

的最高理想就是将生命和生活也创化为艺术品,其核心是以美情——艺术超越精神来涵育人格与人性。这种"美情"的无功利性与康德的审美(情)无利害性不同,它指向的不是情的心理特性,而是情的价值旨向。康德是在纯粹审美观照的视域上来讨论情的心理特性的,中国现代"人生艺术化"学说是在艺术审美的人生视域上来讨论情的价值意义的。美情建构了远功利而入世的中国式艺术超越精神,它不是通过宗教来超越,而是通过艺术来超越,通过美的艺术精神来融真涵善,成就诗性的人格,创化人生这个大艺术品。这种艺术立场和审美精神在今天仍具有重要的理论价值和现实意义,它突出了知意情从混沌到自觉再到新的融创的否定之否定。理性越发展,科技越进步,人文艺术精神也就越成为人的安心立命之所在,成为生命的动力、价值、目标的内在源泉与理想尺度。中国现代"人生艺术化"学说所呈现的研究视域、方法、立场及其价值取向,对于今天拓展纯艺术研究的视域、变革艺术研究的传统方法、促使艺术研究立场的多元化等有着积极的启益,特别是它对以远功利而入世的诗性精神为标志的民族化艺术超越精神的建构阐发,在当下更具重要的意义。

原刊《中山大学学报》(社会科学版)2013年第2期
《复印报刊资料·文艺理论》2013年第9期全文转载
《新华文摘》2013年第10期论点摘编

微时代的审美风尚和生活的艺术化

一

微时代是和全球化的新媒体生态环境、高科技的新媒体生态平台、开放式的新媒体传播途径紧密关联的当下时代。微时代的文化特征与以大工业为基础、科技文明为核心的现代文化特征不同，也不同于以传统农业文明为基础、手工业文明为核心的古典文化面貌。日新月异的新媒体技术、多样开放的新媒体平台、便捷发达的新媒体传播，为新的文化样态与新的生活风尚打造了直接而重要的技术支撑。而特别需要引起关注的是，这种技术的更替发展正逐渐展衍于大众的生活，它改变的实际上已不仅仅是生活形式的某种"大"或"微"，也深入至生活的内里，包括人的精神心理。为此，我们需要关注这种伴随新媒体而来的新文化特征与样态。如果说，古典文化与现代文化，主要体现了以优雅、崇高、规范、系统、逻辑、秩序等为核心的"大"美感风尚；那么，新媒体时代，则以显著的日常、多元、流动、平面、碎片、随意、即时、娱乐等指征，呈现了一种"微"文化取向。

在微时代，我们可以理直气壮地过一种"小"生活。"百万年蒙昧，数万年游牧，几千年农耕，几百年工商，如今，正经历一场前所未有的巨变，由工业时代迈向信息时代。"[①] 信息时代的数字化生存，使虚拟现实成为现实。如果说，过去我们需要街巷、桥梁、铁路、公路、会堂、广场等串联彼此；今天，个体与公共的壁垒，在新媒体信

[①] 陆群等：《网络中国》，兵器工业出版社1997年版，第48页。

微时代的审美风尚和生活的艺术化 ◆◇◆

息高速传播前,已经消弭。互联网和移动平台的结合,"教给我们这样一个道理:我们既能成为一个庞大公共群体的一部分,还能够保持我们的个性面孔";"今后可能的情况是,在真实世界中曾经有的公众和私人自我之间的那条本来明显的界限会逐步被腐蚀掉,一点一滴地"。[①] 足不出户可以生活,随时随地可以享乐。新媒体造就了一个人生存的"男神"和"女神"。

在微时代,我们也可以心无旁骛地做一个"小"人物。农业文明时代的英雄情结,工业文明时代的精英情结,在历史脚步和时代风尚的荡涤中,似乎已经让位给了今天这个微时代的自由情结。我们似乎从来没有像今天这样随性过。网络的即演即唱可以即播即传,不求经典,不尚完美,只要自己快乐与满足,这是新媒体在微时代构筑的公共舞台,私密的封闭打破了,自由、随意、开放、互动、游戏、狂欢、感性、娱乐,活在当下,活出自我,活得舒服就是生活的目的。

在微时代,我们还可以自由自在地追求一种"小"情致。曾经,我们肩负着种种群体性和社会性的责任。古典时期,"修身"是需要通向"齐家""治国""平天下"的。因此,屈原自然要把个人的美修与国家天下的未来相结合,个体的生命承载了巨大沉重的理性目标与理想意义。现代时期,虽然随着资本经济的发展,人本主义、个人主义思想萌发,个体、个性、人性得到了张扬,但这种张扬仍在群体社会理性目标的框架之内。因此,现代性的精髓,仍然是共同理性。"大狗叫小狗也要叫",则宣告了微时代"小我"的本色登场。"在网络的虚幻世界中,没有人知道我是谁,也没有人在乎我是谁。只有那些往事,那些心灵的独白,让那些相识的、不相识的或似曾相识的人,在这里驻足。"[②] 大理想未必人人实现,小情致可以自得其乐,你尽可以笑了、哭了、累了、痛了、困了、嗔了。零限制、交互性、受传合一,使得思想霸权、话语统治,都在微时代接受着新媒体的挑战。

---

① 《博客里一般写什么内容?》,http://zhidao.baidu.com/question/29876627.html。
② 罗江南等:《年轮网络日记》,生活·读书·新知三联书店2005年版,封面语。

二

微时代的技术基础和生态指征的变化，辐射着生活的各个层面，影响着大众审美情趣的变迁。和传统审美情趣相较，微时代的审美风尚日渐表现出平民化、感性化、快餐化、碎片化、消费化等特征。

平民化是微时代审美风尚的首要特征。传统审美情趣，需要一定的审美教育基础，包括一定的审美知识、语言、技能、观念等的基础，甚至还需要一定的经济支撑甚至一定的社会身份和地位的保障。比如说，中国的传统戏曲，从秦汉时期的乐舞、俳优、百戏，到宋元以后的杂剧、昆剧、京剧等，没有一定的唱念做打、生旦净丑等相关知识的了解，就难以产生浓郁的欣赏情趣，难以领会其精妙。而这些传统戏曲，依靠剧场演出，这样就要受到场地、演员、成本等各方面的限制。同一场戏的观众，因为经济基础甚或社会地位的不同，观剧的位置也可能不同，欣赏的效果也可能产生差异。而在"大家永远在线，除了睡觉"[1]的微时代，小屏幕、短时间、快享受，我们可以随时随地刷屏、观赏与交流，不再受时间与空间的限制，欣赏的经济成本也大大降低。那种剧场位置的差异，远近、角度，都不复存在。而在今天的日常生活中，审美也已经不是专属于艺术的名词。我们的建筑、商场、广场、街道，我们的身体、服饰、饮食、日常用品，无一不被审美的因素装扮着。"生活的艺术家"，在一定程度上，是对平民化生活审美的一种憧憬、概括、表达。

与平民化生活审美相呼应的，是微时代审美风尚的感性化、快餐化、碎片化等。这种审美风尚，直接来自生活，作用于生活，它的主体就是平民与大众。他们不想追求永恒，也不深究意义。他们在意的是当下的生活，是真切的自我。他们的审美感受，总是与身体感官密切相连，是对色、形、音、味的直接感受。高度的感性化，也意味着即时的快餐式享乐和随性的碎片性悦乐。电影《小时代》在一定程度上形象地诠释了这种快餐式碎片化的平民主义感性消费新样态。炫目

---

[1] 金莹：《微时代·微传播·微电影》，《文学报》2014年6月26日，第2版。

的人物活动空间，时尚的人物穿着打扮，扁平的人物个性形象，单薄的故事情节演绎，使得整部电影更像是一场"男神"与"女神"的时装秀和感情秀。审美给现实和自我裹上了一层艺术的糖衣，漂亮、新异、时尚，骨子里仍然是享乐，但这种享乐早已不是原始的粗糙的享乐，而是以高度的技术、至上的个体、本质的效益，嫁接了曾经高雅神圣的艺术和审美所烹饪的一道道精致又随性的快餐。

消费化是微时代审美风尚的骨髓。一切物质、材料、技术的变革，一切生活环境、方式、样态的变化，在本质上，都是传媒、技术、资本的深度合谋，潜蕴着的是效益的灵魂。就连人自身，美发、美容、美甲、美体，自我包装无所不涉，人堕入到物质、技术、材料的掌控之中。而这种掌控，恰恰也是美容资本产业的期待。人美化了自我，也消费了自我。美国学者韦尔施曾在《重构美学》一书中指出，现实中，越来越多的要素正在披上美学的外衣，日常生活被塞满了艺术品格。这种抽取审美和艺术中最肤浅的成分，然后用一种粗滥的形式把它表征出来的生活的审美化和艺术化，只是用包装和形式给现实裹上的糖衣，它同样也波及了人自身，由此出现了一种"浅表的自恋主义"者，他们对自己的身体、灵魂、心智都进行了全方位的时尚设计。而这种"日常生活与微电子生产过程交互作用"，所导致的整体现实生活的审美化，潜藏着的正是"服务于经济的目的"，是为了通过"同美学联姻"，"提高身价"，让"甚至无人问津的商品也能销售出去"。①

微时代的技术革命和传媒革命，实际上已将"无距离的美"推到了我们的面前。斑斓的色彩、迷人的外观、炫目的光影日渐进入我们的生活，花园别墅、大型展会、高档商场、明星选秀刺激和释放着大众的欲望和快感，不管在精神与价值的层面是否认同，我们都不能不承认，微时代的种种审美风尚已经相当典型地发展为某种泛审美化的日常生活情状。其突出的特点是：审美化的形式，时尚化的设计，平面化的享受。如果说，理性和技术的进步曾经是为了发明和探索那种

---

① ［德］沃尔夫冈·韦尔施：《重构美学》，陆扬译，上海译文出版社2002年版，第9页。

精神的快乐，那么，今天，在微时代，消费和效益的绝对原则也借助新的电子传媒，为物质和享乐的感性张扬鸣锣开道。人依附于商品，必然退化为物。人只执着物质享乐，也将导致本能与存在合一。无处不在的浅表设计，让人的审美感觉钝化。一切以享乐为目标的革命，可能使人丧失自由的品性。当时间和空间不再是距离，身份和地位不再是障碍，大众的狂欢，挑战着我们曾经追求的多样的感受力、丰富的幻想力、高度的创造力和深刻的反思精神。

三

维特根斯坦说，"一切都是对的，一切都不是对的"，"这就是你所处的境遇"。[①] 当我们畅怀迎接一个新的事物的到来时，我们也必然会关注、疑虑、叩思这个事物的未来，这或许就是人文学者的宿命。

在微时代，种种更为普遍日常的、感性细微的、流动多变的、开放互动的审美指向，正在解放、丰富、改变着我们的感性能力、审美情致、生活样态。让理想主义者和精英主义者忧郁的是，今天，我们还需要坚守美与艺术的传统吗？事实上，美和艺术，从来不是僵死不变的。美和艺术，在不同的时代，总是从生活的土壤中开出的绚烂花朵。不管美和艺术的形态怎样变化，总是以它的理想照亮生活，以它的情致温暖生活，以它的品格提升生活。今天，当我们面对微时代色彩纷呈让人眼花缭乱的种种新艺术样态和新生活情状时，一方面，我们应该承认和直面历史和时代的发展所带来的变化和进步，从中感受、体认这种新变带给审美和生活的种种新活力和新情趣。另一方面，我们也不能不承认，当微技术把高高在上的艺术、审美真切地带到了我们每个人的身边，变得触手可及，不再那么神秘与神圣时，艺术与生活、美与丑的边界也就不再那么明晰。生活、艺术、审美的交融，在微时代，比以往任何一个时代都更为紧密。而生活的艺术化和审美化，也必然成为比以往任何时代都更需要研索的理论问题和实践问题。

19世纪中后期，唯美主义的先锋与代表莫里斯、王尔德、佩特，

---

① ［德］沃尔夫冈·韦尔施：《重构美学》，陆扬译，上海译文出版社2002年版，第7页。

曾"叹息世间大多数的人只是'生存'而已，极少有真个'生活'的人"。① 他们主张"生活是一种艺术"，倡导"以艺术的精神对待生活"，强调要使生活保持"强烈的、宝石般的""令人心醉神迷"的状态。他们认为，美是"人类生理化学反应达到暂时和谐时的感受"，因此，"美不能持久"。② 人们应该抓住"美妙的激情""感官的激动""陌生的色彩""奇特的香味"来体验生命中一切短暂美好的瞬间。由于把美主要理解为新异形式带来的瞬间享乐，唯美主义最终走向了耽乐哲学。莫里斯热衷于日常器物、居室环境等的审美改造；王尔德也把自身作为生活艺术化的唯美实验田，齐膝马裤、黑色丝袜、鹅绒上衣、绸缎衬衫、紫红手套，胸前别着百合花或向日葵，才华横溢的王尔德最后留给人们的是迷醉官能享乐的"花花公子主义"的"纨绔子"形象。唯美主义本来试图以艺术的纯洁和审美的无功利来反抗功利黑暗的现实，对抗平庸鄙俗的生活，但它却构筑了自己的悖论。它对艺术纯粹形式和审美感性官能的极致张扬，呈现了资本对审美的全面渗透，成就了人对自我的商品化膜拜和商业化展示。唯美主义展现了资本文化与审美文化之间的抗衡，它在世俗生活的浮夸、虚荣、物质主义、解构道德中演化为审美文化与消费文化的某种连接点，也为与消费文化紧密相连的感官欲望的全面登场开启了某种通道。20世纪，日常生活审美化大潮汹涌而来。韦尔施将其称为"美的泛滥"，是"表面的审美化"或"物质的审美化"，追求的是"最肤浅的审美价值：不计目的的快感、娱乐和享受"。因为"服务于经济的目的"，即使"日常生活被塞满了艺术品格"，"美的整体充其量变成了漂亮，崇高降格成了滑稽"。③ 如果说，唯美主义是从理想到媚俗，日常生活审美化则直接构筑了"无距离的美"与生活之同一。这种审美化，在实质上就是一种以个体享乐原则和经济效益原则支撑的艺术实用化。

以艺术的情怀体味人生，以艺术的标准提升人生，是中国文化固有的重要特征之一。孔子尽善尽美、内外兼修的追求，庄子逍遥自由、

---

① 吴其尧：《唯美主义大师王尔德》，浙江大学出版社2006年版，第11页。
② 吴其尧：《唯美主义大师王尔德》，浙江大学出版社2006年版，第11页。
③ ［德］沃尔夫冈·韦尔施：《重构美学》，陆扬译，上海译文出版社2002年版，第16页。

无待物化的理想,都相契于中国艺术的智慧和神韵。中国艺术是温暖的。它不是神性的道路,很少有形式的道路、颇好性情的道路。如中国最早的音乐理论专著《乐记》,即提出"情动于中,故形于声;声成文,谓之音"。① 但"音"如何成为"乐",它没有直接讲,而是转换了一个角度,讲"知声而不知音者,禽兽是也。知音而不知乐者,众庶是也。惟君子为能知音"。② 在这里,显然把主体性情的涵成,视为艺术审美活动的必要条件。同时,以孔子为代表的原始儒家,也把颜回、曾点等为代表的仁乐之境,视为生命成就的至美之境。而道家的宗师老聃,以"无"立根,以"虚"立基,对文明社会人性的功利自私、贪得无厌等给予了极为深刻的反思与警示。后学庄子,则钟情以真人真性对抗文明的功利与虚伪,构筑了超越生命形体之千变万化和生命界限之短长有无的逍遥理想。中国文化的源头,非专论艺术与审美,但却以深厚的人文情怀和高旷的精神理想,将艺术、审美与人生紧密地连接起来了,人生的理想憧憬内蕴了艺术的追求与审美的情致。这种人生审美的生活思潮,虽历经变迁,包括孔庄后学的曲解、历代文人的俗化,都难绝其韵。鲁迅、宗白华都高度评价了魏晋名士的艺术式生活,盛赞其钟情山水、超脱礼法的个性人格正是对浅俗薄情的反动。人生审美与艺术生活的思潮,在20世纪上半叶,纳中西滋养,从古代到现代,被郭沫若、梁启超、朱光潜、丰子恺等重新发现与塑造。尤其是以梁启超、朱光潜等为代表,将艺术、审美、生活相关联,要求以美的艺术精神为生命和生活立基,倡导创造与欣赏、小我与大我、物质与精神、感性与理性相统一的审美人生精神,倡导一种远功利而入世的审美人生态度。20世纪30—40年代,这种审美人生精神和审美人生态度,逐渐聚焦为"人生的艺术化"命题,对中国现代文人产生了广泛的影响。

无论西方唯美感性的传统,还是中国人生审美的传统,它们所主张的"生活的艺术化",本都不是试图消解艺术于生活。但是,西方

---

① 周积寅、陈世宁主编:《中国古典艺术理论辑注》,东南大学出版社2010年版,第315页。
② 周积寅、陈世宁主编:《中国古典艺术理论辑注》,东南大学出版社2010年版,第316页。

唯美主义和中国人生审美，最后却走了两个不同的路向。如果说艺术性大体体现为形式性、技巧性、精神性三种的话，那么西方唯美主义主要以形式性见长，并最终由精神的反抗走向了精神的媚俗。中国传统的人生审美，在庄子那里，已有行为之游和心灵之游的区分，分别关涉了技巧性和精神性的因素，而以逍遥游为代表的无待的精神翱翔，早已成为中国艺术精神的杰出写照。作为日常生活审美化思潮最为重要的研究者和批判者之一，韦尔施提出"感性的精神化，它的提炼和高尚化才属于审美"。[①] 尽管这只是一家之言，但无疑，在任何时代，我们都不可能将审美和艺术局限于个体的人的纯粹感性，也不应该有超越于人的价值向度的形式和技巧。如果说，在微时代，道德的和政治的立场，不再那么明显于前台，那么，形式与技巧的背后，自然有资本和经济粉墨登场。微时代，给予我们最大的挑战，或许就是技术—精神、感性—心灵、欲望—情性之间的迷瘴，不仅是审美为生活所吞噬的困惑，更有人消费自我的焦灼。在生活和人性的深处，我们如何实现精神、心灵、情性的体味、提升、建构？或许，生活的艺术化，它所构筑的情感信仰和价值张力，正是实用和理想、感性与理性、技术和价值、物质和精神之间的一条可能的人文通道。

原刊《艺术百家》2014年第6期

[①] ［德］沃尔夫冈·韦尔施：《重构美学》，陆扬译，上海译文出版社2002年版，第6、18页。

审美人格与当代生活

审美人格是一种远功利而入世、融小我入大化的诗性人格。它追求以无为精神来创构体味有为生活，着意于生命过程的诗性自由。审美人格的精髓是以美涵容真善，以情提领知意。在科技日新月异、功利实用观念不断强化的当代生活中，审美人格正日益凸显其独特的人性尺度指向和生命标杆指向，其本真、和谐、超越等特质，拓展了人与现实关系的情感、诗意、反思等张力维度，为人性涵育与人化生存确立了重要的主体条件和理想目标。

一

对于审美人格的向往与追求，是中华文化的重要传统之一。

孔子主张将"道""德""礼""仁"的追求和修养都内化为心灵的悦——"乐"，即经过情感的转化由外在的规范而成内在的自觉。"乐"之于孔子，既是具体的音乐艺术，也是心灵的快乐自由，是一种理想的人格姿态和人生境界。颜回之乐与曾点之乐，知者之乐与仁者之乐，疏食饮水之乐与曲肱枕之之乐，儒家倡导的始终是积极进取、悉心融入的生命过程及在其中所体会、所升华的精神愉悦。这种"乐"的本质就在于将个体生命融入群体社会的广阔图景和历史宇宙的宏大进程中，使个体生命的得失、忧乐、存亡都有了更广阔的参照系与更崇高的目标。这就是"仁者不忧"之"乐"，即依仁达乐，是在道德与责任的圆满中完成人格与生命的升华，从而达到"从心所欲，不逾矩"的精神自由与情感舒逸。

如果说儒家审美人格的精髓是仁乐，那么道家审美人格的精髓可以说是道游。"游"是庄子钟情的一种生命存在形式和活动方式，具有"戏"的无所待的自由性。"逍遥"是对这种自由状态的形象描摹。鲲鹏展翅，游无穷，无所待。"逍遥游"不是某种具体的飞翔，它象征着不受任何条件约束、没有任何功利目的的精神的翱翔，因此它也是绝对意义上消解了一切物累的心灵自由之游，是一种物我两忘而与天地为一的达道体道的具体状态。道是庄子哲学的核心。人与道契合无间，融入生命之中与万物并生而原天地之美，这种以无己无待适性自在为核心的人格理想，虽在复杂的现实景况下不免消极虚无的意味，但其中深蕴的感性生命解放和精神自由超越的想象，内在地契合了艺术与审美的精神。

孔子依仁达乐所主张的以美善相济使生命获得永恒意义的理想，庄子达道逍遥所主张的以精神翱翔来实现生命本真自由的理想，在根本上都是要使人的现实生命获得形上的安顿。在生命的安顿处，中国的哲学、美学、艺术融通为一，而具有审美意味的诗性人格，正是在这种本非审美的泛文化建构中，得以孕生。

二

中国现代审美人格理想传承了古典审美人格传统，也吸纳了西方哲学美学的滋养。

梁启超以趣味为审美人格立基。他的趣味精神一方面直接来自儒道的传统。趣味是"知不可而为"和"为而不有"的统一。前者出自孔子《论语》，后者出自老子《道德经》。梁启超主张将儒家的责任、健动和道家的兴味、超越相贯通。同时，他又吸纳了康德、柏格森等的情感理论和生命学说，将孔子意义上的悲壮和庄子意义上的适性改造为不有之为的纯粹悦乐，从而在中西美学史上第一个明确地把趣味的范畴由纯艺术和纯审美的领域拓展到人生领域。趣味之乐乃生命实践对成败之忧和得失之执的超越。在本质上，这种趣味人格是一种崇高型的审美人格，其核心是美情的导引，追求的是在大化化小我中实现并体得生命的真美。趣味突出了以美情为核心的生命旨向和人格意向，在真善美的统一中强调了情对生命的枢纽地位。尊崇内心，活得纯粹，乃趣味的要旨。梁启超说自己一辈子都是兴味淋漓地生活，在劳作、在学习、在艺术、在游戏中享受悦乐。由此，生命实践的创造开拓和观照欣赏在梁启超这里可以直接合一，即出与入、有与无、感性与理性、个体和宇宙是可以相契无间的。

朱光潜深受梁启超的影响，他将"趣味"改造为"情趣"，并以"无所为而为的玩索"为情趣定位。情趣也是讲出入有无的关系的。朱光潜提出人生有两种理想，一是看戏，一是演戏。两种人生各有各的好，有情趣的人，就是看戏的能懂演戏的好，演戏的能懂看戏的好，即在出入有无之间可以自由地转化。而其中的关键就是玩索。玩索是将创造转化为观照，在生命的实践中不浮躁、不张皇，出而返观，动静自如。如果说梁启超的趣味是以扬弃小有达成大化来超越有无的矛盾，那么朱光潜的情趣则是通过将有无转化为玩索来通向心灵的洞明。梁启超的趣味和朱光潜的情趣或重动入之美，或重静出之美，或突出创造本身之纯粹，或倾心省思观照之意味，各从不同的侧面将生命的实践命题转化为人生的美学命题。

让生命与生命过程由实践命题升华为美学命题，是人对自我的审美化，它不是仰仗神与上帝，而是依存于人对自我的涵育。宗白华以意境为中心，通过讨论艺术意境、生命情调、宇宙韵律的关系，诗意深沉地回答了审美人格建设的问题。他认为艺术意境由形到神到境，是由局部要素到完整生命到精神灵境，由象到气到格，是人类心灵、山川大地、宇宙诗心的影现。因此，意境既是艺术之象，也是独特的宇宙，是伟大人格的象征。伟大的艺术启示着生命与宇宙最深的奥秘，呈示着生命和宇宙的节奏、韵律、条理与和谐。艺术美境、宇宙真境、生命至境妙契于一，缠绵悱恻而超旷空灵，澄观一心而腾踔万象，是最切近自然又最超越自然的审美人格之写照。

以趣味人格、情趣人格、艺术人格等为代表的中国现代审美人格，突出了情的本体意义、核心地位及其启蒙纬度，美情既是一种人格的内涵，也是一种人性的向往。

三

进入以大机器生产为标志的现代社会以来，审美和美育的问题已特别突出地引起了人文学者的关注。现代文明既造就了物质的极大丰富与繁荣，也孕生了种种欲望人、技术人、工具人等异化的人和单向度的人，由此，以情为内核的艺术和审美的出场必然被提到重要的位置上。席勒说，人丧失了他的尊严，艺术把它拯救。尼采说，艺术的拯救，现代唯一充满希望的一线光明。确切地说，艺术并不能承担拯救世界的沉重使命，但艺术在生命生成为自己的风格和艺术品、在生命创造作为自由存在的自己、在生命飞翔于大地并诗意地安居中，确实是可以给予生命滋养、呵护、创化、澄明、提升的深层源泉和特殊力量的。

知情意在人性中被割裂，一直是现代性批判的重要论题。西方现代美学孕生的原初使命就是对于长期被科学世界所忽视的人的感性之维的关注。康德构建了审美判断的情在纯粹理性的知和实践理性的意之间的通道。席勒进而认为，唯有美的自由观赏才能在个体身上建立起和谐，并把和谐带入社会。在当代生活实践中，和谐生命的具体形态不应是单一的。在中国文字中，"和"的本义是歌唱的应答与乐器的和声，后引申为不同事物的相辅相成和多样统一。"和"不仅是相从相应相顺相合，也是相灭相生相反相成。因此，"和"的审美境界不是简单趋同，而是在矛盾冲突和多样统一中达致和谐。美能够调解矛盾以超入和谐。它在生命实践中，否定简单单一性、片面无冲突性、绝对静止性、机械强制性等形而上学属性，倡导丰富差别性、多样矛盾性、动态统一性、情感诗意性等审美属性。审美化的和谐生命，犹如精彩的电影和舞台剧，活色生香，矛盾而动态平衡，冲突而升华超越，赋予了生命丰沛的内涵、多彩的面貌和美丽的诗情。就如凤凰之涅槃，毁灭的悲壮成就了新生的欢乐。在那个纯粹的至境中，生命的至美至善至真融通为一。

如果说在西方现代文化语境中，审美与人文主义思潮和工具理性批判相联系，那么引入中国现代文化语境后，审美则同时承担了工具理性批判和情感生命启蒙的双重职责，它把反对生命欲望化和反对生命工具化同时推向了历史的前台。中国现代审美人格不仅以情为生命的本体张目，也倡导由启情而美情，最终把情感的涵育导向了人格的美化。审美人格不仅把感性与诗意带入了我们的生活，也把反思与批判带入了我们的视野。20世纪80年代中叶尤其是21世纪以来，随着经济全球化的进程和西方现代后现代文化与本土文化的复杂交融，国人的生存方式和姿态、生命情趣与格调正在大幅度地被改造。在中国当代生活中，人对物质生活的高度热情及其伴生的欲望追逐，人对理性与技术的崇拜追求及其人性的片面发展，人的主体意识高涨所伴生的个人主义自我中心等倾向，以及后现代解构哲学所导致的意义消解游世主义等逻辑，使人的自身发展面临着复杂的不容回避的挑战。审美人格不仅以它远功利而入世的诗性超拔着我们的生命，实际上这种诗性本身已内蕴了与实存生活的张力维度——超越的反思的批判的观审。

　　审美一方面启情而引领人具体真切细腻地感受乐享生活之曼妙，另一方面美情而提领人从一切实际实用的生活中升华起来俯瞰我们自身的生存。就如丰子恺所言，我们的身体被束缚于现实，匍匐在地上，不久就将朽烂，但我们可以通过艺术审美来瞥见无限的姿态，认识永劫的面目。审美人格以诗性赋予了有限生命以无尽、现实生命以深沉、物质生命以超越，使个体生命的鲜花绽放而涵纳人生和宇宙的全景，由此，那个最丰沛、最充盈、最自由、最淋漓的自我，正如宗白华所言，在任何一种生活中，都可以给予它深沉永久的意义。

原刊《光明日报》2012年12月18日

中华美学精神的价值意义

中华民族有着自己丰富的美学资源和独特的美学精神。中华美学精神扎根于民族哲学的人生情韵和民族文化的诗性传统,确立了以人生关怀为内核、以大美情怀为视野、以美境高趣为旨归的中国式美学话语,聚焦为以真善美张力贯通、有无出入诗性交融为突出标识的民族化美学精神。

"中华传统文化是中华民族的精神命脉,是涵养社会主义核心价值观的重要源泉,也是我们在世界文化激荡中站稳脚跟的坚实根基。"[1] 习近平总书记深刻指出:"要结合新的时代条件传承和弘扬中华优秀传统文化,传承和弘扬中华美学精神。"[2] 为今天民族文艺和文化发展指明了方向。

加强人的精神建设　涵育人的灵魂境界

传承和弘扬中华美学精神,对于加强人的精神建设,涵育人的灵魂境界,具有重要引领意义。

习近平总书记强调:"追求真善美是文艺的永恒价值。艺术的最高境界就是让人动心,让人们的灵魂经受洗礼,让人们发现自然的美,生活的美,心灵的美。"[3]

---

[1] 中共中央宣传部:《习近平总书记在文艺工作座谈会上重要讲话学习读本》,学习出版社2015年版,第111页。
[2] 中共中央宣传部:《习近平总书记在文艺工作座谈会上重要讲话学习读本》,学习出版社2015年版,第29页。
[3] 中共中央宣传部:《习近平总书记在文艺工作座谈会上重要讲话学习读本》,学习出版社2015年版,第27页。

发现美，阐释美，提炼美，倡扬美，是美学的神圣使命和现实职责。任何一个时代，任何一个国家，任何一个民族，任何一个个人，都不可能离开对美的心向往之、神向悦之。美与人的灵魂直接相连，与人的境界直接相连，是人高洁心灵涵育和高远精神建构的要素。以整个人生为创美审美之对象，而不仅仅着眼于艺术，是中华美学尤为突出的精神品格。中华文化自古就有大人文的传统，追求天人相合、美善相济、出入相谐、有无相成，懂得欣赏珍爱自然、艺术、生活之美，重视美感愉悦的道德内蕴，洞悉成败得失的辩证统一，崇尚入世出世相洽的诗性交融，从而使得中国文化、哲学、伦理中都深蕴了审美的底蕴和诗意的情调，也使得中国艺术的审美追求常常逸出了艺术的小天地，超向鲜活的生命、丰富的生活、广阔的人生。境、趣、骨、韵、味、格等范畴，"美术人"说、"大艺术"说、"生活—人生艺术化"说等学说，都凸显了中华美学以艺术来品鉴人涵育人升华人的突出特征，凸显了中华美学审美艺术人生相统一的实践视野。

今天，琴棋书画诗乐舞，不仅要从文人雅士的象牙塔中走出来，也应从考级炫技的异化中解放出来，使其成为实现人的爱美天性和完善人性的具体路径。同时，生活中也有丰富多姿的美，在实践中创造美的生存环境，提升物质产品的美感效果，包括人自我身体的美化，都需要正确而深刻的理论引导。正如习近平总书记所说："低俗不是通俗，欲望不代表希望，单纯感官娱乐不等于精神快乐。"不仅艺术中如此，生活中也是如此。审美并不排斥感性体验和感官愉悦，但审美愉悦和单纯感官快适的本质区别就在于，审美愉悦不停留于感官层面，它由感官攀向心灵的天地，攀向精神的世界，由此不仅仅是一时的快感享乐或欲望释放，也具有深刻、深邃、持久的心灵感动和精神体认。

蕴真涵善立美相贯通的中华美学精神，不注重从纯粹思辨去寻求人生真理，不崇尚向彼岸世界去寻求生命解脱，而总是从具体鲜活的生活中去创化体味身心的怡悦与精神的自由，倡导在最痛苦、最艰难的生活中品出人生的甘美和诗意，从而将人的心灵和精神导向现实践履与诗性超越相贯通相统一的既热烈执着又高洁高远的至美境界。

弘扬中华美学精神　指导提升艺术实践

传承和弘扬中华美学精神，对于提升创作、鉴赏、批评等艺术实践，具有重要引领意义。

美学精神是艺术标准确立的重要根基，是艺术理想建构的重要尺度，也是艺术情怀提升的重要滋养。中华美学精神在艺术实践中的导向意义主要体现为以下几点。

主张形神兼备，不唯形式至上。西方经典理论美学的标识就是审美的独立，主张美与真善的分离，主张无利害、粹情，这是西方现代美学确立的理论基石。同时它也为西方现代后现代艺术的种种形式化、唯美化、非理性化预留了通道。中华美学在自己的发展中也受到了西方美学无利害论、情感论、生命论、形式论等的滋养，但中华美学精神的基石是美与真善的贯通，其核心是蕴真涵善的美情观，其理想是超逸高远的美境观。因此，中华美学精神运用于艺术实践，倡扬的是内容形式兼具、尤以情趣境界为要的美感向度。它将艺术的目光引向了作品的情感与思想、风骨与襟怀等深层的内涵，使得艺术实践的主体不泥于华美的辞藻、炫目的形式，不流于肤浅的欲望、简单的宣泄。唯此，艺术活动才能"存正气""有筋骨"，不"当市场的奴隶"，不以"颓废萎靡"为美。

重视情理交融，崇尚蕴藉隽永。中华美学以情为本，融情入象，援情入理，追求艺术的情趣和境界。崇真情、崇个性、崇韵味，以真情的流露和个性的凸显为艺术之真美。中国艺术的至境也往往不在写实，而是虚实结合，令作品韵味隽永、境界悠远。这种蕴真情的个性之作和富意境的韵味之作，正是避免"抄袭模仿、千篇一律"的"机械化生产"和庸俗媚俗、简单宣泄的"快餐式消费"的重要保证。

标举生生之美，弘扬诗性品格。中华美学精神承中国哲学之源，以生生为美，把天地万物都视为有生命的存在，崇尚艺术的生命情韵和诗性超越。中国艺术的构象其重心也往往不在一撇一捺，而更为关注作品的整体效果，强调画龙点睛、有机和谐，主张气韵生动、浑然天成。朱光潜和丰子恺都认为艺术有小艺术和大艺术之分，伟大的艺术和伟大的人生是相通的，突出强调了艺术引领人格升华生命的人生意向和实践导向。以艺育人，以文化人，是中国艺术和中国文化固有的优秀传统。由儒家的"六艺"到朱光潜的"人生的艺术化"，都强调了以艺术来涵育生命情怀引领生命超越的诗性旨趣。

挖掘民族美学资源　强化民族美学学理

传承和弘扬中华美学精神，对于挖掘民族美学资源、强化民族美学学理具有重要引领意义。

中国自古就有自己的美学思想和相关资源，但从现代学科的意义上说，美学则是"援西入中"的产物。20世纪初，"美学"的学科术语和西方美学理论引入国内。以德国古典美学为代表的西方经典美学的方法、概念、体系、形态等直接推动了中国美学的学科自觉和现代转型，同时对西方美学的过度崇信与依赖，一味依托西方美学原理、学说、方法等的简单照搬、生硬套用，致使20世纪下半叶以来，中国美学大有唯西方美学是瞻的状貌和民族美学虚无的心态；致使美学理论一度自娱自乐，缺失了扎根民族土壤的话语和精神，缺失了面向中国艺术具体实践和中国大众现实生活的活力和热度。民族美学的资源、话语、特点、脉络等未能得到充分的梳理，中国古典美学和现当代美学之间也存在着机械割裂的现象，美学理论未能有效切入民族艺术实践和大众生活实践，失去了其应有的思想启迪、价值引领、精神导向的作用。

"中华美学精神"的概括，"传承弘扬中华美学精神"的倡导，体现了对中华学术和中华文化的民族自信和民族风骨，也为当下的美学建设从根本上指明了方向。把握美学精神，就是把握美学的内核和神髓。我们应高度珍视民族美学的宝贵资源和优秀传统，深入梳理、阐发、践行中华美学精神，在古今中西融汇的广阔视野中，发掘传承，弘扬推进，积极推动当下民族美学的理论原创，强化民族美学的学理建构，真正形成与西方美学的深度多元对话，使中华美学能够真正立于世界美学之林。

原刊《浙江日报》2015年6月26日

中国美学须构建自己的话语体系

作为在西方美学直接影响下而启幕的中国现代美学学科，自20世纪初以来，主要以西方美学的样态作为自己建设的标准。我国现代美学的西化之路，几乎全方位覆盖了范畴概念、观点学说、思维形态、方法立场等。我国美学发展的这种状况，不仅使民族美学逐渐丧失了自己的话语，也大大偏离了作为人文学科的多元化要求。事实上，形成世界范围内一套统一的标准的美学话语体系，既无必要，也不可行。我国美学要进一步发展，亟须构建自己的话语体系。

我国美学之所以要构建自己的话语体系，是因为美学既需要面向全人类的普适性的审美价值向度，也需要形成不同的民族化审美话语。美学不是自然科学和工程科学，不应以追求统一的标准性为目标，审美本身就是人类情感多元、价值多样的诗化呈现。虽然美学也需要研究人类审美活动中的普遍性问题，得出关于人类审美现象的规律性结论，但它的问题和结论都不仅仅系于客观的一维，何为美、如何审美等，都不是僵死划一的教条。美学既有方法论、技巧论等维度，也有情感论、价值论等维度，而且后者更富本质意义。回归美学以情感和价值等为中心的人文维度，是美学真正实现深度突破与自身价值的必由之路。对于我国美学来说，只有真正构建自己的话语体系，才能在世界美学之林拥有自己的一席之地，真正实现与西方美学平等深度的对话。我国美学话语体系的构建，既需要融西入中、化合创新，也需要援古入今、传承推进，在总结中华人民共和国成立尤其是改革开放以来我国美学发展成就的基础上，在直面民族审美的现实中，实现自己的破茧和涅槃。

确立自己的基本范畴

叩问中国美学的话语体系构建，首先要叩问有没有自己的基本范畴。基本范畴的确立，是一门学科建构的逻辑基石。

西方经典美学与哲学密切关联，像鲍姆嘉敦、康德等现代美学学科的奠基人同时都是哲学家，他们创立的美学基本范畴以感性和美为中心，与理性和真善等基本哲学范畴相对应。中国美学的传统既与哲学精神密切关联，也与文化精神和艺术精神深度交融。中国美学的基本范畴在文化、哲学、艺术的三维交汇中展开，形成了以道、气、有、无、韵、味、象、境、格等为代表的感性理性交汇、不着美而言美的民族化范畴群。中国美学范畴极富自己的民族特质，其抽象具象兼具、形上形下兼容的概括方式，对于阐释审美与生活、艺术的关联尤其具有可延展的丰富维度与广阔空间。中国美学范畴的审美向度不以美论美，不将美绝缘于自我的天地，而是在广阔的宇宙仰俯、时空纵横、物我交汇、人生驰骋、艺术涵泳中绵展与深味，从而由纯理论的学术构建透入鲜活的生存实践，突出呈现了美学作为人文学科的价值品性。当然，中国美学范畴的独特话语形态在走向世界的过程中，也需要作出精准的理论阐释与有力的现代转化。这个工作在20世纪初，梁启超、王国维等已经作了初步探索，他们以"趣味"和"境界"为核心范畴进行开掘推进。但此后，中国美学并没有很好地在这个很有价值的方向上继续前行，初步走向现代的一些优秀的传统民族美学范畴没有得到进一步发展，也几乎没有再出现新的有生命力的民族美学范畴。客观看，今天中国美学基本范畴的建设已经具有一定的传统基础，但这些范畴也需要结合当代语境和实践需求进行创造性转化和创新性发展，使其真正成为当代审美实践中富有活力的基本范畴，成为既具民族特质又能与世界美学对话的基本范畴。

建构自己的命题学说

叩问中国美学的话语体系构建，也要叩问有没有自己的命题学说。

命题和学说的建构，是一门学科确立的主要血肉。

西方经典美学主要围绕什么是美、审美现象、审美经验、审美形态、审美教育等理论问题展开，其核心是学科理论的系统建设。中国美学则主要围绕审美何为而展开，建构的主要是美在与自然宇宙、与人的生命生存的鲜活关系中应是什么、何以可能、如何实现的问题。围绕这些问题，中国美学主要提出和建构了尽善尽美、大美不言、气韵生动、比德、养气、虚静、生活（人生）艺术化等命题学说。这些命题学说的特点是紧密联系人生实践，以艺术为中介沟通人生与审美，突出关注美善关联，这与西方美学命题学说的科学、理性、系统、学理化的立论角度和目标原则有着显著不同。当然，从中国古典美学到现代美学，中国美学命题学说的整体风貌既有传承延续，也有发展变化。比如，中国古典美学主要探讨美善的关系问题，但20世纪以后，从西方现代哲学和现代科学引入了真的维度，真善美统一的问题成为中国现代美学关注的焦点之一。在中国美学命题中，论美也是一种求真和向善。中国现代美学对真善美统一性的关注，既是对中国古典美学命题的发展，也突出体现了中国美学命题学说一贯的实践导向和人生取向，具有鲜明的民族特质，与西方经典美学侧重美真关系和纯粹学理建构的命题学说有着显著差别。当代中国美学命题学说的建构，仍然需要深入解决以真善美关系为核心的一系列重要命题，关注以生命美化和人生美化。在科技迅速发展和逐利原则广受效法的当代语境中，中国美学命题学说内蕴的人文特质具有很强的现实针对性。我们应在弘扬民族美学这一重要传统的基础上，结合当代实践特点对其加以发展。

形成自己的方法思维

叩问中华美学的话语体系构建，还要叩问中国美学的方法思维问题。方法思维的特点，不仅直接影响理论表述的形态特征，也深刻影响一门学科的整体面貌。

西方经典美学追求科学、逻辑、思辨、系统的方法思维，以追求客观、理性、普遍的结论为目标。这种方法思维的特点是问题明晰、条理清楚、论证客观、分析系统。而中国古典学术思维注重整体把握和直觉体悟，关注研究对象的具体特征，较少逻辑分析、理性推理、概括论证和条分缕析，带有一定的朦胧性、模糊性、主观性。由于中国古典学术思维的特点，中华传统审美理论更多的不是在哲学领域展开，而是在艺术领域展开，突出表现为与各种艺术品鉴论的结合。中国古典美学理论的源头可溯自老庄和孔子的哲学思想，但其展开及其丰富的成果主要还是各门具体的艺术理论，形成了诗文评、诗画论、小说评点等多种有别于西方的民族理论样态。19世纪末20世纪初，中国古典文论样态在西方科学思维和现代理论样态的影响下，逐渐向西方文论样态转换。梁启超由《饮冰室诗话》到《论小说与群治之关系》，王国维由《人间词话》到《〈红楼梦〉评论》，就是一种由古典到现代的尝试，也是一种由民族到西化的尝试。这种尝试对于中国美学方法思维的现代演进有着不容置疑的积极意义。中国现代美学得以启幕，与方法思维的现代转换有着直接关联。从世界范围看，中学与西学，无论哪个学科，有效的对话都需要方法思维及其理论样态的必要对接。美学的方法思维既不应定于一尊，也不能守旧倒退。美学方法思维和理论样态的多元化和新的交融，是当下可以探索和开拓的领域，但我们更需关注的是阐释的成效和接受的效果。

弘扬民族美学精神

叩问中国美学的话语体系构建，必然要从根子上叩问如何弘扬民族美学精神问题。高洁的精神是照亮人类前行之路的明灯。在世界美学的大家庭中，在尚美向美弘美的共同基础上，各民族美学精神可以共存共荣、多元激荡，推动人类精神世界的丰富和攀升。

中国古代从严格的意义上说并没有学科形态上的美学理论，但中华文化自古就有浓郁的尚美传统。中华文化特别重视人文化育、美善相济，主张天人合一、物我交融，倡导诗教乐教、以艺育人。老庄和孔子的哲学虽然不是直接讨论美学问题，但实质上已经开启了中华美学精神以整个人生为创美审美对象的民族神韵。20世纪初，西方美学东渐，不仅给中华传统美学带来了新概念和新思维，也推动了中国美学的思想革新和精神变革。在 20 世纪，我国也涌现了一批迄今仍然堪称高峰的美学大家，共同传承发展了立足人生、关怀人生、升华人生的立美创美审美相融、思辨践行相洽的民族美学精神。中华美学丰富的人文底蕴、鲜明的人生向度、突出的实践指向、浓郁的理想情怀，对于现实有着重要的反思功能和批判功能，也有着突出的引领意义和导向意义。中华美学的民族精神特质及其意趣风范，不仅是对世界美学宝库的独特贡献，也是对人类精神宝库的重要贡献。不过，独特的、富有价值的民族美学精神在当下并没有得到很好的弘扬。不弘扬民族美学精神，将使中国美学无根可立，更遑论拥有自己的话语体系。贯通民族美学发展的精神血脉，深入辨析提炼其精神特质，已是中国美学发展的当务之急。我们要在中西古今的交汇中，在思想与实践的交融中，在传承与发展的统一中，不断升华中国美学精神，共同推进人类美学发展，引领人文精神前行。

原刊《人民日报》2016 年 1 月 18 日

下 编

梁启超"趣味"美学思想的理论特质及其价值

梁启超是中国美学思想由古典向现代转型的重要开拓者与奠基人之一，是中国美学思想近现代转型期的重要人物。他对"趣味"范畴的阐释和趣味美学思想的建构，在中国美学思想发展的历史图谱中极具特色，需要我们认真解读与发掘。

梁启超关于趣味的思想与相关论述，主要集中于20世纪20年代《"知不可而为"主义与"为而不有"主义》《趣味教育与教育趣味》《美术与生活》《美术与科学》《学问之趣味》《为学与做人》《敬业与乐业》《人生观与科学》《知命与努力》《晚清两大家诗钞题辞》等专题论文、演讲稿以及给家人的书信中。本文将以这些相关文字为基本研究对象，对梁启超趣味美学思想的理论特质及其价值谈谈个人的看法。

一

趣味是梁启超美学思想的哲学根基。趣味主义构成了梁启超哲学观与美学观的互释，也成为梁启超美学思想的核心范畴。1922年4月10日，梁启超在直隶教育联合研究会上发表讲演。他说："假如有人问我：'你信仰的是什么主义？'我便答道：'我信仰的是趣味主义。'有人问我：'你的人生观拿什么做根柢？'我便答道：'拿趣味做根柢。'"[①] 对于趣味和人生的关系，梁启超主要从两个方面来界定。其

---

① 《饮冰室合集》，第5册，中华书局1989年版，文集之三十八第12页。

一，他认为趣味对于生活具有本体意义。即趣味就是生活，生活就是趣味。他说，为趣味而忙碌是"人生最合理的生活"，"有价值"的生活；[1] 无趣"便不成生活"。[2] 其二，他认为趣味对于生活具有动力意义。"生活的原动力"就来自趣味。[3] "趣味干竭，活动便跟着停止。"[4] 在梁启超看来，合理而自然的人生状态就是趣味的状态。从本体与价值、动力与功能两个方面着眼，梁启超把趣味放置在对人生具有根本意义的本体论兼价值论视域上。那么，在人生中具有如此重要地位的趣味其具体内质又是什么？对于趣味的内质，梁启超通过对两个互为关联的问题的阐发，表达了自己的见解。首先，梁启超对无趣的生活作了界定。他认为趣味的反面就是"干瘪"与"萧索"。他界定的无趣的生活有两种。一是"石缝的生活"，其特点是"挤得紧紧的，没有丝毫开拓的余地"；[5] 二是"沙漠的生活"，其特点是"干透了没有一毫润泽，板死了没有一毫变化"。[6] 梁启超否定了这种无趣的生活，认为这不能叫"生活"，而是人生的禁锢与退化。在这里，梁启超运用否定之否定的思维方法，通过对无趣特点的否定，而达成了对于趣味（生活）内质的两个厘定：（一），与无趣之缺乏生气生命相较，趣味是生命的活力；（二），与无趣之泥滞禁锢相较，趣味是创造的自由。其次，他通过对趣味发生条件的探讨，进一步厘定了自身对趣味内质的界定。梁启超认为趣味是"由内发的情感和外受的环境交媾发生出来"的。[7] 因此，趣味既在主体，也在客体，是主客的会通与交融。就主体言，趣味是与情感相联系的。情感作为主体心理基础，是"人类一切动作的原动力"。[8] 趣味构成了生活的动力源，情感构成了趣味的动力源，这一思想链条是梁启超趣味思想的一条基本脉络。没

---

[1]《饮冰室合集》，第5册，中华书局1989年版，文集之三十九第15页。
[2]《饮冰室合集》，第5册，中华书局1989年版，文集之三十九第22页。
[3]《饮冰室合集》，第5册，中华书局1989年版，文集之三十八第13页。
[4]《饮冰室合集》，第5册，中华书局1989年版，文集之三十八第13页。
[5]《饮冰室合集》，第5册，中华书局1989年版，文集之三十九第22页。
[6]《饮冰室合集》，第5册，中华书局1989年版，文集之三十九第22页。
[7]《饮冰室合集》，第5册，中华书局1989年版，文集之四十三第70页。
[8]《饮冰室合集》，第4册，中华书局1989年版，文集之三十七第70页。

梁启超"趣味"美学思想的理论特质及其价值

有情感的激发,就没有趣味的萌生;没有趣味的实现,也就没有理想的生活。情感与生命活力、创造自由一起,构成了趣味内质的三大要素。其中,情感又是生命活力与创造自由的前提。情感激扬、生命活力、创造自由在趣味的发生中构成了层层递进的关系,成为趣味实现的共同前提和条件。其中,情感具有最基础最内在的意义。因此,在梁启超这里,趣味(生活)的内质表现为这样三个层次:底层——情感的激扬;中层——生命的活力;顶层——创造的自由。这三个层次互为因果,共同构筑了通向趣味之境的理想之路。简而言之,梁启超的趣味就是由情感、生命、创造的融合所呈现的生命意趣及其具体实现状态。趣味之境既是特定主体之感性达成,也是主客之间的完美契合与主体生命的最佳创化。

二

把趣味提到生命本体的高度、放置到人生实践的具体境界中来认识,是梁启超趣味哲学的基本特点,也是其趣味与美融通的关键。在梁启超这里,谈趣味就是谈生活,就是谈生命,也就是谈美。梁启超说:人与动物不同,动物的活动是本能的,人的活动是有目的的,人只有在生活中、在实践中才能获得趣味、实现趣味。他强调:"趣味主义最重要的条件就是'无所为而为'。"[①] "无所为而为"是"知不可而为"主义与"为而不有"主义的统一。"知不可而为"主义,是"做事情时候,把成功与失败的念头都撇开一边,一味埋头埋脑地去做",甚至"明白知道他不能得着预料的效果,甚至于一无效果,但认为应该做的便热心做去"。"为而不有"主义,是"不以所有观念作标准,不因为所有观念始劳动",是"为劳动而劳动"。梁启超指出:这两种主义"都是要把人类无聊的计较一扫而空,喜欢做便做,不必瞻前顾后"。[②] 值得注意的是,梁启超的"无所为而为"不是"不为",也非"不有",而是一种"不有"之"为"。所谓"不有"是超

[①] 《饮冰室合集》,第5册,中华书局1989年版,文集之三十九第16页。
[②] 《饮冰室合集》,第4册,中华书局1989年版,文集之三十七第68页。

越个体"小有"而达成纯粹之"为"的"大有"。即个体的人在投身具体生活，从事感性实践时，应将外在的功利追求与得失计较转化为内在的情感要求与生命需求，从而实现"为"与"不有"的矛盾统一。梁启超提出进入这一境界有两个前提：一是要"破妄"，即破除成败之执；二是要"去妄"，即去除得失之计。他认为，从个体感性生命而言，人生是充满缺憾充满烦恼的。因为相对于永无穷尽的宇宙而言，个体感性实践永远只是宇宙运化中的一个断片，都是有局限、不完美的。因此，人生实践从个体感性生命角度看，只需言失败，无须言成功。但是，"宇宙绝不是另外一件东西，乃是人生的活动"。[①]作为"宇宙的小断片"，[②]对个人而言，一方面，每一次感性生命实践只是宇宙运化中的一级级阶梯；另一方面，个体感性生命实践又推动了历史进步与宇宙运化，从而使自身融入历史进化与宇宙运化的整体生命之中。因此，个体生命创化与宇宙整体运化的矛盾既是永恒的存在，又是本质的统一。从"无所为而为"的趣味主义原则出发，梁启超通向的不是纯粹的个体感性趣味，而是有责任的趣味。他说："我生平最受用的有两句话，一是'责任心'，二是'趣味'。我自己常常力求这两句话之实现与调和。"[③]有责任的趣味既是责任与趣味的统一，也是感性与理性的统一、个体与众生的融通。这一美境以情感为基质，呈现了认真执着的生命追求与自由创化的人生境界的统一。其实质就是生命主体在感性个体实践中，将自身完全融入宇宙创化的整体性旅程中，从而超越与对象的直接功利对置，超越狭隘的感性个体存在，从而体验到"和众生""和宇宙迸合为一"的无限"春意"。梁启超强调要"把人类计较利害的观念变为艺术的、情感的"，实现"劳动的艺术化"和"生活的艺术化"，这样的生活才算"最高尚最圆满的人生"，才算"有味的生活"。[④]

梁启超曾说："问人类生活于什么？我便一点不迟疑答道：'生活

[①]《饮冰室合集》，第5册，中华书局1989年版，文集之三十九第110页。
[②]《饮冰室合集》，第4册，中华书局1989年版，文集之三十七第62页。
[③]《饮冰室合集》，第5册，中华书局1989年版，文集之三十九第25页。
[④]《饮冰室合集》，第4册，中华书局1989年版，文集之三十七第66页。

于趣味'","人若活得无趣,恐怕不活着还好些,而且勉强活也活不下去"。他又说:"'美'是人类生活一要素——或者还是各种要素中之最要者,倘若在生活全内容中把'美'的成分抽出,恐怕便活得不自在,甚至活不成。"[1] 梁启超把趣味主义推广到了整个人生的领域。他的审美观具有鲜明的人生指向;他的人生观在本质上是审美的。由趣味出发,梁启超构筑了一个以趣味为根基、以人生为指向的具有自身鲜明特色的趣味主义人生论美学。个体感性生命的自由创化从有责任的"趣味"出发到人生"春意"之体味,是对积极入世与理性追求与生命激扬融合为一的人生胜境的个性化追寻。

三

18世纪德国哲学家鲍姆嘉敦把美学界定为研究感性认识的完善。与鲍姆嘉敦的美学认识论不同,康德从哲学本体论、从美与人自身关系的意义上开拓了美学新视野。康德把人的心理要素区分为知、情与意,把世界区分为现象界与物自体。他认为,人的知只能认识现象界,不能认识物自体。物自体不以人的意志为转移,又在人的感觉范围之外,因而是不可知的。但人要安身立命,又渴望把握物自体,从而使生活具有坚实的根基。因此,在实践上去信仰就是跨越知性与理性、有限与无限、必然与自由、理论与实践的桥梁。这就为美的信仰预留了领地。康德指出,从纯粹理性的知到实践理性的意,中间还需要一个贯通的媒介,即审美判断力。它不涉及利害,却有类似实践的快感;不涉及概念,却需要想象力与知解力的合作;没有目的,但有合目的性;既是个别的,又可以普遍传达。康德强调审美判断在本质上是与情感相联系的价值判断,要"判别某一对象是美或不美,我们不是把(它的)表象凭借悟性连系于客体以求得知识,而是凭借想象力(或者想象力与悟性相结合)联系于主体和它的快感和不快感"。[2] 从康德始,美开始走向情感、走向个性、走向人的完善与人自身的价值。梁

---

[1] 《饮冰室合集》,第5册,中华书局1989年版,文集之三十九第22页。
[2] 伍蠡甫:《西方文艺理论名著选编》,北京大学出版社1985年版,第369页。

启超把康德誉为"近世第一大哲",受康德影响较深。他对趣味之美的本体构想,主要就是在康德意义上的哲学美学范畴中来观照的。梁启超把情感视为趣味的内质,强调情感是趣味之美实现的基质。这种关于美的思考的情感视角与价值立场,也明显地折射着康德美学的身影。

另一位对梁启超趣味美学思想创构产生重要影响的是20世纪生命美学的重要代表人物亨利·柏格森。柏格森认为生命冲动是宇宙的本质,是最真实的存在。但生命不是一种客观的物质存在,而是一种心理意识现象,是一种意识或超意识的精神创造之需要。生命只有在生命冲动中,在向上喷发的自然运动中,也即创造中才产生生命形式,才显现自己。但生命冲动要受到生命自然运动的逆转,即向下坠落的物质的阻碍。生命必须洞穿这些物质的碎片,奋力为自己打开一条道路。因此,作为宇宙本质的生命冲动,虽受制于物质,但终究能战而胜之,保持其不向物质臣服、自由自在的品性,开辟出新境界。在柏格森这里,生命在本质上是一种与物质、与惰性、与机械相抗衡的东西,它总是不断创新、不断克服物质阻力、不断追求精神与意志的自由。因此,生命也就是无间断的绵延。绵延瞬息万变,每一瞬间都是新质的出现。绵延不能用理性和科学的方法来度量与认识,而只能依靠非理性的直觉。对于直觉,他有一个经典的定义:"所谓直觉,就是一种理智的交融,这种交融使人们置身于对象之内,以便与其中独特的,从而是无法表达的东西相符合。"① 可见,直觉是一种置身于对象内部的体验。柏格森认为,直觉比理智优越的地方就在于它通过置身于"实在之内",来真正体察"实在的那种不断变化的方向",从而来接近绵延即生命冲动的本质。柏格森强调唯有不惜一切代价征服物质的阻碍与引诱,生命才能向上发展,才能绵延,而绵延就是美。柏格森将美与人的本体生命相联系,弘扬精神生命的活力与价值,强调美与审美在人生实践中的本体意义,重视审美中的生命体验,对20世纪西方美学思想的演化产生了深刻的影响。1913年,《东方杂志》第10卷第1号发表了钱智修所撰写的《现今两大哲学家概略》,柏格森

---

① [法]柏格森:《形而上学导言》,刘放桐译,商务印书馆1963年版,第3—4页。

首次进入了中国人的视野,① 并在中国知识界产生了广泛的影响。梁启超对柏格森心仪已久,称其为"新派哲学巨子"。旅法期间,他特意彻夜精心准备资料,造访了这位"十年来梦寐愿见之人"。在《欧游心影录》中,梁启超对柏格森的"直觉创化论"给予了高度的肯定。柏格森的学说在梁启超美学思想中打下了鲜明的烙印。他的趣味之美对情感、对生命、对创造的弘扬,对审美胜境的体认都飘忽着柏格森绵延之美的身影。当然,梁启超与柏格森又有重要的区别。在柏格森那里,生命的直觉冲动是对西方工业社会理性扩张的反抗。美在柏格森那里是医治机械理性的一剂良方。而对于梁启超来说,他既需要生命的感性冲动来激发生活的热情,又需要理性与良知来承担社会的责任。因此,他以个体生命激扬为标的的趣味追寻又是以宇宙运化的责任为前提的,呈现出试图将生命本质的肯定和生活意义的实现相统一的个性化美学思考。

四

中国文化中的"趣味",主要是一个艺术学范畴,具有比较感性的实践性意蕴。它主要是指艺术鉴赏中的美感趣好。中国典籍从先秦始,就将"味"与艺术欣赏的美感特征相联系。如《论语·述而》曰:"子在齐闻《韶》,三月不知肉味,曰:'不图为乐之至于斯也'。"② 这里一方面把"味"与欣赏音乐获得的快感相联系,一方面又明确指出"味"作为口腹之欲的满足不同于艺术欣赏的快感。魏晋时期,出现了"滋味""可味""余味""遗味""道味""辞味""义味"等诸多之味,这些"味"均与直接的感官欲望相剥离,用于品评艺术给予人的美感享受。如阮籍的《乐论》第一个直接以"无味"来品鉴音乐美的一种境界。陆机的《文赋》则将"味"从乐论引入诗论之中。"趣"在魏晋时代,亦进入文论之中,其用法和含义虽比"味"要复杂得多,但以"趣"来指称艺术的美感风格则是一种重要的用法。如《晋书·王献之

---

① 参看董德福《生命哲学在中国》,广东人民出版社2001年版,第5页。
② 陈成国点校:《四书五经》,上册,岳麓书社2002年版,第29页。

传》曰:"献之骨力远不及父,而颇有媚趣。""媚趣"概括了王献之书法阴柔的美感。直接将"趣"与"味"组合在一起,用于品评诗文之美,可能以司空图为最早。司空图《与王驾评诗书》云:"右丞、苏州趣味澄夐,若清沇之贯达。""趣味"在这里指的是作家创作的一种美感风格,一种情趣指向。可以说,在中国传统文论中,"趣味"主要是指艺术鉴赏时的个体取向。它比较多地与具体的艺术鉴赏实践相联系,是对艺术作品美感风格与特征的一种具体感悟。

在西方美学史上,第一个从理论上明确提出"趣味"问题的是18世纪英国经验主义美学家休谟。在康德之前,西方美学主要问的是"美是什么"的问题。不管是古希腊人追问美的本质,还是鲍姆嘉敦讨论感性认识,美学家们最终试图把握的就是客观的美的本来面貌。这一点,实质上在休谟这里也不例外。休谟的美学主要讨论了两个问题,一个是美的本质问题,另一个就是审美趣味问题。美的本质是什么,休谟认为它不是对象的一种性质,而是主体的一种感觉,这种感觉不是我们所说的五官感觉,而是心理的情感感受,即快感(美)和痛感(丑)。休谟认为要寻找"客观的美"和"客观的丑"完全是徒劳的,我们只需要关注这些感觉。感觉是一种切实的经验。休谟把自然科学中的经验主义原则运用到审美的领域中。与理性主义美学家相比,休谟强调了审美中的感性状态。但他在本质上仍然没有脱离传统美学的认识论立场。因此,他的美学具有深刻的内在矛盾。这一点在关于审美趣味的讨论中体现得最为明显。根据休谟的美论,美完全不在客体,而在主体。这样对于同一对象,主体的感觉如果是不同的,那么对象究竟美不美呢?这种关于感觉的趣味判断是真实的吗?由此,休谟由美通向了美的趣味的问题。在休谟这里,趣味首先是一种审美能力,即审美鉴赏力或审美判断力。休谟说:"理智传达真和伪的知识,趣味产生美与丑的及善与恶的情感。"[1] 理智与真相联系,"是冷静的超脱的";趣味与情感相联系,"形成了一种新的创造"。这种新

---

[1] 北京大学哲学系美学教研室编:《西方美学家论美和美感》,商务印书馆1980年版,第111页。

的创造在休谟看来，就是"用从内在情感借来的色彩来渲染一切自然事物"。那么事物本来的面貌究竟是怎样的呢？休谟认为只能从经验或感觉中去判断。

因此，休谟关于美或审美趣味的探讨陷入了这样的内在矛盾之中：一方面他承认美的个体性与差异性，另一方面又并不否定客观的美的存在。只是从他的方法论立场来看，这个客观的美无从把握，所能把握的只有经验层面上的美感。休谟的美学冲击了理性主义的美学，但他并未能够彻底超越理性主义的机械论。正是在休谟的矛盾中，西方传统美学的认识论方法开始受到怀疑。有学者认为，现代美学确立的重要标志是由"美是什么"转向"审美何以可能"，① 这是一个由认识论向体验论的转向。在这个意义上，休谟是通向康德的一座桥梁。我们必须承认，作为休谟美学的重要范畴的趣味，虽然是一个与情感、创造联系在一起的概念，具有变化性、不确定性，但它仍然是一个认识论范畴中的概念。趣味作为审美判断，休谟通过它想揭示的仍然是美的普遍性问题，即把美还原为客观对象。所以，休谟美学所探讨的并不是趣味在美学中的本体性意义，而是审美趣味的标准问题。康德美学也谈到了趣味。康德把审美判断称为反思判断。反思判断不同于一般的规定判断，康德认为作为反思判断的审美判断是"从特殊出发寻求普遍"。这个特殊不是休谟意义上来自外部世界但又无从把握其本源的情感，而是能够通向普遍的情感。康德的反思判断首先是情感判断，它既不同于以概念为基础的认识判断，也不同于以善为基础的道德判断。康德主张从体验通向反思。因此，康德的反思之"思"不是对象性的，而是要让内在情感直接走出遮蔽状态而显现出来。反思是返回情感的手段。对于康德来说，物体本身不可能成为审美的对象，审美对象只能被审美活动创造出来。康德在谈到崇高美时就认为崇高并不是对象的崇高，而是主体自我的崇高，是主体在鉴赏活动中对自我崇高精神与人格的情感体认。情感是康德美学的旗帜，判断力是康德美学的核心。康德说："没有关于美的科学，

---

① 参看戴茂堂、雷绍锋《西方美学史》，武汉理工大学出版社2003年版，第二、三章。

只有关于美的评判。"① 为此，康德美学超越了客观主义认识论。同时，康德美学强调审美不涉利害。审美反思也是先验反思，应该超越个人的偶然的经验，去寻求普遍的自由的声音。为此，康德美学也触及了审美判断与道德判断的分水岭，从而把审美判断直接提升到纯粹趣味判断的层面。因此，在康德美学中，趣味既是具体的审美判断，又具有形而上的批判意义。

客观地看，中国文化中艺术论的趣味论和西方文化中审美论的趣味论在梁启超的美学思想中都留下了一定的痕迹。但梁启超又在传承化合中对趣味作出了自己的界定，赋予了趣味以新的理论内涵与理论特质。

五

从中西艺术与美学理论史来看，趣味作为一个艺术学或审美学范畴，其最普遍的理论界定就是一个与对象的美感特征、与主体的审美心理、与主体的审美（艺术）鉴赏力密切联系在一起的范畴，也就是一种美感趣好或审美（艺术）判断力。这种趣味的理论向度主要探讨的是主体与对象间的纯审美关系。但在梁启超这里，趣味不是单纯的艺术品味，也不是单纯的审美判断。它既是一个审美的范畴，又不是一个纯审美的范畴。梁启超的趣味在本质上是一种特定的生命意趣及其具体实现状态。他既将趣味与审美（人生）实践相联系，使趣味成为一个动态的实践性范畴；也将趣味与审美（生命）的本质相联系，使趣味成为一个终极的本体性范畴；还将趣味与审美（人生）的理想相联系，使趣味成为一个形上的价值性范畴。

应该承认，把审美当作人的一种生存状况，一种人生境界，是中国传统美学的一大特色。中国传统美学最关注的问题不是美为何物，而是审美对于人生有何意义，是人的生存如何实现审美化的问题。因此，中国美学精神从本质上说是一种人生美学精神。追求美也就是追求人生境界与审美境界的统一。中国传统美学充满了温暖的人生关怀，

---

① ［德］康德：《判断力批判》，上卷，宗白华译，商务印书馆1964年版，第150页。

表现为审美、艺术与人的生存发展的密切联系。但中国传统美学主要引入善作为美的准则，它所张扬的人生境界首先是人的伦理理性生命的实现。审美的人生视野在西方人本主义美学中亦有自己的理解与阐释。如席勒认为："美对我们是一种对象""同时又是我们主体的一种状态"；"美是形式，我们可以观照它，同时美又是生命，因为我们可以感知它"。[①] 把美从静止的被观赏的"对象"与"形式"，充盈为满含生机的"主体的一种状态"与富有灵性的一种"生命"姿态，实际上也就是将美推向人生与生命的具体境界。个体生命的完满不仅在于理性、道德的完善与实现，也在于情感的丰沛与润泽。这种对美的人性视角，不仅体现了对人的主体生命完善（感性与理性的和谐）的关注，也潜隐着对主体生命解放与激扬的期待。而以柏格森为代表的生命哲学，则进一步强化了个体生命的解放与激扬在人生中的本质意义。柏格森把生命的冲动与本能视为生命的本质，感性生命活动即直觉成为了美的表征。可以说，无论是中国传统美学，还是西方近现代美学，美与人的生命与生存的关系都是美学研究的重要课题。作为一个始终"关注现实的理想主义者"，梁启超从当时国凋民蔽的民族现实出发，既吸收了中国传统美学的审美生存精神，又吸收了西方近代美学的审美完善理念，还吸纳了柏格森美学的审美生命理念，试图将审美的人生指向、人性理想和生命理念在康德审美价值哲学的基本视点上糅合为一。美不仅是审美境界的实现与个体生命的完善，更在于这种实现与完善的本质在于生命活力的张扬。同时，这种生命的活力不是中国传统美学中主要以伦理来规范的理性生命，也不是柏格森意义上主要以直觉来范畴的本能生命，而是融理性（责任）与感性（情感）为一体的富有创造激情与价值追求的个性生命。

从美学思想史来看，梁启超关于趣味的美学思考实际上已经隐含了对于现代美学学科本性的某种审思。这种审思包含了这样两个根本性的问题：一是，美学究竟是一门怎样的学科（与自然科学和一般社会科学相比）？二是，美学存在的意义是什么（是提供普遍知识规律

---

① ［德］席勒：《美育书简》，徐恒醇译，中国文联出版公司1984年版，第103页。

还是寻思人生意义、人文智慧)？对于这两个问题的领悟，不仅是现代美学学科建设的题中之义，也是传统美学向现代美学转型的必经之旅。前一个问题划定了美学作为一门独立的现代学科的基本外延；后一个问题确立了美学作为一门独立的现代学科的根本内质。不审思这两个问题，就无法超越传统美学的混沌状态。尽管梁启超的趣味之思并非完全成熟与圆满，但他不仅创造性地承续了中国传统美学的人生意境，也富有个性地凸现了对西方近现代美学学科启蒙意向与人文走向的敏锐呼应。

而从现实的文化建设来看，梁启超的趣味美学思想是中国近代以来特定的政治、民族、文化危机并至的具体历史条件的产物。它以人的生命活力之激发和人生趣味之实现的统一，直指腐蔽的社会与浑噩的人生。审美被赋予了鲜明的启蒙特质。当然，相对于那个苦难深重的时代，梁启超的趣味之思或许更多地只是一种浪漫的想象。但他是以一颗炽热之心去思考民族命运、寻找变革道路的，趣味美学的理想无疑是其找到的一剂精神强心剂。它鼓舞民众挺起脊梁，热爱生活，积极实践，开拓创造，以炽热的情感投入生活，以积极的姿态面对生命，永远不放弃对于生命与生活的热情与责任。从整体言，其积极意义当超过消极影响。而在今天，梁启超趣味美学所包孕的对审美与人生、物质与精神、感性与理性、个体与社会之关系的思索，仍然具有十分重要的意义。美的实现是以生命力的激活为前提的。没有生命之趣，就没有审美之求；没有美的存在，就没有人生的意义；没有个体与众生与宇宙的迸合，也就没有感性个体的自由创化。这样的人生意境早已超越了具体的历史语境！其哲理意趣与美学意趣对于今天的人文建设仍具有积极的启思。

原刊《文学评论》2005 年第 2 期
《中国社会科学文摘》2005 年第 4 期论点摘编

梁启超的"情感"说及其美学理论贡献

"情感"是梁启超美学思想的核心概念之一,也是19、20世纪之交中国美学思想中最具个性特色的审美范畴之一。对于艺术情感问题,梁启超有着非常精辟且较为系统的论述,这些论述不仅与梁启超的整个美学思想体系具有深刻的内在联系,而且在20世纪中国现代美学思想发展的历史进程中具有极为重要的先导意义。

一

对于情感本质的认识,是梁启超情感理论的基石。在《中国韵文里头所表现的情感》一文中,梁启超明确提出:"天下最神圣的莫过于情感。"[①] 首先"情感是人类一切动作的原动力"。梁启超将情感与理智作了比较。他认为:"用理解来引导人,顶多能叫人知道那件事应该做,那件事怎样做法;却是被引导的人到底去做不去做,没有什么关系。有时所知的越发多,所做的倒越发少。用情感来激发人,好象磁石吸铁一般,有多大分量的磁,便引多大分量的铁,丝毫容不得躲闪。"其次,"情感是宇宙间一种大秘密"。梁启超说:"我们想入到生命之奥,把我的思想行为和我的生命迸合为一,把我的生命和宇宙和众生迸合为一,除却通过情感这一个关门,别无他路。"[②] 在这里,梁启超对情感的理解体现出非常深刻辩证的见地。一是他不是把情感

[①] 《饮冰室合集》,第4册,中华书局1989年版,文集之三十七第71页。
[②] 《饮冰室合集》,第4册,中华书局1989年版,文集之三十七第71页。

视为纯粹感性个体的东西,而是将情感视为感性与理性、个体与社会的融通。二是梁启超将对情感特质的考察与生命特质的考察联系起来,从而不仅给予了情感以非常重要的地位,也给予了情感以极为丰富的内涵。作为人类动作的"原动力"和宇宙生命的"大秘密",情感又具有怎样的特点呢?梁启超主要从两个方面进行了进一步的考察。他认为,其一,情感是"本能"与"超本能"的统一。其二,情感是"现在"与"超现在"的统一。他说:"情感的性质是本能的,但他的力量,能引人到超本能的境界。情感的性质是现在的,但他的力量,能引人到超现在的境界。"① 前者强调的是情感的感性与理性相统一的特点与功能,后者强调的是情感的个体与社会相统一的特点与功能。强调情感的性质是本能的,即强调情感是与人的生命同在的具有根本意义的东西。没有生命,也就无所谓本能,也就没有情感。因此,情感是生命存在与活跃的基本要素。但人的生命活动又不是纯粹感性的。有目的有意识的生命活动是人与动物的根本区别,这是马克思主义哲学的基本观点。梁启超虽然不是马克思主义者,但他显然把超本能的境界视为人生更高的境界,并且相信情感具有引导人向着超本能境界迈进的力量。同时,梁启超强调情感的性质是现在的。即情感的发生总是与特定的实践相联系的,是即时的,是在场的。因此,情感是血肉丰满的,是与感性主体相联系的。但梁启超又不以狭隘的目光来看待个人在社会历史进程中的作用与地位。他强调情感具有将个体引导到宏观的超现在境界中去的神奇力量。实际上,在这里,梁启超已把个体情感活动视为个人生命活动与宏观历史活动的统一,把个体情感活动视为宏观历史活动的有机组成部分。至此,梁启超对情感问题的理解与他整个思想体系中的现实精神融为一体。

梁启超对情感本质的理解是东西方文化思想交融的结晶。梁启超受传统文化影响很深。中国传统文化主要讲乐生,强调生命的理性与责任。生命受之天地父母,"能尽其性",才能"与天地参"(《中庸》)。因此,要懂得"领略生命的妙味"。梁启超关于情感本质理解

---

① 《饮冰室合集》,第4册,中华书局1989年版,文集之三十七第71页。

的另一个精神渊源是现代西方文化。康德既是西方古典美学思想的中坚，也是西方现代美学思想的鼻祖。康德第一个明确地将人的心理要素分为知、情、意三个部分，把情感视为完善人性的必要组成部分，从而为席勒的现代美育思想和20世纪以后登上历史舞台的生命哲学、表现理论奠立了重要的理论基础。梁启超对康德极为推崇，把康德誉为"近世第一大哲"，他也吸纳了康德关于知情意三分的理论，强调情感是生命的有机组成。梁启超对情感的理解既有东方的领悟与体味，又有西方的直觉与表现。他说："我是情感最丰富的人。我对于我的情感都不肯压抑，听其尽量发展。"① 综合起来考察，梁启超将情感与生命相联系，更多地受到了现代西方哲学与美学思想的影响。

梁启超美学思想体系中的情感理论是生命、情感、艺术的统一。梁启超试图通过生命来揭示情感的本质，又试图通过情感来揭示艺术的真谛。在艺术功能观上，梁启超始终坚持艺术与社会、与人生的联系，强调艺术要为社会、为人生服务。但在艺术本质观上，梁启超是坚定的主情主义者。他认为："艺术是情感的表现"，②"艺术的权威，是把那霎时间便过去的情感，捉住他令他随时可以再现。是把艺术家自己'个性'的情感，打进别人们的'情阈'里头，在若干期间内占领了'他心'的位置"。"音乐美术文学"等艺术形式的价值，就在于"把'情感秘密'的钥匙都掌住了"。③ 梁启超对艺术本质的理解既继承了中国传统诗学"抒情言志"的传统，又体现出西方现代诗学把情感视为个体生命"表现"的理论痕迹。梁启超美学思想体系中的情感理论具有鲜明的时代特征与个人特色，其中的一些具体观点开启了中国现代美学思想的先声，而其丰富的论述与阐释也成为中国现代美学思想宝库中的瑰宝。

二

艺术情感必须真实，这是梁启超坚持的首要原则。"情感越发真

---

① 《饮冰室合集》，第4册，中华书局1989年版，文集之三十七第60页。
② 《饮冰室合集》，第5册，中华书局1989年版，文集之三十八第37页。
③ 《饮冰室合集》，第4册，中华书局1989年版，文集之三十七第72页。

越发神圣。"何谓艺术情感之真？梁启超说："大抵情感之文，若写的不是那一刹那间的实感，任凭多大作家，也写不好。"① 可见，梁启超把真实的艺术情感视作来自生活的与具体事件相联系的真实感觉。那么，主体如何去捕捉"那一刹间的实感"呢？梁启超认为有两条互相联系的途径。首先，是要以"纯客观的态度"，观察"自然之真"。不能抓住自然的真相，就无法产生真实的感觉。其次，是要以"热心""热肠"，"在同中观察异，从寻常人不会注意的地方，找出各人情感的特色"。真事是实感的基础。有了真事，才有真实的感觉；有了真实的感觉，还要能够捕捉体味，要能品鉴出"那一刹间的实感"的独特之处。在评价杜甫作品的过程中，梁启超指出："真事愈写得详，真情愈发得透。"②"自然之真"与"情感的特色"是互为联系、相辅相成的。因此，对生活实感的捕捉与表现是艺术情感真实的两个有机层面。梁启超认为文学艺术活动中有两种创作流派，一谓浪漫派，一谓写实派。浪漫派的做法是"用想象力构造境界""把情感提往'超现实'的方向"。③ 梁启超极为推崇楚辞与屈原的作品，认为"我国古代，将这两派（即指浪漫派与写实派，笔者注）划然分出门庭的，可以说没有"，"我们文学含有浪漫性的自楚辞始"。④ 实际上，梁启超在此已明确地将楚辞视为我国浪漫主义文学的开山之作。同时，他把屈原视为我国浪漫主义文学的杰出代表。他说："欲求表现个性的作品，头一位就要研究屈原。"梁启超认为文学应表现实感，但能"从想象力中活跳出实感来，才算极文学之能事"，⑤ 而屈原就是这样一位将想象之活跃与情感之真实密切联系的真诗人。梁启超认为："就这一点论，屈原在文学史的地位，不特前无古人，截到今天止，仍是后无来者。"梁启超指出，屈原具有"极热烈的情感"，他"极诚专虑的爱恋"的对象是"那时候的社会"。他"又爱又憎，越憎越爱，两种矛

---

① 《饮冰室合集》，第 4 册，中华书局 1989 年版，文集之三十七第 78 页。
② 《饮冰室合集》，第 5 册，中华书局 1989 年版，文集之三十八第 44 页。
③ 《饮冰室合集》，第 4 册，中华书局 1989 年版，文集之三十七第 133 页。
④ 《饮冰室合集》，第 4 册，中华书局 1989 年版，文集之三十七第 127 页。
⑤ 《饮冰室合集》，第 5 册，中华书局 1989 年版，文集之三十九第 68 页。

盾性日日交战，结果拿自己生命去殉那'单相思'的爱情"。因此，"屈原是情感的化身"，他的作品句句都是真性情的流露，是有"生命"的文学。① 后人没有屈原那种发自肺腑的真实自然的"剧烈的矛盾性"，只"从形式上模仿蹈袭，往往讨厌"。这类作品不能将想象与真情相结合，不能创造出"醇化的美感"，只能"走入奇谲一路"。艺术活动中的另一种创作流派是写实派。写实派的做法，是"作者把自己的情感收起，纯用客观态度描写别人情感"，"将客观事实照原样极忠实的写出来，还要写得详尽"。写实派所写的多是"寻常人的寻常行事或是社会上众人共见的现象"，"没有一个字批评，只是用巧妙技术把实况描出，令读者自然会发厌恨忧危种种情感"。写实派作家以"冷眼""忠实观察""社会的偏枯缺憾"，注重写"人事的实况"与"环境的实况"。他的"冷眼"底下藏着"热肠"。梁启超极为精辟地指出，写实派的作家"倘若没有热肠，那么他的冷眼也决看不到这种地方，便不成为写实家了"。② 因此，写实家仍然拥有对生活的真情与热爱。梁启超最为推崇的写实派文学家是杜甫。他把杜甫誉为"情圣"。因为杜甫与屈原一样都是"富于同情心的人"，他把自己的"精神和那所写之人的精神并合为一"，把"下层社会的痛苦看得真切"，并"当作自己的痛苦"。因此，"别人传不出"的"情绪"，"他都传出"。③ 可见，梁启超并非机械地理解写实与浪漫的创作特征。在他的批评标准中，写实与浪漫并无高低之分。不管运用何种方法，只要拥有真情，发透真情，即为大家。

在梁启超的美学思想体系中，情感真实是艺术之美的基础。但梁启超并没有停留于此，而是进一步深入地指出："情感的本质不能说他都是善的，都是美的。他也有很恶的方面，也有很丑的方面。他是盲目的，到处乱碰乱进，好起来好得可爱，坏起来坏得可怕。"④ 可见，梁启超对于情感的性质与作用采取了一分为二的辩证态度。真情

---

① 《饮冰室合集》，第5册，中华书局1989年版，文集之三十九第65页。
② 《饮冰室合集》，第4册，中华书局1989年版，文集之三十七第139页。
③ 《饮冰室合集》，第4册，中华书局1989年版，文集之三十八第40页。
④ 《饮冰室合集》，第4册，中华书局1989年版，文集之三十七第71页。

感是神圣的，因为它出自人的真生命真性情。但真情感在内涵上有"美"与"丑"的区别，在作用上有"好"与"坏"的区别。这一认识就对艺术表现情感提出了鉴别提炼的任务，艺术应该表现的是"美"的情感与"好"的情感。这一标准在梁启超的作家作品研究中具有鲜明的表现。而从更深刻的层面来说，梁启超认为，艺术家本身必须注重情感的"陶养"，"艺术家认清楚自己的地位，就该知道：最要紧的工夫，是要修养自己的情感，极力往高洁纯挚的方面，向上提挈，向里体验，自己腔子里那一团优美的情感养足了，再用美妙的技术把他表现出来，这才不辱没了艺术的价值"。①也就是说，艺术家体验把握真情感，又不能随性而至、随情而发，而要用理性去陶养、去规范，使本能的情感往"美"的与"好"的方向提升。因此，梁启超的主情主义从感性出发，以理性归宿，体现了对东西方情感理论的化合与创造，也体现了他对情感与理性关系的辩证理解。

三

情感是艺术的本质、内容与目的。具有真情感的真文学具有极强的艺术感染力，由于融情于景，故能在"客观意境"的创造中，"令自然之美和我们心灵相融通"，激发起我们的情感共鸣；而在叙写人生的作品中，更因"确实描写出社会状况""讴吟出时代的心理"，而自然地引发我们的"无穷悲悯"。在伟大的艺术家笔下，这种经过陶养的"高洁纯挚"的美的情感具有极强的艺术感染力，能对"有心人胸中"构成强烈的"刺激"。关于艺术情感所激发的审美体验，梁启超早在著名的《论小说与群治之关系》一文中就有论述。他说："我本蔼然和也，乃读林冲雪天三限，武松飞云浦厄，何以忽然发指？我本愉然乐也，乃读晴雯出大观园，黛玉死潇湘馆，何以忽然泪流？我本肃然庄也，乃读实甫之《琴心》《酬简》，东塘之《眠香》《访翠》，何以忽然情动？若是者，皆所谓刺激也。大抵脑筋愈敏之人，则其受

---

① 《饮冰室合集》，第4册，中华书局1989年版，文集之三十七第72页。

梁启超的"情感"说及其美学理论贡献

刺激力也愈速且剧。"① 在这段话中,梁启超指出,读者的情感发生与情绪转换,是由作品所内含的情感力与读者的心灵心理的感应所引发的。作品所内含的情感是一种客观的刺激,是审美情感发生的前提;刺激的具体效果是因人而异的,与鉴赏主体个人的精神心理特征相联系。同时,这种情感刺激可以使主体由"蔼然"而"发指",由"愉然"而"泪流",由"肃然"而"情动",使审美主体的情感状态发生逆转。实际上,梁启超在这里所揭示的正是西方现代美学所提出的"移情"现象。梁启超把审美心理的这种移情功能称为"移人";同时,他又把艺术情感的这种"移人之力"具体分解为"熏""浸""刺""提"四种。"熏""浸""刺"的共同特点是"自外而灌之使入",但三者间又有差别。"熏"之力为"烘染"。人在审美活动的过程中,"不知不觉之间,而眼识为之迷漾,而脑筋为之摇扬,而神经为之营注",即受到其"烘染",从而"今日变一二焉,明日变一二焉,刹那刹那,相断相续,久之而此小说之境界,遂入其灵台而据之,成为一特别之原质之种子。有此种子故,他日又更有所触所受者,旦旦而熏之,种子愈盛,而又以之熏他人,故此种子遂可以遍世界"。② "熏","以空间言",是范围的扩大。"熏"之力的大小,决定了所熏之界的"广狭",就像人"入云烟中为其所熏",云烟越多,所作用的范围也必然越广。"浸"之力为"俱化"。"熏"与"浸"都是审美过程中的渐变,强调潜移默化。梁启超说:"人之读一小说也,往往既终卷后数日或数旬而终不能释然。读《红楼》竟者,必有余恋有余悲;读《水浒》竟者,必有余快有余怒。"③ "浸"之力就如饮酒,"作十日饮,则作百日醉"。"浸"之力以"时间"论,故浸之力的大小,表现为对读者的影响时间的长短。"熏"与"浸"虽有空间与时间的区别,但都强调逐渐发生作用,接受者在这一过程中自身是浑然"不觉"的,情感是一种同质的扩展与延续。"刺"之力是"骤觉",是由"刺激"而致的情感的异质转化。"刺"之力的特点是"使感受

---

① 《饮冰室合集》,第2册,中华书局1989年版,文集之十第7—8页。
② 《饮冰室合集》,第2册,中华书局1989年版,文集之十第7页。
③ 《饮冰室合集》,第2册,中华书局1989年版,文集之十第7页。

者骤觉","于一刹那顷,忽起异感而不能自制"。与"熏""浸"之力的作用原理在于"渐"不同,"刺"之力的作用原理在于"顿"。因此,"刺"之力的实现对于主客双方的条件与契合有更高的要求,它既要求作品本身具有一定的刺激力,又对接受者的思维特征有相应的要求。刺激力越大,思维越敏锐,刺的作用就越强。同时,梁启超认为,就"刺"之力而言,"文字"的刺激功能"不如语言";"在文字中,则文言不如其俗语,庄论不如其寓言"。① 语言就刺激物而言,它比文字更具有情景性,更具体可感,因为它有说话者的情态融于其中,从而构成对接受者的多感官综合刺激。而俗语与文言、寓言与庄论相较,俗语、寓言对思维的接受压力更少、更轻松、更富有趣味。最后,梁启超得出结论,在文学体裁中,具"刺"之力最大者,为小说。在"四力"中,"熏""浸""刺"三力各有特点,"熏"强调的是艺术感染力的广度,"浸"强调的是艺术感染力的深度,"刺"强调的是艺术感染力的强度。但它们对接受者的影响都是自外向内的,是被动的。"提"之力则是审美中的最高境界,是"自内而脱之使出"。在"提"中,接受主体成为积极能动的审美主体,他完全融入对象之中,化身为对象而达到全新体验。在艺术鉴赏中,鉴赏者"常若自化其身焉,入于书中,而为书中之主人翁",这即是"提"的一种表现。此时,"此身已非我有,截然去此界以入彼界",从而产生"一毛孔中万亿莲花,一弹指顷百千浩劫"的神奇体验。② 可见,在"提"之中,主体已进入非常自由的审美想象空间。"提"是梁启超最为推崇的审美境界,"提"之力也是梁启超所界定的最神奇的艺术感染力。"提"是对审美主体的全面改造。在"熏""浸""刺"三界,主体虽为对象所感染,但两者的界限是明确的;在"提"中,主体与对象的界限已荡然无存,主体与对象进入物我两忘、情切思纵的审美自由境界。"文字移人,至此而极"。可见,梁启超虽将"四力"并举,但在认识的层次上是有差异的,"熏""浸""刺"是艺术发挥作用的前提与过

---

① 《饮冰室合集》,第2册,中华书局1989年版,文集之十第8页。
② 《饮冰室合集》,第2册,中华书局1989年版,文集之十第8页。

程,"提"才是最终的目的与结果。"四力说"描述了艺术作用于人的基本过程与特点,揭示了审美心理在艺术活动过程中的特点与奥秘。虽然,梁启超对"四力"的作用有渲染夸大之嫌,但他对艺术情感感染力的肯定,试图对艺术感染力的特点进行分类研究,始终以审美心理为中介探讨艺术感染力的作用原理与机制,在中国美学思想史上都具有极为重要的意义。他不仅创造性地提出了"移人""力""熏""浸""刺""提"等一系列新的美学范畴与美学命题,还在近现代美学史上率先将读者心理引入艺术研究与考察之中,为中国美学的审美心理研究与读者接受研究开辟了通道。"四力说"的基本观点与研究方法具有现代美学思想的光芒,是梁启超对中国美学思想建设的重要贡献。

四

作品是艺术感染力发生的前提与基础。因此,梁启超非常重视作品的情感表现技巧。他认为:"要有精良的技能,才能将高尚的情感和理想传达出来。"因此,他对于艺术作品的"表情技能"进行了具体研究,并以诗歌作为主要范例,总结出"奔迸的表情法""回荡的表情法""含蓄蕴藉的表情法""写实派的表情法""浪漫派的表情法"等五种主要表情方法。

"奔迸的表情法"是"用极简单的语句,把极真的感情尽量表出"。其特点是"忽然奔迸一泻无余"。[①] 此法特别适用于哀痛情感的表现。哀痛情感往往是一种"情感突变,一烧烧到'白热度'","在这种时候,含蓄蕴藉,是一点用不着",作者"一毫不隐瞒,一毫不修饰,照那情感的原样子,迸裂到字句上"。梁启超认为艺术情感"讲真,没有真得过这一类"。这类作品,是"喷出来"的,"一个个字,都带着鲜红的血",是"语句和生命"的"迸合为一"。而且,"这种生命,只有亲历其境的人自己创造,别人断乎不能替代"。梁启超指出,虽然"奔迸的表情法"主要用于表现悲痛的情感,但也并不

---

① 《饮冰室合集》,第4册,中华书局1989年版,文集之三十七第73—74页。

是不能用于表现其他的情感内涵。但不管哪一种情感，它都必须具有一种内在特质，即具有情感的突变或亢进的状态，这样才能与"奔迸"的技能相切合。同时，"奔迸的表情法"也有一定的文体限制，如词"讲究缠绵悱恻"与"奔迸"的美感效果有一定的距离，因此，词家很少运用这种方法。曲中运用这种方法也较少见。

"回荡的表情法"是"一种极浓厚的情感蟠结在胸中，像春蚕抽丝一般，把他抽出来"。①"奔迸的表情法"与"回荡的表情法"都是表现热烈的情感，但前者重在"真"，后者重在"浓"；前者是"直线式的表现"，后者是"曲线式或多角式的表现"；前者的性质是"单纯"的，后者的性质是"网形"的、"搀杂""交错"的。梁启超认为，"人类情感，在这种状态之中者最多"。因此，"回荡的表情法"也是运用最多的一种表情方法。在具体的文学实践中，梁启超认为"回荡的表情法"又形成了一些不同的特点，构成了螺旋式、引曼式、堆垒式、吞咽式等四种不同的方式。螺旋式的表情是层层递进，一层深过一层；引曼式的表情是磊磊蟠郁，吐了还有；堆垒式的表情是酸甜苦辣写不出，索性不写，咬牙咏叹；吞咽式的表情是表一种极不自由的情感，故才到喉头，又咽回肚里。"回荡的表情法"，诗、词、曲均可运用，历代出现了许多名篇佳构，如屈原的《离骚》、宋玉的《九辩》、杜甫的《三吏》《三别》、辛弃疾的《摸鱼儿》《念奴娇》，此外还有苏东坡、姜白石、李清照的词作，曲本中则有《西厢记》《琵琶记》《牡丹亭》《长生殿》《桃花扇》中的精彩曲段。

"含蓄蕴藉的表情法"是一种"温"的表情法，"奔迸的表情法"与"回荡的表情法"都是"有光芒的火焰"，情感是"热"的。这种表情法则是"拿灰盖着的炉炭"，内里也是极热的，但不细心耐心体味，就不能把捉其神韵。梁启超把这种表情法分为四类。第一类是在情感很强的时候，"用很有节制的样子去表现他"。其特点"不是用电气来震，却是用温泉来浸，令人在极平淡之中，慢慢的领略出极渊永的情趣"。②

---

① 《饮冰室合集》，第 4 册，中华书局 1989 年版，文集之三十七第 78 页。
② 《饮冰室合集》，第 4 册，中华书局 1989 年版，文集之三十七第 109 页。

梁启超还将这类作品与前面奔进法、回荡法相比较，他用了非常形象传神的比喻来说明两者的区别。奔进法与回荡法就像"外国人吃咖啡，炖到极浓，还搀上白糖牛奶"。而这类作品却像"用虎跑泉泡出的雨前龙井，望过去连颜色也没有，但吃下去几点钟，还有余香留在舌上"。这种方法是"把感情收敛到十足，微微发放点出来，藏着不发放的还有许多，但发放出来的，确是全部的灵影，所以神妙"。这类作品写得好的即是"淡笔写浓情"的杰作，与古典美学所倡导的"羚羊挂角，无迹可寻""不着一字，尽得风流"的美学品味相切合。梁启超指出："这类诗做得好不好，全问意境如何。"而"生当今日"，必须取"新意境"。若一味囿于古人的意境，那么不管怎样运笔灵妙，也"只有变成打油派"。第二类是"不直写自己的感情，乃用环境或别人的感情烘托出来"。① 梁启超认为，这类作品的写法可算作"半写实"。所谓"写实"，是指这类作品"所写的事实，全用客观的态度观察出来，专从断片的表出全相"，这种方法"正是写实派所用技术"。② 而"半写实"，是指这类作品"所写的事实，是用来做烘出自己情感的手段"，它的目的不在写实本身。如《古诗为焦仲卿妻作》，写兰芝与仲卿言别，兰芝不说悲，只叙往日旧物；兰芝与小姑言别，兰芝同样不说现在的凄惨，只叙过去的情爱，只叙宽慰与劝勉。梁启超认为这部作品深得"半写实法"的"三昧"，使"极浓厚的爱情""极高洁的人格""全盘涌现"。③ 第三类是"把情感完全藏起不露，专写眼前实景，（或是虚构之景）把情感从实景上浮现出来"。④ 梁启超将这类作品与纯写景的作品作了比较，指出两者的区别是：纯写景的作品"以客观的景为重心，他的能事在体物入微，虽然景由人写，景中离不了情，到底是以景为主"。这类作品则"以主观的情为重心，客观的景，不过借来做工具"。这类作品，梁启超最推崇的是曹操的《观沧海》、杜甫的《倦夜》《登高》等。第四类则是"把

---

① 《饮冰室合集》，第4册，中华书局1989年版，文集之三十七第113页。
② 《饮冰室合集》，第4册，中华书局1989年版，文集之三十七第140页。
③ 《饮冰室合集》，第4册，中华书局1989年版，文集之三十七第113页。
④ 《饮冰室合集》，第4册，中华书局1989年版，文集之三十七第115页。

情感本身照原样写出，却把所感的对象隐藏过去，另外拿一种事物来做象征"。① 这种方法，作品所描绘的对象，只是作为一种"符号"，意思却"别有所指"。梁启超把这种表情法比喻成"打灯谜似的"方法。写得好的有屈原的《离骚》，美人芳草，是"于无可比拟中"，以"极微妙的技能，借极美丽的事物做魂影"，来"比拟"自己"极高尚纯洁的美感"与"极秾温的情感"，"着墨不多"而"沁人心脾"。梁启超认为，《楚辞》也是中国文学纯象征派的"开宗"。至中晚唐，有人"想专从这里头辟新蹊径"，但"飞卿太靡弱，长吉太纤仄"，李义山则不失为一大家。总体来看，对于"含蓄蕴藉的表情法"，梁启超极为推重，认为这种方法可谓"文学的正宗"，是"中华民族特性的最真表现"。所谓"中华民族特性的最真表现"，笔者认为这不是指一种艺术表现方法上的特征，而是梁启超对中华民族民族性格特点的一种理解，即梁启超认为中华民族的民族性格具有含蓄蕴藉的特征，故在本性上与这种表现法最相切合。

"写实派的表情法"是"作者把自己的情感收起，纯用客观态度描写别人的情感"。② 其写作的要领，一是要"将客观事实照原样极忠实的写出来，还要写得详尽"，二是"专替人类作断片的写照"。这种方法的特点是作者"用极冷静的态度忠实观察"，再"用巧妙技术把实况描出"，作者"不下一字批评"，而"令读者自然会发厌恨忧危种种情感"。梁启超指出，运用写实法表情要注意以下几点。首先，写实家所标旗帜是冷静客观，"不搀杂一丝一毫自己情感"，但这"不过是技术上的手段罢了"，"其实凡是写实派大作家都是极热肠的"。因为没有"热肠"，就不会关注"社会的偏枯缺憾"；没有"热肠"，他的"冷眼也决看不到这种地方的"。因此，没有"热肠"，"便不成为写实家"。其次，一般写实家的"通行作法"是"专写社会黑暗"，但写实法也可用来"写社会光明"。所谓"写实派的表情法"指的是表情的方法特征，而非内容特点。再次，写实派"重在写人事的实况，

---

① 《饮冰室合集》，第4册，中华书局1989年版，文集之三十七第117页。
② 《饮冰室合集》，第4册，中华书局1989年版，文集之三十七第135页。

但也要写环境的实况,因为环境能把人事烘托出来"。梁启超对于写实派表情法的理解是相当辩证的,尤其是提出了"人事"与"环境"的关系问题,具有相当的认识深度。

"浪漫派的表情法"是"求真美于现实界之外",把"超现实的人生观,用美的形式发摅出来"。① 这类表情法"最主要的精神是'超现实'",最主要的手法是"想象"与"幻构"。其作品往往"想象力愈丰富愈奇诡便愈见精采",用"幻构的笔法""构造境界",描绘"出乎人类意境以外"的"事物"。

梁启超对"表情法"的总结对于艺术和美学理论具有重要的意义。第一,梁启超对艺术特别是古典诗歌的表情法进行如此系统深入的总结,在中国诗学与美学思想史上前无古人。第二,从西方文论中引入了"写实派""浪漫派""象征"等概念,使中国文论产生了新质。第三,在研究方法上突破了传统诗话只品不论的特点,有鉴赏有分析,有评点有论证,推动了中国文论在思维方法上的现代转向。

五

在关于情感问题的论述中,情感教育亦是梁启超给予极大关注的一个重要问题。情感是人的本性。情感本身虽神圣,但却美丑并存,好恶互见。因此,必须对情感进行陶冶。情感陶冶的重要途径就是情感教育。梁启超认为,"古来大宗教家大教育家,都最注意情感的陶养","把情感教育放在第一位"。梁启超指出,情感教育的目的是"将情感善的美的方面尽量发挥,把那恶的丑的方面渐渐压伏淘汰下去"。他强调:"这种工夫做得一分,便是人类一分的进步。"② "在梁启超的美学思想中,艺术的情感教育是和德育、美育相互联系在一起的。"③ 这一观点抓住了梁启超情感教育思想的实质。如何进行情感教育?梁启超明确指出:"情感教育最大的利器,就是艺术。"因为艺术的本质是情感,艺术表现的重要内容是情感,艺术在情感表现上具有

---

① 《饮冰室合集》,第4册,中华书局1989年版,文集之三十七第128页。
② 《饮冰室合集》,第4册,中华书局1989年版,文集之三十七第72页。
③ 《饮冰室合集》,第4册,中华书局1989年版,文集之三十七第72页。

丰富而独到的技能，艺术作品具有强烈的情感感染力，所以，梁启超认为"音乐美术文学"这些艺术形式，"把'情感秘密'的钥匙都掌住了"。① 梁启超坚持认为，情感与理智对于人生来说，各有各的价值；而且情感对于人生，有时比知识与道德更具有深刻的意义。当然，梁启超如此重视情感教育是与他的启蒙理想密不可分的，他更深层的目的还在于借助情感宜深入人心的作用机理，来培养人的健康正向的情感取向，激发人对于生活的激情与热爱，保持求真求善的人生理念，从而实现积极进取、乐生爱美的人生理想。因此，梁启超的情感教育并非要人陷于一己私情之中，也不是让人用情感来排斥理性，更不是要人沉入艺术、耽于幻想。他的情感教育也就是人生教育，是从情感通向人生，从艺术与美通向人生。情感教育的思想使梁启超找到了艺术的审美功能与社会功能相融通的通衢，是贯穿其情感理论的内在红线，也是其情感理论的最终归宿。情感教育思想卓显了梁启超作为启蒙主义思想家的精神个性。

梁启超的情感理论内涵丰富，具有内在的逻辑关系。其基本特点是：立足现实，会通中西，特色鲜明。其理论贡献主要表现为以下几点。首先，在思想观点上：明确肯定情感是生命与艺术的本质，使情感问题上升到哲学与美学本体论的高度；指出情感的本质是神圣的，但具体表现却有美丑好坏之分，弘扬情感之美与真善的联系，倡导审美教育与"健全"的情感；对情感的内在成分加以具体分析，尤其肯定了情感中的感性成分，认为情感的秘密只有通过艺术来诠解，情感教育的最大利器是艺术；对艺术情感的感染力及其作用途径与方法进行了具体深入的分类研究。其次，在概念术语上：融会中西文化营养，提出了一系列富有特色的新的概念术语，如："移人""力""熏""浸""刺""提"等。最后，在理论方法上：吸纳了西方文论中的逻辑方法，尤其是分析与演绎的方法；意识到理论体系的建构，并将中国古典文论中的评点与赏鉴的方法融会其中。

情感理论是梁启超美学思想中最丰满最出彩的内容之一。当然，

---

① 陈永标：《试论梁启超的美学思想》，《华南师范大学学报》（社会科学版）1984年第2期。

作为中国现代美学思想的先驱，梁启超对于情感问题的理解与阐释并不是无懈可击的。如对于情感本质的理解，梁启超就体现出某种自相矛盾的倾向。他一方面认为艺术情感应与真善相联系，一方面又认为艺术情感具有"神秘性"，是理智无法解释的。因此，他一方面提出了"艺术是情感教育的最大利器"的精辟见解，另一方面又坚持"只有情感能变易情感，理性绝对不能变易情感"的绝对化观点。同时，梁启超虽然自觉地吸纳了西方美学的逻辑思辨方法，注重论述的严密性与体系性，但毕竟初学乍用，粗糙与疏漏在所难免。他关于情感的思想体系不是在一篇论著中完成的，而需要研究者进行梳理、提炼、归类、总结。

李泽厚先生在20世纪70年代就撰文指出："科学地评价历史人物，就不止是批判他的唯心主义或政治思想了事，而应该根据他在历史上所作的贡献，所起的客观作用和影响来作全面衡量，给以准确的符合实际的地位。如果从这个角度和标准着眼，梁启超和王国维则都是应该肯定的人物。"他还进一步指出：梁启超"在历史上的地位，是在思想方面"。[①] 从思想而言，梁启超的贡献，不仅在于政治社会思想，也在于学术文化思想。但长期以来，后者未能引起足够的重视。梁启超的"情感说"更不能与同时代王国维的"境界说"所引起的关注相提并论。近年来，对于"境界说"的研究已取得了令人瞩目的成绩，但对"情感说"却几无触及。实际上，就美学思想建设与实践而言，梁启超的"情感说"与"境界说"一样触及了美学研究中的重要命题，从中国美学思想发展的历史进程来看，两说均具有承上启下的特殊意义，是中国美学思想史中的瑰宝。因此对梁启超的"情感说"同样应予以足够的关注、整理、研究与评判。

原刊《学术月刊》2003年第10期

[①] 李泽厚：《梁启超王国维论》，《历史研究》1979年第7期。

论梁启超"力"与"移人"范畴的内涵与意义

"力"与"移人"是梁启超美学思想中的两个重要范畴，也是中国近现代美学思想中极富时代特征与主体特色的两个理论范畴。梁启超以"力"来界定美的作用机制，以"移人"来界定美的作用效能，从而将审美的心理视角与功能视角相统一，使审美成为人与现实之间的一座桥梁。"力"和"移人"的范畴，就其术语运用来说，主要集中出现在梁启超的前期文学论著中，但其内在精神却是通向后期趣味与情感思想的重要基础。在后期文学与美学论著中，梁启超通过趣味教育与情感教育的命题，使"力""移人"与"趣味""情感"相统一，使审美实践提升到人的建设的本体性层面，从而也充实了"力"与"移人"的理论内涵，提升了这两个范畴的理论意义。

一

"力"在梁启超的美学命题中，是指由艺术审美对象的多种要素综合转化而来的艺术感染力和作用力，是艺术形象丰沛、能动、向外扩展的生命力。这样意义上的"力"，就其特质来说，与中国传统文化中对"力"的一般界定与运用是有明显差别的。在中国传统哲学中，有"力"的范畴，"力"是与"命"相对立的范畴。孔子讲"知命"，孟子讲"立命"，荀子讲"制命"，庄子讲"安命"，墨子讲"非命"，命指的或是前定的限制或是客观的限制，它是一种不以人的意志为转移的外部力量或客观条件。"力"与此相对，则是指主体的一种努力，即主观意志力，它是与"命"相抗衡的一种力量。① 魏晋时期编撰成书的《列子》直接将"力"与"命"相对举，假设了"力"与"命"的对话，"力"举了"寿夭穷达，贵贱贫富"的不同来论证自己的作用；"命"则以"穷圣而达逆，贱贤而贵愚，贫善而富恶"来否认力的作用。因此，在中国传统哲学范畴中，"力"强调的是主观努力，"命"寓意的是外部自然。而在中国传统美学中，也有"力"的范畴。但它既非主要范畴，也很少独立运用。中国传统美学主要以意象、情景、形神、虚实、气韵等为主要范畴，着眼于对艺术作品形象特征的探讨。"力"在中国传统美学中主要与"骨""风"等术语相联，构成了"骨力""风力"等范畴，用来指称作品形象的风格特征。值得注意的是，梁启超美学思想中的"力"既不是指人的主观意志力，也不是指作品形象的风格。梁启超的"力"在本质上是指一种"energy"，即生命的动态能量。Energy 来自主体，但它不是中国传统哲学中那种与命相抗衡而存在的主观意志力，而是生命本身的一种本然的具体的生命能量。在艺术活动过程中，energy 由艺术形象自然发散出来而作用于鉴赏者。因此，这个"力"既是艺术作品艺术感染力的具体呈现，也是沟通创作与鉴赏的功能机制。

"力"的范畴及其理论内涵，在梁启超前期的代表性论文《论小说与群治之关系》中有较为集中的论释。在这篇论文中，梁启超首先提出了小说"有不可思议之力支配人道"的命题。"道"是中国传统哲学中的重要范畴。《说文》云："道，所行道也，一达谓之道。""道"即具有一定方向的道路。《左传》曾将"天道"与"人道"相对，将"日月星辰所遵循的轨道称为天道，人类生活所遵循的轨道称为人道"。② 孔子讲的"志于道，据于德，依于仁，游于艺"中的"道"指的就是人道。而在中国文化中，更有影响力的是老子关于"道"的论释。老子与孔子基本上同时代，但根据现有的考证，老子生卒年应稍早于孔子。在老子那里，"道"是其思想体系中最高也是最核心的

---

① 参看张岱年《中国古典哲学概念范畴要论》，中国社会科学出版社 1987 年版。
② 张岱年：《中国古典哲学概念范畴要论》，中国社会科学出版社 1987 年版，第 23 页。

范畴。老子说:"有物混成,先天地生。寂兮寥兮,独立而不改,周行而不殆,可以为天下母。吾不知其名,强字之曰道";"道生一,一生二,二生三,三生万物"。①"道"是宇宙的一种本体性和本源性存在,是宇宙的一种规律和奥秘。"道"是无规定性的,不能单凭感觉去把握;但"道"又是有限与无限的统一,是真实的存在。孔子从社会规律来理解"道",老子从宇宙生成来理解"道"。在孔子,"道"是一种普遍性社会规律。在老子,"道"是一种本体性宇宙存在。而梁启超则说:"欲新道德,必新小说;欲新宗教,必新小说;欲新政治,必新小说;欲新风俗,必新小说;欲新学艺,必新小说;乃至欲新人心、新人格,必新小说。何以故?小说有不可思议之力支配人道故。"②与孔子的社会学视角和老子的哲学视角相比,梁启超的"人道"则兼具心理学与社会学的视角。在梁启超这里,"人道"指的是与人类社会诸种现象(道德、宗教、政治、风俗、学艺)相联系,与人的主体(人心、人格)特征相联系的人类心灵的奥秘。这段文字表述了这样一个理念,即由艺术之力来影响人,从而辐射具体的人心、人格,进而变革现实社会。"人道"就是由艺术(力)到人(社会)的一个中介。

"力"与"人道"的组合构成了梁启超关于艺术审美作用机制的基本视点。梁启超以小说为具体研究对象,把艺术之"力"从横向上分解为四种,纵向上分解为两类,构成了一个"四力说"的基本理论框架,并提出了小说通过"四力"来"移人"以"支配人道"的具体作用机理问题。

小说的"四力"为"熏""浸""刺""提"。"熏""浸""刺"三力的共同特点是"自外而灌之使入",但三者间又有差别。"熏"之力的实质为"烘染"。人在阅读小说的过程中,"不知不觉之间,而眼识为之迷漾,而脑筋为之摇扬,而神经为之营注",即受到其"烘染",从而"今日变一二焉,明日变一二焉,刹那刹那,相断相续,

---

① 《老子》,上海古籍出版社2003年版,第二十五章、第四章。
② 《饮冰室合集》,第2册,中华书局1989年版,文集之十第6页。

论梁启超"力"与"移人"范畴的内涵与意义

久之而此小说之境界,遂入其灵台而据之,成为一特别之原质之种子。有此种子故,他日又更有所触所受者,旦旦而熏之,种子愈盛,而又以之熏他人,故此种子遂可以遍世界"。① 因此,"熏"以空间言。"熏"的结果是范围的扩大。"熏"之力的大小,决定了所熏之界的"广狭",就像人"入云烟中为其所熏",云烟越多,所作用的范围也必然越广。"浸"之力的实质为"化"。"熏"与"浸"都是审美过程中的渐变,强调潜移默化,犹"人之读一小说也,往往既终卷后数日或数旬而终不能释然。读《红楼》竟者,必有余恋有余悲;读《水浒》竟者,必有余快有余怒"。② "浸"之力如饮酒,"作十日饮,则作百日醉"。"浸"以时间论,"浸"的结果是时间的绵延。故"浸"之力的大小,表现为对读者影响时间的长短。"熏"与"浸"虽有空间与时间的区别,但都强调逐渐发生作用,接受者在这一过程中自身是浑然"不觉"的,情感是一种同质的扩展与延续。"刺"之力则是"骤觉",是由"刺激"而致的情感的异质转化。"刺"之力的特点是"使感受者骤觉","于一刹那顷,忽起异感而不能自制"。他举例说:"我本蔼然和也,乃读林冲雪天三限,武松飞云浦一厄,何以忽然发指?我本愉然乐也,乃读晴雯出大观园,黛玉死潇湘馆,何以忽然泪流?我本肃然庄也,乃读实甫之《琴心》《酬简》,东塘之《眠香》《访翠》,何以忽然情动?"③ 这就是"刺"之力的审美效应。与"熏""浸"之力的作用原理在于"渐"不同,"刺"之力的作用原理在于"顿"。因此,"刺"之力的实现对于主客双方的条件与契合有更高的要求,它既要求作品本身具有一定的刺激力,又对接受者的思维特征有相应的要求。刺激力越大,思维越敏锐,"刺"的作用就越强。同时,梁启超认为,就"刺"之力而言,"文字"的刺激功能"不如语言";"在文字中,则文言不如其俗语,庄论不如其寓言"。④ 语言就刺激物而言,它比文字更具有情景性,更具体可感,因为它有说话者的情态

---

① 《饮冰室合集》,第 2 册,中华书局 1989 年版,文集之十第 7 页。
② 《饮冰室合集》,第 2 册,中华书局 1989 年版,文集之十第 7 页。
③ 《饮冰室合集》,第 2 册,中华书局 1989 年版,文集之十第 7 页。
④ 《饮冰室合集》,第 2 册,中华书局 1989 年版,文集之十第 8 页。

融于其中，从而构成对接受者的多感官综合刺激。而俗语与文言、寓言与庄论相较，俗语、寓言对思维的接受压力更少、更轻松、更富有趣味。最后，梁启超得出结论，在文学体裁中，具"刺"之力最大者，为小说。总的来看，"熏"强调的是艺术感染力的广度，"浸"强调的是艺术感染力的深度，"刺"强调的是艺术感染力的强度。但这三力对接受者的影响都是自外向内的，是被动的。"四力"中的"提"之力则是艺术审美中最高境界，是"自内而脱之使出"。在"提"中，接受主体的审美状态由前三种境界中的侧重被动接纳转化为积极能动，他与对象融为一体，化身为对象而达到全新体验。在艺术鉴赏中，鉴赏者"常若自化其身焉，入于书中，而为书中之主人翁"，这即是"提"的一种表现。"提"是梁启超最为推崇的审美境界，"提"之力也是梁启超所界定的最神奇的艺术感染力。梁启超虽将"四力"并举，但在价值的定位上是有差异的，"熏""浸""刺"是艺术感染力发挥作用的具体前提与基本环节，"提"才是最终的目的与结果。"提"是对审美主体的全面改造。在"熏""浸""刺"三界，主体虽为对象所感染，但两者的界限是明确的；在"提"中，主体与对象的界限已荡然无存，主体与对象进入物我两忘、情切思纵的审美自由境界。梁启超认为只有经过了前三者的"自外而灌之使入"，才能达到"提"的"自内而脱之使出"。此"四力"，"文家能得其一，则为文豪；能兼其四，则为文圣"。[①] 梁启超对"四力"的具体特点、作用机理、作用效能作了具体的分析。他认为"四力""最易寄者惟小说"，可见他并不是把"四力"看作小说所专有。同时，他还指出："有此四力而用之于善，则可以福亿兆人；有此四力而用之于恶，则可以毒万千载。"[②] 因此，他的"四力说"由艺术感染力的审美特征出发，经审美心理的中介，最后指向了艺术的接受效能。

"力"的范畴与命题是梁启超在美与现实之间架设的一座桥梁。"力"是美通向人与人心、通向人类社会与现实生活的重要途径。

---

① 《饮冰室合集》，第2册，中华书局1989年版，文集之十第8页。
② 《饮冰室合集》，第2册，中华书局1989年版，文集之十第8页。

"力"的审美命题使梁启超在观照艺术的审美心理规律的同时弘扬了艺术的现实使命,体现了其试图将艺术的现实功能与艺术的审美特性相会通的努力。同时,这一命题在梁启超的后期文艺思想中,通过情感范畴的阐释以及对艺术表情方法的进一步具体研究,获得了丰富与深化。虽然梁启超对艺术之"力"的作用明显地有渲染夸大之处,但其对艺术之"力"的具体特点及其作用规律的把握,基本上是符合艺术特征的。梁启超对艺术之"力"范畴的开拓,在中国近现代艺术与美学思想史上,堪为先导。

二

与"力"的范畴相比较,"移人"的范畴在梁启超的美学思想中更具有复杂性。"移人"的范畴建立在"力"的范畴的基础上,是梁启超对艺术审美功能的整体目标的界定。梁启超认为,艺术借"熏""浸""刺"三力在广度、深度与强度上感染读者,然后借"提"之力使读者"自内而脱之使出",即完全进入艺术境界之中,全身心与作品形象融为一体。"吾书中主人公而华盛顿,则读者化身为华盛顿;主人公而拿破仑,则读者化身为拿破仑;主人公而释迦、孔子,则读者将化身为释迦、孔子。"[①]也就是说,读者进入了物我两忘、情切思纵的审美自由境界。此时,"此身已非我有,截然去此界以入彼界",从而产生"一毛孔中万亿莲花,一弹指顷百千浩劫"的神奇体验。审美主体由此而进入了自由的审美想象空间。这时,审美主体当然不是真正变身为作品中的人物,而只是在精神世界中化身为他,与他的思想情感感同身受,从而在精神境界上受到陶染与提升。"文字移人,至此而极。"[②]因此,梁启超所说的"移人"就是指审美活动中审美对象借助熏、浸、刺、提"四力"来感染审美接受主体,使审美接受主体完全融入审美境界之中,与审美对象浑然一体,在思想情感上受到陶染影响,从而引发心灵境界的整体变化的过程及结果。"移人"的最高境界是主体与对象

---

① 《饮冰室合集》,第2册,中华书局1989年版,文集之十第8页。
② 《饮冰室合集》,第2册,中华书局1989年版,文集之十第8页。

的界限荡然无存，主体进入物我两忘、情切思纵的审美自由境界。在梁启超看来，"移人"的结果既是对象改造了主体，是对象对于主体的全方位濡染，也是主体的自我更新、自我的脱胎换骨。

"移人"的范畴及其理论内涵，在梁启超前期的代表性论文《论小说与群治之关系》中有较为直接的论释。在此文中，曾先后两次出现了"移人"的概念。但在此文之前，梁启超在1898年所作《佳人奇遇序》①中，已经运用到"移人"的概念。他说："凡人之情，莫不惮庄严而喜谐谑。善为教者，则因人之情而导之。故或出之以滑稽，或托之以语言。孟子有好货好色之喻，屈平有美人芳草之辞，寓谲谏于诙谐，发忠爱于馨艳，其移人之深，视庄言危论，往往有过；殆未可以劝百讽一而轻薄之也。"② 但是，值得注意的是，在梁启超的话语系统中，除了"移人"，还有"移……情"的运用。在刊发于1902年至1907年的《诗话》中，梁启超用了"情之移也"来描述自己鉴赏朋友杨晳子赠诗的状态："风尘混混中，获此良友，吾一日摩挲十二回，不自觉其情之移也。"③ 在刊发于1902年的《中国地理大势论》中，梁启超又用了"移我情"来概括比较文学作品的审美功能："散文之长江大河一泻千里者，北人为优。骈文之镂云刻月善移我情者，南人为优。"④ 在发表于1924年的《中国之美文及其历史》中，梁启超用了"移我情"来描述欣赏《古诗十九首》时的心理变化："其真意所在，苟非确知其'本事'，则无从索解；但就令不解，而优饫涵讽，已移我情。"⑤ 在1925年7月3日所作《与适之足下书》中，梁启超再一次用到了"移我情"来讨论诗的审美特点与审美功能问题："我虽不敢说无韵的诗绝对不能成立，但终觉不能移我情。"⑥ 其中

---

① 《佳人奇遇》是日本小说家柴四郎的作品。此书是梁启超在1898年9月26日离津逃往日本途中，在日军舰中，为一日本友人所赠。
② 《饮冰室合集》，第11册，中华书局1989年版，专集八十八第1页。
③ 《饮冰室合集》，第5册，中华书局1989年版，文集之四十五（上）第1页。
④ 《饮冰室合集》，第10册，中华书局1989年版，专集之七十四第1页。
⑤ 《中国地理大势论》，《饮冰室合集》，第2册，中华书局1989年版，文集之十第77页。
⑥ 《与适之足下书》。转引自卢善庆《中国近代美学思想史》，华东师范大学出版社1991年版，第213页。

论梁启超"力"与"移人"范畴的内涵与意义

《诗话》中的"其情之移也",译成现代句式也就是"移其情"。因此,梁启超的这类表述可以统一用"移……情"的模式来表示。从时间上看,"移人"的运用早于"移……情"。大体上在《论小说与群治之关系》一文同时与其后,梁启超逐渐有由"移人"向"移……情"转化的趋向。这一现象值得研究与重视。

在梁启超这里,无论是"移人"还是"移……情","移"指的均是移易、改变之义。"移人"与"移……情"强调的均是艺术审美活动对主体的一种改造过程及其结果。审美实践过程中主体状态的移易变化现象,中国古人早就发现,并已有"移……情"的说法。唐人吴兢作《乐府古题要解》载:"右旧说伯牙学鼓琴於成连先生,三年而成。至於精神寂寞,情志专一,尚未能也。成连云'吾师子春在海中,能移人情。'乃与伯牙延望,无人。至蓬莱山,留伯牙曰:'吾将迎吾师。'刺船而去,旬时不返,但闻海上水汩汲㵿㵿之声。山林窅冥,群鸟悲号。怆然叹曰:'先生将移我情。'乃援琴而歌之。曲终,成连刺船而还。伯牙遂为天下妙手。"① 这段文字描述了美的对象改造主体情感的心理体验过程及结果,也是至今见到的最有名的"移……情"佳话之一。这里的"移"也就是移易、改变主体状态之义。在梁启超的"移人"与"移……情"思想中,首先看到的就是中国文化的这种传统视角。梁启超的"移人"与"移……情"强调的是主体在审美过程中的移易与改变,最终的落脚点就是审美的心理效能问题。

19世纪后期,西方美学中出现了"移情"的范畴,后经立普斯等美学家的丰富与发展,形成了较为完整的"移情说",并成为西方现代心理美学中影响较大的一种学说。这种系统的移情学说与中国传统的移情理念有较大的差异。移情说的主要代表人物立普斯认为,当一个人对某一事物进行审美欣赏时,他所观照的对象只是外于自身的客体的形式,而这种客体形式并非产生审美愉悦的原因,此时,它与观赏者还是对立的。但当这一客体形式一旦与观赏者主体情感发生某种关系后,即审美主体在观照对象的过程中产生了一系列的心理活动,

---

① 吴兢:《乐府古题要解》,中华书局1991年版,第58页。

如轻松、自豪、同情、激愤、兴奋、痛苦、企求等,这时,审美主体与对象的对立开始消失,审美主体的内在心理活动开始外射并移注到外于主体的审美对象之中。因此,审美欣赏实质上并不是对客体对象的欣赏,而是对移入对象之中的自我的欣赏。立普斯这样描述具体的移情现象:"我们不仅进入自然界那个和我们相接近的具有特殊生命情感的领域——进入到歌唱着小鸟欢乐的飞翔中,或者进入到小羚羊优雅的奔驰中;我们不仅把我们精神的触角收缩起来,进入到最微小的生物中,陶醉于一只贻贝狭小的生存天地及其优雅的低垂和摇曳的快乐所形成的婀娜的姿态中;不仅如此,甚至在没有生命的东西中,我们也移入了重量和支撑物转化成许许多多活的肢体,而它们的那种内在的力量也传染到我们自己身上。"① 立普斯的结论是,移情是主体与对象完全融为一体,美感的产生不是由对象的美决定的,而是由主观的美感决定的。审美主体把自己的情感渗透到对象中,使毫无意义的对象人格化,由此获得了美感与美。朱光潜在《文艺心理学》中对西方"移情"范畴作了这样的解释:"移情作用在德文中原为 Einfülung。最初采用它的是德国美学家费肖尔(R. Vischer),美国心理学家蒂庆纳(Titchener)把它译为 empathy。照字面看,它的意思是'感到里面去',这就是说,'把我的情感移注到物里去分享物的生命'。"② 也就是说,西方"移情"的基本内涵是"感入",即移入与移置。它关注的是审美过程中主体精神的能动性,是纯粹的审美活动的主体心理及过程特征。西方"移情说"在 20 世纪初传入中国。据牛宏宝等所著《汉语语境中的西方美学》一书的研究结论,20 世纪前 20 年,中国美学思想界主要受康德、叔本华的影响。1920 年后,"移情说"在汉语学术界的影响渐趋强大。20 年代中期以后,立普斯与康德的理论有平分秋色之势,成为最具影响力的西方美学学说之一。③

　　梁启超的"移人"思想有没有受到西方"移情"理论的影响?西

---

① [英]李斯托威尔:《近代美学史述评》,蒋孔阳译,上海译文出版社 1980 年版,第 40—41 页。
② 《朱光潜美学文集》,第 1 卷,上海文艺出版社 1982 年版,第 40 页。
③ 参看牛宏宝等《汉语语境中的西方美学》,安徽教育出版社 2001 年版,第二章。

方"移情"说的主要理论贡献是开拓了美学研究的心理视角,揭示了审美过程中主体精神的重要特征与意义。在梁启超的"移人"思想中,他把美视为主体心境的产物。没有特定的主体心境,就没有对美的体认,也就无所谓美。这种多少将美与美感相混同,强调主体精神在审美中的能动作用的美学立场与西方"移情说"有着某种一致之处。但西方"移情"是由主体指向对象,目的是通过对对象的改造而完成审美的功能,对对象的改造也就是审美的实现。梁启超的"移人"则指向主体,是由对象来改造主体;对对象审美的实现和对主体改造的实现具有同构关系,并最终指向后者。西方"移情"由于指向对象而将目标界定于审美的经验世界中。梁启超的"移人"则因指向主体而将目标延向人生与社会。西方"移情"理论是纯审美范畴中的一种心理学美学理论,探讨的主要是审美过程中的心理特征与心理状态的问题。梁启超的"移人"则将审美的心理学视点与启蒙主义立场相统一,关注的是审美心理特征对于审美功能的意义。在西方"移情"论者那里,审美心境多半是在下意识状态中完成的。在审美过程中,不一定要经过意识的反思,而可以凭经验、直觉在瞬间实现。梁启超则把审美心境既放在情感的层面上来理解,也放在意志的层面上来规范,认为审美心境既是审美主体个体精神的实现,也是对于主体一己之欲的超越。在这种审美心境下,情感的自由性与能动性就可能转化为意志的目的性与实践冲动。因此,"移人"不仅是在特定情境下的情感共鸣,也可以借助情感共鸣影响主体的整个精神世界,从而实现"此身已非我有""自内而脱之使出"的审美目的,也就是全面改造或重塑主体的精神世界。"移人"在梁启超这里不仅仅是审美的中介环节,也是由审美通向人格更新的理想环节。在此,梁启超完成了对西方"移情"论的梁式改造,将审美心理问题纳入自己的人生论美学思想体系中。"移人"范畴及其理论指向典型地体现出梁启超式的学用相谐的理论思维特征。

但是,值得注意的是,正是在《论小说与群治之关系》阶段,梁启超的美学思想中的"移人"范畴开始向"移……情"过渡。当然,这两个范畴的理论指向具有内在的延续性,两者都是围绕着美的功能这个中心问题展开的。但也必须看到，随着"移人"向"移……情"的转化，梁启超对美的功能的具体作用规律与特点也有了更深入的认识。卢善庆先生在《中国近代美学思想史》中，曾对"移人"与"移情"这两个范畴作过分析。他说："先有'移情'，才有'移人'，没有'移情'，是不可能产生'移人'的"；而"有'移情'，不一定就有'移人'。'移人'更需要欣赏者主观配合和努力"。[①] 这一分析就"移情"与"移人"在审美鉴赏中的具体地位与实际作用而言，应是符合实际的。然而，在梁启超这里，是先有"移人"，后有"移……情"。"移……情"作为美的具体感染特点与特殊心理功能，可以说是梁启超对审美"移人"特点认识的深化与具体化。"移人"与"移……情"代表了梁启超对美的功能认识的两个层面及其深化过程。"移……情"侧重于美对主体的基础效应；"移人"则是美对主体的整体效应。"移……情"是审美活动的心理基础，"移人"是审美活动的整体目标。从审美之"力"到"移人"到"移……情"，梁启超前期文学思想拥有了通往后期文学思想的逻辑路径；也正是因为"力""移……情""移人"的内在勾连，梁启超的文学思想与美育思想之间架设起了逻辑的桥梁。在后期文学思想中，梁启超非常强调艺术审美中的趣味本质与情感要素，似乎对"移人"的问题已很少提及。但梁启超不论是谈"趣味"还是谈"情感"，最后总是落脚到趣味教育与情感教育的命题上。因此，他虽然不再直接谈"移人"，而实质上仍在谈"移人"。"移人"作为"移……情"的最终目标与结果，在梁启超的思想体系中始终占有重要的地位。"移……情"将"移人"的命题推向了纵深，并与"情感""趣味"的范畴获得了精神的内在贯通。

三

梁启超把审美活动理解为以人的心理为中介的美对人与社会的切入。在他的美学思想体系中，"力"是艺术审美作用于个体心理的具体机制，"移人"是艺术审美作用于个体心理的具体结果。"力"与

---

① 卢善庆：《中国近代美学思想史》，华东师范大学出版社1991年版，第214页。

"移人"的范畴及命题是梁启超由审美心理通向艺术美的现实功能、建构其人生论美学思想体系的两个重要阶梯。笔者认为，梁启超"力"与"移人"范畴的理论意义主要表现在三个方面。

首先，"力"与"移人"的命题确立了将艺术审美与主体心理相联系的基本视点。"审美是一种个人的行为，它只能立足于个体心理"，是一种"在情感激发下的想象力的自由活动"。① 在梁启超这里，审美是一种独特而富有魅力的主客会通的特定生命状态，即趣味主义的状态。这种状态离不开特定主体的具体情感与具体实践。梁启超认为，即使面对同一审美对象，不同审美主体的审美感受也是各不相同的。因此，审美的展开必然建立在主体心理的基础上。它一定要审美主体"自化其身"，入于其境。同时，审美还是一种自由的心灵活动，是具体的审美主体对于直接功利的超越。因此，它不是直接指向某种物质功利目标与社会功利目标。它是通过美之事物的美的价值指向来影响审美主体的审美价值观，进而影响他的心理与精神世界，辐射与调节其实践指向，从而达到"为"的实践指向。可以说，梁启超对审美活动的这一特殊规律与作用机理有着大致正确的认识。他通过"力"的命题揭示了具体的审美活动如何与特定的主体心理建立联系的作用机理，通过"移人"的命题则揭示了具体的审美活动如何对特定的审美主体进行心理改造与更新的作用效能。

其次，通过"力"与"移人"的命题，梁启超触及了美影响改造主体的方法特征问题。梁启超指出，西方文化认为每一个个体都必须具备知、情、意三个要素，才是一个完整的人。而中国儒家文化则认为一个个体必须智、仁、勇三者兼备，才是一个完美的人。所谓智者不惑、仁者不忧、勇者不惧，实际上，也就是谈的知、情、意的问题，即憧憬认知之敏慧、情感之醇厚与意志之坚强相统一的境界。由于人的心理是一个统一的有机整体，因此，人的心理要素中的各个要素间必然互相渗透、相互作用。"人的心理是一个统一的整体，它是由理

---

① 王元骧：《文学原理》，广西师范大学出版社2002年版，第277页。

智、意志、情感相互作用、渗透而构成的。"① 人的知、情、意之间构成了复杂的互动关系。"就情感与理智、亦即认识的关系来说,认识不过是一种理性上的接受,所以认识了的东西不一定能变为自己真正的思想,只有体验到了的东西才能转化为自己的思想;这样,情感体验也就成了内化认识成果,实现对认识成果的真正占有的一个不可缺少的环节。而反过来由于认识和情感的结合,又可以深化和提升情感的内涵和品质,使它上升为一种情操。就情感与意志的关系来说,意志作为一种确立目的、并采取一定手段而使目的得以实现的心理机能,它对自己的行为总不免带有某种强制的性质,而通过意志与情感的结合,不仅可以为意志提供内在动力,同时也使意志活动摆脱强制而转化为自愿,即所谓意志自由和意志自律。"② 也就是说,知、情、意三个要素中的"任何一个方面的改变,都会带来其他方面乃至整个心理结构的变化"。③ 因此,情感作为三个要素之一,"既受理智与意志的影响,而反过来又会影响,或压制和弱化、或激活和强化人的理智活动和意志行为"。④ 在审美活动中,通过情感的机制可以促使人的理智、意志以及情感自身都能得到全面的激活和提升。审美是构成知、情、意有机统一的完善人格,是人成为真正意义上的人的重要途径。应该说,梁启超以"移人"来概括审美活动对人的心理与精神的影响特点,已经敏锐地意识到了审美效能的这种全面性与有机性。但是,因为时代与思想的局限,梁启超对这个问题还不能作出明晰深入的把握,这也限制了他在理论上的充分展开。

最后,通过"力"与"移人"的命题,梁启超也提出了对审美、人生、社会关系的个体立场。作为启蒙主义思想家,梁启超始终强调求是与致用的相洽性、个体与社会的统一性、美与人生的同一性。他提出"力"与"移人"的命题,不仅仅是对艺术美的规律的思考,也是对审美如何作用于人生和社会的思考。梁启超说:"'人格'离了各

---

① 王元骧:《文学原理》,广西师范大学出版社 2002 年版,第 274 页。
② 王元骧:《文学原理》,广西师范大学出版社 2002 年版,第 274—275 页。
③ 王元骧:《文学原理》,广西师范大学出版社 2002 年版,第 275 页。
④ 王元骧:《文学原理》,广西师范大学出版社 2002 年版,第 275 页。

论梁启超"力"与"移人"范畴的内涵与意义

个的自己,是无所附丽,但专靠各个的'自己'也不能完成。假如世界上没有别人,我的'人格'从何表现?假如全社会都是罪恶,我的'人格'受了他的渐染和压迫,如何能够健全?由此可知人格是个共通的,不是个孤另的。想自己的人格向上,唯一的方法,是要社会的人格向上。然而社会的人格,本是从各个'自己'化合而成。想社会的人格向上,唯一的方法,又是要自己的人格向上。"①梁启超认为,明白了这个道理,个人、社会、国家、世界的种种矛盾,都可以调和过来。在这里,梁启超把人格建构视为社会改造的基本前提。他对个体与社会之间关系的认识应该说是比较辩证的。按照梁启超的理解,美通过"移人"必然通向社会。"移人"作为美之"力"在人身上的具体体现,它强调的是一种物我交融的情景状态,是整个心灵的整体升华。它是通过"感人"而"入人",是"心理学自然之作用,非人力之所得"。通过"移人",美自然地成为理想与现实、个体与社会、情感与理性之间的津梁。按照席勒的说法,也就是美可以"通过个体的本性去实现社会的意志"。②但在"力"与"移人"的命题中,梁启超也存在着夸大艺术的审美作用与审美效能的认识偏颇。他把作为审美主要形式的艺术视为人性人情与社会风貌的总根源,并以此来界定艺术审美功能的实际效应,认为社会变革的关键就在于文学艺术,将其视为社会历史发展的根本性要素,显然是一种乌托邦式玄想。

　　梁启超的美学研究不是静态的纯学术研究,"力"与"移人"的审美命题鲜明地凸显了这一特色。同时,"力"与"移人"的审美命题在中国近现代文学与美学命题中,亦较早触及了审美心理的视角。梁启超从启蒙主义文艺理想出发,把艺术审美心理与艺术审美功能相联系,强调了艺术审美实践与人生实践的密切联系,从而构成了其"力"与"移人"范畴的独特的理论特色。可惜的是,梁启超后期文学与美学思想集中围绕"趣味"与"情感"来展开,虽然并未抛开"移人"的命题与追求,但"移人"在话语上的退居后台,不仅直接

---

① 《饮冰室合集》,第7册,中华书局1989年版,专集之二十三第1页。
② [德]席勒:《美育书简》,徐恒醇译,中国文联出版公司1984年版,第145页。

削弱了这一范畴的理论影响，也未能使其得到更充分有力的阐释。"力""移人"的范畴和"趣味""情感"的范畴相比，明显显得单薄。但只要通读梁启超前后期的相关论著，在其对"趣味"与"情感"的论释中，可以逐渐充实完善对于"力"与"移人"范畴的理解，尤其是后期论著中关于趣味教育与情感教育的命题，不仅使"力""移人"的范畴和"趣味""情感"的范畴获得了逻辑的贯通，也使文艺实践的鉴赏性与人的建设的本体性相联系，提升了"力"与"移人"范畴的理论意蕴。

原刊《浙江学刊》2005 年第 3 期

"趣味"与"生活的艺术化"

——梁启超美论的人生论品格及其对中国现代美学精神的影响

笔者认为在中国现代美学思想的重要开拓者与奠基人中，梁启超的贡献主要在于确立了"趣味"的范畴，建构了"趣味"美论，并将其具体化为"生活的艺术化"的人生美学理想及其实践方向。梁启超的美论及其精神品格对于中国现代美学的致思方向与精神传统，具有重要的影响。

一

趣味这个术语非梁启超首创，中国传统艺术理论和西方经典美学理论中都有趣味的范畴，但梁启超是第一个明确地将趣味范畴拓展到人生论领域，赋予其新的理论内涵与理论精神的中国现代美学家。在中国传统文论中，趣味主要与具体的艺术鉴赏实践相联系，具有比较感性的实践性意蕴，主要指艺术鉴赏中的美感趣好，表现为鉴赏主体对艺术作品美感风格与特征的一种具体感悟。而西方美学史中，趣味主要是指一种审美标准、一种审美鉴赏力或判断力。梁启超从中西文化中借用了趣味的术语，但他所界定的"趣味"既非单纯的艺术品味也非纯粹的审美判断。

关于趣味，梁启超并未下过直接而明确的定义，但他在《"知不可而为"主义与"为而不有"主义》（1921）、《趣味教育与教育趣味》（1922）、《美术与生活》（1922）、《美术与科学》（1922）、《学问之趣味》(1922)、《为学与做人》(1922)、《敬业与乐业》(1922)、《人生观与科学》(1923)等专题论文、演讲稿以及给家人的书信中,从不同角度反复谈到了与趣味相关的各种问题,如趣味发生的条件、无趣生活的特点、趣味对人的价值意义、趣味主义的原则、趣味的类型与趣味生活的建设、艺术与趣味欣赏的关系、趣味教育的方法等。在对这些问题的论释中,梁启超表达了自己对于趣味的独到理解和界定,从而建构了自己的"趣味"美论及"生活的艺术化"理想。

其一,梁启超提出趣味是生活的动力和价值。他说"趣味是生活的原动力",[①] 若"趣味干竭,活动便跟着停止",[②] 为趣味而忙碌是"人生最合理的生活","有价值"的生活。[③] 其二,梁启超提出无趣"不成生活"[④]。梁启超认为趣味状态是生活的本然状态。与之相反的就是无趣的生活。无趣的生活又有两种。一种是"石缝的生活"。其特点是"挤得紧紧的,没有丝毫开拓的余地"。[⑤] 第二种是"沙漠的生活"。其特点是"干透了没有一毫润泽,板死了没有一毫变化"。[⑥] 因此,无趣的生活就是无自由无创造的生活,也是无生命无发展的生活。其三,梁启超提出趣味发生的必要条件是情感和环境的和谐,趣味实现的根本条件则是主体具有不有之为的理想人格。他说"趣味这件东西,是由内发的情感和外受的环境交媾发生出来"。[⑦] "趣味主义最重要的条件是'无所为而为'",[⑧] 即"知不可而为"主义与"为而不有"主义的统一、"责任心"和"兴味"的统一,其实质就是不有之为,[⑨] 也即"劳动的艺术化生活的艺术化"。[⑩] 其四,梁启超提出趣味可以也只能在具体的人生实践中建构。他论释了人如何在劳作、学问、

[①] 《饮冰室合集》,第5册,中华书局1989年版,文集之三十八第13页。
[②] 《饮冰室合集》,第5册,中华书局1989年版,文集之三十八第13页。
[③] 《饮冰室合集》,第5册,中华书局1989年版,文集之三十九第15—21页。
[④] 《饮冰室合集》,第5册,中华书局1989年版,文集之三十九第23页。
[⑤] 《饮冰室合集》,第5册,中华书局1989年版,文集之三十九第23页。
[⑥] 《饮冰室合集》,第5册,中华书局1989年版,文集之三十九第23页。
[⑦] 《饮冰室合集》,第5册,中华书局1989年版,文集之四十三第70页。
[⑧] 《饮冰室合集》,第5册,中华书局1989年版,文集之三十九第16页。
[⑨] 参看金雅《梁启超美学思想研究》,商务印书馆2005年版,第一章第三节。
[⑩] 《饮冰室合集》,第4册,中华书局1989年版,文集之三十七第60页。

艺术中建构趣味的生活，如何在面对自然、社会交往和精神生活中建构趣味的人生，从而实现"生活的艺术化"。其五，梁启超提出趣味人生实现的关键是趣味人格的建构。趣味人格的建构既要在生活实践中涵养，更重要的途径就是审美实践与艺术（情感）教育。

在梁启超这里，趣味既与艺术实践和审美实践相联系，又与人生实践和生命活动相联系。正是通过趣味这个范畴，梁启超贯通了审美、人生、艺术的关系，也传承了中国传统哲学与美学的人生论立场。而通过对西方现代美学的情感、生命等理念的吸纳，梁启超又使中国传统艺术鉴赏的趣味和西方现代审美判断的趣味在内涵和价值上发生了重要的拓展。

在梁启超这里，趣味由艺术、审美拓展到广阔的人生领域，它既是审美的品味与标准，也是人生的价值目标。就主体言，趣味有三个主要的要素，那就是内发的情感、生命的活力和创造的自由。就整体言，趣味需要主客的交媾，即主体情感与客观环境的融合与和谐。就本质言，趣味基于不有之为的生命实践原则。在趣味的发生中，一方面，情感激扬、生命活力、创造自由构成了层层递进的关系，而又以情感作为最基础最内在的要素。另一方面，情感、生命、创造作为趣味发生的内在要素，必须与外在环境相融构。它们共同构筑了通向趣味之境的理想之路。梁启超强调，在追寻趣味之美的人生旅程中，最本质的还在于，主体在生命实践中秉持不有之为的人格情操，由此才可能真正达成主体生命情感与客观环境的自由契合，成就美的趣味生命境界。简而言之，梁启超的趣味就是由情感、生命、创造的熔铸所实现的自由生命意趣及其主客会通和谐的富有情致的具体生命状态。趣味的状态既是主体之感性达成，也是主客之完美契合，是主体生命之自由实现与最佳呈现。在趣味之境中，主体与客体的关系和谐自由，主体"无入而不自得"，进入到充满意趣的生命之境，并真切地体味到感性生命创化之"春意"。这就是梁启超所憧憬的"趣味化艺术化"的生活，[①] 也即美之至境。

[①] 《饮冰室合集》，第5册，中华书局1989年版，文集之三十九第108页。

二

把趣味作为美学的哲学基础与核心范畴来建构，是梁启超美学思想的基本特色与突出特征。趣味在梁启超这里，既是审美的范畴，又不是纯审美的范畴。在本质上，梁启超的趣味乃是一种潜蕴审美精神的广义的生命意趣，它秉持不有之为的人格理想，追求"生活的艺术化"的人生境界。

梁启超说："趣味主义最重要的条件就是'无所为而为'主义。"[①] 所谓"无所为而为"主义，梁启超又有"知不可而为"主义与"为而不有"主义的统一、"责任心"与"兴味"的统一、"生活的艺术化"等多种表述。这些表述文字有异，但其秉持的内在精神则是一致的，其实质就是不有之为的人格境界。梁启超说"知不可而为"主义就是"做事时候，把成功与失败的念头都撇开一边，一味埋头埋脑的去做"；所谓"为而不有"主义就是"不以所有观念作标准，不因为所有观念始劳动"。他指出人生是无边无际的宇（空间）宙（时间）中的"微尘"与"断片"。人与宇宙有两个基本关系：一是宇宙不断进化，基于人类创造；二是宇宙永不圆满，须人类不断创造。他认为人作为一种动物，动即人的本能与职责。在梁启超看来，如何处理好人之动与宇宙运化的关系，关键在于处理好"为"与"有"的关系。在梁启超这里，"为"与"无所为"相对，具有目的性意义，从而与"用"具有相通性；同时，"为"也与"不可为"相对，是一种实践性范畴。"为"的基本意义就是"动"，就是"做事"。"要想不做事，除非不做人。"梁启超认为，"为"是人的本质存在，但"为"却不是每个人都能达成的，"为"的成功实现必须"破妄"与"去妄"。"破妄"是破除成败之执。对于成败的关系，梁启超也有两个基本的观点。其一，梁启超从相对论出发，认为成功与失败是相对的名词。其二，梁启超从大宇宙观出发，认为"宇宙间的事绝对没有成功，只有失败"。因为"成功这个名词，是表示圆满的观念。失败这个名词，

---

① 《饮冰室合集》，第5册，中华书局1989年版，文集之三十九第106页。

是表示缺陷的观念。圆满就是宇宙进化的终点。到了进化终点，进化便休止"。① 个人所"为"，相对于众生所成，相对于宇宙运化，总是不圆满的。这就是破成功之妄。破成功之妄并非要人消极失望，丧失做事的勇气。恰恰相反，梁启超把破成功之妄视为"为"的第一个前提，即"知不可而为"。这个"知不可而为"大有置之死地而后生的英雄情怀，是因为超越了个体的成败之执，而在宏阔的宇宙视域上来认识事理。"许多的'不可'加起来却是一个'可'，许多的'失败'加起来却是一个'大成功'。"② 当个体与众生与宇宙"迸合"为一时，他的"为"就融进了众生、宇宙的整体运化中，从而使自身之"为"最终成为宇宙运化的一级级阶梯，超越个体局限而获得永恒意义。"为"的第二个前提是"去妄"。"去妄"也就是去得失之计。得失之计即利害的计较，也就是"为"与"用"的关系。但梁启超不用"用"的范畴，而用"有"的范畴。"用"突出的是对象的性质。"有"突出的则是主体的品格。梁启超说："常人每做一事，必要报酬，常把劳动当作利益的交换品，这种交换品只准自己独有，不许他人同有，这就叫做'为而有'。"③ "为而有"就是主体的实践性占有冲动。只有"有"，才去"为"。因此，他在"为"前必然要问"为什么"，若问"为什么"，那么"什么事都不能做了"。因为许多"为"是不需也不能问"为什么"的。"为"虽有"为一身""为一家""为一国"之别，但以梁启超的观点，若将这一切上升到宇宙运化的整体上，则都只能是"知不可而为"又"为而不有"。因此，"为"与"有"的关系，既是主体的一种道德修养，即主体如何对待个人得失的问题；同时，也是主体的一种人格精神和生命态度，即主体如何从本质上直面成败之执与利害之计，直面自身的占有冲动与创造冲动的问题。梁启超反对的是"为而有"的生命态度。他说"为而有""不是劳动的真目的"，人生的纯粹境界就是"为劳动而劳动，为生活而生活"，这样才"可以说是劳动的艺术化，生活的

---

① 《饮冰室合集》，第4册，中华书局1989年版，文集之三十七第61页。
② 《饮冰室合集》，第4册，中华书局1989年版，文集之三十七第63页。
③ 《饮冰室合集》，第4册，中华书局1989年版，文集之三十七第66页。

艺术化",①才是"有味"的生活,才值得生活。因此,梁启超所讨论的问题的焦点不是"为"的"有用"与"无用"的问题,即不是"为"的目的性问题;而是"为"的"有"与"不有",即"为"的根本姿态与基本原则问题。两者的区别在于,前一个是问"为什么",后一个是问"如何为"。当然,"如何为"是不可能脱离"为什么"的。但"如何为"不以"用"与"非用"作为终极界定,而是在肯定"用"的前提下追问如何超越小"用"而进入"不有"的境界。因此,梁启超的"不有"并非不用,而是强调对有限(个体)之"有"的超越来实现无限(众生宇宙)之"用",从而真正实现"做事的自由的解放"。在这样的生命境界中,人生实践的外在规范已沉淀为主体生命的内在情感欲求。正是在这个意义上,"知不可而为"与"为而不有"的统一是"责任心"与"兴味"的融合,其所呈现的生命境界也可以说是"生活的艺术化"。②

梁启超指出,只有激活生命的意趣,才能拥有人生的春意。趣味作为美的实现与标志,必然贯穿并存在于人的感性生活和具体实践中。同时,趣味作为个体生命的感性运化,又必然要超越小我进合到众生宇宙的整体运化中,才能实现自我的存在。趣味的实现作为主客的会通与交融,作为主体不有之为的生命实践,使生活艺术化,即呈现出美的生命胜境。对于梁启超而言,趣味与美具有内在的同一性。这种同一不是艺术鉴赏与审美判断意义上的同一,而是一种生命实践与价值追求的本源性同一。在梁启超这里,通过将趣味提升到人生哲学与生命哲学的意味上来阐释,从而使趣味和人的生命实践和审美实践具有了直接而具体的同一性,由此也将趣味从较为单纯的艺术论与审美论范畴导向了更为广阔的人生论范畴。梁启超主张人生、艺术、美的同一。他提出有价值的美的生活就是"有味的生活",就是"生活的艺术化"。"生活的艺术化"就是践履趣味主义的原则,使生活"变为艺术的、情感的"。③

---

① 《饮冰室合集》,第4册,中华书局1989年版,文集之三十七第66页。
② 《饮冰室合集》,第4册,中华书局1989年版,文集之三十七第67页。
③ 《饮冰室合集》,第4册,中华书局1989年版,文集之三十七第68页。

"趣味"与"生活的艺术化"

值得注意的是,梁启超的"趣味"美和"生活的艺术化"提出了对物质与功利生活的批判,对于现实人生的批判,但它追求的不是对于人生的逃离和彻底超脱。恰恰相反,趣味主义正是他对于现实人生宣战的一种武器,是改造人生的一种目标,洋溢着的正是对于生命的热爱与人生的关怀。它所崇尚的不有之为,是在个体、众生、宇宙的冲突中升华为和谐,是不执小我大化化我、"绝我而不绝世"[①]的人生精神。

因此,它在本质上并非追求消遣悠闲的小情趣,而是崇尚澎湃着生命激情与英雄主义理想的崇高美感。当冲突升华为和谐,责任转化为兴味,外在的功利追求转化为内在的情感需求,个体之"为"最终达成了过程与结果的统一、手段与目的的统一,人生的境界即在创造中蕴溢着春意,化成为具有艺术品格的美的生活。此时此境,"我们的精神生活"也站在了"安慰清凉的地方"。[②]

三

"趣味"美与"生活的艺术化"是对现实人生的审美建构,是对人生之美的品味赏会,也是对生命状态的审美提升。

梁启超强调,趣味必须在具体的生命实践中来建构。他具体论释了人如何在劳作、学问、艺术中建构趣味的生活,如何在面对自然、社会交往、精神生活中实现生活的艺术化。

从广义的生活领域来说,梁启超认为人可建构三种趣味的生活。一是在面对自然时,通过与自然之相契而建构趣味的生活。梁启超说,一个人不管操何种卑下职业,处何等烦劳境地,他总"有机会和自然之相接触"。只要在一刹那间领略了其间的"妙味",他就可以把一天的疲劳恢复,多时的烦恼抛却。假如这个人还能把初次领略的自然影像存放在脑子里头不时地复现,那么,他每复现一回,都能重新领略一遍。梁启超将这种趣味生活的模态称为"对境之赏会与复现"。二

[①] 《朱光潜全集》,第1卷,安徽教育出版社1987年版,第75页。
[②] 《饮冰室合集》,第4册,中华书局1989年版,文集之三十七第69页。

是在人与人的交往中，通过人心之相契而建构趣味的生活。梁启超说，每一个人把遇到的快乐事情集中起来品味或者别人替你指点出来，快乐的程度都会增加；遇到痛苦的事情，把痛苦全部倾吐出来或者别人看出你的痛苦替你说出，也会减少痛苦的程度。因为每个人的心里都有个微妙的所在，"只要搔着痒处，便把微妙之门打开了"。[1] 梁启超将这种趣味生活的模态称为"心态之抽出与印契"，也称为"开心"。三是在精神生活中，人可以通过对现实生活的超越来建构趣味的生活。"肉体上的生活，虽然被现实的环境捆死了。精神上的生活，却常常对于环境宣告独立。"[2] 或者幻想"将来"，或者幻想"别个世界"。这样，人就能在"忽然间超越现实界闯入理想界去"，从而进入一种精神的"自由天地"。梁启超认为精神幻想既是人类对现实环境"生厌"与"不满"的消极"脱离"，也是人类"进化"的重要原因。梁启超把这种趣味生活的模态称为"他界之冥构与蓦进"。

　　从具体的生活实践来说，梁启超认为人可以在劳作、学问、艺术等具体的活动中建构趣味的生活。首先就是劳作的趣味。梁启超提出，凡职业没有不是神圣的、可敬的。劳作即人因自己的才能和地位认定一件事去做。因此，一个木匠做好一张桌子和一个政治家建设成一个共和国家，在俗人眼里或许有高下之别，但实质上，只要尽自己的心力把一件劳作做到圆满，就是高尚的，其价值就是相等的。"人类一面为生活而劳动，一面也是为劳动而生活。"[3] "凡职业都是有趣味的，只要你肯继续做下去，趣味自然会发生"；"人生能从自己的职业中领略出趣味，生活才有价值"。[4] 其次是学问的趣味。从广义言，做学问自然亦是劳作之一种，但学问是一种精神的劳作。梁启超认为"学问的本质"是"能够以趣味始趣味终"，因此最合于"趣味主义的条件"。[5] 梁启超概括了体味学问之趣味的四种境界。第一境是"为学问

---

[1] 《饮冰室合集》，第5册，中华书局1989年版，文集之三十九第23页。
[2] 《饮冰室合集》，第5册，中华书局1989年版，文集之三十九第23页。
[3] 《饮冰室合集》，第5册，中华书局1989年版，文集之三十九第26页。
[4] 《饮冰室合集》，第5册，中华书局1989年版，文集之三十九第28页。
[5] 《饮冰室合集》，第5册，中华书局1989年版，文集之三十九第15页。

"趣味"与"生活的艺术化"

而学问"。梁启超指出,手段与目的不统一,目的达到,手段必然被抛弃。如弘扬学生为毕业证书而做学问,著者为版权而做学问。第二境是"不息"。梁启超把人类视为理性的动物,因此他认为"学问欲"是人类固有的本能之一。只要天天坚持做一点学问,学问的胃口就给调养起来了。但人类的本能若长久搁置不用,它也会麻木生锈。一个人"如果出了学校便和学问告辞,把所有经管学问的器官一齐打落冷宫",就会"把学问的胃弄坏了"。[1] 梁启超提出,一个人"除每日本业正当劳作之外,最少终要腾出一点钟,研究你所嗜好的学问"。[2] 一个人不管从事何种职业,每天坚持抽出一点时间研究自己所嗜好的学问,这是"人类应享之特权"。[3] 第三境是"深入的研究"。梁启超认为:"趣味总是藏在深处,你想得着,便要入去。"假如一个人天天做学问,但他不带研究精神,纯是拿来消遣,趣味便无从体味。或者这个人这个门穿一穿,那个窗户望一望,他是不可能看见"宗庙之美,百官之富"的,也是不可能体味到学问的趣味的。梁启超坚信,一个人只要肯一层一层地往一门学问里面钻,他一定会被引到欲罢不能的地步,尽享学问的乐趣。第四境是"找朋友"。梁启超认为,共事的朋友是以事业为纽带的,共学与共玩的朋友是以趣味为纽带的。如果能够找到和自己同一种学问嗜好的朋友,便可和他搭伙研究。如果找不到这样的朋友,他有他的嗜好,你有你的嗜好,但只要彼此都有研究的精神,也一样可以常常切磋,在不知不觉中把彼此的趣味都摩擦出来了。

应该说,梁启超本人是非常善于享受学问趣味的。他把学问的趣味比作冬天晒太阳的滋味,认为学问的趣味生活是一种"不假外求不会蚀本不会出毛病的趣味世界"。[4] 劳作即人因自己的才能和地位认定一件事去做。梁启超对艺术的情感本质与趣味价值具有深刻的认识。艺术的趣味生活在梁启超的趣味图谱中占有非常重要的地位。在梁启

---

[1] 《饮冰室合集》,第5册,中华书局1989年版,文集之三十九第17页。
[2] 《饮冰室合集》,第5册,中华书局1989年版,文集之三十九第17页。
[3] 《饮冰室合集》,第5册,中华书局1989年版,文集之三十九第17页。
[4] 《饮冰室合集》,第5册,中华书局1989年版,文集之三十九第18页。

超看来,"文学是人生最高尚的'嗜好'","文学的本质和作用,最主要的就是趣味"。① 文学艺术作为趣味美的主要载体,它涵养和提升人的趣味,并成为趣味生活的理想尺度。"人类固然不能个个都做供给美术的'美术家',然而不可不个个都做享用美术的'美术人'",②这是人类生活能够向上的重要原因。因此,艺术的趣味生活对于人类来说,不是"奢侈",而是"生活必需品之一"。对于艺术的欣赏与品鉴,在梁启超的文字中占有不少的分量。也正是从趣味主义的理想原则出发,梁启超对于中国传统文学艺术中那些低俗的趣味格调给予了无情的批判,对于中国传统文学艺术侧重于含蓄优美的趣味品格予以了拓展。他提出了艺术情感的熏、浸、刺、提"四力"。力荐小说中的刺提之作,韵文中的奔迸之作;弘扬了诗歌"热烈磅礴"的崇高风格,批判了中国文学长期以来以病弱为美的女性审美观。他高度肯定屈原"All or nothing"的悲剧精神和崇高人格,对于杜诗带着刺痛的真美,对于渊明有所不为的高洁,都给予了深情的赞美。他在艺术审美中所呈现的趣味品格,他所追求的艺术情感、作家人格、人物品格的高尚性,都体现了对文学艺术的独到解读,为他的"趣味"美和"生活的艺术化"所弘扬的理想人生境界作了具体生动的诠释。

四

趣味思想是梁启超早期新民理念的某种延续,是梁启超对国民性改造的一种新思索。相比新民理念,趣味学说拥有了更为深沉的哲学意蕴与人文情怀,它既指向对现实的人的改造,也指向更具本质意义的人的精神(情感与人格)生命的养成,指向人与环境的和谐及其精神自由。

对于梁启超这一代中国现代美学的开拓者而言,他们所面对的不仅是中国传统文化衰颓、大众人格委顿的文化境遇,也是国势危颓、民生维艰的历史境遇。中国现代美学面临的既是美学学科建设的学理

---

① 《饮冰室合集》,第5册,中华书局1989年版,文集之四十三第70页。
② 《饮冰室合集》,第5册,中华书局1989年版,文集之三十九第22页。

问题，也是中华民族启蒙与大众人格建构的现实问题。因此，中国现代美学思想及其理论往往体现出双重的品格，即学理性与实践性的重奏、学理品格与人文情怀的重奏。对于中国现代美学这一特点的认识评价，笔者认为首先必须确立两个基本前提。其一是必须还原到其萌生的具体历史文化语境中去认识。其二是必须还原到其特定的学科特性上去认识。在19、20世纪之交至20世纪上半叶国家命运危亡与民族矛盾尖锐的现实背景下，中国现代美学正是凭借它突出的人生指向与入世品格应运而生并产生了广泛的社会与学术影响。而作为与人的存在与生命息息相关的人文学科，我们应该建设与弘扬的也不是超脱人间烟火的纯学术，而应是以人生为终极关怀的人文学术。以这样的视野来审察梁启超的"趣味"美论及其"生活的艺术化"思想，笔者认为它们恰恰体现了中国现代美学这样一种融学术建设与人格启蒙为一体的重要而独特的精神传统。

  作为中国现代美学初创期的代表人物之一，梁启超从当时中国社会和文化的现实境遇出发，在对中西古今文化为我所用的传承化合中对美与审美的问题作出了自己独到的阐释。他以具有鲜明中国现代特色和梁氏个体特征的趣味美论的创构提出并回答了"什么是美？什么是审美的人格？如何实现理想的人生？"等重大美学与人生问题。同时，他又以"生活的艺术化"命题把审美人生的建设具体化，使趣味主义从哲学层面的建构与生活层面的创造体验相结合，开启了融哲思与意趣为一体，融人生、艺术、审美为一体的有味生活的实践方向。这种趣味美论与生命理想体现的正是立足现实、关怀人生、实践创化、精神至上的人生美学立场，是弘扬生命、肯定情感、重视人格建设、注重精神价值的人生美学情怀，是创造人生、提升人生、欣赏人生的人生美学精神。其洋溢的正是对生命的热爱、人生的责任和入世品格。这种具有突出的人生论立场与价值旨趣的美学思想，既是对中国传统人生论精神的传承与扬弃，也是对西方现代情感美学、生命哲学精神的吸纳与创化。梁启超要的不是生命力的感性泛滥与情感的无序运化，他提出的命题就是有责任的兴味，即把理性化入感性的创化中，这是一种新理性也可以说是新感性的建构。相对于中国伦理文化对于情感的节制，梁启超的趣味倡导的是生命力的解放与激扬。相对于西方非理性主义对生命本能的推崇，梁启超又始终秉持着以社会责任和人类命运为本的理性自觉。这种理性立场以自觉的生命意识与情感立场作为前置话语，因此，其与中国传统主流美学的伦理本质主义的审美理念也已经有了巨大的差异。它独特的话语方式、内涵、精神正体现了中国现代美学在古今中西的文化撞击中、在现实社会严峻的历史背景下，对于中华民族与大众命运的人文忧患及其理想情怀，是中国现代人性启蒙和审美启蒙在美学领域的独特激响。其从人格精神入手的美学致思之路，虽无法直接解决当时严峻的社会现实与时代病症，但其精神启蒙之路，其对于民族素养和人格精神之提升，无疑具有积极的思想光芒，由此也深刻影响了中国现代美学的致思方向与精神传统。

1921年，梁启超应北京哲学社之邀作了题为《"知不可而为"主义与"为而不有"主义》的演讲，集中阐释了"趣味主义"的哲学原则，并明确提出了"生活的艺术化"的实践理想，为"趣味"美和"生活的艺术化"思想初步奠定了核心理论精神。1932年，朱光潜发表了《谈美》。朱光潜提出了"情趣"的范畴和"人生的艺术化"的命题，确立了情趣人生的理论。朱光潜曾多次谈到梁启超对其早年的影响，自诩是"梁任公先生的热烈的崇拜者"。[①] 他的第一部美学著作《给青年的十二封信》，在概念、论题、观点上都可明显见出梁启超的影响。如"趣味""兴味""趣味人生""创造"等梁式术语出现的频率相当高，而且"趣味人生"也是其重要命题之一。至《谈美》，朱光潜虽然继续使用了"趣味""生命""生活"等梁氏非常喜欢使用的概念，也阐释了"无所为而为"的人生哲学命题，从而见出梁启超一脉的影响。但同时，朱光潜也有两个重要的突破。一是确立了"情趣"范畴的核心地位，从而体现出对梁启超"趣味"范畴的发展；二是提出以欣赏为重要标的的"无所为而为的玩索"的人生美学理想，从而有别于以创造为终极目标的梁启超"不有之为"的人生美学理想。朱光潜的"情趣"和"人生的艺术化"是接着梁启超的"趣味"

---

① 《朱光潜全集》，第3卷，安徽教育出版社1987年版，第442页。

和"生活的艺术化"往下说。如果说梁启超更具有英雄主义的崇高色彩和改造提升人生的启蒙意向；朱光潜则更接近于为普通人立说，也更显出以欣赏品味人生为特色的审美情怀。经过朱光潜这个重要的界碑，梁启超所拓展的富有个人品格、民族特色、时代特征、融人生艺术审美为一体、肯定情感与生命、关注创造与人格的审美人生学说及其美学精神产生了广泛的影响。20世纪30—40年代，经朱光潜的界定，"人生艺术化"成为中国现代美学与文艺思想领域中的一个重要命题，引起诸多学人与艺术家的关注，丰子恺、梁实秋、周作人、郭沫若、林语堂、宗白华等各自从不同的侧面与层次涉及了此命题。他们的思想倾向与具体观点尽管不尽相同，但却共同丰富拓展了这一命题融人生、艺术、审美为一体的致思方向，也从不同侧面拓深了这一命题以生命、情感、精神为要旨的美学传统。而朱光潜由文学与诗谈情趣人生、丰子恺由童心与绝缘谈真率人生、宗白华由生命情调和艺术境界谈自由人生等，成为中国现代美学与艺术思想中的重彩华章，其所呈现出的生命格调与人生情怀，将梁启超式的趣味主义和生活（人生）艺术化的美学精神上升到一个新的境界，并融会生成中国现代主流美学注重情感人格建构与诗性生命提升的重要精神传统与美学品格。

原刊《社会科学战线》2009年第9期

梁启超"三大作家批评"与
20世纪中国文论的现代转型

　　本文将梁启超发表于20世纪20年代初的《屈原研究》《陶渊明》《情圣杜甫》三篇作家专论，也是梁启超仅有的三篇作家专论合称为"三大作家批评"，试图对其所体现的批评特色、文学理念及其对于20世纪中国文论发展的影响进行整体观照。《情圣杜甫》与《屈原研究》为演讲稿，分别于1922年5月21日在诗学研究会和1922年11月3日在东南大学文哲学会演讲。《陶渊明》一文为专论，定稿于1923年4月。在这些批评文字中，梁启超涉及了文学的本质、特征、形式技能、批评原则等一系列文学基本问题，并提出了自己对于审美与艺术的重要看法。

一

　　1922年5月21日，梁启超在诗学研究会作了《情圣杜甫》的专题演讲，明确指出"艺术是情感的表现"。对情感的关注与重视是梁启超文学与美学思想的基本特征。

　　梁启超认为"实感"是"文学主要的生命"，文学家就是"情感的化身"。[①]"大文学家、真文学家和我们不同的就在这一点。他的神经极锐敏，别人不感觉的苦痛，他会感觉；他的情绪极热烈，别人受

---

　　① 引自《饮冰室合集》之《情圣杜甫》（第5册，文集之三十八）、《屈原研究》（第5册，文集之三十九）、《陶渊明》（第12册，专集之九十六），中华书局1989年版。文中其他未注明出处的引文同。

苦痛搁得住，他却搁不住。"从这样的主情论出发，梁启超对中国文学史上的三位著名作家屈原、陶渊明和杜甫进行了具体的解读。梁启超指出屈原具有"极热烈的情感"，他的一生就是"为情而死"。只不过他爱恋的不是一个具体的人，而是"那时候的社会"。"他对于社会的同情心，常常到沸度，看见众生苦痛，便和身受一般"；"他的感情极锐敏，别人感不着的苦痛，到他脑筋里，便同电击一般"。因此，屈原是一个"多情多血的人"。同时，梁启超认为陶渊明也是一位"最多情"的人。他的情不在男女情爱，而在家庭、朋友、山水、田舍、旧主，或"亲厚甜美"，或"熨帖深刻"，或"深痛幽怨"，乃"情深文明"，真情真人真文。杜甫则是梁启超极力赞美的"情圣"。诗歌史上，杜甫历来被称为"诗圣"，梁启超却独具慧眼把杜甫誉为"情圣"。他从情感内容与表情方法两个方面来考察杜甫的诗歌。首先，他认为杜甫的诗歌在"情感的内容上，是极丰富的，极真实的，极深刻的"。杜甫是个"极热肠"和"富于同情心的人"。他对亲朋的情感是很浓挚的，有《奉先咏怀》《述怀》《北征》《梦李白二首》等作品表达对亲友的想念与关爱。除了亲友，杜甫对于素昧平生的"一般人"也非常"多情"。"他的眼光常常注视到社会最下层"，"对于下层社会的痛苦看得真切"，"常把他们的痛苦当作自己的痛苦"。"这一层的可怜人那些状况，别人看不出，他都看出；他们的情绪，别人传不出，他都传出。"杜甫有《三吏》《三别》《茅屋为秋风所破歌》等大量著名的诗作表达对下层人民的关切。梁启超认为杜甫的多情还表现在《缚鸡行》这样的小诗中，这首诗表现了杜甫对于"生物的泛爱"。其次，梁启超认为杜甫的诗歌在"表情的方法"上"极熟练，能鞭辟到最深处，能将他全部完全反映不走样子，能像电气一般一振一荡的打到别人的心弦上"。梁启超非常辩证地认识到："用文字表出来的艺术——如诗歌、戏剧、小说等"，"总须用本国文字做工具，这副工具操练得不纯熟，纵然有很丰富高妙的思想，也不能成为艺术的表现"。所以，他对于表情的方法是非常重视的。对于杜甫诗歌的表情方法，梁启超作了具体的分析与总结。他指出，第一，杜诗往往不直接抒情，而借写事来表情，形成一种"真事愈写得详，真情愈发得透"的妙境。借写事来表情在杜诗中具体又有"半写实"与"纯写实"之分。所谓"半写实"就是以"第三者客观的资格,描写所观察得来的环境和别人情感,从极琐碎的断片详密刻画",同时又"处处把自己主观的情感暴露"。梁启超认为这种手法在中国文学中虽非杜甫首创,但杜甫是"用得最多而最妙"的一个。《羌村》《北征》等篇,当属此列。所谓"纯写实"是"不著一个字批评,但把客观事实直写,自然会令读者叹气或瞪眼"。他分析了《丽人行》,全诗将近两百字的长篇,"完全立在第三者地位观察事实","极力铺叙那种豪奢热闹情状","不著议论,完全让读者自去批评",但作者的情感态度极其鲜明。第二,杜诗"能将许多性质不同的情绪,归拢在一篇中,而得调和之美"。情感有不同的属性,喜怒哀乐,人之常情。在同一篇作品中,融入不同性质的情感,必然增加了情感的丰满与厚度。能将这些不同性质的情感"调和得恰可",体现了诗人高超的艺术功力。梁启超举了《北征》为例,认为此诗在总体上是忧时之作,但全诗"忽然而悲,忽然而喜",时而感慨,时而祈盼,时而忧虑,腾挪转换,既杂乱又和谐,具有独特的感染力。第三,杜诗写情,"往往愈掐愈紧,愈转愈深"。这样的写法,是将情感"像一堆乱石,突兀在胸中,断断续续的吐出,从无条理中见条理"。第四,杜诗写情,有时也采用"淋漓尽致一口气说出"的方法,虽"不以曲折见长,然亦能极其美"。第五,杜诗写情,能"用极少的字表极复杂极深刻的情绪",这是杜甫的"一种特别技能",梁启超认为这种洗练功夫,别人很难学到。第六,杜甫写情,也用"景物做象征,从里头印出情绪"。他的诗流连风景的较少,但若写景,"多半是把景做表情的工具"。梁启超认为:"中国文学界写情圣手,没有人比得上他"。

　　梁启超非常重视情感对于文学艺术的根本性意义,同时,他还探讨了艺术情感的源泉及其特质。首先,梁启超不将情感神秘化、抽象化,而是坚持情感与生活的现实联系。他指出情感不是无源之物,没有"实历",就没有"实感"。他认为,"诗家描写田舍生活的也不少,但多半像乡下人说城市事,总说不到真际"。因为"养尊处优的士大夫",并没有田家生活的实践。梁启超把生活实践视为艺术情感产生的基石。他认为陶渊明是"'农村美'的化身",因为"渊明只把他的实历实感写出来,便成为最亲切有味之文"。梁启超对于艺术情感源泉的认识,体现了朴素的唯物主义精神。同时,梁启超指出,生活是情感的源泉,但生活不能等同于情感。情感与生活既互相联系,又有各自运行的规律。他说:"情感是不受进化法则支配的,不能说现代人的情感一定比古人优美,所以不能说现代人的艺术一定比古人进步。"这一看法实际上触及了两个互为联系的问题:一是生活按进化法则运行,情感不按进化法则运行;二是艺术作为情感的表现,不与生活本身的客观价值成正比。梁启超关于艺术情感与生活关系的这种认识是相当辩证而深刻的,可惜他未能详加展开。其次,梁启超认为艺术情感与生活实感不同,艺术情感表现的是生活实感,但它却要借助想象力来"跳出"。只有"从想象力中活跳出实感来,才算极文学之能事"。这样的观点可说是真正把握住了文学的神髓。试想如果只有实感,那么文学情感和生活情感又有什么区别?文学的魅力就在于既不失实感之真,又凸现想象之美。"从想象中活跳出实感",就是将实感美化或艺术化。从这样的角度去观照,梁启超认为屈原是中国韵文史上最具有想象力的诗人。他的真正伟大之处在于将绚烂的想象与热烈的感情相结合,凸显了一个极富魅力与个性的抒情主人公形象。梁启超指出:"屈原脑中,含有两种矛盾元素。一种是极高寒的理想,一种是极热烈的感情","他对于社会的同情心,常常到沸度,看见众生苦痛,便和身受一般。这种感觉,任凭用多大力量的麻药也麻他不下"。因此,屈原不能像老庄一样超脱,"他对于现实社会,不是看不开,但是舍不得"。屈原的作品描写的都是幻构的境界,表现的都是主体的真我,象征的都是现实的社会。实感激发了想象,想象发露了实感,实感与想象的完美结合营造了屈原作品独特的艺术美。对于屈原的想象力及其表现,梁启超给予高度的评价。他认为,"屈原在文学史的地位,不特前无古人,截到今日止,仍是后无来者。因为屈原以后的作品,在散文或小说里头,想象力比屈原优胜的或者还有;在韵文里头,我敢说还没有人比得上他"。在《中国韵文里头所表现的情感》一文中,梁启超也论及了屈原作品中的想象力问题,认为其善用"幻构的笔法"淋漓尽致地描绘"幻构的境界",是中国文学中神仙幻想的源头。在《屈原研究》中,梁启超更是对屈原的作品作了具体的分析,指出《离骚》《远游》等篇"所写都是超现实的境界,都是从宗教的或哲学的想象力构造出来";《天问》"纯是神话文学,把宇宙万有,都赋予他一种神秘性,活象希腊人思想";《招魂》"前半篇说了无数半人半神的奇情异俗,令人目摇魄荡;后半篇说人世间的快乐,也是一件一件的从他脑子里幻构出来";《九歌》十篇,"每篇写一神,便把这神的身分和意识都写出来"。他盛赞屈原的作品"想象力丰富瑰伟到这样,何止中国,在世界文学作品中,除了但丁《神曲》外,恐怕还没有几家够得上比较哩"。在《陶渊明》中,梁启超指出陶渊明的人生观就是"自然"。他远离闹市,久居乡村,"并不是因为隐逸高尚,有什么好处才如此做,只是顺着自己本性的自然。'自然'是他理想的天国,凡有丝毫矫揉造作,都认作自然之敌,绝对排除"。这样的人,就是"真人"。"真人"创作出来的就是"真文艺"。但"真文艺"不等于没有"理想",没有"想象"。梁启超盛赞《桃花源记》描写了"一个极自由极平等之爱的社会",是一个"东方的 Utopia(乌托邦)"。因此,"这篇记可以说是唐以前第一篇小说,在文学史上算是极有价值的创作"[①]。但后人竟不懂得此文的妙处,"或拿来附会神仙,或讨论他的地方年代",对于这种实证主义的鉴赏态度,梁启超感叹"真是痴人前说不得梦"。

二

梁启超认为文学是情感的表现。同时,文学也必须表现个性。1922年,他在东南大学作的演讲《屈原研究》中认为:"中国文学的老祖宗,必推屈原。从前不是没有文学,但没有文学的专家。"何以没有文学的专家?梁启超说:"如《三百篇》及其他古籍所传诗歌之类,好的固不少,但大半不得作者主名,而且篇幅也很短。我们读这

[①] 梁启超这一论断是从文体的内在特质来界定体裁归属,与一般的将《桃花源记》归为散文相比,是相当富有卓见的。实际上,亦揭示了《桃花源记》虚构与想象的特质。

类作品,顶多不过可以看出时代背景或时代思潮的一部分。"在定稿于1923年4月的《陶渊明》一文中,梁启超更为明确地指出:"批评文艺有两个着眼点,一是时代心理,二是作者个性。"也就是说,梁启超认为光有体现共性的"时代背景或时代思潮"不能构成文学的特质。在具体的批评实践中,梁启超更为关注的是作家的个性与独创性。梁启超认为,一个真正的作家,必须在他的作品中体现出独特的精神个性。从这个标准出发,他认为"头一位就要研究屈原"。他强调,屈原的个性就是"All or nothing"。"All or nothing"是易卜生的名言,它的含义就是:要整个,不然宁可什么也没有。梁启超精辟地指出:"中国人爱讲调和,屈原不然,他只有极端。'我决定要打胜他们,打不胜我就死。'这是屈原人格的立脚点。"梁启超认为,这就是"All or nothing"的精神,也是屈原一生的写照。屈原的一生都在"极诚专虑的爱恋"着"那时候的社会","定要和他结婚"。但屈原是一位有洁癖的人,他"悬着一种理想的条件,必要在这条件之下,才肯委身相事"。而他所热恋的"社会",却"不理会他"。屈原对于"众芳之污秽"的社会,"不是看不开,而是舍不得"。按照屈原的个性,"异道相安"是绝对不可能的。因此,屈原的一生就是"和恶社会奋斗"。"他对于他的恋人,又爱又憎,又憎又爱",却始终不肯放手。他悬着"极高寒的理想,投入极热烈的感情",最终只能"拿自己生命去殉那'单相思'的爱情"。梁启超认为,屈原"最后觉悟到他可以死而且不能不死",因为他和恶社会这场血战,已经到了矢尽援绝的地步,而他又不肯"稍微迁就社会一下",他断然拒斥"迁就主义"。因此,屈原末后只有"这汨罗一跳,把他的作品添出几倍权威,成就万劫不磨的生命"。"研究屈原,应该拿他的自杀做出发点",这是梁启超得出的结论。梁启超对于屈原的解读是非常精到深刻的。稍后,在《陶渊明》中,梁启超再一次重申了自己的批评原则,指出:"古代作家能够在作品中把他的个性活现出来的,屈原以后,我便数陶渊明。"他认为陶渊明个性的整体特征是"冲远高洁"。在这个整体特征下,梁启超又对陶渊明个性的具体特点作了解读。他指出,陶渊明"冲远高洁"的个性表现为三个互为联系的侧面。第一,陶渊明是一位"极热

265

烈极有豪气的人"。梁启超认为，陶渊明的诗作描摹了少年的意气、中年的悲慨与晚年的闲适。但即使在晚年的诗境中，也"常常露出些奇情壮思"，露出些"潜在意识"的冲动。他非常赞赏朱晦庵对陶诗的品评："诗健而意闲，隐者多是带性负气之人。"认为"此语真能道著痒处。要之渊明是极热血的人，若把他看成冷面厌世一派，那便大错了"。第二，陶渊明是一位"缠绵悱恻最多情"的人。他对于家庭骨肉之情极为热烈；对于朋友的情爱，又真率，又浓挚。梁启超认为陶诗集中专写男女情爱的诗"一首也没有，因为他实在没有这种事实。但他却不是不能写，《闲情赋》里头：'愿在衣而为领……'底下一连叠十句'愿在……而为……'熨帖深刻，恐古今言情的艳句，也很少比得上。因为他心苗上本来有极温润的情绪，所以要说便说得出"。梁启超认为以陶渊明"那么高节、那么多情"的个性，对于"'欺人孤儿寡妇取天下'的新主"，自然是"看不上"的；而对于"已覆灭的旧朝"，自然是"不胜眷恋"的。他的《拟古》九首，是"易代后伤时感事之作"，"从深痛幽怨发出来，个个字带着泪痕"。第三，陶渊明是一位"极严正——道德责任心极重的人"。梁启超认为陶渊明的一生都注意身心修养，不肯放松。直到晚年，他在《荣木》《饮酒》《杂诗》中都表现了"进德的念头，何等恳切，何等勇猛！许多有暮气的少年，真该愧死了"。梁启超明确指出：陶渊明"虽生长在玄学、佛学氛围中，他一生得力和用力处，却都在儒学"。魏晋是一个以谈玄论佛为时尚的时代，"当时那些谈玄人物，满嘴里清静无为，满腔里声色货利。渊明对于这班人，最是痛心疾首，叫他们做'狂弛子'"，是"借旷达出锋头"。梁启超认为陶渊明"一生品格的立脚点，大略近于孟子所说'有所不为'、'不屑不洁'的狷者。到后来操养纯熟，便从这里头发现人生真趣味来。若把他当作何晏、王衍那一派放达名士看待，又大错了"。这样的分析，抓住了魏晋时代的社会特征以及陶渊明性格的特质与思想发展的特点，是相当精到的。但梁启超认为陶渊明个性的特质是冲远高洁，这并不等于他天生就能免俗。因为生活所迫，陶渊明也"曾转念头想做官混饭吃"，"他精神上很经过一番交战，结果觉得做官混饭吃的苦痛，比挨饿的苦痛还厉害,他才决然弃彼取此"。梁启超最推崇陶渊明的《归去来兮辞·序》,认为"这篇小文,虽极简单极平淡,却是渊明全人格最忠实的表现","古今名士,多半眼巴巴盯着富贵利禄,却扭扭捏捏说不愿意干。《论语》说的'舍曰欲之,而必为之辞'。这种丑态最为可厌。再者,丢了官不做,也不算什么稀奇的事,被那些名士自己标榜起来,说如何如何的清高,实在适形其鄙。二千年来文学的价值,被这类人的鬼话糟蹋尽了"。梁启超认为陶渊明这篇文的妙处,就在于"把他求官、弃官的事实始末和动机赤裸裸照写出来,一毫掩饰也没有","后人硬要说他什么'忠爱',什么'见几',什么'有托而逃',却把妙文变成'司空城旦书'了"。梁启超最欣赏的就是陶渊明的性情之真,他说陶渊明是"一位最真的人"。因为真,他"对于不愿意见的人,不愿意做的事",决"不肯丝毫迁就"。因此,从本质上说,陶渊明的冲远高洁与屈原的 All or nothing 一样,都是一种独立不迁的品格,但"屈原的骨鲠显在外面,他却藏在里头"。这样的解读,真是鞭辟入里。在《情圣杜甫》中,梁启超也坚持对作家的"整个的人格"的研究,他主张"研究杜工部,先要把他所生的时代和他一生经历略叙梗概,看出他整个的人格"。梁启超认为杜甫是"一位极热肠的人,又是一位极有脾气的人"。杜甫有一首诗《佳人》,描绘了一位"身分是非常名贵的,境遇是非常可怜,情绪是非常温厚的,性格是非常高亢的"佳人形象,梁启超认为这个"佳人"就是杜甫"自己的写照",是他"人格的象征"。

　　梁启超指出,屈原、陶渊明、杜甫都是有个性的文学家。有个性的文学家,他的作品必须具备两个特征。第一,是"不共"。"不共"就是"作品完全脱离模仿的套调,不是能和别人共有"。第二,是"真"。"真"就是作品"绝无一点矫揉雕饰,把作者的实感,赤裸裸地全盘表现"。对于艺术家而言,"真"是内质,"不共"是表现;对于艺术实践活动而言,"不共"是基石,"真"是桥梁。在《屈原研究》中,梁启超指出:"特别的自然界和特别的精神作用相击发,自然会产生特别的文学。"这里所说的"自然界"是指包含自然与社会在内的整个外部世界。"特别的自然界"就是文学主体对表现对象之真的个性化把握,"特别的精神作用"就是文学主体自身的不共的精神个体性。"不共"与"真"的统一,在艺术实践中,也就是"特别的自然界和特别的精神作用"之击发,其结果必然也才能成就有个性的美之文学。

三

作为中国近代文学与美学思想的重要代表人物,梁启超的"三大作家批评"及其所体现的文学理念与批评特色典型地呈现出中国文论由古典向现代转型的基本特征。

中国古代文学思想是以儒家文化作为自己的思想根基的。虽然早在先秦时代,儒道两家的创始人孔子与庄子都对美与艺术的问题发表了自己的见解。但在中国文化中,占主导地位的是儒家。儒家文化的思想基础是封闭专制的封建意识形态。作为一种伦理文化,儒家文化维护的是既定的封建统治秩序与社会规范,其本质是以"礼"来规范"人",以伦理纲常来钳制人。表现在审美与艺术实践中,就是以伦理理性来规范文学作品的思想内涵,要求文学温柔敦厚,保持中和之美,以理性来节制情感。"怨而不怒""哀而不伤""文以载道",这样的文学理念要求文学始终以现实理性为准则,与现实保持一致的和谐状态。它只给予人生存的权利,而并不赋予人情感发展与个性自由的权利。因此,这种和谐是以牺牲个体、牺牲情感、牺牲对新生活的想象与追求为前提的,它不仅是对审美主体的钳制,也是对于艺术的曲解。艺术是人的精神家园,是人的情感与想象的栖身地。晚明李贽以心学佛学为武器,提出了"童心"即"本心"的主张,强调"天下之至文,未有不出于童心焉者也",触及文学艺术中的个性与真情的问题。在近代,这个问题首先被龚自珍所延续,龚自珍毫不留情地揭露了封建礼教对于人的思想的禁锢和人的个性的摧残。他的《病梅馆记》名曰疗梅,实为疗人,表现了对人的个性自由与人格健全的呼唤。这样的思潮正与西方资产阶级个性解放的思潮相呼应。14世纪兴起的西方文艺复兴运动是一场资产阶级文化的全面开拓。它不仅冲击了中世纪黑暗的宗教统治,也冲击了古老的宗法专制。新兴资产阶级举起了

"人文主义"的大旗,自由、平等、民主、个性的理念随着"人文主义"理想广为传播。个性解放成为近代文化的重要价值追求。"近代文学在世界各国几乎都是一种'人'的解放的文学",[①] 是具有生命活力与个性魅力的人的发现。因此,梁启超关于文学情感与个性的审美理念是与世界文学的发展大潮相呼应的,也呈现出中国文学观念由古典向现代演进的历史趋向。

在三大作家批评中,梁启超也非常重视研究方法的变革。中国古典思维是一种重整体把握、重直觉体悟的思维方式,较少逻辑分析与理性推理。这种方式的优点是凸现了具体研究的个体特征,但却带有模糊、朦胧、随意的特点。明代思想家叶燮在《原诗》中对文学研究的对象进行了分类,他将客体对象分为"理、事、情"三类,将主体能力分为"才、胆、识、力"四种,不再把对象作为混沌的整体来把握。但《原诗》的研究方法并没有对传统思维产生多大的冲击。近代以后,随着西学传入中国,尤其是西籍的翻译,与西方科学相联系的逻辑思维方法才真正传入中国。"三大作家批评"就是梁启超借鉴西方逻辑方法的重要作品,他在论文中主要运用了逻辑思辨的方式,以一个具体作家为中心,对其作品与创作现象分类剖析,并大量运用了传统批评尤不擅长的归纳法,如对杜甫诗歌表情方法的归纳与总结,多达六条,条理清晰。"思维方式的转换是最深刻的观念转换。"《近代文学观念流变》一书认为:"梁启超以新思维见长,故能在文学观念上多有发挥,可以上承龚自珍下接王国维,成为近代文坛上承前启后的人物。"[②] 思维方式的变革使"三大作家批评"不仅直接拥有了崭新的理论风貌,也大大拓深了中国文学批评对于这三位大家的认识与评价。与研究方法相联系的是理论的形态。中国古典文论的代表形态是诗话、词话与小说评点,注重对作品的具体鉴赏,零星不系统,很少形成完整系统的理论形态。梁启超的"三大作家批评"虽不全是严格的专题论文,《情圣杜甫》与《屈原研究》本为演讲稿,但三文均

---

① 袁进:《中国文学观念的近代变革》,上海社会科学院出版社1996年版,第113页。
② 章亚昕:《近代文学观念流变》,漓江出版社1991年版,第115、112页。

以一个作家为中心，进行相关的整体研究，中心论点明确，有材料有论证，有分析有归纳，理论色彩较为鲜明，是初具规模的现代批评专论，与古典文论的鉴赏形态有很大的差别，体现出自觉向西方现代批评范式靠拢的努力。美国学者柯克·登顿在比较了王国维与梁启超的批评论文后认为，王梁写于20世纪初年的小说论文，王的论文"还明显地表现出与传统批评在形式上的连结"，而梁的论文则"可以看到更多的现代批评的特征"，"梁启超采用的是阐述式的写作：有一个中心论点，并且进行较为系统的论证"。[①] 尽管柯克·登顿比较的对象不涉及梁启超的"三大作家批评"，但他的研究成果明确指证了梁启超文学批评的现代性特征及其先导意义。

在中国文论发展的整体进程中，梁启超的"三大作家批评"具有重要的开拓与转型意义，值得引起我们的关注。

原刊《文艺理论与批评》2003年第2期
《中国文学年鉴》2004年卷摘要转载

[①] 参见 Denton, Kirk A., ed., *Modern Chinese Literary Thought: Writings on Literature 1893—1945*, Stanford, California: Stanford University Press, 1996。

论梁启超的崇高美理念

一

对于艺术崇高之美的审美鉴赏与理论表述,是梁启超崇高美理念的集中体现。

1902年,梁启超发表了《论小说与群治之关系》一文。此文不以崇高为中心论题,也没有对崇高作理论界定,但实质上已触及了艺术中崇高审美的问题。作者认为小说有不可思议之力支配人道,因此欲新民必先新小说。而新民的目的不可能依靠和谐型的小说来实现,而必须使读者震撼,给读者刺激。文中说:"小说之以赏心乐事为目的者固多,然此等顾不甚为世所重;其最受欢迎者,则必其可惊可愕可悲可感,读之而生出无量噩梦,抹出无量眼泪也。"[①] 在这里,梁启超所肯定的是与赏心乐事相对立的和读者的"噩梦"与"眼泪"交织在一起的"可惊可愕可悲可感"之作。文中还谈道:"刺也者,能入于一刹那顷,忽起异感而不能自制者也。我本蔼然和也,乃读林冲雪天三限,武松飞云浦一厄,何以忽然发指?我本愉然乐也,乃读晴雯出大观园,黛玉死潇湘馆,何以忽然泪流?"[②] 审美情感的激发正来自冲突与毁灭。在这些文字中,实际上已隐含了这样的审美理念:一是悲之美具有重要的审美价值;二是悲之美通过情感的异质转化可以获得审美愉悦。梁启超对悲之美的欣赏与肯定,体现了对于时代的新的美

[①] 《饮冰室合集》,第2册,中华书局1989年版,文集之十第6页。
[②] 《饮冰室合集》,第2册,中华书局1989年版,文集之十第7页。

学品格的把握。《论小说与群治之关系》是"小说界革命"的宣言书。在其前后,梁启超也发出了"诗界革命"与"文界革命"的呼声。"三界革命"主要论及了小说、诗歌、散文三种文体的变革,强调了新意境与新理想的表现,不仅要求文学冲破旧形式主义的束缚,更要求文学思易人心,激扬民潮,提出了文学风格变革的整体性革命要求。梁启超自己的散文则被守旧之辈诋为"野狐",体现出与传统温柔敦厚之文风的截然差别。在"三界革命"的理论与实践中,梁启超关于艺术崇高审美的精神意向已初步形成。他推出了以弘扬觉世之文、欣赏崇高美感为核心的新的文体审美观。

1902—1907年,梁启超著有《诗话》多则。《诗话》通过对具体诗家具体作品的赏鉴论析,集中体现了对新的诗歌精神与诗歌风格的弘扬。梁启超在对中西诗歌进行比较后,指出中国古诗在文藻篇幅上,"可颉颃西域";[①] 但在精神气度上,中国古诗却缺乏"精深盘郁,雄伟博丽"之气。他认为,诗家的理想精神是品鉴诗歌的基本尺度。在《诗话》中,梁启超首推的近世新诗人是黄公度。他认为黄诗有两点堪誉,一是意象无一让昔贤,二是风格无一让昔贤。《诗话》中选录了多首黄公度的诗作。那种"大风西北来,摇天海波黑"的壮阔意象,"秦肥越瘠同一乡,并作长城长"的壮美意象,"我闻三昧火,烧身光熊熊"的悲壮意象,"探穴直探虎穴先,何物是艰险"的无畏意象,"堂堂好男子,最好沙场死"的英雄意象,均体现了与梁启超所批评的传统诗歌"儿女子语"截然不同的新境界。在《诗话》中,梁启超还把谭浏阳誉为"我中国二十世纪开幕第一人"。谭诗"金裘喷血和天斗,云竹闻歌匝地哀"的激越,"我自横刀向天笑,去留肝胆两昆仑"的凛然,都与梁启超所推崇的男儿气概相合。在《诗话》中,梁启超强调"诗人之诗,不徒以技名"。[②] 以诗歌精神风格与文字技巧两相比较,梁启超毫不犹豫地选择了前者。而以诗歌精神风格论之,梁启超倒也并不是偏狭之人。《诗话》中亦录有"云涛天半飞,

---

[①] 吴松等点校:《饮冰室文集点校》,第6集,云南教育出版社2001年版,第3792页。
[②] 吴松等点校:《饮冰室文集点校》,第6集,云南教育出版社2001年版,第3844页。

月乃出石罅"的飘飘出尘之想,"珠影量愁分碧月,镜波掠眼接银河"的幽怨蕴藉之作。梁启超认为这些诗亦是佳作,他本人也非常喜欢。但在《诗话》中,梁启超有着基本的诗歌审美立场,即诗非只关儿女事,诗非只在文藻形式,他极力张扬的是以时代国家为念、以理想精神为旨的"深邃闳远""精深盘郁""雄伟博丽""雄壮活泼""连抃瑰伟""长歌当哭""卓荦""庄严""超远""遒劲""慷慨"的性情之诗。他反对"靡音曼调",要求诗、词、曲应于国民有所影响,而非"陈设之古玩",应"绝流俗""改颓风",振厉人心、读而起舞。若以崇高优美两种基本美学风格论之,在诗歌鉴赏中,梁启超推崇并极力弘扬的无疑是以气魄夺人的崇高美。

20世纪20年代,梁启超在《中国之美文及其历史》《中国韵文里头所表现的情感》《情圣杜甫》《屈原研究》等文中,结合中国古典作家作品,特别是结合艺术真实、作品情感、作家人格等问题所作出的论释,更是使其关于艺术崇高审美的理念具有了丰富的内涵。梁启超明确提出,"求美先从求真入手"。他认为,"美的作用,不外令自己或别人起快感,痛楚的刺激,也是快感之一。例如肤痒的人,用手抓到出血,越抓越畅快"。[①]"痛"与"快"联系在一起,"痛快"就是一种由极度刺激及其释放所带来的真实快感。在《情圣杜甫》中,梁启超认为杜诗之美就是带着刺痛的真美。他说:"像情感那么热烈的杜工部,他的作品,自然是刺激性极强,近于哭叫人生目的那一路","他的哭声,是三板一眼的哭出来,节节含着真美"。[②]杜诗中"对于时事痛哭流涕的作品,差不多占四分之一","他的眼光,常常注视到社会最下层",做出来的诗句往往"带血带泪"。杜甫的诗充满了悲情,但并没有低俗的格调,而是有情感有"胸襟",洋溢着崇高的悲感。在《中国之美文及其历史》中,梁启超则盛赞秦汉之交,"有两首千古不磨的杰歌:其一,荆轲的《易水歌》;其二,项羽的《垓下歌》"。两歌主人是中国历史上有名的壮士与英雄,作品表现了慷慨赴

---

① 《饮冰室合集》,第5册,中华书局1989年版,文集之三十八第50页。
② 《饮冰室合集》,第5册,中华书局1989年版,文集之三十八第50页。

死的悲壮与悲情。梁启超认为《易水歌》"虽仅仅两句,把北方民族武侠精神完全表现,文章魔力之大,殆无其比",并认为"北方文学得这两句代表,也足够了"。《垓下歌》是"失败英雄写自己最后情绪的一首诗,把他整个人格活活表现,读起来像加尔达支勇士最后自杀的雕像","真算得中国最伟大的诗歌了"。①梁启超指出,这两首诗歌所表的均是"哀壮之音"。在此文中,梁启超以"意态雄杰""遒丽浑健""雄音""矫健""苍浑"等词表达了对于诗歌崇高风格的欣赏。在《中国韵文里头所表现的情感》一文中,梁启超着重研究了韵文表情的五种方法,即"奔迸""回荡""含蓄蕴藉""浪漫""写实"。他认为:"向来写情感的,多半是以含蓄蕴藉为原则,像那弹琴的弦外之音,像吃橄榄的那点回甘味儿,是我们中国文学家所最乐道。但是有一类的情感,是要忽然奔迸一泻无余的,我们可以给这类文学起一个名,叫做'奔迸的表情法'","凡这一类,都是情感突变,一烧烧到'白热度',便一毫不隐瞒,一毫不修饰,照那情感的原样子,迸裂到字句上"。梁启超指出,若讲文学情感之真,没有真得过这一类的。"这类文学,真是和那作者的生命分劈不开。"他的结论是,这类文学为"情感文中之圣"。②同时,梁启超指出这类表情法,从内容看,"所表的什有九是哀痛一路";从方法看,"是当情感突变时,捉住他心奥的那一点,用强调写到最高度";从效果看,表现的是"情感一种亢进的状态",在作者是"忽然得着一个'超现世'的新生命",在读者则"令我们读起来,不知不觉也跟着到他那新生命的领域去了"。③梁启超高度肯定了奔迸的表情法。这种表情法就审美情感的特征而言近于刚劲崇高一路。与奔迸的表情法相对的就是回荡的表情法与含蓄蕴藉的表情法。梁启超指出:"我们的诗教,本来以'温柔敦厚'为主",因此,批评家总是把"含蓄蕴藉"视为文学的正宗,"对于热烈磅礴这一派,总认为别调"。梁启超强调:对于这两派"不

---

① 《饮冰室合集》,第10册,中华书局1989年版,专集之七十四第1页。
② 《饮冰室合集》,第4册,中华书局1989年版,文集之三十七第77页。
③ 《饮冰室合集》,第4册,中华书局1989年版,文集之三十七第78页。

能偏有抑扬"。① 实际上，针对中国传统诗教的特点，梁启超始终坚持的立场就是推崇"热烈磅礴"这一派，这与"三界革命"、与《诗话》所体现的总体精神是完全一致的。在《屈原研究》中，梁启超还提出了屈原的悲剧精神与崇高人格的问题，认为 All or nothing 就是屈原人格与精神的写照。正是这种"眼眶承泪，颊唇微笑"的从容赴死，使屈原的作品拥有了万劫不磨的生命力，洋溢着崇高的美感。在古典作家作品中发现崇高之美，解读崇高精神，不仅仅是对崇高审美问题的具体化，也是对于古典作家作品的新视域。梁启超的中国古典作家作品研究体现出深邃开阔的目光，是传统典范作品与现代美学精神相结合的成功尝试。

正是在具体的艺术审美实践与理论批评中，梁启超高度肯定了艺术崇高的美学价值，阐释了自己对崇高型艺术的美学理想。

二

在中国近现代文化转型期，梁启超是不容忽视与抹杀的人物。这不仅是因为梁启超面对西方文化时拿来主义的宏阔胸襟，也因为他在大力吸纳西方文化时所始终把持的民族立场与现实姿态。同样，在对艺术风格与精神问题的思考中，梁启超的一个基本品格就是从民族的现实境遇与文化传统出发去发现、思考、提出理论问题。因此，梁启超的崇高理念并非对西方近代崇高理论的简单搬用，而是具有自身独特的理论品格。

首先，梁启超的崇高理念与对中华民族现状的思考紧密相连。它不仅是对一种新的美学风格与美学精神的肯定与弘扬，也是对现实人生和社会问题的一种立场与姿态。鸦片战争后，危机四伏的民族命运与腥风血雨的艰难时局早已使国人远离了和谐与宁静。在梁启超看来，与时代和民族命运相呼应的美就是力之美，是变、动、兴、立、进、创、刚、强、破、改之美，是与守旧、闭塞、保守、怯懦、静止、因袭、愚弱相对立的美。他期待"横大刀阔斧，以辟榛莽而开新天地"

---

① 《饮冰室合集》，第4册，中华书局1989年版，文集之三十七第93页。

的英雄问世①，期待"知责任""行责任"的大丈夫问世②，期待有"活泼之气象""强毅之魄力""勇敢之精神"的豪杰问世③。他以满怀深情之笔，描绘了少年中国之生气勃勃的灿烂壮美意象！在他的视域中，人生与艺术是美之两翼，相辅相成，相激荡相融通。他呼唤艺术之崇高新风，也呼唤人之崇高、国之崇高、时代之崇高；他呼唤物之崇高，也呼唤事之崇高、行为之崇高、精神之崇高。在他笔下，崇高意象丰富绚烂，炫人眼目。他描绘了大鹏"抟九万里，击扶摇而上"的豪情；描绘了凤凰"餐霞饮露，栖息云霄之表"的情怀。他惊叹"江汉赴海，百千折而朝宗"的毅力；感慨狮象狻猊"纵横万壑，虎豹慑伏"的气概。大风、大旗、大鼓、大潮、飓风、彗星、暴雷、蛟龙，一一汇聚到梁启超的笔下。梁启超把自然、人、社会的崇高意象与崇高境界汇为一体，使19、20世纪之交的中国人从他的文字中经历了既以自然的崇高为具体意象，又以人与社会的崇高为终极向往的中国式崇高美的激情洗礼。梁启超的崇高理念是对西方近代美学精神尤其是以康德为代表的自然崇高审美思想的吸纳，更具有独特的现实情怀与民族风采。在梁启超这里，崇高理念既是一种美学理想，也是一种人生理想。

其次，梁启超的崇高理念与对西方文学的比较和对传统文学的批判紧密相连。它既是一种理论吸纳，也是一种思想开新。在《中国韵文里头所表现的情感》一文的开头，梁启超明确谈道："我讲这篇的目的，是希望诸君把我讲的做基础，拿来和西洋文学比较，看看我们的情感，比人家谁丰富谁寒俭？谁浓挚谁浅薄？谁高远谁卑近？我们文学家表示感情的方法，缺乏的是那几种？先要知道自己民族的短处去补救他，才配说发挥民族的长处，这是我讲演的深意。"④ 确实，这一"深意"许久以来并没有被我们所重视。《中国韵文里头所表现的情感》并不只是对于中国韵文表情方法的简单罗列，其实质是通过对

---

① 《饮冰室合集》，第6册，中华书局1989年版，专集之二第1页。
② 《饮冰室合集》，第1册，中华书局1989年版，文集之五第69—75页。
③ 《饮冰室合集》，第1册，中华书局1989年版，文集之七第105—114页。
④ 《饮冰室合集》，第4册，中华书局1989年版，文集之三十七第72、73页。

传统表情方法的总结，提出中国文学应吸收西洋文学的表情方法，取长补短，使文学风格更为丰富多彩的问题。而其更深层的话语还在于，通过对传统文学温柔敦厚、含蓄蕴藉为主调的表情风格的总结和艺术风格多样化的呼唤，实质上蕴含了对中国文学的传统格局与基本特征变革的呼唤。在具体分析奔进的表情法时，梁启超指出："这种情感的这种表情法，西洋文学里头恐怕很多，我们中国却太少了。我希望今后的文学家，努力从这方面开拓境界。"① 所谓"奔进"，是情感突变，一烧烧到白热度，一个个字，都带着鲜红的血，是语句和生命的迸合为一。这样的诗歌自然不是含蓄温柔的缠绵之作，更多的是悲情与豪气。20年代后期，梁启超在《晚清两大家诗钞题辞》中，进一步对中国传统文学的弊病给予了无情的抨击："中国诗家有一个根本的缺点，就是厌世气息太浓"，常常把诗词作个人叹老嗟卑之作；还有一些诗家把诗词作无聊的交际应酬之作，缺少"高尚的情感与理想"。② 梁启超提出文学是无国界的，要将世界各派的文学尽量输入，采了他们的精神，造出本国的新文学。他强调文学的趣味一要时时变化，二要"往高尚的一路提倡"。梁启超以中西比较和古今变革的宏阔文化视野，提出了文学风格与精神变革的重要问题。他虽然并未直接以"崇高"来命名新的文学风格与文学精神，但他所欣赏的"奔进"之情、"高尚"之情，他所赞美的"雄杰"之境、"瑰玮"之境等，无疑就是艺术崇高的美丽新境界。

再次，梁启超的崇高理念与悲剧精神具有密切的联系，体现了西方传统崇高精神在中国近现代社会背景下的独特意蕴。崇高与悲剧在西方美学中是既有联系又有区别的两个范畴。西方传统崇高理论的主要代表人物博克、康德、黑格尔等都从不同的侧面探讨了崇高感的特质。在黑格尔这里，崇高与悲剧无疑都充满了矛盾与辩证的要素，但两者的对象与实质还是有着明确的差别的。也正因此，黑格尔认为古代和谐型艺术和近代冲突型艺术中都可以有伟大的悲剧。与西方美学

---

① 《饮冰室合集》，第4册，中华书局1989年版，文集之三十七第78页。
② 《饮冰室合集》，第5册，中华书局1989年版，文集之四十三第69—80页。

家较为纯粹的学理研讨不同，梁启超的崇高理念是在社会与文化的双重激荡下萌生的，这也决定了其不同的学术特征与学理内涵。虽然梁启超的崇高美理念也不乏对自然界中崇高美意象的欣赏与赞叹，但其终极指向是社会和艺术领域中的崇高，是人的精神境界与行为品格的崇高。现实的民族危局与文化危机，使梁启超对崇高地呼唤内在的饱含着悲壮的美。在梁启超的审美视域中，新与旧、兴与立、活与死、强与弱、动与静不仅是对立的范畴，也是相辅相成的范畴。没有悲壮的毁灭，就没有壮美的新生。梁启超特别欣赏的正是那种悲剧型的崇高美，是那种带血带泪的刺痛，是那种含笑赴死的从容。他把自己所处的时代喻为"过渡时代"，赋予过渡时代的英雄以"横大刀阔斧，以辟榛莽而开新天地"的壮阔情怀。这样的英雄不管其目标是破坏还是建设，其结果是成功还是失败，其行为本身都表现出置一己得失于度外的悲壮之美。悲剧与崇高在梁启超的审美视域中融为一体，成为通向崇高之路的必经阶梯。这种融崇高理念与悲剧精神为一体的美学品格，充分体现了直面冲突与毁灭的无畏抗争精神，也充分凸显了中国近现代美学崇高理念孕育的特定时代语境。

此外，梁启超的崇高理念融崇高风格弘扬与崇高品格教育为一体。在梁启超这里，崇高审美的归宿就是崇高趣味与崇高情感的培养问题。梁启超既从学理传承、也从民族现实中激扬而来的崇高理念，不仅指向美学风格与文化品格的开新，也指向国民性的改造与变革。刺激国人萎靡的神经、提升国人流俗的品格，构成了梁启超崇高思想的基本旨归。在《诗话》中，梁启超明确提出应该进行诗歌与音乐教育。他倡导能够激扬民族意气的富有崇高精神的军歌与校歌。他为黄公度的军歌而欢呼，誉其为"中国文学复兴之先河"。他高度肯定屈原"All or nothing"的崇高人格精神，热情倡导小说"刺"与"提"的审美功能。他的散文以"野狐"之势行"觉世"之旨。这一切都表现了他对热烈磅礴的崇高艺术风格与崇高人格精神的呼唤。在梁启超的审美视域中，人生与艺术作为美的两翼，可以在审美实践与趣味践履中获得精神的会通。因此，在梁启超这里，对于艺术的崇高精神倡导与审美实践也就是对于人格的崇高精神教育。这种富有实践意向的崇高理念亦鲜明地体现出梁启超作为启蒙主义美学家的根本特色。

梁启超并非只以崇高为美。尤其在艺术审美中,梁启超亦提倡艺术风格的多样化,但崇高无疑是其整个艺术与美学趣味的主调。这种美学品味与审美意向体现了梁启超敏锐的历史意识与文化意向,呈现出与中国社会历史与文化发展相一致的理论步向,成为19、20世纪之交中国文学与文化崇高之路的一面独特旗帜。同时,梁启超的崇高美理念也典型地体现出19、20世纪之交中西文化交汇的鲜明烙印与独特的个体性创构。

原刊《浙江学刊》2006年第3期

论梁启超美学思想发展分期与演化特征

从现存资料看，自 1896 年发表《变法通议》始至 1928 年编撰《辛稼轩年谱》止，梁启超的美学思想活动前后共 30 余年。其间，以 1918 年欧洲游历为界，可分为 1896—1917 年的萌芽期与 1918—1928 年的成型期前后两个发展阶段。梁启超前后期美学思想在研究视野上有开拓，研究目标上有深化，研究内涵上有发展，但以审美介入人生，注重审美实践、人生实践、艺术实践相统一的基本学术取向始终如一。梁启超前后期美学思想的发展呈现出"变而非变"的基本演化特征，凸显了其人生论美学的基本学术立场以及由社会政治理性观向文化人文价值观迈进的基本学术轨迹走向。

一 梁启超美学思想发展之萌芽期

梁启超美学思想发展的第一个阶段约为 1896—1917 年，是其美学思想的萌芽期。这一阶段，梁启超主要作为政治家的形象活跃于中国历史舞台，其关注中心在政治，学术活动是其政治改良活动的有机组成部分。这一阶段，梁启超关于审美问题研究的视野相对狭隘。其对美学问题的思考主要包含在文学问题中，较少纯粹与形上的美之研讨。梁启超这一阶段的美学思想贡献主要体现在关于"三界革命"的理论倡导中。倡导包括"诗界革命"、"小说界革命"与"文界革命"在内的文学革新运动是梁启超这一阶段文学活动的中心。在"三界革命"的理论倡导中，梁启超提出了关于中国文学变革的许多重要思想，体现了对于新的文体审美理想与文学审美意识的开拓与呼唤。同时，在"三界革命"的理论倡导中，梁启超也明确体现出对美（艺术）与人生（社会）"进化"之内在联系的自觉认识，他提出了"力"与"移人"这两个在其整个美学思想体系中占据重要地位的范畴与命题。"三界革命"的理论及其"力"与"移人"的思想奠定了梁启超美学思想将审美实践与人生实践相融汇的基本学术取向与研究视角，也构筑了梁启超美学思想的基本内核。

1896年，梁启超发表了《变法通议·论幼学》。《变法通议》是一部倡导社会变革的政治论文。但在《论幼学》中，梁启超专门谈到了"说部书"，即小说。其中涉及了两个比较重要的观点：第一，他指出小说运用俚语写作，故"妇孺农氓"皆可读之，因此，从实际情形看，"读者反多于六经"；第二，他认为小说读者面广，对社会风气具有重要影响。尽管在《论幼学》中，梁启超对小说的艺术特质缺乏深入的认识，还把《红楼梦》《三国演义》《水浒传》等中国优秀古典小说与其他小说混为一谈，将社会风气的败坏简单地归结为传统小说的影响，这种认识不仅肤浅，也是极为片面化的。但是梁启超意识到了小说与经书对读者感染力的差异，意识到文学与世道人心具有密不可分的联系，从而明确地把小说作为自己关注与研究的一个对象，提出正是因为长期以来士大夫文人轻视小说，结果任其"游戏恣肆，诲淫诲盗"，败坏"天下之风气"。他提倡"今宜专用俚语，广著群书，上之可以借阐圣教，下之可以杂述史事，近之可以激发国耻，远之可以旁及彝情，乃至宦途丑态，试场恶趣，鸦片顽癖，缠足虐刑，皆可穷极异形，振厉末俗，其为补益，岂有量耶"！①实际上即提倡利用小说的形式，规范小说的内容，来发挥小说功能，使其对社会风气产生正面的影响。因此，《论幼学》正是梁启超面向现实、学用相谐的文学思想的源头，也是梁启超审美与人生相统一的美学思想的起点。

1902年，是梁启超前期美学思想发展的一个高峰。这一年，梁启超发表了著名的小说论文《论小说与群治之关系》。戊戌变法失利后，

---

① 《饮冰室合集》，第1册，中华书局出版1989年版，文集之一第54页。

康梁避难日本。为了继续为维新思潮摇旗呐喊，梁启超在日本先后创办了《清议报》《新民丛报》《新小说》等刊物。《新民丛报》创刊于1902年。在创刊号上，梁启超陈述了该报的宗旨：本报取《大学》新民之义，以为欲维新吾国，当先维新吾民；本报以教育为主脑，以政论为附从；本报为吾国前途起见，以国民公利公益为目的。① 可见，此时作为政治家的梁启超思想重心已经发生了位移。他对救国道路的寻找由直接的政治革命转向文化启蒙，由制度变革转向新民塑造。1902—1906年，梁启超在《新民丛报》上陆续发表了《新民说》共二十节，全面阐述了启蒙新民的思想主张。欲救国先新民，欲新民"莫急于以新学说变其思想。"② "新学说"即当时所接触到的各种西方思潮与理论，特别是近代西方资产阶级的各种思想学说。在传播新学说、改革旧思想的现实需求下，文学及其变革引起了梁启超极大的关注。因为文学不仅是传统文化的重要组成部分，它还是传统文化的主要承载与阐释工具。不变革文学的特质与功能，就不能有效地实现新思想的传播。关于文学与民众素养及社会变革的关系，梁启超在戊戌变法前写作的《变法通议》（1896）、《蒙学报演义报合叙》（1897）、《译印政治小说序》（1898）等文中已有涉及。1902年，在《论小说与群治之关系》一文中，梁启超更是作了集中阐发，提出"欲新道德，必新小说；欲新宗教，必新小说；欲新政治，必新小说；欲新风俗，必新小说；欲新学艺，必新小说；乃至欲新人心，欲新人格，必新小说"，他得出结论"欲改良群治，必自小说界革命始；欲新民，必自新小说始"。③ 尽管这篇论文在对小说的艺术本性和审美功能的认识上有很大的偏颇，他不仅无限地夸大了小说的社会功能，还把审美功能放在工具性层面，把社会功能放在终极性层面，从而扭曲了艺术的社会功能与审美功能的关系。但在这篇论文中，梁启超从"力"的命题出发，概括并阐释了小说所具有的"熏""浸""刺""提"四种艺术感染力，"渐"化和"骤"觉两种基本艺术感染形式，"自外而灌之使

---

① 参见李喜所、元青《梁启超传》，人民出版社1993年版，第142—143页。
② 《饮冰室合集》，第6册，中华书局1989年版，专集之四第1页。
③ 《饮冰室合集》，第2册，中华书局1989年版，文集之十第6—10页。

入"和"自内而脱之使出"两大艺术作用机理,从而得出了小说"有不可思议之力支配人道",并能达成"移人"之境的基本结论。这一阐释从小说艺术特征和读者审美心理的角度来探讨小说发挥功能的独特方法与途径,体现了梁启超深厚的艺术功底,也呈现出较为丰富的美学内蕴。在这篇文章中,梁启超还对小说的艺术特性和人的本性之间的关系作了探讨,指出小说具有既能摹"现境界"之景、又能极"他境界"之状和"寓谲谏于诙谐,发忠爱于馨艳"的艺术表现特性,强调这两种特性可以满足人性的基本需求,从而"因人之情而利导之"。

在探讨小说艺术特性时,梁启超还涉及了"理想派"与"写实派"的概念。"理想派"与"写实派"这一组概念是梁启超从西方文论中引入的。在中国文论与美学理论史上,属首次触及。因此尽管《论小说与群治之关系》中的小说美学阐释是以社会功能为终极归宿的,其本身存在着致命的弱点,但正是这篇文章,首次在中国文学与美学理论史上以现代理论思维模式概括了小说的审美特性,并通过对小说审美功能和社会功能的高度肯定使小说获得了文学殿堂的正式通行证,从根本上改变了中国传统文化关于小说"小道""稗史"的价值定位,从理论上将小说由文学的边缘导向了中心。中国文学传统,历来以诗文为正宗。明代以后,小说创作虽已相当繁荣,出现了《三国演义》《水浒传》《西游记》《金瓶梅》《红楼梦》以及"三言二拍"等脍炙人口的长短篇小说名著,但小说在主流社会中,仍难登大雅之堂,被士大夫和正统文人排斥在文学正殿之外。明代以来,也有一些思想家和作家提出了肯定小说功能与地位的见解。在梁启超之前,有李贽、冯梦龙、凌濛初等;与梁启超大体同时,则有康有为、严复、夏曾佑等。但他们均从小说与经史的比附入手,抬高小说的地位。如冯梦龙认为小说是"六国经史之辅"。[1]严复认为小说为"正史之根"。[2]康有为则认为"宜译小说"来讲通

---

[1] 冯梦龙:《醒世恒言·序》,载《中国历代文论选》,第3册,上海古籍出版社1980年版,第223页。

[2] 严复、夏曾佑:《本馆附印说部缘起》,载陈平原、夏晓虹《二十世纪中国小说理论资料》,第1卷,北京大学出版社1997年版,第27页。

"经义史故"。① 这些观点实际上均将小说视为经史的羽翼和辅助工具。与这类既肯定小说的功能地位又犹抱琵琶的态度相比，梁启超则直接将小说与"支配人道"、与"吾国前途"相联系，还明确宣称"小说为文学之最上乘"。《论小说与群治之关系》集中论释了小说的社会功能与审美特质。尤须注意的是，梁启超对小说社会功能的肯定不是以文学以外的经史为标准，而是真正从文学自身的艺术特点审美特征出发的，由此，他所给予小说的"文学"定位，在根本上不是外部界定，而是本体界定。《论小说与群治之关系》使梁启超成为中国小说思想由古典向现代转换的关键人物。这篇论文也成为梁启超前期美学思想的第一篇扛鼎之作，是梁启超文学审美理念的一篇檄文与宣言，也是梁启超人生实践与审美实践相统一的美学思想的重要理论代表作。

这一阶段，梁启超涉及美学问题的相关重要论文还有《惟心》（1899）、《饮冰室诗话》（1902—1907）、《夏威夷游记》（1903）、《告小说家》（1915）等。《惟心》是梁启超早期美学思想中值得引起关注的另一篇重要论文。如果说《论小说与群治之关系》是从文学角度切入讨论了艺术的特质与审美的功能问题，《惟心》则是从哲学与心理层面切入讨论了美的本质及其与美感的关系问题。《惟心》是梁启超哲学观与美学观的一次重要表述。梁启超说："境者心造也。一切物境皆虚幻，惟心所造之境为真实"；"天下岂有物境哉，但有心境而已"；"物境之果为何状，将谁氏之从乎？仁者见之谓之仁，智者见之谓之智，忧者见之谓之忧，乐者见之谓之乐。吾之所见者，即吾所受之境之真实相也"。② 在这里，梁启超提出了境之实质以及物境与心境的关系问题。梁启超把境视为心即人的主观精神的创造物。由此出发，他认为一切物境皆著心之主体色彩。因此，就"境"之实质言，没有纯客观之物境的存在，而只有渗透了主体色彩的心境。这种认识就其哲学立场来说具有主观唯心主义倾向。③ 梁启超是一个非常重视人的

---

① 康有为：《〈日本书目志〉识语》，载陈平原、夏晓虹《二十世纪中国小说理论资料》，第1卷，北京大学出版社1997年版，第29页。
② 《饮冰室合集》，第6册，中华书局1989年版，专集之二第45页。
③ 1924年，梁启超又专门著有《非"唯"》一文阐释自己的哲学立场，表示自己既反对唯物主义，也反对唯心主义。但在此文中，梁启超提出"心力"是人类进化的根本力量，因此，他在本质上还是一个具有主观唯心主义色彩的哲学家。

精神能动性的社会历史的主动者。在哲学观上他把精神能力视为人的生命本质与宇宙创化的根本动力。这种立场体现在审美观上，则表现为对主体心理要素及其美感在审美中的地位的高度重视。在《惟心》中，梁启超所体认的"境"就是一种纯心灵的精神自由创化。他对于审美中美感的差异性及其与所营构的审美意境的关系作了生动精到的描绘："'月上柳梢头，人约黄昏后'，与'杜宇声声不忍闻，欲黄昏，雨打梨花深闭门'，同一黄昏也，而一为欢憨，一为愁惨，其境绝异。'桃花流水杳然去，别有天地非人间'，与'人面不知何处去，桃花依旧笑春风'，同一桃花也，而一为清净，一为爱恋，其境绝异。'舳舻千里，旌旗蔽空，酾酒临江，横槊赋诗'，与'浔阳江头夜送客，枫叶荻花秋瑟瑟。主人下马客在船，举酒欲饮无管弦'，同一江也，同一舟也，同一酒也，而一为雄壮，一为冷落，其境绝异。"①《惟心》体现出价值论美学的思想萌芽，对于理解梁启超后期美学思想中"趣味"和"情感"范畴的建构具有重要的意义。

《论小说与群治之关系》和《惟心》是梁启超前期美学思想的代表性作品。《惟心》实质上是梁启超的美之本体论，《论小说与群治之关系》则是梁启超的美之功能论。两文关注的中心问题不同，却具有共同的哲学立场，即重视主体精神的作用与地位。两文体现了梁启超作为19、20世纪之交中国重要启蒙思想家的基本特色，也共同奠定了其美学思想发展的基础，开启了其将审美、艺术、人生紧密相联的既脱胎于传统又颠覆传统、既积极入世又极富玄想的美学思想之路。

二 梁启超美学思想发展之成型期

1918—1928年，为梁启超美学思想的成型期。这一阶段，梁启超辞去政职，从政坛转入学界。其间，欧洲之旅对梁启超的思想产生了巨大的触动。回国后，梁启超主要以学者的身份活跃于中国历史舞台，关注的中心在学术文化。他对于民族新文化的建设倾注了极大的热情，

---

① 《饮冰室合集》，第6册，中华书局1989年版，专集之二第46页。

为中国现代思想学术的建设作出了巨大的贡献。[①] 在美学思想上，梁启超则从前期以文学革新与文学功能为中心拓宽到关于美的普遍形上思考，关注美的本质与特征，提出并阐释了极富个性特色与深刻内蕴的重要美学范畴"趣味"，并对艺术审美中的"情感"问题作了深入的研讨。梁启超这一时期的思考进一步凸显了自身的特色，更富有思想深度与理论色彩。同时，这一时期关于美的思考，不仅延续了前期侧重于美的功能与价值的特色，其观照的视域亦进一步从前期主要集中于文学衍化到整个艺术与人生领域。

戊戌变法失败后，梁启超虽然对思想文化问题已有相当的认识，但他始终未脱离政界。他期冀通过对民众的思想启蒙来实现政治变革、国家强盛的目标。期间，经历了立宪运动、武昌起义、拥袁反袁、出任段阁财长，梁启超单纯的政治热情一次次化为泡影。1917年底，梁启超辞去段阁财长之职，正式退出政界。在形式上结束了"好攘臂扼腕以谭政治"、一切活动皆以政治为中心的阶段。1918年底，梁启超赴欧。一方面是以民间代表的名义赴巴黎和会，准备为中国争取权益。另一方面，此时的梁启超思想上也是非常苦闷的。他在国内的政治中看不到光明，因此想赴欧"拓一拓眼界""求一点学问"，实际上也是想为中国社会的前途寻找一条新的出路。战后的欧洲到处是断壁残垣，昔日"绝好风景的所在，弄成狼藉不堪"。这一令梁启超充满向往的近代文明的发祥地，如今却令他连连感叹文明人的暴力。梁启超花了近一年的时间考察了法国、英国、比利时、荷兰、瑞士、意大利、德国等欧洲主要国家的二十几个名城。欧洲之旅不仅使梁启超直接接触了西方思想文化，也使他对东西文化的特点有了具体的比较。他开始以更开阔的视野、更深邃的目光来思考中国的前途及其与整个人类文明的关系。他认为，目前中国社会最迫切的问题是扬长避短，"化合"

[①] 1917年，梁启超辞去政务，但仍关注政治形势的发展。此间，他的学生与友人曾多次劝他重返政坛，他自己内心也屡有矛盾。但革命失败的现实与欧洲之旅对西方文化的切身体会及其中西文化的具体比较，使梁启超将对救国道路的思考由政治革新与思想启蒙转向新的民族文化的建设。20年代，他广泛涉猎了政治、哲学、历史、教育、经济、法律、新闻、美学、文学、宗教等各个领域，留下了数量巨大的文字著述。

中西文明，建构价值理想，创构一种民族的"新的文明"。① 20世纪20年代，梁启超主要投身于这样一个民族新文明系统的创构，并把这一新文明系统的创构视为解决中国问题的一条新路径。

　　写于1919年的《欧游心影录》是梁启超第二阶段的开篇之作②。它以对西方文明的反思、中西文明的比较和对民族新文化创构的精辟见解成为梁启超整个思想发展中的里程碑。《欧游心影录》包括多篇文章，以《欧游中之一般观察及一般感想》最为重要。该文分"大战前后之欧洲"与"中国人之自觉"上下两篇，较为系统地阐述了对战后世界局势与人类历史发展趋向的看法，对于东西文明的看法，对于个人、国家、世界关系的看法，尤其集中阐释了对于当前中国人的责任与努力方向的看法。梁启超认为，一战是人类历史的转折点。它使人类认识到了物质主义和科学万能的弊病，暴露了西方近代文明的缺点。但西方近代文明不会灭绝，因为它不像古代文明一样是贵族文明，是少数人的文明。西方近代文明是大众的文明，与大多数人息息相关，尽管有问题，但根基还是结实的，不会"人亡政息"。关键是现在发现了毛病，就要找办法去医治它。梁启超精辟地指出：人最怕是对于现状心满意足。感觉与揭破毛病，是一种进步。天下从无没办法的事，不办却真没法。从根本上看，梁启超对西方及整个人类文明的前景，是持乐观主义态度的。在《欧游心影录》中，梁启超引用了柏格森的老师蒲陀罗的话："一个国民，最要紧的是把本国文化发挥广大，好象子孙袭了祖父遗产，就要保住他，而且叫他发生功用，就算很浅薄的文明，发挥出来都是好的。因为他总有他的特质，把他的特质和别人的特质化合，自然会产出第三种更好的特质来。"③ 实际上，早在1902年，梁启超就已提出文化结婚的思想。蒲陀罗的观点与他可谓不谋而合。只不过在欧游之前，梁启超更多地是想从西方文化中为中华文化新生寻找武器。而现在，经历了对欧洲文明的亲历亲受，梁启超显然能以更辩证的心态对待中西文化的关系以及民族新文化创构的问

---

① 《饮冰室合集》，第7册，中华书局1989年版，专集之二十三第35页。
② 《欧游心影录》写于1919年欧行途中，刊于1920年3—6月的《晨报》。
③ 《饮冰室合集》，第7册，中华书局1989年版，专集之二十三第35—36页。

题。梁启超指出:"我们的国家,有个绝大的责任横在前途。什么责任呢?是拿西洋的文明来扩充我的文明,又拿我的文明去补助西洋的文明,叫他化合起来成一种新文明。"同时,新文明的创构不仅是要把自己的国家挽救建设起来,还"要向人类全体有所贡献"。[①] 在《欧游心影录》中,梁启超对新文明创构的途径与原则作了具体思考。与《新民说》一样,梁启超也把目光聚焦到国民身上。但是,《新民说》是从民族主义的立场来看思想启蒙对于中国命运的重要意义;《欧游心影录》则从世界主义的立场来看文化创构对于中国与人类前途的重要意义。《新民说》更多地强调了个体的道德意识与爱国理念;《欧游心影录》则更多地强调了个体的文化责任与历史使命。《新民说》把目光更多地投射到国民的整体人格建构上;《欧游心影录》则将目光更具体地潜入到国民的思想解放与人性自由层面上。《新民说》更多的是对国民的生命活力与精神觉醒的整体呼唤;《欧游心影录》则是对觉醒后的国民必备的人格基础与精神特质的具体思考。从对人的现代化的思考来看,笔者认为《欧游心影录》要比《新民说》更深沉更深刻。同时,这种思考的脉络与演化轨迹与梁启超一贯的哲学思想是完全一致的。强调"彻底"的"思想解放"和"尽性主义"是《欧游心影录》的重要观点。梁启超指出,中国旧社会喜将"国人一式铸造",人的个性都被国家吞灭,国家也就无从发展。他主张要"人人各用其所长","把各人的天赋良能,发挥到十分圆满"。[②] 同时,他指出,个性要发展,必须先从思想解放入手。每一种思想都有它派生的条件,都要受时代的支配。落实到具体的观点上,只有在特定的时代条件下才是合适的。因此,发扬中华文化传统,关键在于发扬思想的根本精神,而不是食古不化。这种"除心奴"的思想文化理念在《惟心》中已有明确表述,而此时,经过中西文化的直接感受与比对,梁启超有了更全面深入的论释。同时,值得注意的是,在《欧游心影录》中,梁启超将西方文明界定为物质文明,将东方文明界定为精神

[①] 《饮冰室合集》,第7册,中华书局1989年版,专集之二十三第21页。
[②] 《饮冰室合集》,第7册,中华书局1989年版,专集之二十三第24页。

文明。尽管这样的界定具有简单化倾向，但他突破了前期对于西方文明崇敬多批判少的仰视心态，对西方文明的物质基础与工具理性进行了尖锐的批评，强调了精神文化与价值理想对于人类的重要意义。《欧游心影录》是《新民说》关于民族前途与命运思考的延伸与深化，为梁启超后期的思想演化与文化创构确立了纲领。

《欧游心影录》对西方文化作出了较为全面的反思。其中"文学的反射"一节专门讨论了欧洲文学的发展及特点。梁启超认为社会思潮是政治现象的背景，而文学又是社会思潮的具体体现。根据这个观点，梁启超把欧洲十九世纪文学分为前后两个阶段。前期为浪漫忒派，主要受唯心主义与自由主义思潮影响，崇尚想象与情感。后期为自然派，主要受唯物主义和科学主义思潮影响，注重写实求真。自然派文学将人类心理层层解剖，将社会实相逼真描写，就像拿显微镜来观照人类，"把人类丑的方面兽性的方面和盘托出，写得个淋漓尽致"。这样创作，固然达到了真的要求，但人类的价值也几乎等于零了。他认为："自从自然派文学盛行之后，越发觉得人类是从下等动物变来，和那猛兽弱虫没有多大分别，越发觉得人类没有意志自由，一切行为都是受肉感的冲动和四围环境所支配"；"十九世纪末全欧洲社会，都是阴沉沉地一片秋气，就是为此"。[①] 这样地认识文学的功能，与早期的《论小说与群治之关系》可以说基本是一个思路。但在"文学的反射"中，梁启超在政治与文学之间找到了社会思潮的中介，在谈文学对社会影响的同时也谈到了社会发展与社会思潮对文学的作用，应该说他的认识还是有发展的，他对文学与社会关系的认识趋于辩证了。同时，他通过对欧洲浪漫忒派与自然派文学的评析，明确地表达了自己的价值取向，提出了文学要表现价值理想的问题，提出了人的意志自由的问题。这是对于文学审美特性与审美规律的重要拓展，也是对于美的本质与规律的拓深。因此，《欧游心影录》可视为梁启超后期美学思想的起点，标志着梁启超由前期侧重对美的现实功能的探求拓深到对美的价值本质的思寻。

---

① 《饮冰室合集》，第7册，中华书局1989年版，专集之二十三第14页。

这一时期，梁启超的美学研究进入丰硕期。在研究领域上，从前期以文学为主要对象拓展到书法等其他艺术领域以及广阔的人生实践领域，研究的视野大大开阔了。在研究目标上，从前期将文学与政治直接相连到关注美与人本身的联系，关注审美的人生本体意蕴，思考的深度大大加强了。在研究形态上，从前期对西方逻辑论证方法与专题论文形态的初步尝试，到此时更为广泛自觉的借鉴，较为鲜明地呈现出与传统文论不同的新特色。这一阶段，与美学建构相关的重要著述除《欧游心影录》（1919）外，还有《翻译文学与佛典》（1920）、《欧洲文艺复兴史序》（1920）、《"知不可而为"主义与"为而不有"主义》（1921）、《中国韵文里头所表现的情感》（1922）、《情圣杜甫》（1922）、《屈原研究》（1922）、《什么是文化》（1922）、《美术与科学》（1922）、《美术与生活》（1922）、《趣味教育与教育趣味》（1922）、《学问之趣味》（1922）、《为学与做人》（1922）、《敬业与乐业》（1922）、《人生观与科学》（1923）、《陶渊明》（1923）、《中国之美文及其历史》（1924）、《书法指导》（1927）、《为什么要注重叙事文学》（1927）、《知命与努力》（1927）等。这批论著从涉及问题看，大致可分为两类。一类是从哲学与人生层面上来谈人生观与价值观问题，其中涉及对美的本质的体认与感悟。这部分论著包括《"知不可而为"主义与"为而不有"主义》《什么是文化》《美术与科学》《美术与生活》《趣味教育与教育趣味》《学问之趣味》《为学与做人》《敬业与乐业》《人生观与科学》《知命与努力》等名篇。在这部分论著中，梁启超主要突出了"趣味"的命题。他从不同的侧面阐述了趣味的本质、特征及其在人生中的意蕴，构筑了一个趣味主义的人生理想与美学理想。"趣味"在梁启超的美学思想体系中，既是一个审美的范畴，又不是一个纯审美的范畴。它不是一种纯粹的审美判断，而是一种融人生实践与审美实践为一体的具体感性生命的真实存在状态，是一种由情感、生命、创造所熔铸的独特而富有魅力的精神自由之境。在趣味之境中，感性个体的自由创化与众生、宇宙之理性生命运化融为一体，从而使主体获得酣畅淋漓之"春意"，即实现有责任的趣味。趣味的范畴集中体现了梁启超对美的哲理思索与价值探寻，也体现了梁启超对于人生的现实责任感。这部分论著是梁启超的哲学美学和人生美学。另一大类是从文学与艺术层面来谈具体作家作品,谈创作与鉴赏,其中涉及对美、美感、审美及艺术问题的具体认识与具体见解,尤其突出地研讨了艺术中的"情感"问题及其与美和审美的关系。这部分论著主要有《中国韵文里头所表现的情感》《中国之美文及其历史》《屈原研究》《陶渊明》《情圣杜甫》等名篇。《屈原研究》《陶渊明》《情圣杜甫》是中国文论史上较早的作家专论,它们运用了社会学与心理学的视角对作家个性与作品风格进行解读,使传统的以诗论为主的古典诗人研究焕然一新。《中国韵文里头所表现的情感》与《中国之美文及其历史》是对中国古典诗歌的系统整体研究。后者虽未完成,但它们在中国诗学研究中均占有重要的地位。这部分论著不仅在研究视角与理论形态上有明显区别于传统文论的显著特征,而且它们都有一个共同的中心主题,就是围绕艺术中的"情感"问题展开研究与探讨,把情感视为艺术的本质特征与最高标准,具体研究了艺术中情感的不同表现特征、表现方式及其与作家作品的关系。这部分论著是梁启超的艺术美学。[①]

梁启超后期美学思想以"趣味"这个核心范畴为纽结,将趣味的人生哲学层面与情感的艺术实践层面相联系,延续并丰富了审美、艺术、人生三位一体的美学构想,也实现了对前期以美的功能为中心的美学观的丰富、发展与升华。梁启超后期美学思想是其整个美学思想的高峰,代表了其美学思想的最高成就。

三 梁启超美学思想发展演化之特征

从前期的萌生到后期的成型,梁启超美学思想的发展形成了审美、人生、艺术相融会的既脱胎于传统又颠覆传统、既积极入世又极富玄

[①] 1928年秋,梁启超开始编撰《辛稼轩年谱》,稍后罹病,但仍坚持写作。10月12日,编至辛弃疾61岁。是年,朱熹去世,辛往吊唁,梁录辛作祭文四句:"所不朽者,垂万世名,孰为公死,凛凛犹生。"(见梁启超《辛稼轩先生年谱》,《饮冰室合集》,第7册,中华书局1989年版)此为梁公绝笔。1929年1月19日,梁启超在北京病逝。梁启超的逝世使中国学界痛失一代巨人,也使他的美学思想戛然而止。

想、既发展变化又内在贯通的鲜明轨迹。其发展从对具体社会实践的关注到对人生价值理想的思寻，从对美的现实功能的强调到对美的人文价值底蕴的观照，其关于美的理论思考的广度深度不断拓展，而其学用相谐的人生论美学学术取向则始终如一。

关于梁启超美学思想前后期的发展演化，国内学界较为流行的一种观点是认为梁启超美学思想前期为功利主义美学，后期演化为超功利美学，两者间具有根本性差异。[①] 笔者认为，这样的看法虽触及了梁启超美学思想发展过程中的某些现象与特点，但并未全面把握梁启超整个美学思想发展演化的逻辑轨迹与内在联系，亦未能深入把握梁启超整个美学思想的实际内涵与整体特质。事实上，梁启超美学思想的发展演化不是梁启超对于美的价值认识的根本性变异，而是梁启超关于美的问题思考的不断丰富与深化。从学理的层面看，梁启超后期以"趣味"（"情感"）为中心的美学思想正是其前期以"移人"（"力"）为中心的文学思想的丰富、发展、深化与完善。"趣味"与"移人"、"情感"与"力"在梁启超美学思想体系中是互为呼应的范畴。"趣味"与"移人"在本质上都是指向人的。梁启超明确地说自己的人生观是拿趣味做根底的。趣味作为个体感性生命的具体存在状态，是与无生气、无情趣、无自由、无创造相对立的。梁启超强调作为个体应具有趣味主义的人生态度，即饱含热情、不计得失、兴会淋漓地从事人生实践，用"以趣味始以趣味终"的超越直接功利得失的实践原则来达成手段与目的的同一，将外在的功利追求转化为内在的情感趣味需求，从而实现"有味的生活"。在这里，关键就是要培养具有趣味主义人生观的实践主体。由此，梁启超提出了"趣味教育"的思想，指出"趣味教育"的根本目标是拿趣味当目的，也就是使人成为趣味的人。这种趣味的人在本质上正体现了梁启超作为启蒙主义

---

① 如有学者指出："五四运动以后，梁启超完全退出政治舞台，潜心于学术思想研究。职业上的变化，也促成他审美观的变化，由文艺上的功利论者变为超功利论者。……这是他对早期的文艺服务于新民的主张的全面修正，也使他前后的理论变化表现出一种截然的反向。"（见蒋广学、张中秋《华夏审美风尚史·凤凰涅槃》，河南人民出版社2000年版，第331页）这样的看法，在梁启超美学思想研究中具有相当的代表性。

思想家的根本特色，它指向的就是20世纪中国几代思想家所关注的中国国民性问题。从这个意义上说，"趣味"的终极目标也就是"移人"。"趣味"将"移人"的内涵具体化、人文化了。也正是在这一点上，"趣味"与"移人"具有内在理论取向的一致性，它们既是审美中的学理问题，也是人生中的实践问题。通过"趣味"（"情感"）的范畴梁启超把前期以"移人"（"力"）为中心所展开的对于小说艺术感染力与社会功能的论释扩展深化了。梁启超前后期美学思想共同构筑了一个以趣味为核心、以情感为基石、以力为中介、以移人为目标的人生论美学思想体系。这个体系从前期更多地关注审美（艺术）与社会（政治）的关系到后期更多地关注审美与人（人生）的关系，不管研究视野、研究重点、具体观点有哪些变化，其把审美视为启蒙的重要途径与人格塑造的重要工具的基本思想具有内在的一致性。可以说，终其一生，梁启超都不能算是唯美的美学家。[①] 梁启超的美学观既与传统的以教化为核心、主体丧失个性与情感的政教论审美理念相区别，又与旧式文人借艺术聊以自慰或寄情的所谓纯审美观相区别。梁启超美学思想体现了其对美的独特理解与创构，是关于美的尚实理性与人文理想的梁式化合。简单地用功利主义或超功利主义来概括梁启超美学思想的发展演化、臧否其美学思想的价值意义都是不科学的。笔者认为，梁启超美学思想的前后期发展并不构成思想的断层，而是一种主动积极的探索与完善。这种"变而非变"的理论风貌不仅蕴藏着自觉介入现实、追求学用相谐的内在一致性与统一性，也典型地体现出19、20世纪之交先进知识分子追随社会步伐、努力求新求变的时代特征。同时，梁启超美学思想发展演化的轨迹也典型地浓缩了20世纪中国主流学术由社会政治理性向文化人文理性迈进的基本规律，浓缩了20世纪中国学术日渐向着自身本质回归的历史。

　　当然，梁启超美学思想也有自身的局限。前期，梁启超主要通过

[①] 夏晓虹《觉世与传世——梁启超的文学道路》一书侧重从梁启超的文学思想谈了这个问题。她认为梁启超的文学思想经历了由"文学救国"到"情感中心"的转变。但即使在突出情感、注重文学的审美价值时，梁启超也绝对不是个唯美主义者。在文学的有用性上，梁启超从来就不超脱。

"力"与"移人"的范畴,强调了审美对象对于主体的功能。后期,梁启超则主要通过"趣味"与"情感"的范畴,既突出了审美主体的精神能动性,又将前期就已萌芽的对于主体心理能力的肯定无限地放大。这种思想特点使其美学思考呈现出既强调审美的现实使命又将美的实现基于人生实践中的精神实践的内在冲突,致其自身陷入现实与虚幻相交结的难以自拔的矛盾困境中。然而,任何思想文化都是特定时代的产物,更何况作为人文科学的美学,更离不开具体的人的生存现实。相对于近代政治、民族、文化危机并至的特定历史条件,基于思想启蒙和精神改造的梁启超美学思想在本质上虽然是一种浪漫的玄想,然而对于苦难深重的民族和麻木庸怠的国民,它又是一剂不乏现实的精神强心剂。它把民众的改造视为改变民族前途的基本前提,鼓励大众挺起脊梁、热爱生活、潜心体味、开拓创造,把个体的有限生命融入众生、宇宙的无限运化中,永远不放弃对于生命和生活的热情与责任。这样的美学构想对于其孕生的时代,无疑在整体上积极意义要超过消极影响。而其中所潜蕴的对于美的人文价值意蕴的观照即使在今天仍具有深刻的意义。

原刊《浙江学刊》2004 年第 5 期
《复印报刊资料·美学》2004 年第 12 期全文转载

体系性·变异性·功利性：梁启超美学思想研究中的三个问题

本文拟对体系性、变异性、功利性这三个在梁启超美学思想研究中最具争议性，也是直接影响到对于梁启超美学思想的认识与评价的基本问题谈谈自己的看法，以求教于各位方家。

一

首先是梁启超美学思想的体系性问题。对于这个问题，较为普遍的看法是认为梁启超虽提出了一些富有创见的观点，但其美学思想驳杂散乱，没有形成自己的体系。笔者认为，对于梁启超美学思想体系性问题的把握，关键还在于研究原则与研究方法的确立。"在分析任何一个社会问题时，马克思主义理论的绝对要求就是要把问题提到一定的历史范围之内"；同时，"判断历史的功绩，不是根据历史活动家没有提供现代所要求的东西，而是根据他们比他们的前辈提供了新的东西"。[1] 从这样的视角出发，梁启超美学思想所面对的文化环境是：民族文化的危机被侵略者的铁蹄所逼醒，民族新文化建设不仅是文化的课题，也是政治的课题。在这样一个时代，作为由被动转向主动的文化先驱之一，梁启超率先开始了将中国文化建设推向世界体系的自觉努力。作为这样一个中西交汇、承前启后的转型时代的代表，梁启超美学思想的意义不仅在具体提供了哪些我们"现代所要求的东西"，

---

[1]《列宁全集》，人民出版社1972年版，第150、512页。

更在于一种新的美学意识的觉醒，在于这种觉醒对于中国美学思想的发展与流变所产生的震撼与推动。因此，对于梁启超美学思想的研究与体系的把握，既需要从具体观点入手，见微知著；又需要从整体着眼，把握其精神特质。只有这样，才能拨开表象，科学地把握其美学思想内在的理论脉络与整体体系特征；只有这样，才能超越现象，对其美学思想及其体系作出符合自身特质与历史面貌的客观评价。

1840年的鸦片战争，列强的洋枪洋炮撞开了古老帝国封闭的大门，也摧毁了中华民族长期以来自我中心的井蛙意识，从此，救亡强国成为中华民族所面临的首要问题。抗拒殖民侵略以救国和学习西方文明以强国，成为相辅相成的时代主题。"西学东渐"从"器物"（洋务运动）、"制度"（戊戌变法）而进入"文化"的层面，这样的思想转换与发展来自血的教训与真切的体会。作为戊戌变法的主要领袖，梁启超是近代最早意识到思想文化重要性的先觉者之一。他通过对日本速盛的考察与戊戌变法失败的反思，得出结论："欲维新吾国，必先维新吾民"；[①] 而欲"新民"，就必须面向全体民众开展开智、养德、振力的全面的思想文化启蒙。启蒙作为新的时代旋律，汇入到救亡的历史主题之中。围绕启蒙新民，梁启超一生进行了大量的文化开拓与建设工作。他对美的问题的思考与理论建构正是这一文化系统工程的有机组成部分。

从梁启超存世的美学论著来看，其美学思想活动主要为1895—1928年。其中可分为前后两个阶段。前期约从1895—1918年，梁启超主要作为一个学者型的政治家活跃于历史舞台。他的关注中心在政治。学术活动是其政治改良活动的有机组成部分。学术观点的阐释与政治观点的论证直接联系在一起，是这个时期美学论著的重要特征。美学论文研究的问题与思想观点都相对狭隘。他对美学问题的思考主要体现为文学问题。倡导文学革命是这一阶段美学思想的主要论题。这一阶段，梁启超涉及美学问题的重要论文有《变法通议》（1896）、《蒙学报演义报合叙》（1897）、《译印政治小说序》（1898）、《惟心》（1899）、《国民十大

[①] 《饮冰室合集》，中华书局1989年版。下文中未注明出处的引文均同此。

元气论》(1899)、《论小说与群治之关系》(1902)、《论中国学术思想变迁之大势》(1902)、《饮冰室诗话》(1902—1907)、《夏威夷游记》(1903)、《国风报叙例》(1910)、《告小说家》(1915)等。由于政治革命的关系,他的文学言论也引起了广泛的关注与巨大的反响。特别是《译印政治小说序》《论小说与群治之关系》《告小说家》三文随着"小说界革命"的倡导几乎家喻户晓。在这些文章中,梁启超提出了文学变革的许多重要思想,其中涉及与表达了自己的美学倾向与美学思考,特别是提出了"力"与"移人"的重要概念。这些文学论文在整体上并不以美的问题为思考中心,也没有着力于系统的美学思想体系的建构,但却提出了惊世骇俗的新的文学观念,从而为新的美学理想的创建开辟了道路。1918年底至1920年初,梁启超主要在欧洲考察。这一阶段,虽无美学论著问世,但对于梁启超美学思想的发展却具有非常重要而特殊的意义。欧洲之行不仅使他直接接触了西方思想文化,也促使他对西方文化与东方文化的特点与价值进行了具体的比较,并对东西文化有了更为辩证的看法,提出了文化"结婚"、通过"化合"扬长避短、创建"一种新的文明"的文化理想。回国以后,梁启超主要投身于这样一个新文化系统的建构,并将此视为"新民"的根本途径。1920—1928年,梁启超以政治型的学者姿态活跃于文化舞台,他对民族新文化的建构倾注了莫大的热情,对于中国现代思想学术的建设作出了巨大的贡献。这一时期,梁启超的美学研究真正进入到自觉的阶段。他仍坚持美的社会功用,但已由早期将美(文学)与政治直接相连的考察方式转为美与思想文化的联系。视角的转换,大大拓展了梁启超美学研究的理论视野与思想深度。梁启超写出了一批重要的美学论文以及与美学问题具有密切联系的相关著述。其中包括《欧游心影录》(1920)、《翻译文学与佛典》(1920)、《欧洲文艺复兴史序》(1920)、《"知不可为"主义与"为而不有"主义》(1921)、《中国韵文里头所表现的情感》(1922)、《情圣杜甫》(1922)、《屈原研究》(1922)、《什么是文化》(1922)、《美术与科学》(1922)、《美术与生活》(1922)、《趣味教育与教育趣味》(1922)、《学问之趣味》(1922)、《为学与做人》(1922)、《敬业与乐业》(1922)、《人生观与科学》(1923)、《陶渊明》(1923)、《中国之美文及其历史》(1924)、《书法指导》(1927)、《为什么要注重叙事文学》(1927)等。这些论著不仅直接提出了极为重要的"趣味""情感"等美学范畴,还对美的本质与特征、生活与美的关系、艺术的情感本质与表情方法、审美教育等美学基本问题以及诗歌、书法、美术、翻译文学、叙事文学等具体艺术门类的特点与规律作了研究与阐释,开始体现出美学体系建构的自觉意向。

综观梁启超美学思想的前后两个阶段,其前期以"力"与"移人"为中心,强调文学观念的变革,倡导新的文学审美意识与审美理想;后期直接以"趣味"和"情感"为中心,强调美与人生的联系,倡导乐生爱美的美学旨趣。可以说,梁启超并未刻意去营造体系,但他的美学思想有着自己的理论目标、价值基础、话语范畴与思维模态。因此,尽管前后期思想在具体的研究对象、范畴论点上有显著变化,但仍具有自身的内在逻辑关系,并共同建构起一个初具规模的以"趣味"为核心、以"情感"为基石、以"力"为中介、以"移人"为目标的审美实践论体系。这个体系具有自身鲜明的个性品格。

从梁启超美学思想的实际状况来看,笔者认为引起体系性问题歧见的原因首先当在于梁启超美学思想自身发展演化的特点。从表面上看,梁启超的美学思想前后期所论述的具体问题变化较大,观点也屡有变化,而且他也始终未对自己涉猎颇广的美学思想言论进行着意的逻辑阐释与系统建构,难免给人散乱驳杂不成体系之感。实际上,撇开这些外在的特点,深入梳理其美学思想的内在脉络,可以发现,其美学思想是有自己的理论基点与逻辑联系的。其美学思想的关注中心就是美与现实的关系,就是美对于现实人生与人的建设的价值与意义。这一点,在前期"力"与"移人"的理论阐释中,已鲜明地体现出来。后期,在"趣味"与"情感"的理论探索中,则趋于深沉。美与人及人生的关系构成了梁启超美学思想的理论基点。这一理论基点凸显了其作为启蒙主义思想大师的独特视角。以这一理论基点为中心,他的美学思想构成了一个具有自己独特的运思规律、言说方式和内在逻辑关系的理论体系。这一体系最根本的特征就是既坚持美的社会功能，弘扬美的实践导向，又关注美的自身特质，关注审美的独特规律。这一体系追求的是求是与致用的统一、功利与审美的统一。它企图通过审美的个体生命本质与群体社会价值的融通、通过尚用理性与人文理想的相谐使美成为通向人的精神自由与完善从而实现社会进步与变革的独特的启蒙通衢。

从梁启超美学思想的实际来看，笔者认为引起体系性问题歧见的原因也在于梁启超本人学术个性的基本特征。梁启超一生著述丰富、思维活跃、激情洋溢，具有鲜明的诗人气质。研读他的文章，困难之处并不在于对文字本身的理解，其文字流畅通俗充满激情，不存在沟通上的字面障碍。但是，他的理论阐述却有自己鲜明的特征，即以文学的笔法来阐释学术观点，虽屡有深刻发见，但文字夸张，表里有异；以演讲的形式来阐发学术问题，注重情境，严谨不足；以诗人的激情来探讨学术话题，性情所至，点到即止。他的学术著述最关注的不是理论自身的严谨性，而是时人的接受度。他的美学思想散见于艺术论、作家论、诗话、演讲稿、游记甚至政治学、教育学、史学论著中。他在一切可能的情况下通过一切可能的方式向时人传输自己的观点。由于他对美学问题的文本建构主要以美与人生的关系为基点，而不是纯粹从理论本身来界定，因此，他并不注重在一个文本中对问题论述的完整性，他常常使同一理论问题分散于多个文本中，从而缺乏集中统一的言说范本。这一切都在客观上影响了其美学思想体系的被理解与接受度。

总之，笔者的基本看法是：梁启超的美学思想构成了自己的体系，但这个体系并不是完全成熟的体系。它自身尚处于发展与演变之中。它对许多具体问题的论述尚未深入展开。同时，它的运思规律与言说方式同通常的理论体系相比也有明显的差异。因此，对于梁启超美学思想体系的把握，既需要从具体入手，见微知著；又需要从整体着眼，把握特质。从某种意义上说，更重要的恐怕还在于对其内质的深度提炼，对其思维逻辑的整体认识，对其诸多甚至局部上表面上不无矛盾的原始言论的整体性梳理。

二

与体系性问题密切相关的就是梁启超美学思想的变异性问题。事实上，变正是造成对梁启超美学思想体系认识歧见的重要内因。同时，变也正是梁启超学术个性的鲜明特色。梁启超之所以成为中国学术、文化、思想史上最具争议的人物之一，很重要的一点就在于"变"。郑振铎先生在《梁任公先生》一文中说："梁任公最为人所恭维的——或者可以说，最为人所诟病的——一点是'善变'。无论在学问上，在政治活动上，在文学的作风上都是如此。"[①] 据丁文江著《梁启超年谱长编》载，梁启超的老师康有为也曾批评他"流质易变"。而对于"变"，梁启超自己却有着独到的认识。早在1899年，他就在《自由书·善变之豪杰》一文中说："大丈夫行事磊磊落落，行吾心之所志，必求至后已焉。若夫其方法随时与境而变，又随吾脑识之发达而变，百变不离其宗，但有所宗，斯变而非变矣。"也就是说，变是一种自觉的追求。大丈夫变的是方法，而不是宗旨。变正是自我修正与发展的渠道。变以思想的发展为前提，以环境的变化为基础，通过变使目标获得最完满的实现。这样的认识阐述了"变"与"非变"的辩证关系，不可谓不深刻。梁启超的学生李仁夫在《回忆梁启超先生》一文中也谈道：他与同学楚中元曾一起去拜访梁先生，其间楚中元问："一般人都以为先生先后矛盾，同学们也有怀疑，不知先生对此有何解释？"梁启超答曰："这些话不仅别人批评我，我也批评我自己。我自己常说：'不惜以今日之我去反对昨日之我'，政治上如此，学问上也是如此。但我是有中心思想和一贯主张的，决不是望风使舵，随风而靡的投机者。……我的中心思想是什么呢？就是爱国。我的一贯主张是什么呢？就是救国。'"[②] 这段话虽然主要是就政治倾向而言的，但也概括了其学术思想的重要特征。可以说，梁启超的美学思想发展亦始终处于这样一个"变而非变"的整体格局中。一方面，他以

---

① 夏晓虹编：《追忆梁启超》，中国广播电视出版社1997年版，第88页。
② 夏晓虹编：《追忆梁启超》，中国广播电视出版社1997年版，第417—418页。

积极自觉的姿态不断吸收中西新的思想文化滋养,并结合现实需求与个人思想发展,在不同的阶段,不同的场合,体现出不同的具体特征;另一方面,围绕着启蒙爱国的中心思想,又始终表现为求是致用相一致的学术宗旨。

"变"构成了梁启超美学思想的客观现实。如何认识"变",也构成了对梁启超美学思想发展特征的不同认识与评价。一些学者认为梁启超美学思想之变的特点是,前期为功利主义美学,后期是超功利美学,两者之间缺乏内在的统一性。笔者认为,这样的看法虽揭示了梁启超美学思想发展过程中的某些现象与特点,但并未全面把握梁启超整个美学思想的逻辑关系与内在特质。梁启超前后期美学思想的"变"实际上正是他对于美学问题思考的主动发展与自我超越。前期,梁启超美学思想的重心在于关注艺术与政治的关系,直接倡导文学革命。后期,梁启超更多地关注美与人生的关系,研究美与人的心灵、个性、情感等精神形态之间的联系,弘扬审美教育的功能。但不管是前期还是后期,梁启超以审美介入现实,追求求是与致用的统一的学术宗旨始终未变。而即使在前期,关于艺术美和人的心灵以及精神生活之间的关系,梁启超亦已非常关注。在早期著名的《论小说与群治之关系》中,梁启超就明确地提出了小说作用于人的关键在于它所具有的审美心理功能,即"小说有不可思议之力支配人道",从而产生"移人"的审美效果,然后才能通向群治的现实效应。他对于"移人"之力的具体论述在文章的实际篇幅中占了最重的份额。可以说,梁启超的前后期美学思想侧重点有不同,具体观点有差异,研究方法有发展,研究视野有开拓,但在本质上并无不一。他把审美视为启蒙的重要途径与人格塑造的重要工具的基本思想具有内在的一致性。因此,梁启超美学思想前后期的差异不是一种根本性矛盾,不是一种思想的断层,而是自觉的探索与发展。这种"变而非变"的风貌不仅蕴藏着自觉介入现实、追求学用相谐的自身内在的一致性与统一性,也典型地体现出19、20世纪之交先进知识分子追随社会步伐、努力求新求变的时代特征。但在梁启超美学思想研究中,却似乎存在着一种惯性,即关注早期美学(文学)思想超过关注后期美学思想。这种研究现状必然导致梁启超前后期美学思想研究的割裂状态与整体思想把握的粗疏状态。在梁启超美学思想研究中，这是一个亟待引起关注的问题。事实上，这里存在着这样两个互为联系的问题。其一，要全面系统地研究梁启超美学思想，就必须阅读与研究其前后期全部的美学论著与相关文章，避免一叶障目、以偏概全。其二，从梁启超美学思想实际来看，后期美学思想在整个思想体系中具有极为重要的地位，代表了梁启超美学思想的最高成就，是前期以文学革命思想为中心的美学观的丰富、发展与升华，不仅其阐释上的丰富内容是前期美学论著所远远不能比拟的，而且在对美的认识的自觉深刻程度上也是前期美学思想所无法企及的。因此，要科学地认识梁启超美学思想的"变"，首先就必须全面地研读其后期美学论文，才有基本的发言权。

作为中西美学思想交融与古今美学思想交替的历史临界点与具体产品，梁启超美学思想的"变"从本质上来说，是一种自觉的发展与超越，体现出梁启超作为近代思想先驱可贵的进化意识和探索精神。同时，这种鲜明的理论品格不仅体现出理论家自身强烈的学术责任感与历史使命感，也为中国美学思想的发展注入了无尽的活力。

三

研究评价梁启超的美学思想，还必须面对其美学思想的功利性问题。梁启超首先是以政治领袖的身份涉足学术领域的，学术被其视为政治的重要工具。晚年，他退出政治舞台，但并未改变关注现实的人生姿态。在本质上，他是真诚爱国、富有"热肠"的知识精英，是勇于实践、充满激情的理想斗士。不管是从事政治活动还是潜心学术研究，不管是探讨社会问题，还是投身思想创建，梁启超的视点从来就没有脱离人生、脱离社会。政治活动与学术研究都是他关注现实、关注人生的方式。他的学术研究最终总是回到社会、回到人生问题上。梁启超是非常喜欢且善于自我解剖的人。他一生屡次以自己为对象进行分析。1921年，他在《外交欤内政欤》一文中说："我的学问兴味、政治兴味都甚浓，两样比较，学问兴味更为浓些。我常常梦想能够在稍为清明点子的政治之下，容我专作学者生涯。但又常常感觉，我若不管政治，便是我逃避责任。"这是梁启超真诚的自我表白，也是他这样的爱国知识分子在近代无奈而又必然的选择。梁启超的学术研究与他整个的人生哲学与思想倾向是不可分离的。终其一生，爱国主义、启蒙理想、人文关怀是其思想中最核心的要素。早期美学论著突出了爱国主义与启蒙精神，直接打下了为维新变法服务的思想烙印。后期则突出了美学思想中的人文关怀。当然，彼时彼境，梁启超亦可以有更从容的心境来看待美与艺术，他在思维方法上亦日趋成熟。但若一定要以功利与唯美来衡量，那么，梁启超终其一生都不能算是唯美的美学家。即使在晚年步入书斋，更多地关注艺术与美的独特规律，其以美改造国民性，弘扬美、艺术与人生的联系，以美来启蒙新民的理想亦丝毫未有改变。

"理论在一个国家的实现程度，决定于这个理论满足于这个国家的需要程度。"[①] 梁启超美学思想的价值走向与特定时代的特殊需要具有密切的联系。中国近代"开始的现代化进程，根本上就是一个功利主义的时代"。[②] 功利主义在当时特定的历史条件下，具有一定的历史合理性。从梁启超美学思想来看，它所着力探求的，是将审美主体置于社会变革与文化变革的中心位置上，以怀抱改革社会、启迪民智、完善个性的目的，用新的思想与情感去凸显美的启蒙意义与人性光芒，凸显以人为中心的美育对塑造个体、变革社会的重要意义。梁启超的美学观既赋予功利主义以近代的时代精神与文化价值，同时，又并不排斥美本身的审美价值与感性意义，弘扬"趣味"与"情感"在审美中的地位与意义，以"个性之美"对抗"尽善尽美"，以"美"的"人欲"对抗僵死的"天理"。因此，梁启超的功利主义美学也闪耀着鲜明的人文理想的光芒。由此，梁启超的美学观既与传统的以政教为核心、主体丧失个性与情感的政教论审美理念相区别，也与旧式文人借艺术聊以自慰或寄情的所谓纯审美观相区别。梁启超的美学思想体

---

① 《马克思恩格斯全集》，第1卷，人民出版社1960年版，第462页。
② 可参看高瑞泉《中国现代精神传统》，上海东方出版中心1999年版。该书认为中国近代"开始的现代化进程，根本上就是一个功利主义的时代"。在近代特定的社会现实中，具有批判与建设的双重功能。

现了他对美的独特理解，是关于美的功利主义与审美主义的梁式化合。

作为"中国近代资产阶级初兴时期在启蒙思想和学术领域中的主要代表人物"[①]之一，梁启超与王国维同是中国美学由古典向现代转型的重要开拓者与奠基人，但两人所受到的关注程度与价值发现却远远无法比拟。王国维以纯审美主义的美学理路，在经过长期艺术（文学）与政治联姻的美学理念制导后的20世纪80、90年代异军突起，吸引了众多学人的眼光，确实有其内在的逻辑与合理性。然而，梁启超的美学思想也具有自身鲜明而独特的学术品格。在中国美学思想发展与民族文化建设的历史进程中具有极为重要而特殊的意义。当然，对于其美学思想中的功利主义倾向，我们也必须作辩证的认识。既要肯定其关注现实、介入人生的价值姿态，充分肯定其在特定历史条件下的合理性与重要价值；又要从文化和社会现实出发，将学术品格和社会责任结合起来，从更广阔深远的视域上来认识学术文化的规律与特点，为新时期民族学术文化的创构提供有益的借鉴。

原刊《杭州师范学院学报》（社会科学版）2003年第4期
《复印报刊资料·美学》2003年第9期全文转载

[①] 李泽厚：《王国维梁启超简论》，《历史研究》1979年第7期。

梁启超小说思想的建构与启迪

随着21世纪的帷幕逐渐拉开，20世纪近现代思想文化发展的历史整体性已日益引起研究者的关注。作为近代小说思想的主流形态，梁启超小说思想的学理意义亦日渐凸显。单一的社会学批评与认识论视角无助于研究的深入，同时也造成了对梁氏小说思想评价偏低的理论现状。今天，站在文化会通与理论流变的历史高度，追寻梁氏小说思想的理论建构与精神实质，对于推进学术史研究和新的历史文化语境下文论话语的重构，无疑都具有极为重要的意义。

一

作为近代思想界的旗手，梁启超首先是以政治改革家的身份登上近代理论舞台的。他的小说思想与理论实践首先源自其变革图强的政治需要。戊戌变法的失败，使包括梁启超在内的近代维新志士将目光从政治转向思想文化领域，更多地关注思想启蒙的重要意义。梁氏考察了欧洲诸国特别是日本的变革历程，得出的结论是：光靠几个"魁儒硕学""仁人志士"是难以成就大业的，必须依靠"国民再造"，国家才能强盛。由此，梁氏把国家强盛、民族兴旺的希望寄托于全民整体素质的提高，即开民智、振民力、养民德的"新民"之道，从而由直接的政治斗争转向文化救国之路。在这样的思想引导下，在包括《论小说与群治之关系》在内的一批著名论文中，梁氏明确地提出了"新民"的概念，并把"新小说"视为由"新民"而"改良群治"的必要途径。这种价值论意义上的小说观既体现了传统诗教的内在精神与传统批评的体用理念，也呈示出西方现代民主思想与科学实用理性的精神影响。

梁氏小说理论是以反传统的姿态出现的。然而，外在的决绝姿态并不代表内在的断乳。中国传统文化的主流是由儒家文化浸染培植出来的，倡导面向现实、经世致用，形成了价值论上的诗教说，即以诗化人。但"诗教说"论教化，是作为一种"自上而下"的治民辅助手段，它强调的是文学的道德境界与伦理价值，目的是巩固现行统治秩序，这与作为维新志士的梁氏的精神理想具有本质差异。梁氏强调小说可"新道德""新人心""新人格"，目的是通过小说来塑造"德""智""力"全面发展的理想"新民"，从而实现变革现实的终极目标。可见，梁氏对传统诗教的认同在于其面向现实、经世致用的价值取向，而非"上以风化下"的具体目标与道路。"诗教说"为梁氏对小说本质的界定提供了可资批判汲取的思想前提，也为梁氏吸纳西方文化滋养提供了前视域。

一方面，从新的社会现实出发，梁氏吸纳了西方民主思想中的平等、自由、人权等观念，对儒家《大学》中的"新民"概念作了时代改造，从而为"诗教说"注入了新的活力。"诗教说"论教化是以"君权神授""君为民本"的封建伦理纲常为基础的，教化的目标是上对下、君对民的改造，所以，它是一种自上而下、自外而内的道德灌输。梁氏的"新民"则是"自新"，是以自由、自尊、权利、进取为基础，以开智、养德、振力为目标的主体的完善与新生。就其实质而言，"新民"显然更接近于西方资产阶级的启蒙精神。康德指出："启蒙运动就是人类脱离自己加之于自己的不成熟状态。"① 这是一种主体的自觉。"启蒙"正是从维新运动开始的20世纪几代知识分子孜孜以求的解放之路。"启蒙"与"新民"也正在此汇流。

另一方面，自1840年以后，中西文化的撞击与交融已呈不可阻挡之势。伴随着工业革命繁荣起来的现代西方科学以其完全不同于中国传统知识与价值体系的现代知识价值形式成为先进的中国人学习西方

---

① ［德］康德：《历史理性批判文集》，何兆武译，商务印书馆1991年版，第22—23页。

的首选目标。由于康有为、严复等近代文化先驱在译介、引进时的价值取向，使近代中国人对西方科学精神的理解几乎从一开始就凸显出"泛科学主义"的倾向，推崇科学万能，崇尚实用科学。这种带有明显中国近代烙印的"泛科学主义"对转型期的中国近代文学思想的价值走向产生了不容忽视的影响——以科学理性来规范人文学科，将文学导向"实用文学"。其实，在中国传统批评中，早就有"体用不二""即体即用"的思想方法，即弘扬功能，把功能视同本体，由显在的功能来认识内在的本质。可以说，就其思想方法而言，梁氏启蒙尚用的小说观也呈现了传统批评体用理念与现代科学实用理性的某种会通。

"一切划时代的体系的真正的内容都是由于产生这些体系的那个时期的需要而形成起来的。"①梁氏凭借自身独特的理论风貌与思想特点将小说推上了"国民之魂"的崇高地位，为20世纪小说艺术顺利进入文学正殿奠定了最重要的思想基础。他对小说启蒙尚用的本质界定与功能呼唤并非只是其个人思想趣味的体现，从根本上说，正是特定的社会现实与文化语境的历史共谋，是传统儒家诗教理想与资产阶级民主观念、传统批评体用理念与现代科学实用精神的梁式会通。

二

梁启超是中国小说思想由古典向现代转换的关键人物。在梁氏之前，虽有康有为、严复等已对传统小说观念发起了冲击，他们指出小说比经史更易传，更适合普通百姓阅读，乃思想启蒙的重要工具，但他们的观点羞羞答答、半遮半掩。如严复在比对了书之易传与不易传的五个因素后，指出"不易传者"，"国史是矣"；"易传者"，"稗史小说是矣"。以"稗史"喻小说，与传统小说观念视小说为经史"羽翼"的观点并无实质差异。康有为在《〈日本书目志〉识语》中亦强调"宜译小说"来讲通"经义史故"。小说既是学习"经义史故"的辅助工具，显然没有与"经史"并列的崇高地位。与康有为、严复这种犹抱琵琶的态度相比，梁氏则明确地将传统文论视为"小道""邪

---

① 《马克思恩格斯选集》，第2卷，人民出版社1960年版，第544页。

崇"的小说直接推上了"国民之魂"的"大道"之位,由此,对传统小说思想产生了革命性的冲击。梁氏在近代小说思想舞台上的导师地位,既来自他对传统小说思想的革命性批判和以"新民"为最高理想的新的小说观念的积极倡导;亦来自他试图以新的思想方法对小说的艺术特点与规律作出合理的阐释,从而由审美的层面来实成对小说的本质界定。这种努力显示了梁氏试图将小说的现实使命与审美特性会通融合的价值取向。

在《论小说与群治之关系》中,梁氏提出了"欲改良群治,必自小说界革命始;欲新民,必自新小说始"的著名论断;[1]但这一论断是有重要的理论前提的。就在同一篇论文中,梁氏提出了小说"有不可思议之力支配人道"的审美命题。

"道"是中国传统哲学中的重要概念,源自老子。老子认为,"道"乃宇宙本源,"道"生万物,即"道"是万事万物的因由,是事物最根本的特性与规律。"力"的概念则来自西方,是近代西方科学的重要基础——牛顿力学的核心概念。梁氏关于小说"有不可思议之力支配人道"的审美命题是中西文化合璧的一个范例。梁氏指出:"欲新道德,必新小说;欲新宗教,必新小说;欲新政治,必新小说;欲新风俗,必新小说;欲新学艺,必新小说;乃至欲新人心、新人格,必新小说。何以故?小说有不可思议之力支配人道故。"可见,梁氏将"人道"理解为人类社会诸种现象(道德、宗教、政治、风俗、学艺)的终极根源,是人心、人格的因由。显然,梁氏在此所指称的"人道"是中国传统哲学"道"的元概念的衍化物。"支配人道"即小说对人的本性的把握,它揭示了小说与人的独特联系,揭示了小说以人为目标、为价值的审美理想;同时,"支配人道"的审美命题也揭示了小说独特的审美特性,即小说作用于人是借助于其独特的审美中介——"力"来起作用的,"力"是小说通向人心、人格的必要途径。小说"有不可思议之力支配人道"的审美命题使梁氏的小说思想呈现出较为丰富的审美内涵,直逼小说的艺术本性。

---

[1] 《饮冰室合集》,中华书局1989年版。文中所引未标明出处者,皆见此。

梁启超小说思想的建构与启迪

　　为了对小说"有不可思议之力支配人道"的审美命题作出有力的论证，梁氏首先揭示了小说日趋繁盛的现实："自元明以降，小说之势力入人之深，渐为识者所共认。……试一流览书肆，其出版物，除教科书外，什九皆小说也。"梁氏进而指出：人对小说的这种嗜好，正是"人类之普遍性"。那么，人性"何以嗜他书不如其嗜小说"？在此，梁氏运用驳论的方法树起了两个"靶子"，即认为小说的魅力在文字上的"浅而易解"和内容上的"乐而多趣"的观点。他指出，信函与公文也有浅显的，但人们并不喜欢读，可见，"浅而易解"不能作出圆满的解释；而最受欢迎的小说是"可惊可愕可悲可感"之作，因此，"乐而多趣"亦不能给予合理的解释。鉴此，梁氏进一步对小说的审美特性与人的本性的关系进行了研讨。他得出的结论有二。其一，人所面对的外部世界有"现境界"与"他境界"之分。"现境界"是人的躯壳所"能触能受之境界"，它有一定的时空限制；"他境界"是"世界外之世界"，是想象所及的间接所触所受之境界。梁氏认为，"凡人之性，常非能以现境界而自满足"，因为"现境界""顽狭短局而至有限"，人则"常欲于其直接以触以受之外，而间接有所触有所受"。梁氏指出，小说的艺术特性之一就在于既能摹"现境界"之景，又能极"他境界"之状，使读者"变换其常触常受之空气"，从而满足"人之性"的基本需求。其二，人与外部世界的关系是身在其中，"行之不知，习矣不察"；对于人在外部世界中所产生的体验与情感，则是"知其然而不知其所以然"。故一般人即使想摹写外部世界的情状，也往往"心不能自喻，口不能自宣，笔不能自传"。梁氏指出，小说的艺术表现特性之二就在于可以通过"和盘托出，彻底而发露之"的艺术手法，"批此窾，导此窍"，"神其技"而"极其妙"。在此，梁氏提出了小说创作中的"理想派"与"写实派"这一组概念，在中国文论史上，首次触及了文学研究中的流派问题和创作方法问题。其次，梁氏又从小说的文体特征与人性的关系出发加以探讨。梁氏认为，小说是与"经""史""律""例"等"庄严"之体不同的"谐谑"之体，它可以"寓讽谏于诙谐，发忠爱于馨艳"，而人性又往往"厌庄严而喜谐谑"，故就人的本性来说，小说这种文体最利于

"因人之情而利导之"。通过对小说审美特性和文体特征的考察，梁氏得出的结论是：小说的魅力"足以移人"。那么，小说的魅力又是通过何种具体方式与途径作用于读者并发挥实际效能的？梁氏从审美心理的角度，对此作了具体探寻与研讨。在小说理论史上，对小说的艺术作用方式与原理加以条分缕析，并试图进行系统阐释的，梁氏当为第一人。中国古典小说理论批评主要集中于虚与实、情与理、人物性格、小说技巧等问题，对小说的艺术感染力与作用方式偶有触及，但主要是鉴赏式的感性体认，未能从理论的高度予以深入分析与系统研讨。梁氏则从西方近代科学中借鉴了"力"的概念，以此来界定小说的艺术功能；并运用西方文论的知性分析方法，将小说之"力"从横向上分解为四种，纵向上分解为两类，建构起"四力说"的基本框架。他指出，小说有"四力"（"熏""浸""刺""提"），通过"四力"来"支配人道"。"熏"之力即"烘染"，"浸"之力为"俱化"，此两者乃审美过程中的渐变，强调潜移默化。"刺"之力是"骤觉"，是由"刺激"而致的情感的异质转化。而"提"之力则是审美中最高境界，是主体完全融入对象之中，化身为对象而达到全新体验。在"熏""浸""刺"三界，主体虽为对象所影响，但两者的界限是明确的；在"提"中，主体与对象的界限已荡然无存，主体因顿悟而进入物我两忘的境界。为了使自己的阐释更具有说服力，在具体论述中梁氏又借鉴了中国传统文论的整体直觉方法，他列举了生活中的饮酒、禅宗里的棒喝等具体情境加以类比。如"浸之力"，在解释其历时性的特点时，梁氏以酒作比："如酒焉，作十日饮，则作百日醉"；在解释"提之力"的"移人"之妙时，梁氏又以学佛参禅作比："当其读此书时，此身已非我有，截然去此界以入彼界，所谓华严楼阁，帝网重重，一毛孔中万亿莲花，一弹指顷百千浩劫。"梁氏娴熟地运用各种具体情境，引导读者借助自己的经验来体悟。这正是中国传统文论的秉性。

梁氏对小说的审美界定，是其小说思想中一个不可或缺的理论纽带。至此，我们基本上可以为梁氏的小说思想画出一个逻辑链条：小说（力）→人道→新民→群治。在这个链条中，梁氏将小说的本质分解为两个层面：一个是社会功能层面，一个是审美功能层面。后者是基础层面，兼有本体与工具的双重性质。前者是终极价值层面，是最高的理想与归宿。从理论上看，梁氏小说观的欠缺是显而易见的。他模糊了本质与本体的界限，扭曲了审美功能与社会功能的关系。对于这种充满矛盾的思想成果，站在不同的背景与立场上，完全可以作出不同的评价。然而，我们无法回避的事实是：小说虽然要借他人以自立，却由此获得了文学殿堂的正式通行证。这正是梁氏小说思想的历史功绩，亦是我们无法回避的历史阶梯；同时，梁氏以社会功能为归宿的小说审美阐释，客观上使其小说思想由外部规律的研讨推进到内部规律的探寻。尽管这种探寻远未完善，然而，其审美阐释本身对于20世纪中国小说理论的建构与发展可谓意义深远。他代表了近代小说理论对于小说品性的现代审美意识的萌动，预示了20世纪中国小说理论发展所可能有的新的走向。

三

梁氏小说思想是19、20世纪之交的历史产物。反思梁氏的小说思想，也是对20世纪中国小说思想的一次理论寻根。梁氏的理论意义主要表现为中国小说思想转型的一个重要的历史阶梯，而不是过程的完成。我们无须讳言它的不足与局限，扬弃是历史的必然，扬弃是为了新生，这正是梁氏小说思想研究的当代意义，也是梁氏小说思想研究的方法论基石。从这个意义上说，把握梁氏小说思想的精神实质，挖掘其思想创建所可能给予我们的精神启迪，远比仅仅拘泥于某个具体论述的得失更富有理论与现实意义。基于此，笔者认为，梁氏小说思想建构中强烈的批判精神、积极的新变观念、鲜明的现实品格、自觉的开放意识是我们今天创建21世纪文论可以批判汲取、创造扬弃的有益的精神滋养。

（一）强烈的批判精神

没有否定就没有新生，没有破坏就没有建设。破坏是对传统的否定，是对权威的颠覆，是对束缚的解放，是新的文化形态破土而出的必要前提。20世纪的帷幕一拉开，梁氏就举起了"破坏主义"的大旗，阐发了"欲步新而不欲除旧，未见其能济也"这一先破后立、破立相济的深刻思想。基于破"旧"(小说)立"新"(小说)的历史使命,梁氏对"旧小说"与传统小说观念进行了无情的清算。他批判了旧小说所宣扬的种种落后、腐朽思想;并将批判的锋芒直指旧小说的理论基石——传统小说观念。梁氏指出,小说自古以来不受重视,原因就在于传统小说观念把"小说"看成"小技","致远恐泥""壮夫不为"。这种思想的结果是小说沦为仅供消遣的"小道",以致"听其迁流波靡",终成"诲淫诲盗"的"邪祟"。梁氏明确否定了以"易传"和"多趣"作为小说功能注脚的传统观点,直接把小说推上了"国民之魂"的"大道"之位;他第一个喊出了小说乃"文学之最上乘"的响亮口号,无情地解构了传统文论对小说的既成定位。这种义无反顾地冲破铁屋的勇气虽不无偏激与莽撞,但正是这种强烈的批判精神为新小说的孕育首开了航道。同时,从大的文化环境来说,20世纪是人类文化大交流、大融合的时代。任何一种对某一区域性与民族性文化传统的破坏,都不是单纯意义的,它潜在地指向新的文化形态的创造和不同文化传统的融通。从这个意义上看,梁氏对传统小说及思想的批判,正是20世纪小说思想创建的有机组成部分。

(二)积极的新变观念

新变是生存的前提。危如累卵的民族命运需要新变,渐失生气的传统文化需要新变。19世纪末20世纪初,面对世纪之交民族国家之间力量竞争的国际格局,中国思想界从少数最敏感的个人到群体,先后接受了严复阐释的"贯天地人而一理之"的"物竞天择,优胜劣败"的进化史观。"进化"与一切僵死不变的准则形成了根本的对立,亦成为梁氏小说思想的重要理论基石与阐释工具。结合"破坏主义"的思想,梁氏指出:"淘汰不已,而种乃日进。"他热情地讴歌"文学之进化",呼吁"新小说"的诞生。基于"新变"的理论取向,梁氏不仅高举起"小说界革命"的大旗,向既成的权威发起总攻;还大胆地提出了"现境界"与"他境界"、"写实"与"理想"、"四力"与"移人"等一系列新的概念与命题。虽然梁氏未能深入拓展这些命题,但这些概念的提出与研究视角却犹如"一石击破水中天",一下子打破了传统小说研究的沉寂状态与思维惯性,成为狄葆贤、梁启勋、周桂笙等近代小说理论家进一步发挥、补充与完善的理论起点。而其中的政治与艺术、写实与理想、文与白等重要问题几乎是贯穿整个20世纪中国文论发展的基本话题。"变"就是发展，就是更新。"变"是对历史的超越，也是对自我的超越。从1897年的《变法通议·论幼学》到1915年的《告小说家》，梁氏的小说思想从来没有停止过跋涉的脚步。对梁氏个人来说，这种思想跋涉的历程首先是痛苦的，因为它必须以旧我的分裂与否定为前提。但作为具有强烈使命感的时代精英，这种永不停息的精神探索更是充满愉悦的，它不仅指向主体对新我的自觉追寻，更指向主体对真理的永恒呼唤。当然，站在今天的学术与思想高度，梁氏的跋涉仅仅是一段苦苦探索、不无矛盾的旅程，然而我们没有理由无视他的理论勇气。历史与文化语境早已不可同日而语，而思想的惰性却是历史前进的永恒障碍。唯有新变才能新生。这是历史的呼唤，也是时代的呼唤。

（三）鲜明的现实品格

"理论在一个国家的实现程度，决定于这个理论满足于这个国家的需要程度。"[①] 近代社会孕育了近代文化"为救国救民而寻求真理，为不甘落后而追求新知"这一最可宝贵的精神传统。[②] 在小说论文中，梁氏明确地把救亡与启蒙相联系，表现了自觉介入现实、积极服务现实的求实尚用的理论品格。在小说本质观上，梁氏抨击了视小说为茶余饭后的消遣之作、道听途说的逸闻记录的传统观念，呼吁将小说与塑造新的人格理想（"新民"）、建构新的政治制度（"改良群治"）的历史使命相联系；在小说审美观上，梁氏明确地表示了对以"赏心乐事"为基础的和谐的审美境界、"大团圆"的审美趣味的否定，而推崇以"生出无量噩梦，抹出无量眼泪"为基础的崇高美的境界，他将促成人的思想情感的异质转化、实现"自内而脱之使出"的"移人"之至的"提"之境视为最高境界；在小说功能观上，梁氏并不反对传统小说"劝善惩恶"的道德理想，但他更强调小说对"人心""人格""人道"的全面影响，期待通过小说"支配人道"的特殊功能而

---

① 《马克思恩格斯选集》，第2卷，人民出版社1960年版，第462页。
② 李侃：《近代传统与思想文化》，文化艺术出版社1990年版，小引。

实现由"新民"而"新政"的理想。显然，梁氏小说思想既承续了传统文论"经世致用""体用不二"的精神元素，又从新的现实出发，吸纳了西方现代科学的实用理性精神。关于梁氏小说思想的现实品格及其相关的功利倾向，一直是梁氏小说思想研究中的焦点。对于功利主义，长期以来，我们似乎有一种谈虎色变的恐惧。这与中国古代重义轻利的"圣人"理想不无关系。事实上，梁氏整个思想的核心——"新民"的理念正是中国古典"圣人"理想的近代革新版。"新民"并不排斥"圣人"尽忠报国的价值追求（或者说两者在这一点上是一致的）；同时，它又否定了"圣人"作为民族希望的精英理念（这是从戊戌变法的惨痛教训中得出的经验）。因此，梁氏的"新民"既是对"圣人"理想中的贵族意识和纯精神追求的一种消解（肯定了德、智、力的全面发展，自主平等的理念），也是对中国近代开始的"现代化进程"的一种呐喊与呼应（并不讳言对权利与进取的功利追求）。对于梁氏小说思想的现实品性与功利品格，过去，我们一直评价较低，还有论者把20世纪中国文论建设的政治化等非艺术倾向归结为以梁氏等为代表的近代主流文论意识的误导。其实，这种视现实的失措都是传统的罪过的思维逻辑不仅呈示出理论本身的悖谬，也揭示了对待遗产的"功利"态度与"泥古"倾向。当然，作为新理论的创建者和政治运动的领袖，在梁氏的小说思想中确实存在着思维方法的某种偏颇与急功近利的趋向。但"误导"的关键不在请君入瓮，而是亦步亦趋，自投"罗网"。从这个意义上说，我们缺乏的不是可供借鉴扬弃的遗产，而正是清醒的现实品格。

（四）自觉的开放意识

梁启超是近代文化开放由被动向自觉的先行者之一。他率先对戊戌变法失败的教训作了深刻反思，提出了"精神既具，则形质自生，精神不存，则形质无附"的精辟见解，从而将近代向西方的开放由制度导向文化层面。同时，梁氏指出，中国文化的更新不能走单纯的崇尚"西学"之路——"心醉欧风"；亦不能走盲目的"自我中心"之路——"墨守故纸"。梁氏提出了著名的文化"结婚论"：借彼"西方美人，为吾家育宁馨儿，以亢我宗"的中西古今会通、为我所用的文化理想。

梁启超小说思想的建构与启迪 ◆◇◆

在小说理论实践中，梁启超身体力行。他的小说思想是向着西方文化开放的。其早期的"政治小说"观念，后期具有代表性意义的启蒙"新民"思想，主要来自西方文化的影响。他对现代小说思想体系建构的努力，他所提出的一系列新的小说理论范畴，他以逻辑思辨为基础的小说论文，都表现了向西方文论的逻辑理性与科学精神开放的自觉。他的小说思想是向着佛教文化开放的。佛教在汉末传入中国，有着自己独特的思维形态和广泛的影响。一般而言，佛教是讲"出世"的。但梁氏却以自己独特的思维模式对佛教作了整合，凸显了两者共同的"救世"目的。他借用佛教的因果链条论证小说的功能——刬恶果，造善因，拯救"吾本身之堕落"（个人）与"吾所居之世器间之堕落"（社会）。他借用"最上乘"、"棒喝"、"此界"与"彼界"等佛语佛境阐释自己的小说思想。很难设想，离开对佛家思想、语汇的独特运用，梁氏的小说思想可以得到如此迅速广泛的传播。他的小说思想是向着中国传统文化开放的。从严格的意义上说，文化的断裂是不存在的。民族文化总是以一定的方式、在一定的层面上延续。但是，特定历史条件下新生的民族文化是否自觉地借鉴传统文化及借鉴的自觉程度如何、开放的深广度如何，在不同的思想家身上，是有具体差别的。与"五四"几乎全盘西化的思想方式相比，梁启超对传统文化表现出一种更为辩证的姿态。他既清醒地意识到民族文化的严重危机，从而将寻找"新民"药方的视线主要投在西方；但他又反对民族虚无主义，斥责那些欲举民族文化悉数付之一炬的人，只配做洋奴买办。在小说思想建构中，梁启超首先把新的异质文化视为冲决旧理论体系的有力武器，但他又不彻底抛弃传统。在批评精神上，内在地延续了传统批评的入世尚用态度；在批评思维上，吸纳了传统文论体用不二、整体直觉的思维方法；在批评语汇上，借用了"趣味""滋味""妙""神"等大量的传统批评术语。梁启超的小说思想表现出自觉的文化开放意识以及为之所进行的可贵努力。

原刊《杭州师范学院学报》（人文社会科学版）2001年第3期
《复印报刊资料·文艺理论》2001年第12期全文转载

论梁启超对中国女性文学的贡献

梁启超是近现代中国妇女解放运动的重要先驱。他从启蒙主义立场出发，在中国思想史上较早提出了性别平等与性别独立的问题，不仅闪耀着现代思想解放与人文理想的光芒，也体现出将女性社会解放与女性主体意识建构相联系的远见卓识。同时，梁启超也是中国近现代文学革新与审美启蒙的重要先驱。在中国文学和美学思想史上，梁启超独具卓识地提出美丽的女性是刚健与婀娜、天然与高贵相统一的"佳人"，孕生了融生命活力与性别魅力为一体、着重从精神气质上观照女性之美的女性审美新理念；他较早明确地运用了"女性文学"的概念，萌辟了以文学作品的情感立场而非作家的性别特征为基点来建构"女性文学"的文学理念。梁启超的女性文学和女性审美理念呈现出绚烂的思想光芒，是20世纪中国女性文学研究与女性审美实践的重要滥觞，具有极为特殊而重要的意义和价值。

一 梁启超的女性意识

"男女中分，人数之半，受生于天，受爱于父母，非有异矣。"[①] 然而，在漫长的封建社会中，女性实际上始终处于社会的最底层，备受性别压迫和歧视，成为性别中的第二等级。"中国妇女自从家族制度成立，有了家庭的组织，便发生许多道德上、法律上、习惯上的不平等待遇，从前的儒教圣贤，如孔子、孟子，无不极力提倡对于女子

---

① 《饮冰室合集》，第1册，中华书局1989年版，文集之一第120页。

的压迫和束缚,轻视女子,侮辱女子……几千年来订定了种种规律,压抑束缚,蔽塞聪明,使女子永无教育,永无能力,成为驯服的牛马和玩物。"[1] 女子不是作为历史实践的主体,而是作为工具与玩物、作为家奴而存在。"在任何社会中,妇女解放的程度是衡量普遍解放的天然尺度。"[2] 因此,妇女解放的问题正是中外历代具有进步意识的思想家关注的重要问题,也成为衡量历代思想家思想进步性的重要标尺之一。

从现有资料看,梁启超是中国近代史上较早以西方资产阶级自由、平等和个性解放的学说全面反对"三纲"的启蒙主义思想先驱之一。1900年4月1日,他在《致南海夫子大人书》中写道:"要之,言自由者无他,不过使之得全为人之资格而已。质而论之,即不受三纲之压制而已;不受古人之束缚而已。"以反对"三纲"为基础,梁启超提出了反对性别歧视,实现妇女启蒙与解放的问题。他指出受"三纲"压制的中国旧女性,虽"命之曰女,则为男者从而奴隶之"。[3] 而在更早的发表于1897年的《戒缠足会叙》[4] 一文中,梁启超对女性的身体解放和教育问题作出了呼吁:革除以女性缠足为美的异癖,使女性接受文化教育。他指出,人生而聪明相差不远,男女之于学,各有所长,后来的差别,完全是后天人为造成的。他认识到,妇女所以被他人以犬马奴隶畜之,关键在于经济上待养于他人。他强调妇女地位的高低及其教育的发达与否,是国家强盛的重要标志。只要占人口一半的妇女处于愚昧和受压抑的状态,国家的弊败就无可避免。除了《戒缠足会叙》《致南海夫子大人书》,梁启超还有《变法通议·论女学》(1896)、《记江西康女士》(1897)、《倡设女学堂启》(1897)、《试办不缠足会简明章程》(1897)、《近世第一女杰罗兰夫人传》(1902)、《人权与女权》(1922)、《我对于女子高等教育希望特别注重的几种学

---

[1] 杨之华:《妇女运动概论》,转引自谭正璧《中国女性文学史》,百花文艺出版社1991年版,第2页。
[2] 《马克思恩格斯选集》,第3卷,人民出版社1972年版,第300页。
[3] 《饮冰室合集》,第1册,中华书局1989年版,文集之一第37页。
[4] 发表年月据吴松等点校本《梁启超文集》考订,云南教育出版社2001年版。

科》（1922）诸文，对女性的社会地位、文化教育、人格建构等问题作了理论上的研讨与言论上的呼吁倡导。同时，梁启超在行动上也积极贯彻妇女独立与解放的主张。1897年，他同经元善在上海筹办女学堂。这是中国人自己办的最早的女校之一。他与赖弼彤等在广东组织戒缠足会，与谭嗣同等在上海组织不缠足会。相比之下，直到1898年，严复在《论沪上创兴女学堂事》一文中仍认为婚姻和社交自由"皆无能行之理"。应该说，在19、20世纪之交，梁启超是中国妇女解放运动的急先锋。

在破除封建旧伦理和女性解放问题上，梁启超具有先锋性和一定的深刻性。其具体特点主要表现在以下几点。第一，梁启超不是在纯性别意义上来谈论所谓性别问题的，而是面对当时国家敝败的社会现实，从社会革新、新民再造、国家兴亡的思想高度来研讨妇女问题。这与欧美女权运动较为单纯地争取妇女的政治权利相比，有自身的民族特色与历史特点。"夫男女平权，美国斯盛。女学布濩，日本以强。兴国智民，靡不始此。"[1] 在梁启超这里，妇女解放的问题不仅是性别解放的问题，更是社会解放与国家兴亡的问题。由此，梁启超从一开始就把妇女解放问题提到了一个非常重要的理论与实践高度，具有强烈的现实针对性。第二，梁启超把教育视为女性解放的关键。他主张"男女平等，施教劝学"，[2] 认为"中国女子，不能和男子有受同等教育的机会，是我们最痛心的一件事"。[3] 对于女性教育与女性解放的问题，梁启超在思想上是有一个发展过程的。19世纪末，梁启超主要是从"兴国智民"的政治高度来认识女性教育与女性解放问题的。在《变法通议·论女学》中，梁启超甚至不无夸张地说："妇学实天下存亡强弱之大原也。"[4] 戊戌变法失败后，梁启超本人由政治活动家逐渐转为文化思想家，他更希望从思想文化的启蒙变革中为中国社会的新生找到一条新出路。在女性解放问题上，梁启超进一步意识到了女性

---

[1] 《饮冰室合集》，第1册，中华书局1989年版，文集之二第20页。
[2] 《饮冰室合集》，第1册，中华书局1989年版，文集之二第20页。
[3] 《饮冰室合集》，第5册，中华书局1989年版，文集之三十八第4页。
[4] 《饮冰室合集》，第1册，中华书局1989年版，文集之一第37页。

主体意识建构与女性地位独立性的重要性，进一步深切地认识到教育、职业、经济因素与女性解放的内在联系。他指出，不从教育入手，不给女性以知识与能力，就不能使其获得真正的独立与解放。"从前把女子当作男子附属品，当然不发生职业问题，往后却不同了，女子是要以一个人的资格，经营他自主的生活，各人都要预备一套看家本领，来做职业的基础。"① 这一认识，揭示了自主职业与作为一个人的资格的必然联系，这与"五四"时期鲁迅在著名小说《伤逝》中提出的自由爱情与经济独立关系问题的思考可以说具有内在的一致性。"教育是教人生活的，生活是要靠职业的。"② 在教育、生活、为人的资格的逻辑链条上，梁启超把教育放在第一位，不仅体现了其启蒙主义思想家的精神特质，也体现了其对女性解放问题的深入思考。第三，梁启超把女性社会解放与女性主体意识建构相联系，不仅从性别解放的角度，更从女性主体自觉的角度来思考女性解放的问题。早在《变法通议·论女学》中，梁启超就毫不留情地对"女子无才即是德"的压抑奴化女性的封建伦理观进行了无情的批判。强调解放就是"平等"与"自由"，就是"为人"，就是使人成为人。在《人权与女权》一文中，梁启超提出了"人格人"的理念。他指出，人有自然界的人，也有社会历史的人。作为社会历史的人，不论是东方还是西方，最初总有一部分人叫作"奴隶"。人权运动就是"人的自觉"，就是争取成为享有人格的人。梁启超认为西方人权运动有两个阶段，即由平民运动到女权运动。这是由人的自觉程度所决定的。梁启超把"自动"视为人权运动的必要前提。强调"不由自动得来的解放，虽解放了也没有什么价值"。③ 这一点，笔者认为是具有相当深刻性与前瞻性的。女性解放不仅仅是向男权社会的挑战，从更深刻的意义来说，也是向有史以来的等级社会挑战，向着人对人的奴役的挑战，向着非人的挑战。女性解放的终极目标不是向男性看齐，而是真正实现女性作为人的全面性与自由性。"女权运动能否有意义，有价值，第一件，就要看女

---

① 《饮冰室合集》，第5册，中华书局1989年版。
② 《饮冰室合集》，第5册，中华书局1989年版，文集之三十八第4页。
③ 《饮冰室合集》，第5册，中华书局1989年版，文集之三十九第81—86页。

子切实自觉自动的程度如何。"① 把女性思想意识的自觉性视为女性解放的基本前提,把人格人视为女性解放的根本目标,体现了梁启超女性意识中的现代精神与人文光芒。这一理念也揭示了梁启超对于女性解放问题的深层认识,即女性解放不仅是某些外在的局部的问题,更是全面的整体性问题,是女性主体内在的精神完善与精神独立性问题,是使女性成为一个真正具有生命活力与主体意识的完整独立的人的问题。由此,梁启超也把女性解放问题提到了女性主体意识建构的层面,从思想文化角度给予女性问题以深沉与深切的关注。

二 梁启超的女性文学与女性审美理念

基于对性别问题的基本认识,梁启超对以男尊女卑的封建教条和三从四德的伦理纲常来扼杀女性的主体意识、把女性贬为性工具与家奴的封建性别观给予了无情的抨击;并从文化启蒙主义立场与现代人文理想出发,对中国文学中的女性创作与女性形象给予了深沉的关注,对以病弱为美的变态女性审美理念给予了无情的抨击。梁启超认为,在封建社会现实与伦理文化条件下,传统文学中的女性形象反映的主要是男性的意识与尺度,体现的主要是男性的欲望和需求。要彻底变革男性中心的封建性别意识与审美理念,建构女性的健康人格与美丽形象,就必须颠覆传统文学对于女性形象的厘定与捏铸。

在近现代思想家中,梁启超对于女性形象的审美界定极富个性特色与现代魅力。他提出"女性的真美"是刚健与婀娜相统一、天然与高贵相统一的美。这样的女性便是有着饱满的生命活力的人,是情感浓挚、人格清贵、刚柔相济的"佳人"。

刚健与婀娜相统一是梁启超对女性之美的基本界定。梁启超认为女性美的前提是健康。他针对"近代文学家写女性,大半以'多愁多病'为美人模范"的怪异现象,追根溯源,对中国女性审美标准的发展与变化作了大致的梳理。梁启超指出:《诗经》所赞美的是"硕人其颀",是"颜如舜华"。《楚辞》所赞美的是"美人既醉朱颜酡,嫭

---

① 《饮冰室合集》,第 5 册,中华书局 1989 年版,文集之三十九第 81—86 页。

光眇视目层波"。汉赋所赞美的是"精耀华烛,俯仰如神",是"翩若惊鸿,矫若游龙"。这些历史时期,对于女性美的鉴赏品味与审美标准基本上是健康的。它们都以"容态之艳丽"和"体格之俊健"的"合构"为女性美的基本标准。梁启超认为,从南朝始,女性美的审美标准开始发生了变化。文人开始以"带着病的恹弱状态为美"。而"唐宋以后的作家,都汲其流,说到美人便离不了病"。梁启超尖锐地指出这种审美标准是"文学界的病态","是文学界一件耻辱"。他不无幽默地宣称:"我盼望往后文学家描写女性,最要紧先把美人的健康恢复才好。"① 但梁启超的过人之处在于,他又并不简单地以健康来取代女性的性别特征。他非常精辟地指出:女性美是刚健与婀娜的统一。刚健是女性作为健康的人的基本要素,体现了女性饱满的生命活力,也是男女平等和人之为人的一个重要基础。婀娜则是女性的性别特点,是女性的独特魅力。性别平等并不是要抹杀女性的性别独特性。刚健与婀娜的和谐统一,体现了女性美的极致,是生命活力与性别魅力的统一。梁启超非常欣赏北朝古诗《木兰辞》。《木兰辞》既写出了木兰"旦辞黄河去,暮至黑山头""将军百战死,壮士十年归"的飒爽英姿,又写出了木兰"愿驰千里足,送儿还故乡""当窗理云鬓,对镜贴花黄"的无限柔情,为我们勾勒了一个刚健与婀娜相统一的审美范型。

"刚健之中处处含婀娜,确是女性最优美之点。"② 梁启超对饱含生命活力与性别魅力的美丽女性发出了由衷的赞叹。作为深受中国传统文化的濡染、刚刚从士大夫阵营中杀出的中国第一代新型知识分子的代表,③ 梁启超的女性审美理念不仅具有鲜明的现代人文因子,而且体现出相当的深刻性。事实上,"五四"以后,中国新女性已逐渐走上社会。她们寻求自身解放的第一个比照目标就是男性。她们要求和男性具有同等的社会地位与权利。她们要求爱情的自由和婚姻的自

---

① 《饮冰室合集》,第4册,中华书局1989年版,文集之三十七第127页。
② 《饮冰室合集》,第4册,中华书局1989年版,文集之三十七第124页。
③ 关于梁启超在人的现代化问题上的开拓以及梁启超本人的知识阵营的定位,笔者基本赞成黄敏兰《中国知识分子第一人·梁启超》(湖北教育出版社1999年版)一书的有关论点。

主。她们要求工作的权利和人身的独立。她们与男性一样留起短发，穿上制服。实际上，这种以性别看齐为原则的性别解放潜藏着深刻的内在危机。20世纪50、60年代，抹杀性别特征的所谓"铁姑娘"和"女强人"充斥了市井街巷，成为女性审美的范本。女性以牺牲自己的性别特征为代价向男性这个优势等级宣战，但在争取社会权利的同时也失落了自身的个性与特征，失落了自身作为人的完整性和独有的美感。女性对于自身审美形象的确立以扭曲自身的性别特征为前提。历史的教训更使我们惊叹于20世纪初年梁启超对于女性审美问题的看法是如此的富有洞见。梁启超的独到认识不仅强调了女性作为人的生命活力，也强调了女性作为女人的性别特性，体现了把尊重女性作为人的前提与尊重女性作为女人的现实相统一的深刻见地。这一认识不仅在当时，对于长期以来形成的封建观念与封建审美意识给予了有力的抨击，具有重要的实践意义与批判意义；也因为其理论本身的内在张力，因为其不仅仅从性别解放的角度，也是从人性完善的角度，来思考女性主体的建构问题，从而体现出超越时代的智性魅力。

　　对于女性之美，在刚健与婀娜相统一的现实尺度上，梁启超还进一步提出了天然与高贵相统一的理想尺度。梁启超认为美的女性是以刚健的生命活力与婀娜的性别魅力的统一为基础的，但观照女性之美的最高境界是从精神上去观照。美的女性不仅具有活跃的生命力与婀娜的体态，还具有真情感真品性，不造作，不糜艳，在天然纯真之中卓显清贵高格。从这一审美理念出发，梁启超对中国文学作品中的女性形象亦作了非常个性化的赏鉴批评。他认为唐诗中写女性写得最好的，当推杜甫的《佳人》。这个佳人的形象"品格是名贵极了，性质是高亢极了，体态是幽艳极了，情绪是浓艳极了"，当为"描写女性之美"的"千古绝唱"。① 而词里头写女性写得最好的，梁启超认为是苏东坡的《洞仙歌》。此词"好处在情绪的幽艳，品格的清贵"，和杜甫的《佳人》可媲美。曲本中写女性写得最好的梁启超则锁定汤玉鸣的《牡丹亭》，其中的杜丽娘，作家把她写得情绪"象酒一样浓，却

---

① 《饮冰室合集》，第4册，中华书局1989年版，文集之三十七第125页。

不失闺秀身份"。梁启超认为南朝梁元帝的《西洲曲》也是描写理想中的女性之美,且写出了"怀春女儿天真烂漫的情感","所写的人格,亦并不低下",但这样的女性过于清浅,缺乏底蕴,总不能脱"绮靡的情绪",不能算上品。他还指出曲本虽"每部都有女性在里头,但写得好的很少",这与曲本倚重情节的特征有关。① 在梁启超看来,最能予人以美感的就是女性纯真天然又不媚俗浮艳的气度品格。与此相呼应,文学对女性之美的成功描摹亦就不在情节与行动,而在于人物的精神、情感与内在品性。梁启超指出对女性之美的鉴赏无须矫揉造作,虚情假意;亦不能心有旁骛,思怀俗念。他批评"《西厢记》一派,结局是调情猥亵,如何能描出清贵的人格","《琵琶记》一派,主意在劝惩,并不注重女性的真美",所以这些作品都不能令人"心折"。② 在《中国韵文里头所表现的感情》中,梁启超还批评了唐代诗人李义山的创作,认为他的诗作中虽有三分之一是描写女性的,但作者是个"品性堕落的诗人,他理想中美人不过娼妓,完全把女子当玩弄品,可以说是侮辱女子人格"。他还进一步分析道:"义山天才确高,爱美心也很强,倘使他的技术用到正途,或者可以做写女性情感的圣手。"在词中,梁启超认为以柳屯田写女性最多,"可惜毛病和义山一样,藻艳更在义山下"。③ 梁启超指出,不尊重女性,就无法真正欣赏女性的美;而把女性作为玩物与道德教化的对象,专在辞藻情节上作文章,也无法刻画出女性的真美。

通过对中国文学中女性形象的鉴赏与批评,梁启超从正反两个方面论释了自己的女性审美观与女性文学理念,体现出鲜明的时代特色与个体特质。首先,梁启超把女性作为完整独立的性别群体来审视。从这一视点出发,梁启超期望女性具有刚健婀娜的体格。其次,梁启超把女性作为完整独特的生命个体来审美。从这一视点出发,梁启超期望女性具有天然高贵的人格。刚健与婀娜、天然与高贵的统一,体现了梁启超对女性之美的期待与想象。这样的"佳人"是人的美与性

---

① 《饮冰室合集》,第4册,中华书局1989年版,文集之三十七第126页。
② 《饮冰室合集》,第4册,中华书局1989年版,文集之三十七第126页。
③ 《饮冰室合集》,第4册,中华书局1989年版,文集之三十七第126页。

◆◇◆ 拥抱人生的美学

别美的统一，是体格美与精神美的统一，是生命活力与性别魅力的统一，她不仅是文学艺术所勾画的美丽形象，也是新时代所期待的美丽新女性。

值得注意的是，梁启超在审视中国文学中的女性形象时，不仅涉及了寥寥可数的几个女性作家与作品，他更从中国文学史的实际出发，把目光投向了更具影响力与实际地位的男性作家，与自身对女性形象的审美理念相统一。梁启超不是简单地以作家性别来论性别文学，而是把女性文学界定为"作品中写女性情感——专指作者替女性描写情感"的那类文学，① 即作家从女性情感的视角与立场出发去描绘形象，构造作品。因此，梁启超的女性文学批评并不仅仅是对女性作家及作品作简单的鉴赏与批评，而是以女性情感为中心来透视女性作家和男性作家的创作，研究他们对于女性形象刻画与表现的特点。总体上看，梁启超的女性文学批评集中批判了传统文学视女性为玩物的变态美感和借女性形象作道德劝惩的异化美感，孕生了融生命活力与性别魅力为一体、着重从精神气度上观照女性之美的女性审美理念。在对中国文学中的女性文学形象及相关作品的批评赏鉴中，梁启超也萌辟了以女性情感为中心与基点来观照研究女性文学的女性文学理念。

三 梁启超对中国女性文学与女性审美理念建构的贡献

梁启超的女性文学批评在其整个文学艺术研究中并不占据突出的地位。其主要论述集中于1922年发表的长文《中国韵文里头所表现的情感》中之一节，即该文第九节"附论女性文学和女性情感"。然而，梁启超在此节中提出的关于女性文学与女性审美的理念与视点，在中国现代女性文学与女性审美理念的历史建构中却具有非常特殊而重要的意义和价值。

首先，梁启超明确提出了"女性文学"的概念，是中国文学思想史的重要突破。

19世纪末，伴随着新兴资产阶级登上中国的历史舞台，他们从思

---

① 《饮冰室合集》，第4册，中华书局1989年版，文集之三十七第123页。

想启蒙与社会变革的现实需要出发，率先发出了女性解放的呼声，使得长期隐没于历史视野之外的中国女性，真正进入了历史的视域。而在中国文学思想史上，1916年，上海中华书局出版了谢无量先生的《中国妇女文学史》，可以说是第一部中国妇女文学的通史，中国妇女也由此第一次独立成为中国文学史观照的对象。1927年，上海中华书局又出版了梁乙真先生的《清代妇女文学史》，这是中国第一部妇女文学的断代史。但是，以"女性文学"的概念来取代"妇女文学"的概念，在中国文学思想史中，似以梁启超为先。1922年梁启超在《中国韵文里头所表现的情感》一文中专门辟出一节，即第九节"附论女性文学和女性情感"，第一次正式而明确地提出了"女性文学"的概念。1930年，中国第一部以"女性文学"为书名的文学史，谭正璧先生的《中国女性文学史》才由光明书局出版问世。[①]

1922年，梁启超明确以"女性文学"取代"妇女文学"的概念。概念的变换，不仅仅是文字的单纯替换。它体现的正是中国新兴资产阶级的文化与社会意识，是以现代性别意识为基础的话语模式。在中国传统文化中，"妇"所对应的主要是"夫"与"子"。"妇"主要指已婚的女子，也兼指儿媳。所谓"妇道"即为妇的道理。封建礼教把妇道界定为"三从四德"，即在家从父、出嫁从夫、夫死从子和妇德、妇言、妇容、妇功。这个"妇"完全被框定在家庭伦理范围中，她的存在就是为了服务、取悦于家中的男子。"妇"是一个完全没有人格意识和精神自由的被异化的性存在物。梁启超将西方文化中的"女性"一词引入文学领域，替换了具有浓郁封建文化色彩的"妇"。"女性"一词标举了有主体意识的、与男性平等的独立的人的性别属类的存在，是思想领域中资产阶级意识对于封建意识的革命。梁启超对于"女性文学"的概念使用，体现了其思想中的进步性，也凸显了其理论开拓的勇气。

其次，梁启超以女性情感作为"女性文学"范畴的逻辑起点与基本规定，为20世纪中国女性文学研究开拓了一个较高的起点。

[①] 这本书后来成为中国女性文学研究中较有影响的一部。

◆◇◆ 拥抱人生的美学

　　在《中国韵文里头所表现的情感》一文中，梁启超辟有"专论女性文学和女性情感"一节。从该节来看，梁启超关于"女性文学"有自己特定的对象界定，即女性文学是从女性情感立场出发、以女性情感为表现中心的文学。关于"女性文学"的界定，至今尚存争议。中外文论史上有两种较有代表性的观点：一种是将"女性文学"理解为女性作家的文学创作；另一种是将"女性文学"理解为女性作家以女性形象为创作中心的文学创作。其实，这两种界定都没有逃出将"女性文学"与作家的性别特征相对举的研究视角。男权文化是封建文化的必然派生物，它的思想意识基础就是严格的封建等级观念。以作家性别作为自身界定的起点，其话语的中心虽是为女性争取书写的权利，但实质上仍带有男权文化的阴影。相比之下，梁启超抛开了作家的性别特征问题，直接从作品的表现视角与情感立场入手，来界定"女性文学"的范畴，笔者认为，这样的界定更具有思想的深刻性与人文性。情感从来就不可能是封建文化的宠儿，它对个体生命特质的张扬只有在现代文化中才可能获得立足之地。在梁启超这里，不管是男作家还是女作家，只要是从女性情感立场出发、为女性表现与抒写情感的作品，均在"女性文学"的范畴之内。这一界定所使用的"女性文学"概念及其批评意向，不仅与20世纪60、70年代兴盛于欧美的女性主义文学批评有着某种惊人的相通之处，还突出了文学自身的情感特质与人文意蕴。女性主义文学批评作为一种自觉的批评流派是20世纪西方文论中的一个重要派别，其理论虽与18世纪的自由主义女性主义具有不可分割的渊源关系，但主要思想基础则建立在20世纪60年代西方妇女解放运动的现实浪潮中。[①] 这种现实的政治背景与启蒙意向，与梁启超具有相当的一致性。在西方，女性主义文学批评经历了不同的历史发展阶段，内部亦有不同的派别。但不论是法国派还是英美派，不管是以政治意识为中心还是以文化意识为中心，都突出了文学创作与阅读中的女性立场。《中国韵文里头所表现的情感》一文虽然不是关于女性文学的系统专著，其内容的丰富程度也远远无法与当

[①] 可参看张首映《西方二十世纪文论史》，北京大学出版社1999年版，第490—519页。

代西方女性主义批评实践相比拟，但是，它在20世纪20年代即从颇具现代意义的性别意识与性别立场出发，对中国文学中最具代表意义的韵文进行了专门的女性文学批评。特别是他所持有的批评立场从一开始就超越了作家性别特征的外在层面，而切入到了作者情感特质与情感立场的内在层面，从这一角度来说，梁启超的女性文学理念甚至比西方某些女性主义文学先驱更具有深刻性。当然，在梁启超的时代，真正现代意义上的中国女性文学尚未破土而出。但梁启超却以其敏锐的目光与大胆的创造精神，在理论上为20世纪中国女性文学作了天才的构象。这节专论（即"专论女性文学和女性情感"）就其实质而言，可以说是中国最早的现代意义上的微型"女性文学"史。

最后，梁启超把"女性的真美"界定为刚健与婀娜、天然与高贵相统一的美，确立了融生命活力与性别魅力为一体、着重从精神气质上观照女性之美的女性审美观，从而在中国女性审美史上拓开了独特而崭新的一页。翻开世界妇女运动史，女性争取自由解放的运动最先受到了启蒙思潮的激发。1791年，世界第一部《女权宣言》在法国问世。宣言提出：男女生来平等，应该享有同等权利；妇女应该拥有言论和婚姻自由；妇女应该拥有政治权利。西方早期女权运动从法国发端，在英美开出了最美丽的花朵。但在这一阶段，新女性要争取的主要是政治和法律意义上与男性的平等。女权主义把斗争的矛头对准了男性。这一阶段，女权主义思考的主要还是女性形式上的社会价值问题，尚未真正从具体的生活中去思考女性的性别意义与独立价值。20世纪20年代，英美两国妇女获得了与男子同等的选举权；40年代，法国通过了妇女选举权的法案。西方早期女权运动至此降下了帷幕。20世纪60年代，新女权主义运动兴起。法国著名作家西蒙娜·德·波伏娃出版了她的名著《第二性——女人》，在书中她一方面批判了传统文化对于女性的铸造，另一方面也提醒激进女权主义者注意男女两性的区别而不仅仅只是共同之处。女性既要做人又要做女人，既要认同性别差异又要反抗社会文化对女性的钳制。波伏娃对女性如何获得独立人格与尊严的思考显然将女权主义运动引向了纵深。但是，由于早期女权主义运动的惯性，新女权主义者仍然存在着敌视男性的普遍心理和视社会角色平等为终极追求的目标倾向，在消解男性中心主义模式的同时也自觉不自觉地消解着女性的性别价值特征。与这种反性别的女性主义意识相联系，"必然导致一切以男性为参照标准的行为指归、观念特征和审美情趣"。① 反观中国历史，最早接受西方意识，将"男女平权"思想付诸实践的是太平天国运动领袖洪秀全。洪秀全第一次在中国历史上提出了视男女为同胞的平权思想。但他在本质上没有跳出封建礼教的樊篱，仍将顺从与贞节看作对妇女的基本要求。因此，洪秀全对妇女的解放是有条件的。此后，从启蒙兴国的现实需求出发将妇女解放提上现实日程的是维新派。维新派面对救亡图存的民族现实，将妇女的形体解放与思想解放同时提上了日程。在形体上以反缠足为主要形式，在思想上以办女学为主要形式，真正迈开了中国近代妇女解放运动的第一步。在中国漫长的封建社会中，妇女主要作为性工具和家奴而存在。不管是才子佳人的神话还是红颜祸水的诅咒，将女性与美貌相连接的审美意向突出的就是女性作为身体的存在。女性消解了"人"的意义仅仅作为"女"而存在。维新派将西方启蒙思想带给了中国女性。经历了"五四"、三四十年代、新中国的时代大潮，中国女性逐渐强化了社会意识，日渐意识到自己作为人的存在。中国新女性很少有仇视男性的心理，在很多方面，他们是同一条战壕里的战友。甚至中国新女性的解放在很大程度是男性给予的，而不像西方新女性是靠自己争取来的。但是，中国新女性和西方早期新女性殊途同归的是，她们也把男性作为自己的楷模，在一切方面向男性看齐。这种无视平等中相异点存在的看齐，隐含的话语实质上仍然是：男人是女人的尺度和标准。女性意识的异化必然带来女性审美理念的模糊化与非性别化。作为对封建审美意识的反叛，女性审美只见"人"不见"女"。男性和女性是组成人类的两种不同个体。真实的女性既是人，又是女人，是人的社会存在与女性的性别存在的统一。女性审美必须把女性作为社会存在与性别存在的完整统一体来欣赏，作为与男性一样具有独立情感、意志、思想、人格的完整的人来欣赏。

---

① 张中秋、黄凯锋：《超越美貌神话——女性审美透视》，学林出版社1999年版，第162页。

从人与女人的统一、社会性与自然性的统一、情感与人格的独立等角度来看，笔者认为梁启超所提出的女性审美理念具有重要的理论和实践意义，不仅在维新派思想家中具有先导性，即使在今天看来仍有很多可贵的启迪。

梁启超的女性审美与女性文学理念开拓了20世纪中国女性审美与女性文学的现代视域，在学理中呈现出灿烂的思想光芒。

原刊《文艺理论与批评》2004年第6期

文学革命与梁启超对中国文学审美意识更新的贡献

戊戌变法的失败使改良派把目光由皇帝转向民众,把主要精力由政治改革转向思想启蒙,从而启动了以文学改革为载体的近代文学革命。文学革命的目标就是通过文学变革来传输西方新思想,促成广泛的思想启蒙。其实,从文化本身的发展演化来看,所谓的革命,更准确地说应为革新。以梁启超等为代表的文学革命的领军人物使用"革命"一词,目的是强调文学变革的迫切性必要性,以在最短时间内最大程度上警醒世人。文学革命在配合资产阶级思想启蒙上起到了重要作用,也体现了文学自身新旧嬗变的历史要求。作为文学革命最重要的代表人物,梁启超的贡献主要在于理论上的创构与开拓。其理论倡导在客观上体现了新的文体审美理想与文学审美意识的萌生,是中国文学审美理念更新的重要阶梯。本文拟从文学革命的主要冲击对象诗、文与小说三者入手,探讨梁启超对于新的文学审美意识的建树及其理论史意义。

一

诗文一向是中国古典文学的正宗,也成为近代文学革命运动首先冲击的对象。关于"诗界革命"的构想与酝酿,最早可溯至黄遵宪。1868年,黄遵宪提出了"我手写我口"的诗歌创新主张。他在《杂感》五首之二中写下了这样的诗句:"我手写我口,古岂能拘牵?即今流俗语,我若登简编,五千年后人,惊为古烂斑。"胡适在《五十年来中国之文学》中认为黄遵宪的这些文字表明了"诗界革命"的动机,"可以算是诗界革命的一种宣言"。"诗界革命"口号的正式提出,则见于梁启超1899年所写《夏威夷游记》。① 在文中,梁启超首先针对当时正统诗坛的拟古复古逆流,作了尖锐的批判:"诗之境界,被千余年来鹦鹉名士(余尝戏名词章家为鹦鹉名士自觉过于尖刻)占尽矣。虽有佳章佳句,一读之,似在某集中曾相见者,是最可恨也。"②同时,他也分析总结了"新派诗""新学之诗"的经验教训。在批判总结的基础上,梁启超对新诗的前景作了展望,并正式发出了"诗界革命"的号召:"故今日不作诗则已,若作诗,必为诗界之哥伦布、玛赛郎(即麦哲伦)然后可。……支那非有诗界革命,则诗运殆将绝。虽然,诗运无绝之时也。今日者革命之机渐熟,而哥伦布、玛赛郎之出世必不远矣。"梁启超还具体提出了关于新诗的审美理想:"欲为诗界之哥伦布、玛赛郎,不可不备三长。第一要新意境,第二要新语句,而又须以古人之风格入之,然后成其为诗。……若三者具备,则可以为二十世纪支那之诗王矣。""新意境""新语句""古人之风格","三长"具备是梁启超"诗界革命"的基本纲领,也是梁启超诗歌审美的基本理想。在稍后的《饮冰室诗话》中,梁启超对"诗界革命"的主张作了进一步的阐发。他指出:"过渡时代,必有革命。然革命者当革其精神,非革其形式。"强调了"诗界革命"的关键在于诗歌精神的变革。按照对于新诗诗美的理解,梁启超对近代诗人的创作与作品进行了具体的鉴赏与批评。他最推崇的近代诗人是黄遵宪与谭嗣同。他认为"近世诗人能熔铸新理想以入旧风格者,当推黄公度","公度之诗,独辟境界,卓然自立于二十世纪诗界中"。他最为欣赏黄遵宪的《出军歌》,认为古代斯巴达人在作战时以军歌鼓舞士气,战胜敌人;中国人无尚武精神,原因之一就是没有雄壮的军歌。读黄遵宪的《出军歌四章》,令梁启超"狂喜":"其精神之雄壮活泼

---

① 1899年12月25日,梁启超由日本赴美国檀香山,他在轮船上写了一段随笔式的文字,最初题为《汗漫录》,发表于《清议报》,后作为《夏威夷游记》的一部分收入《饮冰室合集》。"诗界革命"的口号在这段文字中正式提出。

② 《饮冰室合集》,中华书局1989年版。文中其他未注明出处的引文同。

沉浑深远不必论,即文藻亦二千年来所未有也,诗界革命之能事至斯而极矣。吾为一言而蔽之曰:读此诗而不起舞者必非男子。"梁启超对谭嗣同的人品与诗歌也倍加赞赏:"谭浏阳(谭嗣同为浏阳人)志节学行思想,为我中国二十世纪开幕第一人,不待言矣。其诗亦独辟新界而渊含古声。"

综观梁启超对诗界革命的构想与批评实践,其关于新诗诗美的逻辑建构主要有这样几个层面:一是诗歌改革的根本在于精神的变革;二是精神变革在作品中的体现是"新意境"的创造;三是新意境的表现离不开"新语句",即由"古语之文学"变为"俗语之文学";四是新意境在形式风格上应符合国人的审美传统。按照这样的标准,新意境在新诗中占有核心地位。新意境就是诗歌作品所表现出的与旧的传统诗歌不同的思想意蕴,实际上就是梁启超所推崇的资产阶级新思想,即"欧洲之真精神"。梁启超要求新的诗歌表现"欧洲之真精神",走通俗化的道路,为宣传普及新思想服务。这种审美理念不仅是对晚清以来传统诗坛没落诗风的批判,也是对几千年中国传统诗歌观念的冲击。中国是诗的国度。但诗作为传统知识分子的文化形态,主要以"雅"作为自己的审美理想,崇尚的是温柔敦厚的诗教与含蓄蕴藉的诗美。它融含的是士的人格精神与自我意识。精美,凝练,重表现,重意境,是士道德自省的载体,是士自我赏玩的对象。这样的诗美理念必然轻视诗歌的认知价值与社会功能。梁启超对新诗之美的构想,首先就在于新诗构造新意境、表现新精神的功能。他把对外部新世界的认知与反映作为诗歌艺术思维的中心,从而将传统诗歌的表现与内省转向再现与观世,体现了对诗歌的阳刚之美和社会功能的呼唤。在《饮冰室诗话》中,梁启超表达了与旧"词章家"的决绝态度:"至于今日,而诗、词、曲三者皆陈设之古玩,而词章家真社会之蠹矣。"要求诗歌由"雅"入"俗"、由"陈设之古玩"变为"新民"之工具,鲜明地体现了"诗界革命"的革命性。当然,梁启超的诗美构想也有它的局限性。这种局限性主要表现为喜新恋旧、新旧参半的过渡心态。在《诗话》中,梁启超对"诗界革命"还作了这样的解读:"吾党近好言诗界革命,虽然,若以堆积满纸新名词为革命,是又满洲政府变法维新之类也。能以旧风格含新意境，斯可以举革命之实矣。"这段话强调了"诗界革命"不在形式，而在内质；但这种新的内质可以也应该通过旧风格来表现。按照这段话，新诗最终只能是新内容与旧形式的统一。这样的诗歌美学理想，既是梁启超自身的局限，也是整个时代文化环境的制约。实际上，在"诗界革命"时期，除了西方新名词的引进外，西方新精神的具体内涵究竟是什么，西方诗歌的形式规律又是怎样，都还是较为朦胧的。1902 年，梁启超曾用"曲本"形式翻译拜伦的《哀希腊》。1905 年，马君武用歌行体来译《哀希腊》。1914 年，胡适用骚体诗来译《哀希腊》。他们对西方诗歌自身的形式均视而不见，或者说难以顾及。真正冲破传统诗歌的形式与风格特征，还需要一定的时间。这既是一个理论问题，也是一个实践问题。

梁启超的"诗界革命"理论与新诗美学构想未能全面完成现代白话新诗的理论建构。但是，它所体现出来的新的诗美意识已经冲击了传统诗歌的根基，预示着 20 世纪与整个时代紧密相连的新的中国文学审美意识的破土。

二

在"诗界革命"倡导的同时，梁启超也注意到了"文界革命"的问题。"文界革命"的提法，最早见于《夏威夷游记》。1899 年 12 月 28 日，梁启超在由日赴美的轮船上读了随身携带的日本政论家德富苏峰的文章，深受启发。他在日记中写道："读德富苏峰所著《将来之日本》及《国民丛书》数种。德富氏为日本三大新闻主笔之一，其文雄放隽快，善以欧西文思入日本文，实为文界开一别生面者，余甚爱之。中国若有文界革命，当亦不可不起点于是也。"这是梁启超首次提及"文界革命"的设想，他的目标还是较为笼统的。1902 年，梁启超再一次发出了"文界革命"的呼号。他把目标直接对准了以严复为代表的艰深雅涩的文言散文。严复是中国译介西方人文科学著作的第一代翻译家。1902 年 2 月，《新民丛报》创刊号上即开辟了"绍介新著"栏，刊登了严复译《原富》。梁启超同期发表了评《原富》译本的书评，一方面称赞译本"精善"，另一方面也指出译本"文笔太务渊雅，刻意摹仿先秦文体，非多读古书之人，一翻殆难索解"。梁启超认为："著译之业，将以播文明思想于国民也，非为藏山不朽之名誉也。"他指出："欧美、日本诸国文体之变化，常与其文明程度成比例。况此等学理邃赜之书，非以流畅悦达之笔行之，安能使学僮受其益乎？"基于以上认识，梁启超发出了"文界之宜革命久矣"的呼声，再倡"文界革命"。但严复对梁启超的批评不服，写了《与梁启超书》①与之论辩。严复认为："若徒为近俗之词，以取便市井乡僻之不学，此于文界，乃所谓凌迟，非革命也。且不佞之所以从事者，学理邃赜之书也，非以饷学僮而望其受益也，吾译正以待多读中国古书之人。使其目未睹中国之古书，而欲稗贩吾译者，此其过在读者，而译者不任受责也。"梁启超与严复的这场论争体现的是对著述的两种不同立场与态度，看起来是对为文问题的争论，实质上隐含的是近代中国知识分子面对风云变幻的社会现实所把持的人生指向与价值态度的论争。严复体现的是传统士大夫的价值理念，追求文字之雅与个人声誉，希望文章能传之千古。梁启超则认为写作应从大众需求出发，特别是在当时的现实下，应有"思易天下之心""求振动已冻之脑官"。梁启超关于"文界革命"的主张得到了黄遵宪等人的热烈呼应。实际上，早在1897年，梁启超就对自己为文的宗旨及风格作过精辟的概括。他在《湖南时务学堂学约》中说："学者以觉天下为任，则文未能舍弃也。传世之文，或务渊懿古茂，或务沉博绝丽，或务瑰奇奥诡，无之不可。觉世之文，则辞达而已矣，当以条理细备、词笔锐达为上，不必求工也。"这段话体现了梁启超对为文的两种不同追求与文体风格的清醒认识。"觉世之文""应于时势"，"救一时，明一义"，随时变迁，转瞬即逝。对这一点，梁启超并非没有意识到。他在《〈饮冰室文集〉自序》中指出："吾辈之为文，岂其欲藏之名山，俟诸百世之后也。应于时势，发其胸中之所欲言，时势逝而不留者也。"但他又认为：即使"泰西鸿哲之著述"，"过其时，则以覆瓿焉可也"，因

---

① 载《新民丛报》1902年第7号。

文学革命与梁启超对中国文学审美意识更新的贡献

为"今日天下大局日接日急,如转巨石于危崖。变异之速,非翼可喻。今日一年之变,率视前此一世纪犹或过之。故今日之为文,只能以被之报章,供一岁数月之逎铎而已。"他豪迈地宣称:"若鄙人者,无藏山传世之志,行吾心之所安,固靡所云悔。"可见梁启超的"文界革命",最主要的是变革为文的意识,是将著书立说直接推上近代社会变革的历史进程之中,要求文人志士以自觉的历史意识和社会责任感来从事写作活动,把启蒙宣传与社会效果放在最重要的位置。这样的认识,相对于近代特定的社会历史环境来说,积极意义远远超过了负面影响。梁启超身体力行,积极创作与古板僵化的传统散文风格迥异的新体散文。他在《新民丛报》等报刊上发表了大量的政论文、杂文、演说辞、人物传记等。这些新体散文有这样几个特点:一是以"俗语文体"写"欧西文思",文字平易畅达,通俗易懂;二是文中杂以俚语、韵语、外来词汇、外国语法,纵笔所至不检束;三是条理明晰;四是文风生动、活泼、新鲜,笔锋常带感情。这些散文引起了巨大反响,时人纷纷仿效之。梁启超自谓:"开文章之新体,激民气之暗潮。"这些散文在当时号称"新文体"。"新文体"的实质是要解放散文,打破旧散文形式主义的种种束缚,以通俗而富有感染力的文字来传播新思想,打动广大读者。① 对于新文体来说,它实际上包含了两个层次的革命:一是文思的革命,即文章思想与内涵的革命;二是文体的革命,即散文形式与语言风格的革命。对于这两个层次的革命及其相互关系,有学者作过精当的分析:梁启超"'新文体'的'平易畅达',与其说为了通俗,不如说为了化俗,不讲究形式美似乎是

---

① 梁启超在倡导"三界革命"的同时,也身体力行,进行文学创作实践。小说昙花一现,诗歌成绩平平,散文成就突出。黄遵宪认为梁启超的"新文体"散文"惊心动魄,一字千金,人人笔下所无,却为人人意中所有,虽铁石人亦应感动,从古至今文字之力之大,无过于此矣"。梁启超的学生吴其昌则对其"新文体"评价曰:"雷鸣怒吼,恣睢淋漓,叱咤风云,震骇心魄,时或哀感曼鸣,长歌代哭,湘兰沅月,血沸神销,以饱带感情之笔,写流利畅达之文,洋洋万言,雅俗共赏,读时则摄魂忘疲,读竟或怒发冲冠,或热泪湿纸,此非阿谀,惟有梁启超之文如此耳!……就文体的改革的功绩论,经梁启超十六年来洗涤与扫荡,新文体(或名报章体)的体制、风格,乃完全确立。""新文体"不仅开创了一代文风,还影响了整整一代人的思想。胡适、鲁迅、郭沫若,甚至毛泽东都谈到过"新文体"对于自己的重要影响。

报章文体平民化了，其实，俗中有雅，骨子里还是近代知识分子的主体性，文章通俗不是为了取悦读者，而是为了教育读者，此乃是新型的文人之文，即梁启超所谓的'觉世之文'"。①"新文体"实践引入了一种全新的文章审美理念，在近代文学与美学观念的变革中产生了重要的影响。

综观梁启超两次倡导"文界革命"的理论主张与创作实践，其关于新体散文的基本美学观点如下。一是散文创作的目的不为传世，而为觉世。二是散文效法的目标是日本明治维新时期的新体散文。三是散文变革要从内容到形式实行全面的变革。内容上要表现"欧西文思"，形式上要追求"雄放隽快""明晰""畅达"。四是散文语言应力求通俗化，可兼容中西词汇语法。"文界革命"的理论主张冲破了传统散文的各种清规戒律，使散文从"文以载道"和"替圣贤立言"的目的规范中解放出来，成为融入社会现实，面向广大民众的具有新鲜血肉和切实内容的崭新文体。"文界革命"的理论主张也使散文挣脱了桐城、八股等僵化凝固的文体规范，成为不拘一格、自由抒写的崭新文体。尤其是在"新文体"的创作实践中，与"欧西文思"相对应的大量西方新名词，如"国民性""人权""功利主义""专制主义"等，得到了介绍传播。这些"新名词"的输入冲击了"古文辞"的格律、习用典故和陈腐语汇，改造和丰富了文言的词汇系统，更新了文学语言的风格，还促进了散文创作主体价值观念与思维方式的变革。

夏晓虹在《觉世与传世——梁启超的文学道路》一书中对此作了高度的评价："'新文体'对于现代语文最大的贡献，即在输入新名词。借助一大批来自日本的新名词，现代思想才得以在中国广泛传播。'新文体'的半文半白，也适应了过渡时代的时代要求。"②陈平原在《中国现代学术之建立》一书中也对此作了肯定："晚清的白话文不可能直接转变为现代白话文，只有经过梁启超的'新文体'把大量文言

---

① 章亚昕：《近代文学观念流变》，漓江出版社1991年版，第71、117页。
② 夏晓虹：《觉世与传世——梁启超的文学道路》，上海人民出版社1991年版，第278页。

词汇、新名词通俗化,现代白话文才超越了自身缓慢的自然进化过程而加速实现。"① 当然,"文界革命"也不是没有自身的局限。梁启超的"文界革命"思想虽然突破了向传统散文寻找典范的固有模式,但其关于新体散文的构想还是朦胧浮泛的。其创作实践从整体上看,还是在古文范畴内的革新。他的新体散文半文半白,是由古典散文向现代白话散文演化的一种过渡形态。同时,由于作者急于传达新思想,表达新见解,着意突破传统古文"义法"的束缚,在写作上也有浮夸堆砌的毛病,衍化出一种新的"时务八股"。② 但是,梁启超的理论倡导及其创作实践有力地冲击了传统散文的固有格局与既成面貌,并在实际上形成了巨大的影响。1920 年,梁启超在《清代学术概论》中谈到了自己所作"新文体"的影响:"学者竞效之,号新文体。老辈则痛恨,诋为野狐。""野狐"形象地概括了"新文体"给予传统文坛的强烈震撼。可以设想,没有梁启超的"文界革命"主张与"新文体"创作实践,中国散文审美意识与创作实践的变革肯定还有待时日。

三

"小说界革命"的正式提出,则始自 1902 年梁启超在《新小说》第一号上发表的著名论文《论小说与群治之关系》。梁启超说:"欲新一国之民,不可不先新一国之小说。故欲新道德,必新小说;欲新宗教,必新小说;欲新政治,必新小说;欲新风俗,必新小说;欲新学艺,必新小说;乃至欲新人心、欲新人格,必新小说。故今日欲改良群治,必自小说界革命始。欲新民,必自新小说始。"《论小说与群治之关系》是一篇具有纲领性意义的小说理论文章,被公认为"小说界革命"的宣言书。在中国传统文学观念中,小说向来是难登大雅之堂的。小说界革命的最大功绩是使小说登上了文学正殿,从此成为 20 世纪文学中最有影响的体裁。在论文中,梁启超明确提出小说是"国民

---

① 陈平原:《中国现代学术之建立》,北京大学出版社 1998 年版,第 1—2 页。
② 梁氏"新文体"在当时影响极大,众人争相模仿。梁氏浮夸堆砌的毛病也被推向极端,形成了虚浮不实的"时务文"。

之魂"的响亮口号,并从小说的艺术感染力与读者心理出发,论证了小说何以成为"国民之魂"的美学底蕴,即"小说有不可思议之力支配人道"。"力"的概念梁启超主要借自西方近代科学,他以此范畴来界定小说的艺术功能;并运用西方文论的知性分析方法,将小说之"力"从横向上分解为四种,纵向上分解为两类,从而建搭起"四力说"的基本框架。小说通过"四力"来"移人",从而"支配人道"。所谓"四力",即"熏""浸""刺""提"四种艺术感染力。"熏""浸""刺"三力的共同特点是"自外而灌之使入",但三者间又有差别。熏之力为"烘染"。人在阅读小说的过程中,"不知不觉之间"受到其"烘染"。熏着眼于"空间"范围的扩大。熏之力的大小,决定了所熏之界的"广狭"。"浸"之力为"俱化"。熏与浸都是审美过程中的渐变,强调潜移默化。浸之力如饮酒,"作十日饮,则作百日醉"。浸之力以时间论,其大小表现为对读者的影响时间长短。熏与浸虽有空间与时间的区别,但都强调逐渐发生作用,接受者在这一过程中自身是浑然"不觉"的,情感变化是一种同质的扩展与延续。"刺"之力是"骤觉",是由"刺激"而致的情感的异质转化。刺之力的特点是"使感受者骤觉","于一刹那顷,忽起异感而不能自制"。与熏、浸之力的作用原理在于"渐"不同,刺之力的作用原理在于"顿"。因此,刺之力的实现对于主客双方的条件与契合有更高的要求,它既要求作品本身具有一定的刺激力,又对接受者的思维特征有相应的要求。刺激力越大,思维越敏锐,刺的作用就越强。同时,梁启超认为,就刺之力而言,"文字"的刺激功能"不如语言";"在文字中,则文言不如其俗语,庄论不如其寓言"。语言就刺激物而言,它比文字更具有情景性,更具体可感,因为它有说话者的情态融于其中,从而构成对接受者的多感官综合刺激。而俗语与文言、寓言与庄论相较,俗语、寓言对思维的接受压力更少、更轻松、更富有趣味。最后,梁启超得出结论,在文学体裁中,具刺之力最大者,为小说。在四力中,熏、浸、刺三力各有特点,熏强调的是艺术感染力的广度,浸强调的是艺术感染力的深度,刺强调的是艺术感染力的速度。但它们对接受者的影响都是自外向内的,是被动的。"提"之力则是

文学革命与梁启超对中国文学审美意识更新的贡献

审美中最高境界,是"自内而脱之使出"。在提中,接受主体成为积极能动的审美主体,他完全融入对象之中,化身为对象而达到全新体验。在艺术鉴赏中,鉴赏者"常若自化其身焉,入于书中,而为书中之主人翁",这即是提的一种表现。此时,"此身已非我有,截然去此界以入彼界",从而产生"一毛孔中万亿莲花,一弹指顷百千浩劫"的神奇体验。可见,在提之中,主体已进入非常自由的审美想象空间。提是梁启超最为推崇的审美境界,提之力也是梁启超所界定的最神奇的艺术感染力。提是对审美主体的全面改造。在熏、浸、刺三界,主体虽为对象所感染,但两者的界限是明确的;在提中,主体与对象的界限已荡然无存,主体与对象进入物我两忘、情切思纵的审美自由境界。"文字移人,至此而极。"可见,梁启超虽将四力并举,但在认识的层次上是有差异的,熏、浸、刺是艺术发挥作用的前提与过程,提才是最终的目的与结果。四力说描述了艺术作用于人的基本过程与特点。尽管梁启超对四力的作用有渲染夸大之嫌,但他试图对艺术感染力的特点进行分类研究,并始终以审美心理为中介来探讨艺术感染力的作用原理与机制,体现出西方现代心理美学的影响。

在小说理论史上,将小说推到如此高的地位,对小说的艺术作用方式与原理加以条分缕析,试图进行系统阐释,并产生实际巨大影响的,梁启超应为第一人。中国古典小说理论批评主要集中于虚与实、情与理、人物性格、小说技巧等问题,对小说的艺术感染力与作用方式偶有触及,但主要是鉴赏式的感性体认,未能从理论的高度予以深入分析与系统研讨。"四力"是小说作用于人的具体方式,而小说本身在内涵意蕴上却有"赏心乐事"与"可惊可愕可悲可感"之分,梁启超认为前一类小说"不甚为世所重",后一类虽"读之而生出无量噩梦,抹出无量眼泪",但本来欲以读小说求乐的读者却愿"自苦"而"嗜此"。实际上,梁启超在这里已隐含了悲剧美的审美理念,他在价值理念上更偏重于痛而后快的悲剧感和崇高感。当然,这种价值取向也正是梁启超倡导小说界革命的关键所在,即希望小说能借助自己独特的移人之力来警醒民众,以达到改造国民思想之功效。总而论之，梁启超关于小说界革命的理论在美学思想上的意义如下：一是强调了小说独特的艺术价值与巨大的审美功能。二是弘扬了以悲剧和崇高为精神内核的小说形态。三是具体研讨了小说的四种艺术感染力，并提出了"写实"与"理想"两种小说创作的基本手法。四是突出了读者心理在艺术活动中的重要意义。

四

文学革命是近代政治革命的副产品，但它在客观上催生了文体的变革。文学革新以"革命"相标榜，蕴含了急剧变革现状、破除旧规的强烈欲望。"中国结习，薄今爱古，无论学问文章事业，皆以古人为不可及。"文学革命最重要的功绩就在于确立了文学进化的新的文学理念，它为破除厚古拟古的守旧文学观打下了思想基础。在"革命"的旗帜下，梁启超推出了新的文体审美观。一是弘扬觉世之文，欣赏崇高的美感。二是主张形式与语言的革命，强调自由与多样的表现方式。三是重视艺术感染力与读者心理的关系。但是，在本质上，文学革命只是文体改良，而未举"革命"之实。把作品的社会功效与价值评判直接挂钩，认为社会功效大的作品，艺术价值也高。这在本质上与美善相济的传统文学理想具有难以割舍的联系。文学革命不是一次彻底的文学革命运动，但却是一次自觉的文学革新运动，它预示着新的文艺思想的破土和新的文学观念的涌动。几千年来，中国文学在自身发展的过程中，也不是没有变革。但是，这些变革都是在自身封闭的系统内寻找典范，修修补补。文学革命第一次将中国文学观念的变革置于东西文化撞击的大背景中，确立了异域文学这一崭新的参照系，从西方文化与域外文学中寻找中国文学新生的现代性质素。它打开了千百年来儒家思想钳制下的一统局面，吹进了西方哲学、美学、文学思想的新鲜空气，中国文学从此有了新的比对物，中国美学也开始酝酿着新的价值走向与理论形态。因此，尽管文学革命留有旧思想的浓重痕迹，在创作上也缺乏骄人的实绩，但它所给予中国文学发展的观念冲击却是富于革命性的。正是在这个意义上，梁启超的文学革命理论构筑了20世纪中国文学观念与艺术审美理念由传统向现代演进的必要阶梯，在客观上对20世纪中国现代文学观念与美学形态的建构产生了无法忽视的重要影响。

原刊《云梦学刊》2003年第3期
《复印报刊资料·中国古近代文学研究》2003年第8期全文转载
《复印报刊资料·中国现当代文学研究》2003年第7期部分转载

梁启超美育思想的范畴命题与致思路径

在中国现代美育思想史上，梁启超虽然不是第一个引入与使用"美育"概念的学者，但他和蔡元培、王国维无疑都是中国现代美育第一代重要的开拓者和代表人物。

中国现代美学是在西方美学的直接推动和中国现代社会、文化、学术发展的现实需求下孕生的。中国现代美学的进程突出表现为理论上对独立学科体系建设的学理追求，和精神上对人格美化人生关怀的价值追求。这一特点使得中国现代美学思想与美育思想紧密联结在一起，美学探索与美育实践紧密联结在一起。中国现代美学几乎所有重要的思想家都关注美育问题，倡导美育实践，将美学、美育的理论建设与生命、人生的审美建构相统一，体现出人生论美学与美育思想的鲜明特色。

据现有资料，在中国现代美育思想史上，蔡元培于1901年在《哲学总论》中最早引入了"美育"的概念，倡导"以美育代宗教"，对美育的情育本质作出了界定，对美育实施的范围、途径、方法等予以论析。与蔡元培相比，梁启超的美育思想既有重视情育的共同特点，也有突出"趣味教育""美术人""生活的艺术化"等思想的个体特征。梁启超美育思想的关键词和核心命题可概括为"趣味教育""情感教育""移人""美术人""生活的艺术化"等。他的美育思想在表述上不太学理化，缺乏明显的体系性，但有其深刻的思想内涵与内在的逻辑关联，凸显了浓郁的人生论美育的价值取向。

一 美"趣"与美"情"

"趣味教育"与"情感教育"是梁启超美育思想的重要范畴与命题。梁启超主张通过美"趣"与美"情"来完善现代人格的塑造,实现新民立人的目标。

趣味教育即美"趣"的核心是趣味人格的培育,这不仅是梁启超美育思想的关键,也是梁启超整个美学思想的落脚点,充分体现了其人生论美育思想家的理论特色与价值取向。通过趣味这个核心范畴和趣味教育的思想学说,梁启超把对美的问题的思考与审美人格的建构、审美人生的建设统一起来。作为梁氏审美精神的本体阐释与本质界定,趣味既是情感、生命、创造统一的主客会通的生命状态,也是一种"'知不可而为'主义"与"'为而不有'主义"相统一、"责任"与"兴味"相统一的"生活的艺术化"精神。这种"趣味主义"的生命胜境和人格精神在本质上强调的是个体生命超越成败之执与得失之忧的不有之为的纯粹实践品格,及其与众生宇宙"迸合"的诗性创化维度。

具体来看,梁启超的趣味教育思想主要涉及了教育目标、教育方式、教育原则等三个方面的问题。

首先,梁启超把趣味主义人生态度的建构作为"趣味教育"的根本目标。他说:"'趣味教育'这个名词,并不是我所创造。近代欧美教育界早已通行了,但他们还是拿趣味当手段。我想进一步,拿趣味当目的。"[1] 梁启超指出趣味教育的目的,就是倡导一种趣味主义的人生观。这种趣味主义的人生观包括两个层面,一是对于人生的趣味态度的培养,二是对于好的纯正的趣味态度的培养。梁启超把趣味视为生活的原动力,认为人生在世首先就要培养与建立一种趣味的精神。他说:"我所做的事,常常失败——严格的可以说没有一件不失败——然而我总是一面失败一面做。因为我不但在成功里头感觉趣味,就在失败里头也感觉趣味。我每天除了睡觉外,没有一分钟一

---

[1] 《饮冰室合集》,第5册,中华书局1989年版,文集之三十八第13页。

秒钟不是积极的活动，然而我绝不觉得疲倦，而且很少生病。因为我每天的活动有趣得很，精神上的快乐，补得过物质上的消耗而有余。"① 这种不计得失、只求做事的热情就是一种对待现实人生的趣味主义态度。它远离成败之执与得失之忧，远离悲观厌世与颓唐消沉，永远津津有味、兴会淋漓。梁启超认为，人生若丧掉了趣味，那就失掉了内在的生意，即使勉强留在世间，也不过是行尸走肉，犹如一棵外荣内枯的大树，生命必然日趋没落。但是，梁启超又指出，真正的趣味又不只是一种热情与兴会。他说："凡一种趣味事项，倘或是要瞒人的，或是拿别人的苦痛换自己的快乐，或是快乐和烦恼相间相续的，这等统名为下等趣味。严格说起来，他就根本不能做趣味的主体。因为认这类事当趣味的人，常常遇着败兴，而且结果必至于俗语说的'没兴一齐来'而后已，所以我们讲趣味主义的人，绝不承认此等为趣味。"② 为什么这类趣味不能算趣味？按照梁启超的观点，因为这类趣味不纯正，即不能"以趣味始以趣味终"。梁启超认为真正纯粹的趣味应该从直接的物质功利得失中超越出来，又始终保持对感性具体生活的热情与对精神理想的追求，实现手段与目的、过程与结果的同一。只有这样的"趣味"，才是可以"令人终身受用的趣味"。梁启超主张应该从幼年青年期，就实施这样的趣味教育。教育家最要紧的就是"教学生知道是为学问而学问，为活动而活动；所有学问，所有活动，都是目的，不是手段，学生能领会得这个见解，他的趣味，自然终身不衰了"。③

其次，梁启超认为文学艺术是趣味教育的主要内容与形式。梁启超主张通过文学艺术来开展审美教育，培养高尚趣味。他指出，艺术品作为精神文化的一种形态，就是美感"落到字句上成一首诗，落到颜色上成一幅画"，它们体现的就是人类爱美的要求和精神活力，是人类寻求精神价值、追求精神解放的重要途径。中国人却把美与艺术视为奢侈品，这正是生活"不能向上"的重要原因。由于缺乏艺术与

---

① 《饮冰室合集》，第 5 册，中华书局 1989 年版，文集之三十八第 12 页。
② 《饮冰室合集》，第 5 册，中华书局 1989 年版，文集之三十八第 14 页。
③ 《饮冰室合集》，第 5 册，中华书局 1989 年版，文集之三十八第 15 页。

审美实践，致使人人都有的"审美本能"趋于"麻木"。梁启超指出恢复审美感觉的途径只能是审美实践。审美实践把人"从麻木状态恢复过来，令没趣变成有趣"，"把那渐渐坏掉了的爱美胃口，替他复原，令他常常吸受趣味的营养，以维持增进自己的生活康健"。他强调："专从事诱发以刺戟各人感官不使钝的有三种利器。一是文学，二是音乐，三是美术。"[①] 指出"文学的本质和作用，最主要的就是'趣味'"，"文学是人生最高尚的嗜好"。[②] 主张通过文学艺术审美来培养纯正的美感与趣味。

最后，梁启超还对实施趣味教育的原则作了探讨，认为应以引导与促发为主。他说："教育事业，从积极方面说，全在唤起趣味。从消极方面说，要十分注意，不可以摧残趣味。"[③] 他认为教育摧残趣味有几种情况。第一种就是"注射式"的教育，即教师将课本里的知识硬要学生强记；第二种是课目太多，结果走马观花，应接不暇，任何方面的趣味都不能养成；第三种是把学问当手段，结果将趣味完全丧掉。梁启超认为无论有多大能力的教育家，都不可能把某种学问教通了学生，其关键在于引起学生对某种学问的兴趣，或者学生对某种学问原有兴趣，教育家将他引深引浓。只有这样，教育家自身在教育中才能享受到趣味。梁启超的趣味教育原则，充分体现了对于教育对象主体性的尊重。对于趣味教育的这一原则，梁启超可谓身体力行。他的五女儿梁思庄早年在欧洲留学，梁启超曾写信建议她选学生物学，但梁思庄不感兴趣。梁启超从儿子处得知这一情况后，立即给思庄去信让其"以自己体察为主""不必泥定爹爹的话"。梁思庄听从父亲的劝告，改学图书馆学，成为我国著名的图书馆学专家。这可说是梁启超"趣味教育"的一个成功实例。[④]

梁启超的趣味教育思想，从教育与美育的本质切入，把教育者提升到教育家的高度来思考，把受教育者作为活生生的人来尊重，其核

---

① 《饮冰室合集》，第5册，中华书局1989年版，文集之三十九第21—25页。
② 《饮冰室合集》，第5册，中华书局1989年版，文集之四十三第69—80页。
③ 《饮冰室合集》，第5册，中华书局1989年版，文集之三十八第12—17页。
④ 参看张品兴编《梁启超家书》，中国文联出版社2000年版。

心目标是要培养一种饱满的生活态度与健康的完善人格，保持对生活的激情、进取心与趣味主义的人生态度，在现实的实践活动中获得人生的乐趣，达成人性的完美。这样的趣味教育学说是中国现代美育思想的重要滥觞，在中国现代美育思想史上可谓独树一帜。

在中国现代美育思想家中，梁启超也非常注重情感教育，重视情感教育对人的意义。他认为情感本身虽神圣，却美善并存，好恶互见。因此，必须对情感进行陶养。他强调情感教育的目的是将善的美的情感尽量发挥，恶的丑的情感压伏淘汰。他也赞同知情意是人性的三大根本要素，但情感教育对人具有独立的价值，有时比知识与道德更具深刻的意义。因为情感发自内心，是生命中最深沉最本质的东西。情感教育的"工夫做得一分，便是人类一分的进步"。[①] 梁启超明确指出："情感教育最大的利器，就是艺术。"[②] 他认为艺术就是情感的表现，艺术在情感表现上具有丰富而独到的技能，艺术作品具有强烈的情感感染力。梁启超把艺术审美的具体过程视为艺术功能发挥的基本过程，即"力"与"移人"的过程，也即情感教育的基本途径。此外，梁启超还提出了艺术家的情感修养与艺术技能的问题。他说："艺术家的责任很重，为功为罪，间不容发。艺术家认清楚自己的地位，就该知道，最要紧的工夫，是要修养自己的情感，极力往高洁纯挚的方面，向上提挈，向里体验。自己腔子里那一团优美的感情养足了，再用美妙的技术把他表现出来，这才不辱没了艺术的价值。"在《中国韵文里头所表现的情感》一文中，梁启超对中国文学艺术中情感表现的传统与方法予以研究分类和分析总结，要求发现我们自己情感的"浅薄""寒俭""卑近"之处，发现我们自己表情方法的欠缺之处，在情感涵养中能够扬长避短。他总结了文学熏、浸、刺、提的情感功能，强调优美与刺痛的情感各有自身的美育功能，指出中国人最擅长的是含蓄蕴藉的表情方法，最缺乏的就是热烈宏壮的情感抒发，因此需要通过文学艺术教育来培育激越磅礴的情感。梁启超对情感教

[①] 《饮冰室合集》，第4册，中华书局1989年版，文集之三十七第70—140页。
[②] 《饮冰室合集》，第4册，中华书局1989年版，文集之三十七第70—140页。

育的重视及其情感美学取向,与他的启蒙主义理想密不可分,更深层的目的还在于借助艺术情感宜深入人心的作用机理,来培养人的健康积极的情感取向,激发人对于生活的激情与热爱,保持求真求善的人生理念,从而实现积极进取、乐生爱美的人生理想。因此,梁启超的情感教育并非要陷人于一己之私情,也不是让人用情感来排斥理性,更不是要人沉入艺术耽于幻想。他的情感教育实质上也就是人生教育,是从情感通向生命,从艺术与美通向人生。

二 "移人"与"美术人"

梁启超的美育思想从纵向看,可分为突出"移人"诉求和突出"美术人"建构的前后两个阶段,但其落脚点都在提情为趣,主张通过情感美化和趣味涵育来升华人格情韵和生命境界,突出体现了以美的现代人建构为核心目标的美育理念。

1896—1917年,是梁启超美学思想的萌芽期,也是其美育思想发展的第一个阶段。在作于1898年的《佳人奇遇序》和1902年的《论小说与群治之关系》等文中,梁启超提出了"移人"的范畴。"移人"是指审美活动中审美对象借助熏、浸、刺、提"四力"来感染审美接受主体,使审美接受主体完全融入审美境界之中,与审美对象浑然一体,在思想情感上受到陶染影响,从而引发心灵境界的整体变化的过程及结果。"移人"的最高境界是主体与对象的界限荡然无存,主体进入物我两忘、情切思纵的审美自由境界。"移人"的结果既是对象改造了主体,是对象对于主体的全方位濡染,也是主体的自我更新,是主体自我的脱胎换骨。

除了"移人",梁启超还在发表于1902年的《中国地理大势论》、发表于1902—1907年的《诗话》、发表于1924年的《中国之美文及其历史》、作于1925年7月3日的《与适之足下书》等文中,用到了"移……情"的表述。从时间上看,"移人"的运用早于"移……情",大体上在《论小说与群治之关系》一文同时与其后,梁启超逐渐有由"移人"向"移……情"转化的趋向。在20年代的著作中,梁启超则主要采用了"移……情"的表述方式。在梁启超这里,无论是"移人"

还是"移……情","移"均是移易、改变之义。"移人"与"移……情"强调的均是审美活动对主体的一种改造过程及其结果。同时,"移……情"也将"移人"的方法和途径具体化了,突出了梁启超以情感陶染来实施审美教育的基本思想。"移人"与"移……情"不仅是在特定情境下的情感共鸣,也可以借助情感共鸣影响主体的整个精神世界,从而实现"此身已非我有""自内而脱之使出"的美育目的,也就是全面改造或重塑主体的精神世界。"移人"在梁启超这里不仅仅是审美活动的中介环节,也是由审美通向人格更新的理想环节。

在此,梁启超不仅将审美心理问题引向了人生建构问题,同时也实现了美学与美育的贯通。梁启超指出,西方文化认为每一个个体都必须具备知、情、意三个要素,才是一个完整的人。而中国儒家文化则认为一个个体必须智、仁、勇三者兼备,才是一个完美的人。所谓智者不惑、仁者不忧、勇者不惧,实际上,也就是谈的知、情、意的问题,即憧憬认知之敏慧、情感之醇厚与意志之坚强相统一的境界。由于人的心理是一个完整统一的有机整体,因此,人的心理要素中的各个要素间必然互相渗透、相互作用,构成了复杂的互动关系。

因此,通过美育的情感机制可以促使人的理智、意志以及情感自身都得到全面的激活和提升。梁启超把文学艺术教育视为情感教育最为有效的途径之一,已经敏锐地意识到了审美情感的特殊机能和重要价值。但"移人"的命题主要还是重在道德人格的升华,要求直接服务于社会改造,是其新民理想的重要组成部分。

1918—1928 年,是梁启超美学思想的成型期,也是他美育思想发展的第二个阶段。他创造性地提出了"美术人"的概念,深化了其思想的人文意蕴。他说:"人类固然不能个个都做供给美术的'美术家',然而不可不个个都做享用美术的'美术人'";"今日的中国,一方面要多出些供给美术的美术家,一方面要普及养成享用美术的美术人"。[①]

"美术人"是梁启超式的人生论美育理想在中国现代文化语境中的一种创构,也是梁氏"生活的艺术化"理想在人身上的一种构型。

---

① 《饮冰室合集》,第 5 册,中华书局 1989 年版,文集之三十九第 21—25 页。

梁启超美育思想的范畴命题与致思路径

梁启超把生命的本质立于趣味之上，认为趣味就是情感与创造在生命实践中的统一。趣味的生活就是情感化艺术化的生活，而培育趣味最好的利器就是艺术。现代大多数中国人把审美与艺术视为生活的奢侈品，以致趣味麻木，缺乏生命的活力与生活的热情。因此，梁启超主张要从情感教育和趣味教育入手，对大众进行普遍的艺术与文学教育，把大众都培育成趣味丰富纯正的"美术人"。

梁启超说："'美术人'这三个字是我杜撰的。"① 为什么要杜撰？梁启超说了两点理由。一，"'美'是人类生活一要素——或者还是各种要素中之最要者，倘若在生活全内容中把'美'的成分抽出，恐怕便活得不自在甚至活不成"！二，据中国"多数人见解，总以为美术是一种奢侈品，从不肯和布帛菽粟一样看待，认为生活必需品之一。我觉得中国人生活之不能向上，大半由此"。② 一方面，梁启超把美视为人的生活的本质要素，因此，"美术人"就是一种理想状态的人和本真状态的人。另一方面，梁启超又批判了中国人把美与日常生活要素相对立的务实作派，因此，"美术人"也具有现实批判和人性启蒙的意义。

作为一种理想的现代人，梁启超所构造的"美术人"具体有这样一些特点。首先，"美术人"是具有审美能力的人，"美术人"是懂得艺术的鉴赏家。梁启超认为，审美本能每个人都天生具备。但在后天的生活实践中，审美感官"不常用或不会用"，就会使美感"麻木"。"一个人麻木，那人便成了没趣的人。一民族麻木，那民族便成了没趣的民族。"③ 审美本能与"趣"紧密相连，成为审美能力的关键要素和"美术人"的核心要素。因此，造就"美术人"的第一个途径就是通过美术、音乐、文学等美育实践，把"坏掉了的爱美胃口，替他复原"，使他成为"有趣"之人。

其次，"美术人"是能够创造领略生活之美及其趣味的人。趣味作为梁启超美学中的核心范畴，它是一个贯通艺术、审美、生活的本

---

① 《饮冰室合集》，第5册，中华书局1989年版，文集之三十九第21—25页。
② 《饮冰室合集》，第5册，中华书局1989年版，文集之三十九第21—25页。
③ 《饮冰室合集》，第5册，中华书局1989年版，文集之三十九第21—25页。

体论和价值论兼具的范畴，因此，也是贯通人与生活的桥梁。在梁启超看来，趣味也是生活之"根芽"。一个人之所以会成为"没趣的人"，既是因为他常常处于"石缝的生活""沙漠的生活"等种种没趣的生活之中；更是因为"趣味主义"尚未在他的心中发芽。在《美术与生活》中，梁启超把美术的趣味之境分为描写自然的、刻画心态的、营构理想的三类，相应的把生活的趣味之源也分为对境赏现、心态印契、他界营构三类，并分析揭示了上述两者共通的审美奥秘，认为可以借艺术的三种趣味途径去刺激诱发人的审美官能，从而去通达和体味生活的三种趣味美境。即这种以美与趣味为内核的"美术人"不仅能够在自然与劳动中领略生活之美，还能在与人相处的心灵交流中领略生活之美，同时他还能超越被"现实的环境捆死"的"肉体的生活"，而在"精神的生活"上"超越现实界闯入理想界"，"对于环境宣告独立"，而成就"人的自由天地"。[①]"美术人"从艺术与审美通向了生活，是梁启超人生论美学理想在人身上的形象概括。

最后，"美术人"是人本来就该具有的面貌，是本真的人和理想的人的统一。"美术人"以趣味为本。梁启超在对趣味的分析中，一直把趣味视为生活和生命的原动力，视为生活和生命本身的价值和意义所在。因此，这个"美术人"既是一种理想的有待生成的人，也是一种本然和本真意义上的人。"美术人"的养成，也就是回到"最合理"的人的状态。在早期的"移人"命题中，梁启超已经触及了文学新民的问题，但其着眼点主要还是针对传统文化中的"君子"或"圣人"。而在"美术人"的命题中，梁启超明确提出了人人成为美术人的理想问题，把目光直接投向了与"布帛菽粟"相联系的普通劳动者。理想的社会就是要人人都成为"美术人"。要成为"美术人"或者说是趣味的人，即具有艺术精神的人，就要对其进行趣味教育和艺术教育。作为涵育"美术人"的根本途径，梁启超突出强调了以趣味主义态度为核心的人格教育，要求把人涵育成趣味主义的自由主体。关于情感教育，梁启超则强调了其与知育、意育相区别的独立价值，

---

① 《饮冰室合集》，第 5 册，中华书局 1989 年版，文集之三十九第 21—25 页。

以及对于人性完善的深层意义，要求对于情感的特质给予充分的重视。在本质上，"美术人"的理想是对艺术人格和审美精神的向往，同时，梁启超又没有把这样一种趣味人的涵泳与生活本身相分离。梁启超认为情感教育和趣味教育既可以通过艺术教育的途径来实现，也应该在生活与劳动中去涵泳。因此，在梁启超这里，美育的途径也包括了广阔的人生实践，其最高的目标是要在生活实践和生命践履中，不仅成就审美的人格，也要成就艺术的人生。

三 生命之"进合"和"生活的艺术化"

在《"知不可而为"主义与"为而不有"主义》一文中，梁启超提出了"生活的艺术化"命题。他说："'知不可而为'主义与'为而不有'主义都是要把人类无聊的计较一扫而空，喜欢做便做，不必瞻前顾后。所以归并起来，可以说这两种主义就是'无所为而为'主义，也可以说是生活的艺术化，把人类计较利害的观念，变为艺术的、情感的。"[①] 实际上，从美"情"到美"趣"，从"移人"到"美术人"，梁启超的美育思想最终聚焦到"趣味"人格的建构和"生活的艺术化"理想上。在梁启超之前，田汉较早提及了"生活艺术化"的概念，但他主要吸取了西方唯美主义理论的营养。唯美主义是"生活艺术化"口号的开创者，主张纯艺术和艺术至上，倡导通过对生活环境、日常用品、人体装饰等的美化来解脱生活的平庸、鄙俗与痛苦。这种"生活艺术化"理论侧重于形式的功能和艺术解脱生活痛苦的效用，具有形式主义的倾向和某种消极颓废的情调，是西方现代文艺思潮的先驱。中国传统文人士大夫，也非常憧憬艺术化生活的情韵，但未形成自觉的理论追求。中国式的"生活艺术化"学说，与中国现代人生论美学的建构相呼应，其核心精神旨趣始自梁启超。梁启超以"知不可而为"主义与"为而不有"主义相统一的"趣味主义"精神来阐释"生活的艺术化"理想，倡扬一种与功利主义根本反对的不执成败、不忧得失的不有之为的纯粹生命实践精神，一种小我生命活动

---

① 《饮冰室合集》，第4册，中华书局1989年版，文集之三十七第59—70页。

与众生宇宙运化相"迸合"的生命"春意"。也可以说,"生活的艺术化"精神就是一种以无为品格来实践体味有为生活,追求融身生活与审美超越相统一的趣味精神即诗性生命精神。它突出体现了中华民族文化的诗意性与审美内蕴,它不是从宗教求超越,而是热爱生命,执着超旷,是在现实的生存中实现生命的超越。

"生活的艺术化"主张的是审美艺术人生之统一,倡导的是艺术品鉴与人生品鉴之贯通。它弘扬的是一种大艺术。这种大艺术不仅要通过艺术教育活动来推进,更要通过生活与生命实践来践履,由此将美育的天地拓展到多彩的生命历程和广阔的人生天地中。人生越不完美,生命越需超拔。梁启超指出,趣味的生命可以在具体的劳作、学问、艺术、游戏等活动中去培育。而不管通过哪一种途径去培育,其关键都是趣味主义生命态度的养成,也就是"生活的艺术化"精神的养成。梁启超"生活的艺术化"命题实质上也是一种广义的人生美育命题,它集中聚焦为如何解决生命的超越即诗性的问题。梁启超把"迸合"视为生命诗性实践的一种途径。他的"迸合"论吸纳了中国文化固有的诗性传统,即视自然宇宙为生命体,万物是与人类一样有情感有性灵的生命;同时,他也吸纳了西方现代哲学美学对主体精神、生命情感的肯定,突出了个体意识、情感信仰的维度。他的"迸合"论主要涉及三个层面:一是自然万物的生命与人类个体的生命可以迸合为一;二是人类个体生命和个体生命可以迸合为一;三是人类个体生命与宇宙众生可以迸合为一。在《趣味教育与教育趣味》一文中,梁启超以种花和教育为例,谈到前两种"迸合"。认为如在种花和教育中践行趣味的精神,那么就可以体味前两种"迸合"之妙味,即"我自己手种的花,它的生命和我的生命简直并合为一",[①] 教育者与被教育者的生命也是并合为一的。在《中国韵文里头所表现的情感》一文中,梁启超更是把人类个体生命与众生宇宙的迸合视为"生命之奥"。实际上,有了前两种"迸合",这第三种"迸合"也是顺理成章之事了,因为,众生是由各个个体构成的,宇宙也是由自然万物构成

[①] 《饮冰室合集》,第5册,中华书局1989年版,文集之三十八第12—17页。

的。梁启超说:"我们想入到生命之奥,把我的思想行为和我的生命迸合为一,把我的生命和宇宙和众生迸合为一;除却通过情感这一个关门,别无它路。"① 这里,不仅谈到了"迸合"的第三个层面,也谈到了实现"迸合"的一个关键,那就是情感。情感在梁启超这里,是趣味人格建构和趣味精神实现的主体心理基础和生命动力源。趣味主义态度也就是生命实践的一种纯粹情感态度。梁启超不认为生命实践可以切断与理性态度和伦理态度的联系,而是主张真善美的统一,主张通过美的艺术的蕴真向善来提升和超拔人生,那就是由艺术的"情感"之"力"来"移人",而实现"趣味人格"的建构和"美术人"的涵成,并最终达成"生活的艺术化"。

通过"情感教育"和"趣味教育"来实现"移人"的目标和"美术人"的建构,在生命之"迸合"中最终达成"生活的艺术化",体现了梁启超美育思想的基本脉络和发展演化。梁启超的美育思想以人为中心,人生为核心,有机地贯通了情感陶冶、人格美化和趣味升华。这种重视美情、强调提情为趣的致思路径,突出了情感在人格建构中的核心意义,和美情在生命涵育中的中心地位,其关注人格关怀生命的人生论美育旨向,在当下日益注重效益、实用的时代,有其独特的人文价值和意义。

原刊《艺术百家》2013 年第 5 期
《复印报刊资料·文艺理论》2014 年第 6 期全文转载

---

① 《饮冰室合集》,第 4 册,中华书局 1989 年版,文集之三十七第 70—140 页。

中西文化交流与梁启超美学思想的创构

梁启超是中国现代民族新美学的开创者和奠基人之一。在19、20世纪之交中西文化大撞击大交汇的背景下，梁启超的美学思想体现了中西美学、哲学、文化传统化合新构的某种路径和特点。与直接用西方美学观念与方法改造民族传统美学不同，梁启超立足民族立场，从现实出发提问，积极发掘民族美学因素以与西方美学要素相融合，这不仅使其在思想观点上有许多新创，也在一定程度上超越了引进外来学术缺少反思批判的片面性；这一点，对于今天仍存在着的对于西方学术的迷信与照搬具有重要的启益。

一

从现存资料看，梁启超美学思想活动主要在1896—1928年。这一时期，不仅是民族矛盾、阶级矛盾激烈对抗的时代，也是我国文化思想领域中西激烈碰撞的时代。正是在这个时期，西方美学开始进入中国文化视域，"美学""美育"等专门学科术语引入，中西美学思想、观念、方法等撞击交汇。就是在这样一个特定的历史时期和背景下，梁启超开始积极吸纳西方美学、文化新资源，对民族美学传统进行改造更新。他的美学思想以"趣味"范畴为核心，融审美追求与启蒙意向为一体，既不同于西方经典美学的范式，也不同于中国古代美学的特点，从而为中国美学的现代性变革与精神特质的确立做出了自己独特而重要的贡献。

梁启超的美学思想是其整个思想文化创构的有机组成部分。关于现代民族新文化创构问题，梁启超曾从中西交融、古今转换的广阔视野上，提出了著名的"三论"，即文化"结婚论"、文化"化（冶）合论"和文化"系统论"。

所谓文化"结婚论"，即梁启超认为中国文化应"迎娶"西方优秀文化（即"西方美人"），为自己的文化育出"宁馨儿"。他说："盖大地今日只有两文明。一泰西文明，欧美是也。二泰东文明，中华是也。20世纪，则两文明结婚之时代也。吾欲我同胞张灯置酒，迓轮俟门，三揖三让，以行亲迎之大典。彼西方美人，必能为我家育宁馨儿以亢我宗也。"① 文化"结婚论"的前提是认为西方文化是科学的、先进的，而中国的传统文化则需要变革。所以这一阶段的梁启超对西方文化肯定较多，甚至主张应该无制限的输入。

所谓文化"化（冶）合论"，即梁启超认为要将不同文化的特质化（冶）合，产生第三种更好的文明。他说："我们的国家有个绝大的责任横在前途。什么责任呢？是拿西洋文明来扩充我的文明，又拿我的文明去补助西洋文明，叫他化合起来成一种新的文明。"②

所谓文化"系统论"，即梁启超指出文化的责任不仅仅是建设一国的文化，还要对人类全体有所贡献，要建设具有世界意义的新文化系统，为全人类服务。从世界的视域来看民族文化的建设，梁启超提出了"四步走"的策略。他说："第一步，要人人存一个尊重爱护本国文化的诚意；第二步，要用那西洋人研究学问的方法去研究他，得他的真相；第三步，把自己的文化综合起来，还拿别人的补助他，叫他起一种化合作用，成了一个新文化系统；第四步，把这新系统往外扩充，叫人类全体都得着他好处。"③

"化（冶）合论"和"系统论"体现了梁启超1918—1920年欧游后对文化问题的新认识。应该说，他的民族立场并未改变，但对民族文化的自信却大大增强了。欧洲游历，使他切身感受到西方文化也有它的局限，尤其对西方文化的"科学万能"主义以及与之相伴随的

---

① 《饮冰室合集》，第1册，中华书局1989年版，文集之七第4页。
② 《饮冰室合集》，第7册，中华书局1989年版，专集之二十三第1页。
③ 《饮冰室合集》，第7册，中华书局1989年版，专集之二十三第1页。

"乐利主义"和"强权主义"思想持有批判。

"三论"贯彻了文化创构的开放理念和重建优秀民族新文化的坚定信念。"三论"也体现了梁启超对文化建设问题认识的深入和发展。从"结婚论"的以西补中，到"化（冶）合论"的中西互补，到"系统论"的人类视野，不仅要吸收西方文化的优秀成分，还要拿我们的文明去补助西方文明，更要建设一个全新的文化系统使人类全体获益，这样的认识在梁启超的时代，真可谓目光深远，它不仅是梁启超逐渐由"国人"成为"世界人"的生动体现，也是20世纪初中国最优秀的知识分子思想情怀的精粹体现。

正是在对新的民族文化建设的认识逐步趋于深入的过程中，梁启超注意到了民族文化的人生哲学传统。他比较了中西哲思的差别，认为西方哲人"未以人生为出发点"，其精神萃集处在于"宇宙原理、物质公例等等"，而中国先哲"无论何时代何宗派之著述，凤皆归纳于人生这一途"。[①] 梁启超认为这恰恰是文化建设中尤须关注的关键性问题，因为不管是哪一种文化，最根本的都是要解决人的安身立命问题。

人生问题作为梁启超整个思想文化创构的着力处，在他的美学思想中也得到了突出的体现。其美学思考主要贯穿了两个核心问题，即什么是美和如何实现审美生存与现实生存相统一的趣味人生。

什么是美？梁启超提出了"趣味"即美的本体性界定。趣味是梁启超美学思想中最具特色的核心理论范畴。梁启超从中西文化中借用了"趣味"的术语，却注入了自己新的内涵。梁启超所界定的"趣味"既非中国传统文论中单纯的艺术情趣也非西方近现代美学中纯粹的审美趣味。在本质上，梁启超的"趣味"是一种潜蕴审美精神的生命意趣。它是超越了成败之执和得失之忧的情感、生命、创造相熔铸的主客和谐会通的个体生命的具体状态，是一种过程和结果统一、手段和目的统一的生命的酣畅淋漓之境。这样的趣味具有鲜明的人生实

[①] 《治国学的两条大路》，《饮冰室合集》，第5册，中华书局1989年版，文集之三十九第114页。

践向度与精神理想向度。那么，如何实现趣味的人生？梁启超认为其中的关键就是趣味人格的建构。梁启超把趣味的本质界定为"知不可而为"和"为而不有"相统一的"无所为而为"的精神。"无所为而为"的落脚点不是不为，而是超越个体之"为"的成败之忧与得失之执，达成"不有"的大境界。因此，所谓趣味的人生也即"不有之为"的理想人生。① 这是梁启超的人生至境，也是他的审美至境。

审美与人生的同一构成了梁启超美学思想的重要理论特色与价值向度。其富有特色的趣味主义人生论美学思想折射着中国传统美学和西方美学的多重身影。从这样一个典型的范例中，我们可以一窥中国现代美学初创期中西交汇为我所用的某种风采与气度。

二

梁启超人生论美学最突出的特点就是以趣味人格培育和趣味人生追求为目标，以艺术为人生和审美最为重要的通衢。具体来看，它特别突出地涉及了以下三个方面。

一是趣味美、趣味人格和生活艺术化的问题。梁启超把趣味美的实现建构在趣味生命养成的基础上，而其关键就是趣味人格的建构。所谓趣味人格，就是践履无所为而为的趣味主义原则的实践性人格。梁启超提出趣味是生活的动力和价值所在，他把无趣的生活比为"石缝的生活"和"沙漠的生活"。他提出趣味生命境界的实现就是践履趣味主义原则而实现的内发情感和外受环境的完美交嬗。在趣味境界中，主体"无入而不自得"，进入到"艺术化"的生命境界中。

值得注意的是，在梁启超这里，趣味和美具有内在的同一性。这种同一，是一种生命实践和价值追求的本源性同一。梁启超通过将趣味提升到人生哲学和生命哲学的意味上来阐释，从而使趣味美的追求和人的生命实践具有了直接而具体的同一性，也由此将趣味由中国传统文论中的纯艺术论范畴和西方经典美学中的纯审美论范畴导向了广阔的人生论范畴。有价值的美的生活就是"有味的生活"，就是"生

---

① 参见金雅《梁启超美学思想研究》，商务印书馆2005年版，第一章第三节。

活的艺术化"。

二是情感与艺术感染力、艺术个性的问题。梁启超认为情感是人类动作的原动力和宇宙生命的大秘密。他把对情感特质的考察和生命特质的考察联系起来，提出情感是"本能"与"超本能"、"现在"与"超现在"的统一。由此，梁启超不仅界定了情感活动感性与理性相统一的特点，也将其视为个人生命活动和宏观历史活动的统一。梁启超试图通过生命来揭示情感的本质，又试图通过情感来揭示艺术的真谛。在艺术功能观上，梁启超主张艺术与人生的联系，强调艺术熏、浸、刺、提的移人之力。在艺术本质观上，梁启超是坚定的主情主义者。他主张"艺术是情感的表现"。[①] 何谓美的艺术情感？梁启超提出了求真向善的原则，即倡导纯挚高洁的情感。同时，梁启超还把美的情感表述为"个性的情感"，认为艺术情感必须具备"真"与"不共"的统一，才是完美的。他以屈原、杜甫、陶渊明等重要古典作家为例，对其深情、真情、多情的情感特征与独特人格特质进行了生动的解读。

三是趣味教育与情感教育的问题。审美教育在梁启超那里具体化为趣味教育与情感教育的问题，即陶养真善美的情感与趣味，使人类不断进步。这样的审美教育，实质上也是人生的教育。

梁启超认为趣味有高下之别。他所主张的趣味是有责任的趣味、高尚的趣味。他认为"要瞒人的""拿别人的苦痛换自己的快乐""快乐和烦恼相间相续的"等都是"下等趣味"，不应把它们当作真正的趣味。梁启超提出在儿童和青年时期就应该进行趣味教育，将其引向"高等"。同样，梁启超认为情感也有美丑善恶之别。在梁启超看来，陶养情感，就是使其善的美的方面尽量发挥，把那恶的丑的方面压伏下去。梁启超提出情感教育最大的利器就是艺术。

将审美、艺术、人生相融通，追求积极入世的艺术化审美人生。这样的梁式趣味主义人生论美学鲜明地体现了中西化合与新构的突出特征。从前期更多地吸入西方思想，到后期重视发掘传统思想中的有

[①] 《饮冰室合集》，第5册，中华书局1989年版，文集之三十八第37—50页。

益元素,将中西化合实现思想创新与直面民族和人类现实问题相结合,其思想有了很大的发展,也渐趋深沉与成熟。

显然,梁启超的趣味主义人生论美学不同于西方知识论美学传统。西方美学学科在18世纪中叶由德国鲍姆嘉敦创立,它自产生之时起就把审美、艺术看作感性认识活动而加以研究。在鲍姆嘉敦之后的德国古典美学传统中,虽然美学家们一直试图强调审美与人的实践理性活动的内在联系,如自康德开始就强调人在审美活动中所实现的由认识向道德的过渡性,直到黑格尔把艺术看作绝对精神的感性直觉活动,虽强调了艺术、审美活动所具有的实践自由性,但总体来看,德国古典美学是把审美活动看成人的一种独立精神活动,而并不把它与人的人生实践活动联系起来考察。在西方现代美学中,比如人本主义美学的一些美学家也开始把审美、艺术与人的生存联系起来进行认识,但总体上看,他们所强调的仍然是人对生活的审美静观,而不是感性生活实践的自由性,所以西方的美学传统是知识论美学传统,而不是人生论美学传统。中国古代虽无独立的美学体系,但中国传统文化、哲学、文学等思想中不乏富含审美意味的诗性之维。无论是儒家的乐处还是道家的乐游,都是追求人格境界与审美境界的统一,深蕴着人生论美学的底蕴。

梁启超美学重视人生实践中趣味本体的建构和情感本质的追求,倡导审美的实践维度和超越维度,倡导纯粹的趣味体验和真挚的情感体验,他的趣味主义美学就是对中国传统美学的创新发展,也是对西方美学与文化的创造性吸纳。

三

梁启超学养深厚、思想敏锐,其以趣味为核心的人生论美学思想的西学来源非常复杂,而且他通常是从现实问题出发,以"六经注我"和"得意忘言"的方式,出神入化地化用西学观点,让人很难直接对号入座。曾有学者指出:"如果说19世纪下半叶国人对西方思想文化的认识,尚处于表层、片面的阶段,那么,到严复翻译八大西方学术名著和梁启超发表《泰西学案》,就标志着深层次全面引介西方文化的开始。"① 当然就梁启超个人来说，对其影响最明显的当首推康德和柏格森。

康德是西方美学思想史上的关键性人物之一。梁启超对康德（Immanuel Kant，1724—1804）推崇备至，把康德誉为"近世第一大哲"。1903 年，梁启超在《新民丛报》发表了《近世第一大哲康德之学说》一文，系统介绍了康德的生平及其哲学思想。梁启超对康德努力通过反思批判建构对现象界的认识活动的心理机制的思想，特别是对康德把实践理性看得高于理论理性的思想予以了高度肯定。他指出："以自由为一切学术人道之本，以此言自由；而知其所谓不自由者并行不悖，实华严园教之上乘也。呜呼圣矣！""康德所以能挽功利主义之狂澜，卓然为万世师者，以此而已。"② 这虽不是直接谈论美学的问题，但实际上已切近了康德思想的精华。

康德把人的心理要素区分为知、情与意，把世界区分为现象界与物自体。他认为，人的知只能认识现象界，不能认识物自体。物自体不以人的意志为转移，又在人的感觉范围之外，因而是不可知的。但人要安身立命，又渴望把握物自体，从而使生活具有坚实的根基。因此，在实践上去信仰就是跨越知性与理性、有限与无限、必然与自由、理论与实践的桥梁。这样，康德就为美的信仰预留了领地。康德指出，从纯粹理性的知到实践理性的意，中间还需要一个贯通的媒介，即审美判断力。审美判断不涉及利害，却有类似实践的快感；不涉及概念，却需要想象力与知解力的合作；没有目的，但有合目的性；既是个别的，又可以普遍传达。康德强调审美判断在本质上是与情感相联系的价值判断，要"判别某一对象是美或不美，我们不是把（它的）表象凭借悟性连系于客体以求得知识，而是凭借想象力（或者想象力与悟性相结合）联系于主体和它的快感和不快感"。③ 事实上，康德与"美学之父"鲍姆嘉敦的纯粹美学认识论不同，康德还试图从哲学本体论、从美与人自身的关系上来开拓美学新视野。因此，康德真正为现

---

① 董德福：《生命哲学在中国》，广东人民出版社 2001 年版，第 1 页。
② 《饮冰室合集》，第 2 册，中华书局 1989 年版，文集之十三第 47 页。
③ 伍蠡甫：《西方文艺理论名著选编》，北京大学出版社 1985 年版，第 369 页。

代美学学科揭开了序幕。康德的意义在于把由鲍姆嘉敦确立的美学"从认识论中解脱出来",从而使美学"具有了最一般的形而上学(即哲学)的意义"。① 从康德始,美开始走向情感、走向个性、走向人的完善与人自身的价值,美学才名正实至,赢得自身的安身立命之所。康德美学对梁启超产生了深刻的影响。梁启超对美的思考,首先是将其放在哲学(人生)的范畴中来观照的。他提出了趣味主义的人生哲学,并将趣味作为自己美学体系中的核心范畴,成为美学理想建构的起点与归宿。同时,梁启超把情感视为趣味的内因,强调情感是趣味之美实现的基质。在谈趣味本体的建构和情感本质的追求时,梁启超以知情意三分为理论前提,强调情感由感性到理性的提升、从实存向理想的飞跃。这些思想,与康德关于美的思考的情感视角与价值立场,与康德根据人的心理机能的知情意三分来研究审美情感心理机能的活动机制,从而既为审美独立于认识和意志奠定理论基础,又注意到审美沟通认识、意志活动的中介作用等思想非常接近,可以说较为明显地折射着康德哲学与美学的身影。

但是,值得注意的是,梁启超在谈论人格建构中的知情意三要素时,强调的是三者并重,而不是三者融通。他说:"教育应分为智育情育意育三方面","智育要教到人不惑,情育要教到人不忧,意育要教到人不惧。教育家教学生,应该以这三件为究竟。我们自动的自己教育自己,也应该以这三件为究竟"。② 梁启超的这一认识与康德强调知情意三分,同时重视通过情感沟通现象与本体、认识与意志的思想相比,还有一定的距离。但这恰恰表征了梁启超是在中国传统文化的根基上来吸纳康德美学的,而不是全盘照搬。中国传统文化重视意育,即伦理道德教育。梁启超对康德的吸纳重在其对情的独立性的强调,而非它的沟通与桥梁的意义。这一特点在一定程度上反映了康德美学在我国早期传播的命运,虽然呈现了对康德美学的读解尚浅,但对中国现代美学思想的转折与演进来说无疑是巨大的推进。

---

① 蒋孔阳、朱立元:《西方美学通史》,第4卷,上海文艺出版社1999年版,第29—30页。
② 《饮冰室合集》,第5册,中华书局1989年版,文集之三十九第105页。

梁启超在知情意三者并重的思想前提下，强调了趣味、情感的重要意义和独立地位。事实上，若无康德美学提供的审美、艺术、情感独立性及其独特意义的思想基础，梁启超能否从中国传统美学真善美纠结的前现代形态中脱胎而出，建构起一个以趣味为本体的人生论美学体系，可能成为一个问题。当然，梁启超对康德的吸纳，也不是孤立地发生的，而是在对各种西方新思想的广泛吸取的大语境中受其浸染。钱中文先生认为："如果把梁启超的美学思想与康德、席勒、黑格尔以及后来的柏格森等人的美学思想稍作比较，则会了解到他们思想上的交叉点。"[①] 王元骧先生指出："梁启超虽然没有明确谈到他的美学思想到底源于谁的理论，但从他的实际论述来看，显然是以康德的美学为基本依据。"[②] 这些论断都表述了对梁启超与康德美学的关系及其特点的认识。

四

相比于康德，梁启超对柏格森的借鉴、吸纳则更显主动。在20世纪世界文化演进的历史进程中，亨利·柏格森（Henri Berson，1859—1941）也是不容忽视的人物。

柏格森的生命哲学改造了把世界看成是静止的、主要运用理性的方法去把握世界的传统形而上学。他把永恒活跃的生命创造冲动看成世界的本体，而且认为这一生命创造冲动是无法用概念的、分析的理性去把握的，而只能依靠非理性的直觉去洞察其整体性的不断运动——绵延。柏格森认为，世间万物都是生命冲动派生的，人及其情感、意志也不例外。不过，与无生命的物质是由生命冲动的自然运动的逆转形成不同，各种生命形式包括人的情感、意志是由生命冲动的自然运动形成的。生命冲动的自然运动与生命冲动的自然运动的逆转两者是根本对立、互相抑制的，而两者的互相作用创造进化出了世间万物。生命冲动、绵延、直觉构成了柏格森特有的绚烂世界。柏格森

---

① 钱中文：《我国文学理论与美学审美现代性的发动》，《社会科学战线》2008年第7期。
② 王元骧：《梁启超"趣味说"的理论构架和现实意义》，载金雅主编《中国现代美学与文论的发动》，天津人民出版社2009年版，第22页。

强调唯有不惜一切代价征服物质的阻碍与引诱，生命才能向上发展，才能绵延，而绵延就是美。因为绵延充分体现了生命的本质，体现了生命的运动与生长，体现了生命的变化与统一。在绵延中，我们"掌握了时间的川流，在现时中把住了未来"。① 柏格森的美学思想将美与人的本体生命相联系，弘扬精神生命的活力与价值，强调美与审美在人生实践中的本体意义，重视审美中的生命体验，对20世纪西方美学思想的演化产生了深刻的影响。柏格森代表了西方文化中反抗物质至上、高扬精神自由的文化反省，代表了对于科学理性的反抗、机械决定论的反省及对意志能动性的肯定。

柏格森所说的生命直觉与艺术活动还有着一种内在的统一性。他认为，艺术正是借助于生命直觉这一媒介实现了对生命冲动的把握。在柏格森看来，普通生活中的认识活动受制于实际需要，只把握外物符合人的实际需要的内容，使绵延或生命冲动逃避了我们的注意力，而艺术则产生于人内在感官或意识结构中的超脱。借助这种超脱，人摆脱了实际需要对认识的制约，借直觉深入到了对象的内部，实现了对创造对象的绵延或者生命冲动的把握，艺术创作就是要再现绵延或生命冲动。柏格森强调："艺术家则企图再现这个运动，他通过一种共鸣将自己纳入了这运动中去，也就是说，他凭直觉的努力，打破了空间设置在他和创作对象之间的界限"，"通过共鸣将自由纳入了这运动中"。② 在柏格森这里，艺术就是借助生命直觉对生命冲动的把握、再现，甚至就是生命冲动本身。

柏格森在20世纪初期中国文化的现代转折期产生了广泛影响。1913年，《东方杂志》第10卷第1号发表了钱智修所撰写的《现今两大哲学家学说概略》，柏格森首次进入了中国人的视野。③ 此后，柏格森在中国知识界开始流行。"由于生命哲学是在第一次世界大战的炮火中声中传入中国的，对生命哲学的理解、接受、融会，不可能不打上历史的烙印，必然与对西方现代工业文明的反省和批判相

---

① [法]柏格森：《时间与自由意志》，吴士栋译，商务印书馆1997年版，第8页。
② 蒋孔阳：《二十世纪西方美学名著选》，上册，复旦大学出版社1987年版。
③ 董德福：《生命哲学在中国》，广东人民出版社2001年版，第5页。

伴随。"① 梁启超对柏格森十分敬仰。1918年冬，梁启超以"政府考察团"的名义，赴巴黎和会作为政府考察团的会外顾问，但北京政府的丧权辱国之约令梁启超大为愤慨与失望，他首先将此情况电告国内。此后，梁启超抱着求学问、拓眼界的急切心情，在欧游历一年余。其间，他特意拜访了柏格森这位"十年来梦寐愿见之人"。关于这次拜访，梁启超在1919年6月寄回国内的信中有过介绍。他称柏格森为"新派哲学巨子"，说"吾辈在欧访客，其最矜持者，莫过于初访柏格森矣。吾与百里、振飞三人先一日分途预备谈话资料彻夜，其所著书，撷其要点以备请益"，② 可见重视之程度。柏格森对梁启超亦大加褒叹，称赞梁启超研究自己的哲学"极深邃"，两人一见即成良友。归国后，梁启超还曾准备邀请柏格森前来讲学，后因故未能成行。柏格森的哲学与美学呼唤绵延创化的生命力，肯定意志自由与精神能动性，反思科学理性，这对于包括梁启超在内的正处于迷茫中的中国部分有识之士是具有重要思想启示意义的。因为这些先觉之士曾将欧洲的科技理性文化看作拯救民族危亡的曙光，而一战又让他们看到了科技理性的盲目发展所可能带给人类的巨大负面影响。

梁启超在《欧游心影录》中说："直觉的创化论，由法国柏格森首创，德国倭铿所说，也大同小异。柏格森拿科学上进化原则做个立脚点，说宇宙一切现象，都是意识流转所构成。方生已灭，方灭已生，生灭相衔，便成进化。这些生灭，都是人类自由意志发动的结果，所以人类日日创造，日日进化，这'意识流转'就唤做'精神生活'，是要从反省直觉得来的。我们既知道变化流转就是世界实相，又知道变化流转的权操之在我，自然可以得个'大无畏'，一味努力前进便了。这些见地，能够把种种怀疑失望，一扫而空，给人类一服'丈夫再造散'。"③ 梁启超对柏格森的哲学评价甚高，并把其视为"新文明再造"的重要途径。在梁启超看来，只要对生活满怀信心与热情，只要永远高扬精神与意识的能动性，那么，人类的前途永远是可乐观的。

---

① 董德福：《生命哲学在中国》，广东人民出版社2001年版，第5页。
② 丁文江、赵丰田编：《梁启超年谱长编》，上海人民出版社1983年版，第881页。
③ 《饮冰室合集》，第7册，中华书局1989年版，专集之二十三第1页。

但是，柏格森的哲学以绝对运动来否定相对静止，以直觉冲动来否定理性意识，从而也使他的创造性学说蒙上了神秘主义的面纱，打上了形而上学思维方式的烙印。

柏格森的学说为西方人本主义哲学开拓了重要的理论基础。他的学说在梁启超的美学思想中也有鲜明的痕迹。从其趣味主义人生论美学的基本内容来看，梁启超把趣味、情感看成人生的动力和意义，要求践履和享受人生过程的生机和乐趣，强调生命、艺术的情感本体性及其能动提升的特点，这些思想与柏格森的生命冲动、直觉把握、绵延创化等有着重要的关联。但是，梁启超与柏格森又有重要的区别。在柏格森那里，生命的直觉冲动是对西方工业社会理性扩张的反抗。美在柏格森那里是医治机械理性之弊病的良方。而对于梁启超来说，他既需要生命的感性冲动来激发生活的热情，又需要理性与良知来承担社会的责任。因此，他一方面倡导人生的趣味和生命之为，另一方面又以人生的责任和超越个体之有的不有来实现有责任的趣味、构筑不有之为的趣味主义人生境界。尽管梁启超与柏格森有着重要的区别，但柏格森对梁启超的思想影响是不容忽视的。正是在柏格森思想的启发下，梁启超思想中的进化论原则才未因对西方科技文明弊病的认识而彻底坍塌，而是有了从中国传统的乐生思想中汲取理论营养创构趣味主义人生论美学的再发展。梁启超的趣味思想既是对生命本质的感性肯定，也是对生活意义的伦理考量，由此也体现了吸纳西方现代美学与中国传统思想化合的梁式特点。

五

梁启超美学思想是中西文化交融新创的结晶。在其趣味主义美学创构中，西方文化的影响不容忽视，但民族文化的人生传统也起着非常重要的作用，它们的融会新创构筑了梁启超美学的独特特征。自然，这是经过了西方美学影响下的现代性转化的。这不仅是因为我国传统文化早已渗入了梁启超的骨髓，成为他借鉴、吸取西方文化时自觉或不自觉的参照，而且是因为梁启超对中西文化的交流、对话有着清醒的理性自觉——他是以民族文化的创新，甚至是以民族文化对人类文化的贡献为基点，来主张会通新创的。但是，要具体辨析传统文化对梁启超的作用，却非常困难，这是因为梁启超对传统文化的吸纳是深层次的。当然，通过系统阅读梁启超的美学文本，通过对其美学思想和理念的系统梳理，我们还是可以捕捉其中的一些特点与脉络的。

先来看儒家文化对梁启超的影响。儒家是中国传统文化的主流。孔子作为儒家文化的代表人物，也是中国古典美学思想的重要代表性人物之一。孔子的美学是一种伦理美学。他的美学境界是蕴含着丰富的理性精神的伦理人生。他的人生至境与审美至境就是善与美的统一。孔子以"志于道，据于德，依于仁，游于艺"为毕生追求，强调个体应以"仁"为中心，自觉服从群体社会规范。他强调个体的社会责任，主张积极入世。"仁"是孔子的人生境界与社会理想，也是孔子的美学理想。理想的人要"志于道，据于德，依于仁"，即在"道"与"德"的基础上达到"仁"的标准。但这还不够，真正的"成人"还要将"仁"在"游"中臻于化境，使个体感性心理与社会理性道德融为一体，使"仁"成为人的内心情感的自觉要求。所以，孔子既主张道德人格艺术化，即驱理通情；又主张审美情感伦理化，即以理节情。他一方面重视美善统一的理想人格，强调人服从群体社会规范的自由性，同时又高度赞美人在日常生活中去实现这种美善统一的理想人格境界。"子曰：'贤哉，回也！一箪食，一瓢饮，在陋巷，人不堪其忧，回也不改其乐。贤哉，回也！'"孔子对颜回的赞不绝口可以见出他所推崇的人格美理想：人在日常生活中实现超越现实的自由人格。其实还不仅如此，孔子还曾高度赞扬曾点的人生理想，由此可以看出孔子真正推崇的是自由人格境界的普遍化。另一方面，孔子认为宇宙人生都是充满生机活力、积极健动的。"天行健，君子以自强不息。"他强调人最终应将个体的生命融入社会、宇宙的运化中，由此积极地去实现个体的自由人格境界，最终达到一种美善高度统一、人与宇宙动态和谐的大化流行。这种天人合一的境界是文质彬彬的君子对于社会责任、宇宙运化的自觉践履。孔子的美学精神始终是健动的、尚实的、情理合一的。梁启超曾将孔老墨并称"三圣"，著有专文研究他们的思想，但他最为推崇的还是孔子。

中西文化交流与梁启超美学思想的创构

孔子的人生理念深刻地影响了梁启超的美学建构,在某种意义上甚至是他吸纳其他思想滋养的"理论前见"。在《治国学的两条大路》中,梁启超说:"儒家看得宇宙人生是不可分的,宇宙绝不是另外一件东西,乃是人生的活动。故宇宙的进化,全基于人类努力的创造……吾人在此未圆满的宇宙中,只有努力的向前创造。这一点,柏格森所见的,也很与儒家相近。"虽然,梁启超对柏格森与儒家关系之比附,未必见得完全正确。但他把柏格森对机械唯物论的破除与儒家倡导躬行自得的人生观相贯通,确有其独到之处。在梁启超看来,儒家思想的精华,或对其美学思想最重要的启示,首先就是孔子对生命之"为"的执着,是孔子"知其不可而为之"所呈现的"为"之纯粹。情志不系外物,忧乐无关得失,由此,丰盈的生活才含着春意,健动的生命才生趣盎然。其次,儒家对梁启超的重要影响还在于对个体和众生关系之体认。他认为儒家"仁"的人生观,就是倡导人我之相通,即立人达人,人我共通,而其关键在于精神的相通。他专门写过一篇文章,叫《甚么是"我"》,对"小我""大我""真我""无我"等关系予以论析。他主张真正的我是超越物质界的普遍精神,由此,才能万物皆尽于我。在这里,也可以看到柏格森、康德、黑格尔等西方诸家与传统儒家的纠缠。梁启超思想中的儒家成分已经经过了更新发展,具有了新的思想因子。

再来看道家文化对梁启超的影响。梁启超在根子上是儒家的,无论在哪个阶段,处何种境况,谈什么问题,他总不能超脱个体的社会责任和宏大使命。但梁启超在情趣上又是真切地憧憬道家的。他向往个体生命的解放与自由。在对感性生命境界的追求中,梁启超比较鲜明地体现出道家文化的影响。

在道家文化中,有一个最高范畴"道"。"道"是超越时空的永恒存在。它"无为而无不为","泽及万物而不为仁"。"不为仁"不是不要"仁",而是不刻意求"仁",却达到了最高的"仁"的境界,即"爱人利物"。庄子说:"天地有大美而不言。"[1] 体"道"即"原

---

[1] 陈鼓应注译:《庄子今注今译》,中华书局1983年版,第601页。

天地之美"。因此，道家强调的是超越具体的忧患得失，而去追求个体生命的自由发展，是把超越外在必然而取得精神自由视为美之根源。这种以超越的态度来体悟自由畅神的现世美的理念，对梁启超所推崇的"不有之为"的人生理念和美学追求具有重要的影响。实际上，在道家文化中，梁启超读出的不是一般人认为的消极无为，而是对于生命胜境与精神自由追求的一种独特方式。人通过"体道"以实现与"道"合一，达到最高、最美的存在境界，这是人对当下存在的积极超越。

道家文化给予梁启超美学建构的最大影响，应该就是这种追求个体感性生命真正自由的精神。在阐述自己的趣味主义美学精神时，梁启超对老子的"为而不有"主义大加褒扬。他说："'为而不有'主义可以使世界从极平淡上显出灿烂。在老子眼中看来，无论为一身有，为一家有，为一国有，都算是为而有，都不是劳动的真正目的。老子说：'无为而无不为'，他的主义是不为什么，而什么都做了。把人类无聊的计较一扫而空，喜欢做便做，不必瞻前顾后。"[1] "为而不有"源出老子《道德经》。梁启超借此提出了人格神韵与道德风采相贯通的问题，并强调真正贯彻在生命实践之中。由此，他也超越了儒家文化与道家文化的单向性，把两者贯通起来。同时，道家文化所谈的"道"与感性认识的互斥，与柏格森所说的生命冲动与理智的互斥，均在一定程度上影响了梁启超对审美与艺术心理机制的认识。他对物境与心境的体认，对烟士披里纯（Inspiration）的描摹，对"科学的恋爱"的幽默等，均渗透了中西文化的复杂影响，也体现出与传统文论有所区别的西方现代心理美学的新质。

谈到传统文化对梁启超的影响，也不能不论及释家。在《清代学术概论》中，梁启超对晚清思想界的"伏流"——佛学进行了梳理，他自谦对佛学"不能深造，顾亦好焉"，但"所论著，往往推挹佛教"，并认为"晚清所谓新学家者，殆无一不与佛学有关系"[2]。在此

---

[1] 《饮冰室合集》，第4册，中华书局1989年版，文集之三十七第68页。
[2] 《饮冰室合集》，第8册，中华书局1989年版，专集之三十四第1页。

文中，梁启超还表示自己完全赞同蒋方震在《欧洲文艺复兴时代史·自序》中所提出的见解："我国今后之新机运，亦当从两途开拓，一为情感的方面，则新文学、新美术也；一为理性的方面，则新佛教也。"① 把佛教看成开中国新机运的途径之一，梁启超对佛教的深刻服膺可见一斑。但佛学在梁启超这里，也经过了梁式的革命性改造。梁对佛学的钟情深受好友谭嗣同的影响，他称谭为"真学佛而真能赴以积极精神者"，认为其《仁学》"欲将科学、哲学、宗教冶为一炉，而更使适于人生之用"。这样的学佛精神也正是梁启超的理想。梁启超从佛学吸纳的并不是消极的出世之情，而是大无畏的超脱解放之勇气，是超越小我纵身大化的大襟怀。因此，在儒佛两家中，梁启超深刻地发掘了其内在的共通处。他说："儒佛都用许多话来教人，想叫人把精神方面的自缚，解放净尽，顶天立地，成一个真正自由的人。"② 也正因此，佛家之彻底的解放与儒家的宏大理性、道家的个体自由在梁启超这里获得了贯通，并以有责任的趣味之形态获得了生动独到的呈现。梁启超的趣味主义人生论美学，就传统文化的影响言，是内儒外道深佛的。这种复杂的影响和交融，不仅在其整个美学思想体系的根基——"趣味"说，也在其对审美与艺术具体问题的论述如"心境"说、"四力"说中，获得了生动的表见。趣味美的实质就是以人生的宏大责任为根基的个体情所往之的自由创造，是情感、生命、创造的完美统一之实现。而"心境"说、"四力"说以佛学术语中的"境""力"为核心，突出了主体精神在审美、艺术活动中的主导地位，昭示了艺术功能发挥的独特特征。而且，佛学思想还与梁启超对西方哲学、美学的接受相结合。如梁启超就曾用佛学来比拟康德，宣称"康氏哲学，大近佛学"。③ 他对康德哲学的阐释处处与佛理互证，尤其是康德对精神本质、对真我自由的弘扬。其间，梁启超还融入了朱子儒学，构成了儒、佛与康德思想互释的独特景观。

古今中外各种文化资源，给梁启超美学思想的创构提供了良好的

---

① 《饮冰室合集》，第8册，中华书局1989年版，专集之三十四第1页。
② 《饮冰室合集》，第5册，中华书局1989年版，文集之三十九第110—119页。
③ 《饮冰室合集》，第2册，中华书局1989年版，文集之十三第47页。

滋养。梁启超独具个性的趣味主义人生论美学潜涌着康德的价值论视角、柏格森的生命力理念、儒家的健动观、道家的自由观、释家的超越观等。但梁启超的美学建构又始终具有自身提问的特定出发点，它直面的是19、20世纪之交中华民众的生存现实与精神现状，并从此出发试图触摸人类的永恒忧患。在此基点上，梁启超吸纳了中西各家的精神滋养，又从未完全迷失或为某家所遮蔽，他以突出的问题意识，不断思考与探索艺术、人生、审美的内在关系，创构了试图将现实人生与审美（艺术）人生融为一体的趣味论美学理想。尽管梁启超的美学并非十全十美，以今天发展了的眼光看，在具体观点和结论上更有诸多缺欠。但梁启超的美学，在整体上无疑是不同文化融会创新的重要实践与成果，尤其是它兼取各家之精而对人生问题的深刻把握，时至今日，不仅完全超越者不多，在实践上学理上也都仍具重要意义与启迪。从这一角度看，梁启超的美学建构，正是我国民族新美学建设中最具代表性和价值的早期成果之一。

与郑玉明先生合作
原刊《杭州师范大学学报》（社会科学版）2010年第1期

重化合·创新变·扬个性
——梁启超美学思想的理论风貌

一

发生于19世纪末20世纪初中国美学的第一次转型,基本上是以一种外来的、全新的现代文化理念为价值参照,对以儒家为主导的中国传统文化理念进行整体性批判与改造的文化建构。这种批判与改造的动力一方面来自文化外部的压力,另一方面也来自文化内部的需求。从文化外部来看,19世纪末,西方文化已经有了飞速的发展,并且表现出强烈的文化扩张与霸权意识。日本京都大学石川祯浩先生在《梁启超与文明的视点》一文中指出:"回首十九世纪,正可谓其为'文明'的世纪;在这个世纪里,西洋各国满怀信心地把他们达到的水准称做'文明',并将其当作认识世界的普遍尺度。"他认为不管接受与否,"文明"都是19世纪后半期包括中国与日本在内的亚洲国家"不得不面对的客观世界体系",这些亚洲国家必须"通过汇入这一'文明'体系而跨过通往近代世界的大门"。① 而从文化内部来看,传统文化(包括美学与古代文论)在长期封闭自足的环境中得不到根本性的改造,日趋僵化凝滞,不能适应社会变化与文化自身发展的需求。正是在外逼内困的社会与文化环境下,西方近代的社会政治学说及其思想文化随洋枪洋炮涌入国门,并掀起了"莽莽欧风卷亚雨"的思想文化壮观。

---

① 狭间直树编:《梁启超·明治日本·西方》,社会科学文献出版社2001年版,第95页。

作为从传统士大夫转化而来的中国第一代新型知识分子的代表,梁启超在少年时代接受传统教育,有着深厚的国学渊源;又在青年时代沐浴欧风美雨,接受了日本与西方文化的影响,从而形成了"古今中外各种学术思想集中于一身"的基本特征,[①] 这也是这一代文化学人的共同特征。但是,梁启超对于不同学术文化间的交流与融通,又有着自己独到而深刻的见地。日本著名的中国问题专家狭间直树先生认为:关于梁启超在近代中国"学术文化方面确立的历史功绩,应该说是怎么评价都不过分的"。[②] 笔者认为这种功绩首先就在于梁启超在特定的历史时代,在各种文化撞击几无可免的现实环境中,率先以积极的姿态迎接挑战,对民族文化新生这一严峻课题作出了深刻的思考与独特的回应。梁启超敏锐地意识到:民族文化的新生不仅是一个严肃的文化课题,也是一个与民族命运攸关的政治课题;不仅是中西文化交汇融通的问题,也是民族文化传承涅槃的问题。面对这样的时代与历史课题,梁启超给出了自己的答案。1902年,梁启超在《论中国学术思想变迁之大势》中提出了著名的中西文化"结婚论":"盖大地今日只有两文明。一泰西文明,欧美是也。二泰东文明,中华是也。二十世纪,则两文明结婚之时代也。吾欲我同胞张灯置酒,迓轮俟门,三揖三让,以行亲迎之大典。彼西方美人,必能为我家育宁馨儿以亢我宗也。"

文化发展是以不同文明之间的冲突与融合所构成的矛盾统一过程为前提的。在19、20世纪之交,深刻地意识到文化交汇的重要意义,并积极自觉地身体力行的,不能不论及梁启超。走向文化交汇,对于近代中国社会,是历史的大势所趋。然而,在不同个体身上,却表现为非自觉的被动的与自觉的积极的等不同的姿态。梁启超的伟大之处正在于他以开放的胸襟、为我所用的自信一改近代前期对于外来文化冲击的被动姿态。他是坚定地站在民族立场上自觉地向异质文化寻求新的思想武器的文化先驱之一。他的文化结婚论是建立在对世界文明

[①] 李平、杨柏岭:《梁启超传》,安徽人民出版社1997年版,第9页。
[②] 狭间直树编:《梁启超·明治日本·西方》,社会科学文献出版社2001年版,第93页。

史发展的历史考察之上："大地文明祖国凡五，各辽远隔绝，不相沟通，惟埃及安息，藉地中海之力，两文明相遇，遂产出欧洲之文明，光耀大地焉。其后阿剌伯之西渐，十字军东征，欧亚文明再交媾一度，乃成近世震天铄地之现象，皆此公例之明验也。"① 梁启超认为世界文明的发达离不开不同文明的遇合与交媾，而且这是文明发展之公例。他以此验之于中华文明的发展，指出："我中华当战国之时，南北两文明初相接触，而古代之学术思想达于全盛。及隋唐间与印度文明相接触，而中世之学术思想放大光明。"中国古代文化的两个繁盛期战国和隋唐都离不开文化间的相触相融。梁启超指出："生理学之公例，凡两异性相合者，其所得结果必加良。"文化演化的规律亦符合这样的定律。梁启超对中华文化的前景抱着积极乐观的态度，他的文化结婚论就是以中华文化为根基，以开阔热烈的胸襟拥抱异质文明，从而"为我家育宁馨儿以亢我宗"的中西古今会通、为我所用的文化理想。

二

文化"结婚"的理想贯穿了梁启超整个一生的思想实践。梁启超以非常自信广阔的胸襟来迎娶各家之说，熔铸服务于启蒙新民爱国救国的价值宗旨。在这样的文化姿态下，西方文化、中国传统文化、佛教文化都被梁启超纳入自己的思想视域之中，成为其思想建构的宏富渊源。在《饮冰室合集》中，梁启超介绍评说的欧美、日本、印度世界级文化名人达五十多位。其中涉及柏拉图、亚里士多德、苏格拉底、卢梭、培根、笛卡儿、达尔文、康德、亚当·斯密、孟德斯鸠、霍布斯、洛克、斯宾诺莎、休谟、克伦威尔、莱布尼茨、沃尔弗、布伦奇利、边沁、基德、哥白尼、瓦特、牛顿、斯宾塞、富兰克林、泰戈尔、福田谕吉等。从古希腊的经典学说到英国的经济学，从法国的民主理论到德国的哲学流派，梁启超都作了生动的描绘与评议，内容涉及哲学、政治、经济、法学、伦理、文学、逻辑、地理、教育等社会学与自然科学的诸多领域。可以说，在19、20世纪之交中西文化大撞击的

---

① 《饮冰室合集》，中华书局1989年版。下文中未注明出处的引文均同此。

时代，还没有一个人像梁启超这样集中地为中国读者奉献了如此丰富多样的世界文化食粮。1920年，梁启超在《清代学术概论》中再一次重申了自己的文化主张："启超平素主张，谓须将世界学说无制限的尽量输入。"如此开阔博大的胸怀，为梁启超成为19、20世纪之交的文化巨人奠定了坚实的基础。"在'拿来主义'这一点上，中国还没有第二个人像梁启超那样做得完全彻底。"① 通过热烈地拥抱西方文明，梁启超广泛吸纳了西方文化与思想。此间，他对西方文化的认识以欧游为中介，也经历了20世纪20年代以前的全盘吸纳到20年代以后的批判吸纳的发展过程，但他的文化结婚理想却始终如一，特别是对西方近代文明中的民主、平等、个性、科学等理念作了积极的吸纳。同时，梁启超也以积极的姿态来对待中国文化传统。从育一"宁馨儿"的文化理想出发，梁启超不仅自觉地对传统文化进行反思，而且敏锐地发现了传统文化中落后、陈腐的一面，但他并不妄自菲薄，弃祖抛宗，而是从启蒙新民的现实需求出发，从传统文化中发掘积极的精神滋养。梁启超在中国传统文化上的根基非常深厚。他少年及第，遍读中国文化典籍。师从康有为后，在康氏指导下，梁启超又精心研读了《公羊传》《春秋繁露》《二十四史》《宋元学案》《明儒学案》《资治通鉴》《文献通考》等传统经典，并参与编撰或有幸先睹了康氏《新学伪经考》《孔子改制考》《大同书》三部巨著。师从康氏，不仅使梁启超对传统文化的基本认识与态度深受震撼，而且对老师借古述今的治学方法也有了直接的领悟。时代的激荡，康氏的影响，使梁启超逐渐形成了自己对待传统文化的价值取向与治学方法。他不再满足于单纯的接受掌握，而是力图在"贯穿群书"的基础上，"自出议论""自成条理"；他不再将目光凝注于个人的科举仕途，而是投向民族国家，视学术为介入现实、启蒙新民的有效工具。从启蒙新民的价值目标出发，梁启超对传统文化进行批判扬弃与选择吸纳。他对脱胎于儒学与禅宗的陆王"心学"情有所衷。"心学"由宋代陆九渊所开创，强调人的主体能力，主张"收拾精神，自作主宰"（《象山全集》卷三

---

① 王勋敏、申一辛：《梁启超传》，团结出版社1998年版，第84页。

十五)。"心学"注重精神的价值,张扬个体的意义与权利。至明代,"心学"经王阳明、王艮的发展,进一步丰富了自己的内涵。王阳明提出"良知说",认为人人都可以成为圣人。[①] 王艮则将天视为与人平等的存在,并反对"圣化"孔子的现象。[②] "心学"在传统文化中并不是学术的主流,但它的思想倾向与梁启超的新民理念具有相洽之处,梁启超从中发掘了可资改造的有效成分。作为文化拿来主义的积极实践者,梁启超对于两晋之间传入中国的佛学也大有兴趣。其间,挚友谭嗣同、夏曾佑对佛理的嗜好对他也颇有影响。佛教所宣扬的"众生平等""涅槃新生",佛理中的感悟与思辨,都被梁启超统统摄入启蒙新民的思想建构之中。1902年,与《论小说与群治之关系》一起,他推出了《论佛教与群治之关系》,力数佛教的六大优点。尽管这一时期,梁启超对佛学的实际认识远远不如晚年精深,但他试图将佛学融入其整个文化"宁馨儿"建构中的价值取向卓显无遗。

三

在文化结婚的价值导向下,梁启超的美学思想呈现出重化合、创新变、扬个性的鲜明的理论风貌。

重化合 化合是梁启超在美学思想建设中所运用的基本方法,是文化结婚理念在其美学思想建构中的具体体现。化合是汇流是冶炼是结婚。生吞活剥、亦步亦趋不是化合。它产生的不是物理结果,而是化学反应,是新质的萌生。梁启超说:"拿西洋的文明来扩充我的文明,又拿我的文明去补助西洋文明,叫他化合起来成一种新文明。"在这样的思想指导下,梁启超对于中国传统的文学艺术与当前的美学思想建设进行了自己的思考。在《清代学术概论》中,梁启超指出:"我国文学美术,根柢极深厚,气象皆雄伟,特以其为'平原文明'所产育,故变化较少,然其中徐徐进化之迹,历然可寻。且每与外来

[①] 参看任继愈编《中国哲学史》,人民出版社1964年版。
[②] 据王艮学生耿定向撰《王心斋传》载:"同里人商贩东鲁,间经孔林,先生入谒夫子庙,低徊久之。慨然奋曰:'此亦人身,胡可以师之称圣耶?'"可参看侯外庐主编《中国思想通史》,第4卷下册,人民出版社1957年版。

宗派接触，恒能吸收以自广。清代第一流人物，精力不用诸此方面，故一时若甚衰落，然反动之征已见。今后西洋之文学美术，行将尽量输入。我国民于最近之将来，必有多数之天才家出焉，采纳之而傅益以己之遗产，创成新派，与其他之学术相联络呼应，为趣味极丰富之民众的文化运动。"他身体力行，对西方文化、中国传统文化、佛教文化等各家之说采取了兼容并包的开放姿态，进行了积极的化合实践。他以趣味为核心、以情感为基石、以力为中介、以移人为目标的美学思想体系，他所提出的一系列互为联系的美学理论范畴，主要来自现代西方文化的影响。但他并不抛弃传统。他内在地延续了中国传统美学的人生论倾向，并直接借用了"味""妙""神"等大量的传统批评术语，与西方美学理念与逻辑范畴融为一体。如在《屈原研究》中，梁启超独辟蹊径，从屈原的自杀入手，研究屈原的个性及其创作特色，并引入了浪漫主义、现实主义、象征主义等全新的概念范畴，指出："屈原是情感的化身"；"欲求表现个性的作品，头一位就要研究屈原"；"楚辞的特色，在替我们开创浪漫境界"；"纯象征主义之成立，起自楚辞"。这些结论，首先是以西方的艺术观念与理论术语来阐释屈原的创作与作品，强调个性、情感与创作方法的运用；同时他在研究中也始终坚持传统批评的体用理念与人生论倾向，并融入了发自内心的感悟与体会。《屈原研究》开创了中国古代文学研究的新视域。梁启超在美学思想上的化合实践，不仅在于精神思想，还在于研究方法。他说："要发挥我们的文化，非借他们的文化做途径不可。因为他们研究的方法，实在精密。所谓'工欲善其事，必先利其器'。"因此，梁启超不仅注重精神上的开放与会通，也在方法上注意借鉴与冶炼。中国传统美学主要运用的是整体直觉的方法，是以鉴赏与感悟来代替分析与思辨。对美的认识常常采用体用不二的思维态度，将本体与功能融合为一。同时，常常采用即兴式的点评方式，将逻辑隐于事实之中。西方美学则以逻辑思辨为基础，注重理性分析与理论论证，强调理论本身的科学性与严密性。它对美学对象的研究注重条分缕析，以概念的界定、逻辑的推理、体系的建构为基本手段，建构起一个完整的论证过程，从而获得明确的结论。在具体研究中，梁启超试图把中西美学研究的基本立场与方法特征融会贯通。在近代学者中，他所作出的努力与取得的成就都是不容忽视的。尽管梁启超的美学思想建设，在今天看来备显稚拙，但作为一种新的学术范式的开创者，其化合所体现的方法论意识与导向实已弥足珍贵。

创新变 19世纪末20世纪初，面对世纪之交民族国家之间力量竞争的国际格局，面对西方文化借枪炮而东渐的现实，中国思想界从少数最敏感的个人到群体，先后接受了严复阐释的"贯天地人而一理之"的"物竞天择，优胜劣汰"的进化史观。进化与宗经崇圣的准则形成了根本的对立。在进化史观的基础上，民族文化的新生也被进步思想家推向了历史的前台。梁启超的文化"结婚"理想就是对于民族文化新生的一种思考与探索。"结婚"的目的不光是拿来，更重要的是要创造符合现实需求的新的民族文化。这种文化"宁馨儿"在本质上就是一种创造与创新。在文学与审美领域，梁启超积极"讴歌文学之进化"，倡导文学革命，向既成的文学观念与审美品味发起冲击。他提出了一套以"趣味"、"情感"与"力"为中心的美学思想体系，提出了"现境界"与"它境界"、"写实"与"理想"、"移人"、"熏"、"浸"、"刺"、"提"等一系列新的概念与命题，并在研究方法与理论形态上积极进行新的尝试。梁启超不仅注重对旧理论的冲击与变革，还注重自我发展与超越。从19世纪末到20世纪20年代，梁启超的美学思想随着时代社会的发展而变化，也随着自我思想的发展而发展。尽管学界对于这种变化的特点与价值的评判各不相同，但是这种"不惜以今日之我去反对昔日之我"的理论品格所蕴含的自觉的理论探索精神和强烈的时代使命感却是无法抹去的。对于梁启超个人来说，这种思想跋涉的历程既是充满痛苦的，更是满怀欣悦的。虽然它以旧我的分裂与否定为前提，但是它指向了主体对新我更是对真理的永不停息的呼唤。站在今天的学术高度，我们当然可以洞悉这种新变中的幼稚与矛盾。然而，思想的惰性正是历史前进的永恒障碍。作为新的美学范式的开创者，梁启超美学理论的新变风貌为中国美学思想的发展注入了无尽的活力。

扬个性 梁启超是一个富有人格魅力与独立品格的思想家。他创导文化"结婚",但"结婚"的目的是要培育一个新的民族文化"宁馨儿"。因此,他并不以"结婚"来抹杀文化的民族品格与个性风貌。"结婚"的目的是"为我所用",是更好地张扬自己的个性。他的美学思想建构在观点体系、思维方法、学术语言上都具有自己鲜明的个性特征。在观点体系上,他以趣味、情感与力为核心,试图建构起一个审美与现实、个体与社会、求是与致用相统一的审美实践体系。在思维方法上,他将西方科学思维与中国传统思维融为一体,既注重逻辑把握与体系建构,又重视直觉领悟与经验体会,从而构成了自己独特的思维模态。在学术语言上,梁启超更是淋漓尽致地铺展了自己的个性魅力。他的学术语言至少具有三大特点:一是情感色彩浓郁,极富感染力;二是浅显生动,善用例证;三是中西词汇文法并用。前两点直接强化了其学术论文的影响力,使其更好读更易读。后者虽不免有生硬之处,但积极的吸纳与运用使其语言充满了新鲜感与活力。郑振铎在《梁任公先生》一文中对其学术文字给予了高度的评价:"他的这些论学的文字,是不黏着的,不枯涩的,不艰深的;一般人都能懂得,却并不是没有内容;似若浅显袒露,却又是十分的华泽精深。他的文字的电力,即在这些论学的文章上,仍不曾消失了分毫。"[①] 崇尚思想与情感的真实,追求学术与生活的统一,以激扬生动新鲜芬芳的文字来表述严谨的理论,都使梁启超的美学思想凸显出自己独特的个性风貌。当然,这种鲜明而张扬的个性也是招致学术评价毁誉不一、褒贬并至的重要原因。

原刊《浙江学刊》2003 年第 2 期

[①] 夏晓虹编:《追忆梁启超》,中国广播电视出版社 1997 年版,第 71 页。

"境界"与"趣味":王国维、梁启超人生美学旨趣比较

论到中国现代美学的发生与中国现代美学精神的建构,是不可能绕过梁启超与王国维的。他们的审美情感与诗性精神所达到的高度与深度,使得中国现代美学在开创之初,就拥有了恢宏的气象,那就是揽人生于襟怀,融审美于生命。审美、艺术、人生融为一体的人生美学精神是中国现代美学的基本精神传统。中国现代美学不是单纯学科意义上的理论美学,它满溢着热情与血气,直面着现实中人的生存和意义。这种理论诉求与价值旨趣由王国维、梁启超等奠基,由朱光潜、宗白华等发展、丰富,蔚成中国现代美学最具特色也是迄今仍值得我们关注的重要内容。本文通过比较王国维和梁启超的核心美学范畴"境界"和"趣味"在审美旨趣上的异同,辨析观照两位大家在中国现代人生美学精神传统孕生形成中的独特意义与启益。

一

"境界"是王国维美学思想的核心范畴之一。"境界"一词非王国维首创。在中国古典诗论中,较多运用的是"意境"。在《人间词话》,"境界"成为出现频率更高的范畴。有学者统计,其中"境界"出现32处,"意境"仅出现2处。[①] 那么,王国维在"意境"与"境

---

① 陈望衡:《中国美学史》,人民出版社2005年版,第440页。

界"两个概念的运用上有无区别？对此，学界看法不一。有学者认为两者在王国维那里是同义混用。① 但也有学者辨析并指出了王国维运用两个概念的差别。② 应该说，王国维从"意境"而别衍"境界"一词，不仅仅只是字面的变化，更非如有些学者认为"主要是为了标新立异"。③ 从"意境"到"境界"，正是王国维从相对单纯的古典艺术品鉴论向现代艺术品鉴与人生品鉴相交融的更为宏阔深沉的审美境域的一种演化。

"境界"在王国维的美学话语中，正如"趣味"在梁启超的美学话语中，兼具本体和价值的双重意义。"境界"理论与"意境"理论具有密切的关系。古典诗论"意境"论的核心是主客关系，情景交融被视为艺术"意境"的本质特征。就现存资料看，唐人王昌龄《诗格》首开中国诗论"意境"术语的使用，还奠定了其真情为核的重要艺术品性。而"境界"一词，据叶嘉莹先生考证，出自佛家用语，梵语为"Visaya"，意谓自家势力所及之疆土。她认为这个"'势力'并不指世俗上用以取得权柄或攻土掠地的'势力'，而乃是指吾人各种感受的'势力'"。④ 实际上，除了"意境"自唐经宋元至明清在艺术理论中的运用，"境界"在中国古代典籍中一直也有运用。"境界"的原始词义是指地域、边界等物理疆界。"境"本作"竟"，《说文》解为"乐曲尽为竟"，引申为"终极"之义。中国典籍在思想史语境中使用"境界"一词，源自对佛经的翻译与阐释。佛学中，境界有内外之分。外在境界即现象世界。"与外在境界相对的内在境界，则主要与精神之境相涉，表示精神所达到的一定层次或层面，其特点在于超

---

① 叶朗、蒋寅、古风等持此观点。详见叶朗《中国美学史大纲》，上海人民出版社1985年版，第612页；蒋寅《语象·物象·意象·意境》，《文学评论》2002年第3期；古风《意境探微》，上册，百花洲文艺出版社2009年版，第131页。

② 如陈望衡认为，王国维这两个概念"在许多情况下是可以互换的，但也有些差别。一般来说，谈艺术，既用意境，又用境界，二者可以通用。但谈精神，谈人生时，只用'境界'，不用'意境'"。见陈望衡《中国美学史》，人民出版社2005年版，第440页。

③ 古风：《意境探微》，上册，百花洲文艺出版社2009年版，第131页。

④ 叶嘉莹：《王国维及其文学批评》，河北教育出版社1997年版，第192页。

"境界"与"趣味":王国维、梁启超人生美学旨趣比较

越了世俗意识。"①据杨国荣研究,"随着历史的演进,以境界表示精神世界,逐渐不再限于佛教之域"。②唐以降,白居易、陆游、朱熹、王夫之、张载等均在自己的诗文中,从精神形态和精神观念的意味上运用了"境界"这个概念。杨国荣先生还指出:"境界"这个词所关涉的精神世界"不仅在认识之维涉及对世界理解的不同深度,而且在评价之维关乎对世界的不同价值取向和价值立场"。③当王国维不再满足于仅用"意境"来品评诗词,而新衍"境界","境界"范畴实际上拥有了观照诗词艺术特点和作者精神气象的双重视界。"境界"在王国维的诗学与美学体系中,既是一个本体认知范畴,回答着"什么是诗"的问题,也是一个价值意义范畴,回答着"什么是好诗"的问题。而在后一个维度,王国维既接受了以孔子、老庄为代表的中国传统文化的影响,也接受了以康德、叔本华为代表的现代西方美学和人生哲学的影响。但是,中西艺术审美传统与人生审美精神在认知维度和价值维度上的立场与关联,对王国维这样一个从旧世界忽向新世界启开窗口的人来说,一下子还不可能完全理清与融通。在品诗论世时,王国维产生了几乎不可调和的自我分裂与内在冲突。一方面,他以"真感情""大词人"来标举"境界"的美质,满溢生命的热情与血性;另一方面,他又寄思于"无欲""无用"之美,试图以"无我"来超越生命的痛苦与绝望。为此,在艺术审美观照中,他体现出了情感的纯挚深沉与境界的高旷超逸;在人生审美践行中,他却沉溺纠结而无法自拔。当然,王国维运用"境界"范畴引领艺术审美之眼超出自身固有领地而投向广阔人生与鲜活生命的旨向,已经对中国现代艺术与审美的精神传统产生了重要的影响,成为中国现代人生美学精神的重要始源之一。

王国维的诗词鉴赏不仅仅是一种艺术和审美的活动,也是一种生命与人生的存在方式。王国维品评诗词、评价词人的标准绝非只是纯艺术因素。他不排斥语言、题材等艺术元素和言外之旨、韵外之致等

---

① 杨国荣:《成己与成物》,人民出版社2010年版,第180页。
② 杨国荣:《成己与成物》,人民出版社2010年版,第180页。
③ 杨国荣:《成己与成物》,人民出版社2010年版,第183页。

艺术特性，但这些都不是王国维眼中诗美的关键。王国维说："东坡之词旷，稼轩之词豪。无二人之胸襟而学其词，犹东施之效捧心也。"① 实际上，在王国维那里，诗人的胸襟才是成就诗词境界的关键。对此，他又有两个根本标准，一是真诚，二是高逸。要有真感情，才能写出真景物，这是王国维对《诗格》以降中国古典"意境论"要义的传承，也是王国维坚守的诗美根本原则之一。"能写真景物、真感情者，谓之有境界。否则谓之无境界。"②"忧生""忧世""赤子之心"等，都是王国维对诗人内在真情挚性的赏鉴。真情挚性是诗词构境的基础，与情感真挚相呼应的就是诗人襟怀的高逸。"雅量高致"使一个真情挚性的诗人卓然而立，终而成就为"大词人"。"大词人"是王国维对艺术家的一种理想标准与要求，也是王国维"境界说"区别于古典"意境论"的更具个性的方面。"大词人"的标举，使"境界"一词呈现出更为厚重深沉的人生况味。"大"不仅是艺术技能的高超，它辉映的更是主体生命境界的高迈。"古人为词，写有我之境者为多，然未始不能写无我之境，此在豪杰之士能自树立耳"；"诗人对宇宙人生，须入乎其内，又须出乎其外。入乎其内，故能写之。出乎其外，故能观之。入乎其内，故有生气。出乎其外，故有高致"。③在主与客、出与入、有与无的关系上，王国维并不偏执一隅，但在审美价值取向上，他显然以能写"无我之境"者为"豪杰"，以能"出乎其外"者为"高致"。"大词人"能以高逸的胸襟自由涵摄主客、出入、有无的关系，而神味其美。

王国维的"境界说"构建了"境界，本也"的审美理念，其要旨是对主体性情、胸襟、气象的要求，是将主体情感、人生况味的品鉴以艺术境界相涵容，所赋予的深沉体验与审美阐释。而这一切，从生命永存无尽的欲望出发，终归于以"无"（"出"）为"大"（"高"）的艺术审美情趣和人生审美情致。

---

① 姚淦铭、王艳编：《王国维文集》，第1卷，中国文史出版社1997年版，第152页。
② 姚淦铭、王艳编：《王国维文集》，第1卷，中国文史出版社1997年版，第142页。
③ 姚淦铭、王艳编：《王国维文集》，第1卷，中国文史出版社1997年版，第155页。

二

王国维没有直接涉及和讨论审美人生的命题，但是以"境界说"（包括"悲剧说"）等为代表的美学学说，凸显了以"无我"为最高理想的艺术超越指向和人生审美精神。中国现代美学对艺术和审美精神的理解首先来自康德。康德把美界定为无利害的判断。即"鉴赏是通过不带任何利害的愉悦或不悦而对一个对象或一个表象方式作评判的能力。一个这样的愉悦的对象就叫作美"。① 这个观念对西方现代美学包括中国现代美学都产生了巨大的影响。康德的无利害是指审美鉴赏活动中审美判断（情）区别于纯粹理性（知）和实践理性（意）的情感观照的独立性。康德首先把审美鉴赏活动确立为一个纯粹独立的存在，在这个活动中鉴赏判断只是对对象的纯粹表象的静观，它对于对象的实际存有并不关心。这种静观本身已经切断了自身以外的一切关系。它不针对通过逻辑获得的概念，由此扬弃了认识；它也不针对对象的实有所产生的欲望与意志，由此也扬弃了意志。康德把无利害性确立为鉴赏判断的第一契机，强调了主体审美心理意识的纯粹性、独立性、超越性。康德的审美无利害命题主要探讨的是主体和客体表象之间的纯粹情感观照关系，其立足点是审美活动的心理规定性，这是一种纯粹学术层面的思辨与讨论。当然，正是审美无利害命题的确立，才确认了艺术自身的审美独立价值，由此也确立了现代意义上的审美之维和艺术精神。王国维接受了康德审美无利害思想，但把审美判断的"无利害"转换成"无用之用"，基本上等同于"无我"。王国维说："美之为物，不关于吾人之利害者也。吾人观美时，亦不知有一己之利害。德意志之大哲人汗德，以美之快乐为不关利害之快乐（Disinterested Pleasure）"；"美之为物，为世人所不顾久矣！庸讵知无用之用，有胜于有用之用者乎？"② 王国维的这个说法实际上已将康德意义上对审美活动心理规定性的本体讨论转向对审美活动的价值功能

---

① ［德］康德：《判断力批判》，邓晓芒译，人民出版社2002年版，第48页。
② 姚淦铭、王艳编：《王国维文集》，第3卷，中国文史出版社1997年版，第155页。

问题的讨论。在这里,既体现出王国维对康德意义上的审美情感独立性的接纳,也体现出王国维思想中深藏着的中国传统文学艺术致用理念的深刻影响。康德美学观建立在他的哲学观基础上,康德哲学把世界分为物自体和现象界,把人的心理机能分为知、情、意。知、情、意各具自己的先验原理和应用场所,审美判断对应于情。因此,康德首先在哲学本体论上夯实了审美判断的独立地位。而中国传统文学艺术观是以体用一致的传统哲学观为基础的,对文学艺术本质的探讨始终与对文学艺术功能的讨论相联系。从康德的"无利害"变成王国维的"无用之用",具有浓郁的中国本土文化特色,也埋下了艺术审美精神在中国现代审美文化语境中学理认知维度和实践伦理维度的某种纠结。王国维一向被视为中国现代纯审美和艺术精神的代表,因为他说过"美之性质,一言以蔽之曰:可爱玩而不可利用者是已"[1]"文学者,游戏的事业也"等名言,[2] 但这并不等于王国维认为美与艺术可以独立于人生。恰恰相反,从"境界"这个王国维艺术美学思想的核心范畴来看,王国维着实是非常希望审美、艺术和人生的贯通,希望以审美和艺术的境界来涵容人生的。但是,王国维在将美与艺术延伸向人生时,他遇到了自身难以解决的纠结,即艺术审美和人生伦理的冲突。由人生观艺术,王国维敏感深沉,融通自在。但由艺术返人生,王国维却似乎没有了足够的驾驭能力。王国维的艺术与审美观在西方资源上综合了康德和叔本华。叔本华的美学建立在他的唯意志哲学基础上,强调生命的意志本体和非理性性质,认为生命就是非理性意志的盲目冲动,它出于永无穷尽的欲求之需,到处受阻碍,也没有最后的目标,因此,生命的痛苦无法彻底解决,永远没有终止。在叔本华看来,解脱意志不幸的唯一道路就是对意志本身的否定,这只有通过审美直观的方式去实现。叔本华把审美直观视为最高的直观,这时,"直观者(其人)和直观(本身)"合一,"个体的人已自失于这种直观之中了",他成为那个"纯粹的、无意志的、无痛苦的、无时间的主体"。[3] 审美

---

[1] 姚淦铭、王燕编:《王国维文集》,第3卷,中国文史出版社1997年版,第31页。
[2] 姚淦铭、王燕编:《王国维文集》,第1卷,中国文史出版社1997年版,第25页。
[3] [德]叔本华:《作为意志和表象的世界》,石冲白译,商务印书馆2010年版,第249页。

直观作为"纯粹的观审",是在"直观中沉浸,是在客体中自失,是一切个体性的忘怀"。在审美直观中,对象"上升为其族类的理念",主体"上升为不带意志的'认识'的纯粹主体";"这样,人们或是从狱室中,或是从王宫中观看日落,就没有什么区别了"。[①] 同对康德的某种误读一样,笔者认为,王国维实际上也只是借叔本华来浇自己的块垒。他在对叔本华的接受中也已经转换了纯审美的语境,同样陷入审美与伦理的纠结中。康德的无利害判断和叔本华的意志解脱经王国维与传统文化的融合,化生为一种"无我"之美,它不仅指向艺术品鉴,也指向人格品鉴。"无我之境"对主体意志或生命欲望的超脱在艺术审美中不失为文人雅士的一种高趣逸情,但在人生践履中,"无我之境"何以实现?王国维并没能理清转化的路径。笔者认为,王国维从康德和叔本华那里收获的最大成果并不是审美的奥秘,而是理性的觉醒和生命的觉醒。中国传统文化只论生,不论死。孔子的学生向孔子请教"死"的问题,孔子回答说:"未知生,焉知死?"回避死的命题,就无法完整把握生的意义、体味生的价值,就不能真正超拔于生命的感性。生命的价值就在于生命存在本身,包括一切喜怒哀乐、成功失败、责任苦难以及必然来临的虚无死亡。生命的意义就在于生命的承担。王国维可以面对死,但却不能面对生命的苦难,或者说他还没有找到可以包容苦难超拔苦难的精神之根与文化之源,还没有孕育出这样的一种气度与胸襟。曾有学者提出了一个尖锐的问题:"王国维为什么没有能够走得更远?"他的结论是:究其根本,"是因为他在精神上站得太低,没有一颗能够包容苦难的灵魂"。[②] 王国维人生哲学的致命弱点,也就是王国维"境界"美学的致命弱点。审美的可爱与可信是可以统一的,那是在信仰的维度上,而不是经验的纬度上。如此,我们不仅可以在审美与艺术中把生命转化为观审的对象,也可以在人生践行中让生命成为美本身。恰恰在这个根本点上,王国维无法彻底,亦不能解脱。他一方面意识到美的性质就是"不可利用",

---

[①] [德] 叔本华:《作为意志和表象的世界》,石冲白译,商务印书馆2010年版,第273页。
[②] 潘知常:《王国维:独上高楼》,北京出版社出版集团、文津出版社2005年版,第89页。

因此美的最高追求乃是"无我";但另一方面,他又纠结于意志的解脱在人生中"终不可能",希望借美的"无用之用"来慰藉解脱痛苦的人生。王国维的"无我"是一种单维度的超越,看似否定小我,实则以小我的慰藉和超脱为最高目标,无法从根本上构成与人生现实的张力,最终必然导致由人生一路奔向艺术,或者只满足于艺术的慰藉解脱,或者迷溺于艺术无力自拔。王国维的自沉,始终是一个不解之谜。但是,我们可以知道的是,王国维自己并没有能够在艺术中获得慰藉和解脱,他最终也不能从艺术的"无我"超向现实的"无我"。"无利害"的审美心理独立性在王国维那里并没有顺利地置换和完成"无我"的生命伦理建构。这既是王国维对康德与叔本华的某种误读,也是王国维根子上的中国传统文化的伦理立场和经验方法的局限。王国维的"无我"之境作为中国现代人生美学的一种诗性维度,一方面,为无数现实中失落苦闷的知识人士所钟情;另一方面,就如《红楼梦》中男女主人公宝玉、黛玉的命运,或者出世或者死亡,别无其他选择。一方面要求把艺术和审美完全从人生中独立出来,另一方面又要求艺术和审美成为人生的终极归宿,这样的"无我"悖论只有在"可爱"的层面上去信仰,无法在"可信"的层面上去求解。王国维不能了然于此,或者说不能欣然于此,这就是王国维的宿命与悲剧。"境界"的唯美因此成为王国维的绝唱。

三

20世纪20年代,梁启超以"趣味"范畴和趣味主义美学思想的创构,对中国现代人生美学精神的孕生化衍产生了重要的影响。以趣味这个范畴为核心,梁启超提出了趣味人格建构与趣味人生建设的问题,构筑了"化我"型的诗性人格范型和审美超越之路。梁启超以"知不可而为"(孔子语)和"为而不有"(老子语)相统一、"责任"与"兴味"相统一的"无所为而为主义"为"趣味"精神奠基,同时也吸纳了康德情感哲学和柏格森生命哲学的精髓来丰富"趣味"精神的内蕴,确立了不有之为的趣味主义人生审美维度。"趣味"术语非梁启超首创,在中西文化中古已有之。梁启超吸纳了中国传统文化艺术论的趣味论和西

"境界"与"趣味":王国维、梁启超人生美学旨趣比较

方文化审美论的趣味论的滋养,又超越了它们单纯的艺术品味或纯粹的审美判断的维度。在梁启超这里,趣味是一种广义的生命意趣,是一种特定的审美生命精神和据以实现的审美生命状态(境界)。趣味不仅是对审美情趣和艺术情趣的品鉴,也是对生命品格、人格襟怀、人生境界的品鉴。梁启超把情感、生命、创造视为趣味构成的基本要素,把情感和环境的交媾视为趣味实现的基础条件,而其中最根本的还在于生命自身永动的"energy"("力"),即与生命热情相交融的生命本原能量和主观意志力。永动的生命之力推动生命纵情进合于众生宇宙之运化,个体生命才能因为与众生宇宙的完美契合而进入充满意趣的精神自由之境,体味酣畅淋漓的生命之趣味。通过讨论趣味主义,梁启超实际上已经提出了生命的为与有、成功与失败、责任与兴味、物质与精神、小我与大我等诸种关系。在本质上,梁启超是一个生命的实践家、永动家、乐观主义者。他讲趣味生命,最终不是叫人不要去"为"。恰恰相反,他认为"力"是生命的本然形态,"为"是生命的本质存在。生命的基本意义就是尽"力"而"为",就是去"做事",就是去"创造"。但在生命的具体进程中,并不是每个人都能充分践履生命之"为",也不是每个人都能充分享受生命之"为"。因为,一旦"为"就有个体的成功与失败,一旦"为"就有个人的利益之得失。因此,梁启超就要通过"知不可而为"来破成败之执,通过"为而不有"来去得失之忧,从而让个体生命秉不执成败不计得失的人格神韵,乐享与生命理性道德风采相贯通并彻行于生命践履之中的人生胜境。在梁启超看来,成败之执和得失之忧均源自小我之执,是因为个体生命为实践性占有冲动所束缚,而不能以大有之襟怀融入众生宇宙的整体运化中,其"为"有着外在狭隘的功利目的。梁启超指出,"趣味主义"是与"功利主义"根本反对的。因此,趣味人格和趣味生命的要义就是超越成败之执与得失之忧的不有之为的自由与诗性。为了区别于中国思想史上其他种种"无所为而为"主义,笔者将梁启超的这种也以"无所为而为"相标举的"趣味主义"之实质概括为"不有之为"。[①] 那么,在生命实践中如何彻行"不有之

[①] 参见金雅《梁启超美学思想研究》,商务印书馆2005年版,第一章第三节。

为"、践履"趣味主义",梁启超主张的是"进合"论。①"进合"论的前提是中国文化的诗性传统,即视自然宇宙为生命体,是与人类一样有情感有性灵的生命。在梁启超看来,"进合"有三个层面。一是自然万物的生命和人类个体的生命可以进合为一;二是人类个体生命和个体生命可以进合为一;三是人类个体生命与众生宇宙可以进合为一。在《趣味教育与教育趣味》一文中,梁启超以种花和教育为例,谈到了前两种"进合"。②在《中国韵文里头所表现的情感》一文中,梁启超更是把人类个体生命与众生宇宙的进合视为"生命之奥",认为众生是由各个个体构成的,宇宙也是由自然万物构成的,"我们想入到生命之奥,把我的思想行为和我的生命进合为一,把我的生命和宇宙和众生进合为一;除却通过情感这一个关门,别无它路"。③这里,不仅谈到了"进合"的第三个层面,也谈到了实现"进合"的一个关键要素,那就是情感。情感在梁启超这里,是趣味人格建构和趣味精神实现的主体心理基础与生命动力源。不有之为,在本质上也就是生命践履的一种纯粹情感态度。生命实践应该有"知"的理性态度和"好"的伦理态度,但更高的境界是超拔于此二者之上的"乐"的情感态度。梁启超并不认为情感态度可以切断与理性态度和伦理态度的联系,他主张通过美的艺术的蕴真涵善来提升与超拔人生,那就是由艺术的"情感"之"力"来"移人",实现"趣味人格"的建构。通过"趣味"这个核心范畴以及与之相关的"情感""力""移人"等一系列重要范畴,梁启超建构了自己较为系统的融审美、艺术、人生为一体的趣味主义人生美学理想和人格超越之路。

值得注意的是,梁启超的"趣味"精神也讲"无我",没有"无我"就不可能超越个体的成败之执和得失之忧。但梁启超的"无我"又不是不要"我"、无视"我",它在实质上是一种"大我",更准确地说就是"化我",即"大化化我",这就与他所主张的"进合"论统一起来了。"化我"是梁启超所体认和执着的个体生命的本质与归

---

① 梁启超也用到了"併合""拼合""化合"等写法,大体是一个意思(笔者注)。
② 《饮冰室合集》,第5册,中华书局1989年版,第16页。
③ 《饮冰室合集》,第4册,中华书局1989年版,第71页。

"境界"与"趣味":王国维、梁启超人生美学旨趣比较

宿。梁启超认为,人的肉体和精神相较,精神具有更为重要和本质的意义。肉体的"我",是最低等的我,"这皮囊里头几十斤肉,原不过是我几十年间借住的旅馆。那四肢五官,不过是旅馆里头应用的器具"。[①] 因此严格论起来,"旅馆和器具,不是我,只是物"。他主张,"'我'本来是个超越物质界以外的一种精神记号","个人心中'我'字的意义"千差万别;"'我'的分量大小,和那人格的高下,文化的深浅,恰恰成个比例"。也就是说,梁启超把"我"主要看成是文化化育的结果。他将"我"分为四等。"最劣等的人","光拿皮囊里几十斤肉当做'我',余外都不算是我,所以他的行为,就成了一种极端利己主义,什么罪恶都做出来"。"稍高等的","他的'我'便扩大了,就要拉别人来做'我'的一部分"。懂得疼爱子女、孝敬父母、爱惜兄弟夫妻之间的亲情,这样的"我","会爱家",将自己的小家变成"一个'我'"。没有家,"我"就不完全。第三等的"我",是"有教育的国民","会爱国",将"国"变成"一个'我'"。没有"国","我"就不完全。最高一等的"我",拥有"绝顶高尚的道德","觉得天下众生都变成了一个'我'"。

因此,就可做到"禹思天下有溺者犹己溺,稷思天下有饥者犹己饥""有一众生不成佛者我誓不成佛"。正是因为把文化化育而成的人的精神生命看成是人的本质规定,所以,"我"才可能不断进合,层层提升,最终实现超越。梁启超指出,人的精神具有普遍性。"这一个人的'我'和那一个人的'我',乃至和其他同时千千万万人的'我',乃至和往古来今无量无数人的'我',性质本来是同一。不过因为有皮囊里几十斤肉那件东西把他隔开,便成了这是我的'我',那是他的'我'。"因此,那个最劣等的光有肉体之我的"我",实际上不能算是"真我"。他说,当"这几十斤肉隔不断的时候,实到处发现,碰着机会,这同性质的此'我'彼'我',便拼合起来。于是于原有的旧'小我'之外,套上一层新的'大我'。再加扩充,再加拼合,又套上一层更大的'大我'。层层扩大的套上去,一定要把横

[①] 夏晓虹辑:《〈饮冰室合集〉集外文》,中册,北京大学出版社2005年版,第765页。

尽处空竖尽来劫的'我'合为一体,这才算完全无缺的'真我',这却又可以叫做'无我'了"。① 梁启超以佛化儒道,要求将"利我利他"相贯通。他并不简单地主张"利我"或"利他"。他的"化我"实际上是既不执着"小我"也不否弃"小我"。这里也可看出柏格森生命哲学和康德情感学说等西方现代思想对梁启超的影响。他对生命精神的解释,不再仅仅是传统儒道的社会伦理规定和自然伦理规定,还吸纳了康德意义上的情感内核和柏格森意义上的生命力。热爱生命的喷薄激情,直面现实的高度责任感,儒道佛和现代西方思想的汇融,构成了梁启超式的"责任"与"兴味"统一、"不有"与"为"相谐的趣味生命理想。它在"出世"与"入世"的关系问题上,强调的是"出世法与入世法并行不悖"。② 实质上,也就是彻行一种在脚踏实地中超拔、在生命践履中超越的诗性生命理想。1926 年,对于生命有着无限热情的梁启超,因为西医的误诊而致错割右肾,此事引起轩然大波,人们纷纷要求问责协和医院。当事人梁启超竟撰写《我的病与协和医院》一文发表,声明自己的态度:"我盼望社会上,别要借我这回病的口实,发出一种反动的怪论,为中国医学前途进步之障碍。"③ 这样的辩护,这样的胸襟,确实超越了小己之得失忧喜,形象地表征了其趣味主义的人格神韵。"大化化我",是化"小我"而超向"大我",是在"小我"和"大我"的融会中实现并体味生命激扬丰盈化衍之美。梁启超说,这样的生命不管是成功还是失败,都让人兴会淋漓,趣味盎然,"不但在成功里头感觉趣味,就在失败里头也感觉趣味"。④ 由此,"化我"即是"小我"的永恒,既是"无我",亦成"大我"。

在 20 世纪前半叶中国现代人生美学精神的建构演化中,梁启超的趣味人生思想显示了重要的开启意义和实际影响力。梁启超不仅借"趣味"之范畴和"化我"之精神提出了什么是美、什么是审美的人

---

① 夏晓虹辑:《〈饮冰室合集〉集外文》,中册,北京大学出版社 2005 年版,第 767—768 页。
② 《饮冰室合集》,第 5 册,中华书局 1989 年版,第 119 页。
③ 李平、杨柏岭:《梁启超传》,安徽人民出版社 1997 年版,第 277 页。
④ 《饮冰室合集》,第 5 册,中华书局 1989 年版,第 12 页。

"境界"与"趣味":王国维、梁启超人生美学旨趣比较

格、如何建构理想的人生等重大美学与人生问题,同时,他通过"趣味"内涵的界定和"化我"精神的阐发,确立了不执小我纵身大化的审美人生旨趣,开启了中国现代融哲思与意趣为一体、肯定趣味生命、关注审美人格的生活实践方向。可以说,梁启超的"趣味"精神从宏观上把捉住了中国现代美学开启之初远功利而入世的诗性主脉。梁启超之后,朱光潜、丰子恺、宗白华等中国现代美学的重要思想家,在审美本体维度和人生功能维度的关系上,都跳出了王国维的纠结,在为与无为、入世与出世、物质与精神、感性与理性、个体与群体、创造与欣赏等的张力关系中,追求诗性人格建构与人生审美超越的统一。"趣味""情趣""兴味""情调"等兼具审美品鉴与人生品鉴的概念术语成为这些美学家使用的重要范畴,并集中聚焦为"生活的艺术化"[①]和"人生的艺术化"[②]的核心人生美学命题。艺术和审美包孕着力的回旋,是生命的激情燃烧而和谐美丽。这就是"向大宇宙自然界中创造",[③] 是"提携全世界的生命,演奏壮丽的交响曲"。[④]

四

梁启超的"化我"趣味和王国维的"无我"境界,都是个体生命对生命诗性的一种创化与追寻。两相比较,梁启超显然更乐观地把捉了人的生命诗性拓展的可能尺度与张力空间。这种立场与王国维的悲观主义不同,它洋溢的是从痛苦中升华出来的热爱,在根子上是积极的。人生越不完美,生命越需超拔。最高的美与最高的善、最高的真是相通的。唯此,生命诗性的实现,不是简单的不完美的个体小我的毁灭,而是将不完美的个体小我之生息融入宇宙大化之运衍,创化体味其诗意与永恒。在中国现代人生美学精神及其诗性传统的建构化衍中,王国维的"无我"犹如空谷足音,"从我们的世界进入我的世界,并且开始从悲观主义、痛苦、罪恶的角度看世界,长期被中国传统美

[①] 《饮冰室合集》,第4册,中华书局1989年版,第67页。
[②] 《朱光潜全集》,第2卷,安徽教育出版社1987年版,第90页。
[③] 《宗白华全集》,第1卷,安徽教育出版社1994年版,第99页。
[④] 《宗白华全集》,第2卷,安徽教育出版社1994年版,第403页。

学从乐观主义、快乐、幸福的角度掩饰起来的美学新大陆得以显露而出","生命的痛苦、凄美、沉郁、悲欢才有史以来第一次进入思想的世界"。① 生命的痛苦与不可拯救,这是王国维的困惑,也是叔本华的矛盾。对于中国现代美学来说,王国维对叔本华的吸纳是一种发现,也是一种石破天惊的震撼。但是,王国维最终"避开了叔本华的矛盾","也避开了叔本华的深度"。② 王国维真切地体验和发现了生命的痛苦,却深陷痛苦的经验而无法突围。他寻求的始终是生命欲望——经验痛苦的解脱,而非生命力量——精神信仰的建构。因此,他的失败必然注定。始于境界而终于境界,根子上缠绕于欲望经验的痛苦而终被吞没,"欲与生活、与痛苦,三者一而已矣"。③ 既然生命之欲不能消失,那么解脱之事亦终无可能。在中国现代美学开创期,与王国维的这种痛苦悲郁之美相映衬的,是梁启超的激扬高旷之美。梁启超的"趣味"精神和"化我"学说集中建构了小我与大我的张力维度,使生命呈现出浴火而生的崇高型审美品格。梁启超肯定了生命之为的本体存在意义,把个体所成视为宇宙运化的阶梯。他提出相对于宇宙大化,人生只有失败,没有成功,因为个体所"为",相对于无穷无尽的宇宙运化,总是不圆满和无止境的。但是,"许多的'不可'加起来却是一个'可',许多的失败加起来却是一个'大成功'"。④ 当个体与众生与宇宙"进合"为一时,他的"为"就融进了众生、宇宙的整体运化中,从而使个体之"为"成为众生、成为宇宙运化的富有意义的阶梯。由此,在梁启超这里,生命的一切痛苦和不完美,都是对生命的激情、创造、充盈、提升的奠基。生命的春意和美就在于生命的矛盾、冲突、失败、毁灭及其超越,是提领生命超拔小我而纵身大化。由此,与王国维从痛苦入至悲观出不同,梁启超是从失败入而乐观出,将艺术审美的"趣味"之境和人生审美的"化我"之境贯通起来,从而达成了艺术审美超越也就是人生审美的建构。

---

① 潘知常:《王国维:独上高楼》,北京出版社出版集团、文津出版社2005年版,第66页。
② 潘知常:《王国维:独上高楼》,北京出版社出版集团、文津出版社2005年版,第92页。
③ 姚淦铭、王艳编:《王国维文集》,第1卷,中国文史出版社1997年版,第2页。
④ 《饮冰室合集》,第4册,中华书局1989年版,第63页。

"境界"与"趣味"：王国维、梁启超人生美学旨趣比较

审美、艺术、人生三者相贯通，在中国美学传统中渊源已久。与西方经典理论美学追寻美的真理性的科学主义传统不同，中国美学的基本传统是关注人生关怀生存的。儒家主张以美善相济使生命获得永恒的意义，道家主张以精神翱翔来实现生命的自由本真，都体现出理想人格塑造与理想人生建设相统一的审美化诗性文化精神。但中国古代文化尽管孕育了丰富的潜蕴审美性维度的种种人生学说，我们的先哲却并没有在美学的维度上形成自觉的诗性理论建构。这一情状直到20世纪西方美学学科范式及各种现代哲学美学学说引入后，才发生了变化。中国现代美学的奠基者一方面在学科意识和理论方法上得到了西方经典理论美学的滋养，同时，也在美学精神上传承吸纳了中国传统文化和西方现代哲学的双重营养。而中国现代特定的社会历史背景，使得审美的解放与国民性的启蒙相交缠，注定了中国现代美学在诞生伊始就将人生的问题纳入了自己的视野，将审美、艺术与人生紧密地联系在一起，从而为人生论美学思想的孕生奠定了深广的文化思想基础和深厚的社会现实根基。作为中国现代美学最具影响的开创者与代表人物，梁启超和王国维的美学思想是中国现代美学人生精神图谱中不可或缺的一页。梁启超的趣味人生学说是一种融人生、艺术、美为一体的大美学观、人生美学观，而王国维的境界学说也非单就艺术论艺术，同样是将人生品鉴引入了艺术的审美体验与欣赏中。梁启超讲"不有"，王国维讲"不用"。梁启超是以个体生命纵身大化的热情和激情为前提，王国维则以个体生命的痛苦体验和无法解决的欲望冲突为前提。梁启超以积极创造、融身大化为人生之美的最高境界，王国维则痛彻于无我无欲和成就大事业大学问的深刻矛盾。这两种各有特色的人生美学情致也戏剧性地成就了各自的生命履迹：梁启超罹病绝笔于《辛稼轩年谱》，也为世人呈现了为现代医学献身的大化风范；王国维则自沉于昆明湖，给世人留下了无我与有我纠结的不解迷离。

20世纪启幕的中国现代美学深受康德"审美无利害"思想的影响，但美在中国从来不是不食人间烟火的纯粹观照。在王国维的矛盾与绝唱中，梁启超们早已置身时代的洪流，在古今中西文化的撞击交汇中，在生活的现实苦难与生命的实存痛苦中，热烈而义无反顾地拥

抱了美。美真切地融入了生命践履之中，成为最热烈执着也最博大高旷的生命存在方式与人生生存形态。

从生命的无尽之欲到生命境界的建构，从审美的静观到无我的超脱，王国维最终回到了生命之欲不可消、人生之苦不可解、艺术与审美终不能拯救人生的审美救世之悖论中。而从生命之力的激扬到生命趣味的建构，从个体的迸合到化我的胜境，梁启超则将人生的审美推向了春意蕴溢的超拔之境，既是诗意的也是乌托邦的。

境界与趣味，无我与化我，王国维的哀情和梁启超的豪情，呈现了民族美学和谐蕴藉的人生情致在中国现代的演化与分化、深入与拓展，在生命的体验、情感的意义、价值的追求等多个方面起到了重要的探索、奠基、开掘的作用，是在现代性冲击下、从痛苦和毁灭中寻求超越的中国现代人生美学精神自觉的重要始源。尽管他们的具体观点有着个人和时代的种种局限，但其精神旨趣所达到的深度与高度，在今天这个实利化、技术化的时代仍具有重要的启益。

原刊《学术月刊》2012 年第 8 期
《复印报刊资料·文艺理论》2012 年第 12 期全文转载

"趣味"与"情趣"：梁启超朱光潜人生美学精神比较

中国现代美学既有梁启超、王国维等一代引领风骚的奠基者，也有朱光潜、宗白华等一批成就卓著的建设者。但是，过去对这些大家的研究主要以个案为主，对于他们之间的同与异、传承与发展，研讨考辨较少。实际上，他们之间种种共时性历时性的呼应、差异、传承、新创，是很值得研究的。如梁启超与朱光潜之间，就有着耐人寻味的关联，从两人美学思想的重要范畴"趣味"与"情趣"及其相关命题"生活艺术化"与"人生艺术化"、"无所为而为"与"无所为而为的玩索"等，可明显看到其间的承续与演化。当然，朱光潜接受的不仅是梁启超的影响，梁朱之间也有不同与发展。"趣味"与"情趣"及其相关命题所呈现的美学思想及其审美精神同中有异，它们不仅共同构筑了中国现代美学区别于西方现代理论美学和中国古典伦理美学的人生论美学精神传统的某些重要方面，同时也呈现出了各自鲜明的特点与个性。对于它们的比较研究，有助于对梁朱美学思想本身的深入把握，也有助于对民族美学精神传统的梳理总结。

本文着重以后期梁启超（主要是20世纪20年代）和前期朱光潜（主要是20世纪20—40年代）的美学思想为主要研究对象，侧重梳理比较两位大家以远功利而入世为核心旨趣，以审美艺术人生相统一为主要路径，以关注现实、关怀生存为重要特色的人生论美学思想精神的基本内涵、特点与特质。

一

梁启超对朱光潜有重要的影响，这一点朱光潜自己就多次谈到。朱光潜6岁到14岁在其父亲的私塾读书，正是在这段时期，他开始接触到梁氏文章，并在思想、艺术、审美诸方面受到了直接的影响与启蒙。在写于1980年的《作者自传》中，朱光潜说："我在私塾里就酷爱梁启超的《饮冰室文集》，颇有热爱新鲜事物的热望。"① 在发表于1943年的《从我怎样学国文说起》一文中，他更详尽地谈道："我读到《饮冰室文集》，这部书对于我启示一个新天地，我开始向往'新学'，我开始为《意大利三杰传》的情绪所感动。作者那一种酣畅淋漓的文章对于那时的青年人真有极大的魔力，此后有好多年我是梁任公先生的热烈的崇拜者。有一次报纸误传他在上海被难，我这个素昧平生的小子在一个偏僻的乡村里为他伤心痛哭了一场。也就从饮冰室的启示，我开始对于小说戏剧发生兴趣。"② 在发表于1926—1928年的成名作《给青年的十二封信》中，他则具体涉及了梁启超关于"静趣"的见解："梁任公的《饮冰室文集》里有一篇谈'烟士披里纯'，詹姆斯的《与教员学生谈话》（James, Talks To Teachers and Students）里面有三篇谈人生观，关于静趣都说得很透辟。"③ 从这些文字中，我们可以读出，朱光潜对梁启超颇多崇仰与好评。动与静、出与入、演戏与看戏、创造与欣赏诸关系，是朱光潜美学思想中的一些核心问题。朱光潜最后以"情趣"范畴来概括自己对这些关系的解读，并提出了"无所为而为的玩索""人生的艺术化"等重要美学命题。"情趣"范畴及其"无所为而为的玩索""人生的艺术化"等相关命题，承续发扬了梁启超"趣味"范畴及其"无所为而为""生活的艺术化"等相关命题的思想与精神。但是，"趣味"与"情趣"所包孕的美学思想及其审美精神并不完全相同。朱氏"情趣"承续了梁氏"趣味"的人生论旨向和情感论意

---

① 《朱光潜全集》，第1卷，安徽教育出版社1987年版，第2页。
② 《朱光潜全集》，第3卷，安徽教育出版社1987年版，第442页。
③ 《朱光潜全集》，第1卷，安徽教育出版社1987年版，第16页。

"趣味"与"情趣":梁启超朱光潜人生美学精神比较

向,但在审美创化的动与静、创造与欣赏等关系中,相对于梁氏在创造与永动中实现至美的美学旨趣,朱氏则更倾心于体味欣赏与静出之美境。

朱光潜比梁启超小24岁。梁生于1873年,朱生于1897年。19世纪末至20世纪前20年,梁启超在中国政治界与文化界具有重要的影响力,他的"新民"学说和"文学革命"理论几乎无人不晓。"五四"运动后,梁启超在政治上退居后台,在文化与学术上却有很多新的建树。20世纪20年代,是梁启超学术文化的丰硕期,也是其建构阐释趣味美学思想的重要阶段。1923年,朱光潜从香港大学毕业回到内地,时年26岁。往后一年,他的第一篇美学论文《无言之美》发表。至其人生美学思想确立的标志性作品《谈美》发表,已是20世纪30年代。而1923年,梁启超则为50岁,其关于趣味主义的人生哲学与美学思想已大体成型。1921—1923年,是梁启超趣味主义思想文本的集中创作发表期。1921年12月21日,梁启超应北京哲学社之请,作了题为《"知不可而为"主义与"为而不有"主义》的演讲。此文与其他6篇演说稿一起,于次年2月汇集成单行本问世,题为《梁任公先生最近讲演集》。《"知不可而为"主义与"为而不有"主义》是梁启超趣味美学思想最为重要的文本,该文确立了趣味主义审美哲学的根本原则——不有之为,[①] 即以破成败之执和去得失之计为前提的责任与兴味相统一的生命境界。在这篇文章里,梁启超也把这种趣味主义概括为"生活的艺术化",并具体阐释为在生命实践中践履"知不可而为"(语出孔子《论语》)主义与"为而不有"(语出老子《道德经》)主义相统一的"无所为而为"主义。在梁启超之前,1920年2月29日,田汉在致郭沫若的信中已提及"生活艺术化"(Artification)这个概念,指出艺术不仅要暴露黑暗、排斥虚伪,还"当引人入于一种艺术的境界",使其"忘现实生活的苦痛而入于一种陶醉法

[①] "不有之为"是笔者个人对梁启超所阐发的趣味精神或曰"无所为而为"精神的一种表述,主要是为了与中国现代其他美学家所广泛使用的"无所为而为"这个术语的实质区别开来。相关内容详参笔者所著《梁启超美学思想研究》,商务印书馆2005年版,第一章第三节、第二章第一节。

悦浑然一致之境"。① 田汉主要强调了艺术超越现实痛苦的功能，但并没有对"生活艺术化"的精神内涵作出进一步的界定。同年，宗白华发表了《青年烦闷的解救法》《新人生观问题的我见》等文，提及了"艺术人生观""艺术式的人生""艺术的人生态度"等概念，主要倡导开展艺术教育，培育高尚人格，把人生创造为美的艺术品。田汉、宗白华的思想主要来自欧洲现代审美主义的传统，如宗白华就明确将"唯美主义，或艺术的人生观"相提并论。因此，第一个真正从中国自身的文化生发出来，吸纳西方现代美学精神，给予"生活艺术化"命题以明确精神界定和较为具体系统阐发的是梁启超。1922年，梁启超应北京、上海、天津、南京、苏州等地各学校、研究会、青年会等邀请，又作了《趣味教育与教育趣味》《美术与生活》《美术与科学》《学问之趣味》《为学与做人》《敬业与乐业》《评非宗教同盟》《情圣杜甫》《教育家的自家田地》《科学精神与东西文化》《评胡适之中国哲学史大纲》《中国韵文里头所表现的情感》等演讲。1923年初，梁启超在南京作了《治国学的两条大路》《东南大学课毕告别辞》等演讲，3月完成《陶渊明》一书，春夏间完成《人生观与科学》一文。1922—1923年的演讲于1923年1月起结集为《梁任公学术讲演集》，共分3册，陆续出版。这批演讲与论著秉承《"知不可而为"主义与"为而不有"主义》一文的核心精神，从多个层次与侧面具体阐释了趣味主义（生活艺术化）人生哲学和美学理想的原则、内涵、特点等。梁启超趣味学说的阐释建构在中国现代人生论美学思想的创构中，与王国维的"境界说"等一起，共同起到了重要的奠基作用。1923—1925年，朱光潜主要在沪、京、浙一带讲学与活动。他是否直接听过梁启超的讲座，尚无材料可证。但以朱光潜自述自小对梁启超的敬慕与阅览，和梁启超当时丰硕的学术文化成果、相关活动、广泛影响而言，这一阶段朱光潜进一步接触到陆续结集出版的梁氏文集或以其他方式接触到梁氏思想言论的可能性很大。

---

① 田汉、郭沫若、宗白华：《三叶集》，载《宗白华全集》，第1卷，安徽教育出版社1994年版，第265页。

"趣味"与"情趣"：梁启超朱光潜人生美学精神比较

　　1925年，朱光潜赴英，并在英国写作了《给青年的十二封信》，1926年开始在《一般》杂志连载。这部书并不是严格意义上的美学著作，但已初步呈现出朱氏人生论美学的基本取向。对比朱、梁的文章，在概念、论题、观点上都可见出明显的联系。其中"趣味""兴味""趣味人生""创造"等梁式概念出现频率都相当高，而尤以"趣味"和"趣味人生"为核心范畴与命题。这些均可见出与梁氏的关联。但在此著中，朱光潜也强调了"欣赏"尤其是"静观"对于人生美的意义，初步呈现出自己的一些特点。1932年，朱光潜在法国完成早期代表作之一《谈美》，由开明书店出版。在《谈美》中，朱光潜继续使用了"趣味""生命""生活"等梁氏非常喜欢使用的范畴，从而继续见出梁启超的重要影响。同时，在此书中，朱光潜也体现出了与梁启超的某些不同。一是提出了既联系又有别于梁氏思想的核心范畴——"情趣"，取代了"趣味"原来的重要地位；二是提出"无所为而为的玩索"的人生哲学原则，有别于梁氏"无所为而为"的命题表述及其不有之为的趣味准则；三是有别于梁氏"生活艺术化"的命题表述而提出了"人生艺术化"的命题表述，对相关理论内涵作出了进一步的阐发，使"人生艺术化"成为中国现代人生论美学思想的一个较为稳定的术语和代表性学说之一。朱光潜美学思想的重要研究者之一劳承万先生在《朱光潜美学论纲》一书中曾提出，朱光潜的美学体系是"以'情趣'为焦点的"。[①] "情趣"在朱光潜美学体系中，"既是目的范畴，又是手段范畴，可以说，它的巨大意蕴把整个体系都提摄起来了，尤其在前期学说体系中"。[②] 这个观点笔者认为是比较准确精当的，比较赞同。

　　"趣味"与"情趣"，对于梁启超和朱光潜而言，既是艺术审美范畴，更是人生审美范畴。梁启超说"趣味"是"由内在的情感和外受的环境交媾发生出来的"，[③] 主客会通的关键是需要有"无所为而为"的生命精神，其要义就是不有之为的自由态度。朱光潜则说"情趣"

---

① 劳承万：《朱光潜美学论纲》，安徽教育出版社1998年版，第2页。
② 劳承万：《朱光潜美学论纲》，安徽教育出版社1998年版，第14页。
③ 《饮冰室合集》，第5册，中华书局1989年版，文集之四十三第70页。

是"物我交感共鸣的结果",① 主客和谐的关键是需要具备"无所为而为"的生命精神,并将这种精神的实质阐释为"无所为而为的玩索"。可见,"趣味"与"情趣"这两个范畴,在梁启超朱光潜那里,无论在相关的文字表达还是内涵、精神的阐释上,都具有极为密切的联系。从"趣味"范畴出发,梁启超提出了"生活的艺术化"的命题,建构了"无所为而为"(确切说即不有之为,见前注)的审美原则;而围绕"情趣"范畴,朱光潜表述了"人生的艺术化"的理想,确立了"无所为而为的玩索"的审美原则。

从"趣味"到"情趣",从"无所为而为"到"无所为而为的玩索",从"生活的艺术化"到"人生的艺术化",较为清晰地凸显了梁启超、朱光潜这两位中国现代美学大家间的某种承续与演化,也从一个侧面比较集中地呈现了中国现代人生论美学精神传统的某些特点特征。

二

以"趣味"和"情趣"为核心,梁启超朱光潜构建了各自的人生论美学思想体系,阐释了同中有异的人生论美学学说,呈现了从"生活艺术化"到"人生艺术化"的中国式人生美学思想和理想的一种重要发展脉络。对"趣味""情趣"及其相关思想命题的比较,不仅可以更为清晰地梳理辨析梁朱之间的异同、承续与发展,也有助于我们对民族美学思想资源及其精神传统的总结和发掘。

梳理梁启超、朱光潜的人生论美学思想,其重要共通点表现在以下几点。

第一,在美对人的意义上,两人都赞同美是人类最高追求。

其一,他们都主张真善美是人类心理三要素,认为凡人须三者兼备和谐。如1922年,梁启超在演讲稿《为学与做人》中提到"人类心理,有知情意三部分",须"三件具备才能成一个人";② 1932年,

---

① 《朱光潜全集》,第2卷,安徽教育出版社1987年版,第91页。
② 《饮冰室合集》,第5册,中华书局1989年版,文集之三十九第105页。

"趣味"与"情趣":梁启超朱光潜人生美学精神比较

朱光潜在《谈美》第一篇《我们对于一棵古松的三种态度》中也提出"真善美三者具备才可以算是完全的人"。① 将人的心理分为知、情、意三要素,并强调三者的和谐,这是康德以来西方人本主义哲学的基本立场。康德第一次赋予情以独立的地位,为现代美学确立了自己的理论根基。梁朱在这个问题上都接受了康德的基本观念。

其二,他们都强调爱美是人类的天性,是人类有别于动物的重要尺度。20世纪20年代,梁启超曾指出:"爱美是人类的天性",② "吾侪确信'人之异于禽兽者'在其有精神生活";③ 20世纪40年代,朱光潜也强调:"爱美是人类天性",④ "人所以异于其他动物的就是于饮食男女之外还有更高尚的企求,美就是其中之一"。⑤ 可见,梁朱二人均从生命本体切入审美,重视审美对于人性提升的人文意义。

其三,他们都认定美是人类最高追求。梁启超说:"'美'是人类生活一要素——或者还是各种要素中之最要者,倘若在生活全内容中,把'美'的成分抽出,恐怕便活得不自在甚至活不成。"⑥ 朱光潜则说:"美是事物最有价值的一面,美感的经验是人生中最有价值的一面。"⑦ 在对美的价值的认识上,梁朱均有审美至上的倾向,给予美以至高的地位。

第二,在情感对审美的意义上,两人都赞同情感是人类生活的原动力,是审美人生建构的关键要素之一。

梁启超把情感视为生命最内在、最本真的东西,是人类一切行为的内驱力。同时,情感具有感性与理性相融通的特点,是提引人从"现在"到"超现在"境界的"关门"。在梁启超看来,要达成趣味的境界,实现体味个体与众生与宇宙进合的不有之为的春意,就必须有情感发动与涵养美化的基础。"人类生活,固然离不了理智;但不能说理

---

① 《朱光潜全集》,第2卷,安徽教育出版社1987年版,第12页。
② 《饮冰室合集》,第12册,中华书局1989年版,专集之一百二第3页。
③ 《饮冰室合集》,第9册,中华书局1989年版,专集之五十第182页。
④ 《朱光潜全集》,第4卷,安徽教育出版社1987年版,第151页。
⑤ 《朱光潜全集》,第2卷,安徽教育出版社1987年版,第12页。
⑥ 《饮冰室合集》,第5册,中华书局1989年版,文集之三十九第22页。
⑦ 《朱光潜全集》,第2卷,安徽教育出版社1987年版,第12页。

智包括尽人类生活的全内容。此外还有极重要一部分——或者可以说是生活的原动力，就是'情感'";[1]"理性只能叫人知道某件事该做某件事该怎样做法，却不能叫人去做事，能叫人去做事的，只有情感"。[2]情感作为行为的原动力，是趣味实现的主体心理基础和必要前提。但是，梁启超认为，情感"有善的美的方面"和"恶的丑的方面"，因此需要以趣味精神去涵养与提升。

朱光潜的"情趣"概念，与"趣味"相比在字面上就强化了"情"的地位。他认为物理和人情的和谐是美与艺术的基础，情趣的本质就是"物我交感共鸣"的和谐生命活动，而情感又是情趣的核心。"情感是心理中极原始的一种要素。人在理智未发达之前先已有情感；在理智既发达之后，情感仍然是理智的驱遣者";[3]"理智指示我们应该做的事甚多，而我们实在做到的还不及百分之一。所做到的那百分之一大半全是由于有情感在后面驱遣"。[4] 自然情感"至性深情"而"生生不息"，但还需经过"无所为而为的玩索"的艺术态度的观照与重构，才能升华为美的情感。在朱光潜这里，情感的情趣化也即情感的艺术化和美化。

在情感的本质及其对于生命和美的意义上，朱光潜显然受到了梁启超的影响，两人都是主情派。他们都充分肯定了情感的动力意义、美学价值及其提升空间，从而与中国传统文化重礼抑情的基本倾向具有显著的差别。但是，他们又不是纯感性论者，而是倡导涵情美情，提倡情感的蕴真向善，把情感美化视为美的艺术和审美人生建构的关键之一。

第三，两人都赞同审美人生应该充满生机，以动为本。

梁启超把"为"视为人的本质存在。"为"就是"动"，就是"做事"，就是"创造"。他的"趣味"说实质上就是探讨如何创化体味生命之为的价值与意义。他说：为"趣味"而忙碌，是"人生最合

---

[1] 《饮冰室合集》，第5册，中华书局1989年版，文集之四十第26页。
[2] 《饮冰室合集》，第5册，中华书局1989年版，文集之三十八第22页。
[3] 《朱光潜全集》，第2卷，安徽教育出版社1987年版，第75页。
[4] 《朱光潜全集》，第1卷，安徽教育出版社1987年版，第44页。

理的生活"。① 而情感作为趣味实现的主体心理基础，必须在主体趣味生命状态的达成中，才能真正转化为激活生命活力和自由创造的内在动因。"趣味干竭，活动便跟着停止"，"趣味丧掉，生活便成了无意义"，"趣味的反面，是干瘪，是萧索"；② "厌倦是人生第一件罪恶，也是人生第一件苦痛"。③

朱光潜也把生机、活力、创造视为情趣美的基本内涵，认为理想人生应以活动为本然形态，应顺应"生命的造化"，体现出"生生不息的情趣"。④ "'生命'是与'活动'同义的"；⑤ "人生来好动，好发展，好创造。能动，能发展，能创造，便是顺从自然，便能享受快乐，不动，不发展，不创造，便是摧残生机，便不免感觉烦恼"；⑥ "我所谓'生活'是'享受'，是'领略'，是'培养生机'"。⑦ 无情趣的生命就是"生命的干枯"，是"自己没有本色而蹈袭别人的成规旧矩"，非创造而是滥调，非真诚而是虚伪。而生生不息的生命情趣"流露于语言文字，就是好文章"，"流露于言行风采，就是美满的生命"。⑧

如果说在美与人、与情感的关联上，梁朱明显接受了康德的影响；而在美与生命、与创造的关联上，梁朱则都接受了柏格森。崇尚创造，提倡在生命活动中去享受体味快乐，使得梁朱二人的美学思想呈现出积极乐观的风貌。

第四，两人都把重过程不重结果的"无所为而为"的精神视为美的内核和审美人生精神的要旨。

无论是梁启超的趣味人生，还是朱光潜的情趣人生，其根本都在于确立"无所为而为"的精神准则。梁启超将其阐释为破"成败"之

---

① 《饮冰室合集》，第5册，中华书局1989年版，文集之三十九第15页。
② 《饮冰室合集》，第5册，中华书局1989年版，文集之三十八第13页。
③ 《饮冰室合集》，第5册，中华书局1989年版，文集之三十九第10页。
④ 《朱光潜全集》，第5卷，安徽教育出版社1987年版，第92页。
⑤ 《朱光潜全集》，第2卷，安徽教育出版社1987年版，第12页。
⑥ 《朱光潜全集》，第1卷，安徽教育出版社1987年版，第12页。
⑦ 《朱光潜全集》，第1卷，安徽教育出版社1987年版，第33页。
⑧ 《朱光潜全集》，第2卷，安徽教育出版社1987年版，第92页。

执和去"得失"之计,朱光潜将其阐释为"跳开利害的圈套",① 其意思都是一样,就是超越物欲功利,追求精神境界,其集中体现为把人生的至美建立在生命创化的过程本身及其诗意升华中。

梁启超朱光潜的人生美学思想除了上述明显的相通,也有显著的区别。主要表现为以下几点。

第一,从论证方法与领域来看,朱光潜侧重从艺术来观照情趣人生的问题;梁启超铺展于哲学、艺术、文化等多个方面来谈趣味人生的问题。

第二,从论证角度来看,梁启超更侧重"为"与"不有"的关系,朱光潜更侧重"为"与"玩索"的关系。梁启超更强调"不有"的生命活动姿态,试图调和人生的实践论和价值论。朱光潜更强调"玩索"的生命境界,倾心于审美心理建构和价值实现的统一。

第三,从论证中心与审美旨趣来看,梁启超强调动为本,动入则活则美,其最高理想是主体(个体)生命创化和宇宙(众生)运化融为一体,从而实现生命的自由升华并体味其美,更趋创造和阳刚之美。朱光潜也不舍弃动,认为生活之美的创造是以生命与生趣为本的,但对生活之美的玩索(领略)却需要距离与静出,即主体生命须在静出中超脱实用世界之苦恼,去玩索(领略)丰富的人生情趣。相对于梁启超,朱光潜更趋欣赏和静柔之美。

在梁启超这里,不有之为的创造活动本身即美的实现,而不管活动的结果如何。他说,趣味的性质就是"以趣味始,以趣味终"。趣味主义最重要的条件是"无所为而为"。② 趣味主义者"不但在成功里头感觉趣味,就在失败里头也感觉趣味"。③ 这种倡导彻底超越成败得失的美学旨趣颇具崇高的意向,给长期以来偏于和谐柔美的中国古典美学情趣带来了刚健清新的新风,也使得梁启超的人生美学思想呈现出某种大气悲壮的英雄主义色彩。那些"探虎穴""和天斗""沙场死""向天笑"的无畏英雄,成为梁氏激赏的 20 世纪开幕的新男儿形

---

① 《朱光潜全集》,第 2 卷,安徽教育出版社 1987 年版,第 17 页。
② 《饮冰室合集》,第 5 册,中华书局 1989 年版,文集之三十九第 16 页。
③ 《饮冰室合集》,第 5 册,中华书局 1989 年版,文集之三十八第 13 页。

"趣味"与"情趣":梁启超朱光潜人生美学精神比较

象。而对于中国古典作家作品,梁启超也作出了自己的个性解读。如他认为屈原的美就在"All or nothing"的生命精神,是那种带血带泪的刺痛决绝和含笑赴死的从容洒脱。没有悲壮的毁灭,就没有壮美的新生。在某种意义上,这也呼应了凤凰涅槃的"五四"精神。由此,梁启超也赋予了个体生命创化以根本的和永恒的价值,那就是个体与众生宇宙进合而获得的终极意义,即融身宇宙运化而成为其中的阶梯,这才是梁启超所建构阐发的趣味生命和趣味美。

而在朱光潜这里,他虽然也主张美来自无所为而为的生命活动与创造,但他又主张"无所为而为的欣赏",即生命活动中创造与欣赏的和谐与统一才是美的最高实现。他说:生命活动的目的就是"要创造,要欣赏","欣赏之中都寓有创造,创造之中也都寓有欣赏";[①]"人生乐趣一半得之于活动,也还有一半得之于感受";"世界上最快活的人不仅是最活动的人,也是最能领略的人"。[②] 领略需要静出。关于"静"(出)与"距离"的建构,朱光潜最初受到了梁启超、詹姆斯等人的启发,后来又受到布洛等审美距离说的直接影响。但他关于创造与欣赏的关系及其美的实现,并不像西方距离说纯从审美心理立论,而将审美活动与人生活动相贯通,在美感心理中融入了真与善的尺度。他说:"我所谓'静',便是指心界的空灵","一般人不能感受趣味,大半因为心地太忙,不空所以不灵"。[③] 静不是寂(物界之寂),静也不是闲(生命之闲)。心静则不觉物界沉寂,也不觉物界喧嘈。因此,心静则不必一定要逃离物界,而自然能够建立与物界的距离。在生命之活动和尘世之喧嚷中,静(出)一方面"使人从实际生活牵绊中解放出来,一方面也要使人能了解,能欣赏,'距离'不及,容易使人回到实用世界,距离太远,又容易使人无法了解欣赏"。[④] 艺术如此,人生也是如此。静(出)使人在人生的永动中,畅然领略人生

---

① 《朱光潜全集》,第2卷,安徽教育出版社1987年版,第54页。
② 《朱光潜全集》,第1卷,安徽教育出版社1987年版,第14页。
③ 《朱光潜全集》,第1卷,安徽教育出版社1987年版,第15页。
④ 《朱光潜全集》,第2卷,安徽教育出版社1987年版,第18页。

之情趣。"一篇生命史就是一种作品。"① 创造和欣赏的最终目的"都是要见出一种意境，造出一种形象"。② 尽管朱光潜主张看戏与演戏各有各的美，但他最终还是从情趣到意象、以知悟看戏之美为高。也正是在这个意义上，朱光潜把"穷到究竟"的科学活动和"最高的伦理的活动"视为"一种艺术的活动"；并提出"无所为而为的玩索（disinterested contemplation）"是"唯一的自由活动，所以成为最上的理想"。③ 由此，我们可以看到，朱光潜既承续了梁启超趣味人生的基本旨趣，但也有自己的特点和发展。

三

"趣味"与"情趣"的范畴及其相关命题，鲜明而耐人寻味地呈现了中国现代人生论美学思想及其精神旨趣发生发展的某种轨迹。而朱光潜的演化与丰富集中表现在既互相关联又有所侧重两个方面。

第一，朱光潜通过"情趣"范畴的构建从欣赏与观照的角度丰富了梁启超的"趣味"精神。

从理论史来看，"趣味"与"情趣"都不是中国现代美学或现代文论首创的范畴。"味""趣""情"在中国古代文论中最初均单独使用。"趣味"合用可能首见于唐代诗论。司空图《与王驾评诗书》最早明确运用"趣味"范畴来品评诗家风格。"趣味"范畴后来常见于诗论和曲论。"情趣"则主要见于小说理论。尤其在晚清王摩西等人的小说理论中多有运用。王摩西用"情趣"来概括小说的审美特质。而在西方美学中，"趣味"是一个重要的美学理论范畴。休谟与康德均以"趣味"来指称审美活动中的审美判断力。在中国现代美学史上，梁启超第一个创造性地运用了"趣味"的范畴，④ 突破了中国式的纯艺术视角或西方式的纯审美界定。梁启超将"趣味"引入人生实

---

① 《朱光潜全集》，第2卷，安徽教育出版社1987年版，第94页。
② 《朱光潜全集》，第2卷，安徽教育出版社1987年版，第54页。
③ 《朱光潜全集》，第2卷，安徽教育出版社1987年版，第95页。
④ "趣味"概念的中西界定与演化，详参笔者所著《梁启超美学思想研究》（商务印书馆2005年版）第二章第一节。

践领域，使"趣味"成为一种广义的生命意趣。通过"趣味"范畴的建构，梁启超赋予生命通过不有之为的创化超越形下束缚的诗性道路，从而实现了人生与审美的贯通。这种远功利而入世、在生命创化中实现理想人生体味生命之美的道路，在朱光潜的"情趣"范畴中进一步从欣赏与观照的角度得到了丰富。

如果说梁启超是在中西文化交融的背景上创化了"趣味"的范畴，比较而言，"情趣"则是一个更具民族话语特点的范畴。中国是诗的国度，中国艺术在本质上是主情的。《毛诗序》提出诗歌乃"情动于中而形于言"，确立了情感本质论的艺术观。先秦诸子中，荀子较早自觉地从心理角度对"情"作出理论分析，他把"情"分为好、恶、喜、怒、哀、乐六种。但荀子又把"情"与"欲"理解为一体化的东西，从而提出了"节情""导欲"论。后《中庸》将情的理想境界用"中和"作了概括。儒家各派论情大都主张"节情"，强调情感的中和状态。值得注意的是，相对于儒家的"节情论"，早在先秦时代，庄子就提出"率情说"，认为"形莫若缘，情莫若率"，主张情感之"法天贵真"，从而为人的现实真情的张扬开辟了通道。[①] 魏晋风度对人性的张扬与人情的鼓吹延续了庄学的风范。明代以后，李贽、汤显祖、王夫之、叶燮、袁枚等重要文论家也都主张诗文要抒真情实感。龚自珍更是近代情感解放的先锋。他提出情乃人之本性，反对锄情，倡导宥情、尊情，成为中国古代艺术情感论与中国近现代情感解放思潮之间的一座桥梁。朱光潜的"情趣"范畴内在地蕴含了对于中国传统情感理论的承续，其立足点就是真情与率情。他提出："一首诗或是一篇美文一定是至性深情的流露，存于中然后形于外，不容有丝毫假借"；"文章忌俗滥，生活也忌俗滥"，"滥调起于生命的干枯，也就是虚伪的表现"，"'虚伪的表现'就是'丑'"。[②] 在承续中国传统情感理论倡导人之真情率性流露这一重要立场的基础上，朱光潜的"情趣"理论还从情感客观化与距离建构角度丰富了情感美化即情感艺术

---

① 参见庄子《山木》《渔父》等文，载陈鼓应注译《庄子今注今译》，中华书局1983年版。
② 《朱光潜全集》，第2卷，安徽教育出版社1987年版，第92页。

化的问题。他指出:"艺术都是主观的,都是作者情感的流露,但是它一定要经过几分客观化。艺术都要有情感,但是只有情感不一定就是艺术。"① 他举例说,蔡琰在丢开亲子回国时决写不出《悲愤诗》,杜甫在"入门闻号咷,幼子饥已卒"时也写不出《自京赴奉县咏怀五百字》,这两首诗都是"痛定思痛"的结果。因为,"艺术所用的情感并不是生糙的而是经过反省的","艺术家在写切身的情感时,都不能同时在这种情感中过活,必定把它加以客观化,必定由站在主位的尝受者退为站在客位的观赏者。一般人不能把切身的经验放在一种距离以外去看,所以情感尽管深刻,经验尽管丰富,终不能创造艺术"。② 情感艺术化理论是朱光潜"情趣"范畴的重要推进与重要特点之一,情感只有经过艺术化:距离—客观化—反省,才能由真实的升华为情趣的。当然,朱光潜的"情趣"不仅只有情,他说"情趣"是物我交感共鸣的结果,无物我交感就不能产生真情。物我交感缘于生命之永动。"即景可以生情,因情也可以生景。"③ 情感既是生命的原动力,也是生命的表现。情感生生不息,意象也生生不息。当我们通过诗和艺术领略诗人和艺术家的情感时,也就在"设身处地"地"亲自享受他的生命"。④ 朱光潜提出"艺术不象克罗齐派美学家所说的,只达到'表现'就可以了事,它还要能'传达'","传达"就是通过内容与形式的完美融合,"见出一种意境,造出一种形象",⑤ 一种完整和谐的意象。"艺术是情趣的活动,艺术的生活也就是情趣丰富的生活";"你是否知道生活,就看你对于许多事物能否知道欣赏"。所以,情趣的实现最终还须领略与观赏。在艺术中是领略与观赏富有情趣美之意象。在生活中是领略与观赏富有情趣美之物象。

"趣味"范畴与"情趣"范畴,都肯定了情感对于审美活动发生展开的内在基础意义和审美人生建构体味的核心关键作用。两者都以

---

① 《朱光潜全集》,第2卷,安徽教育出版社1987年版,第19页。
② 《朱光潜全集》,第2卷,安徽教育出版社1987年版,第19页。
③ 《朱光潜全集》,第2卷,安徽教育出版社1987年版,第67页。
④ 《朱光潜全集》,第2卷,安徽教育出版社1987年版,第67页。
⑤ 《朱光潜全集》,第2卷,安徽教育出版社1987年版,第54页。

真情为要，美情为旨。但相比之下，前者以个体与众生宇宙的迸合极尽情之率性淋漓之美，后者以"慢慢走，欣赏啊"为情感的审美引入了意象与距离。"趣味"毋庸置疑地肯定了个体生命实践及其每个瞬间的意义，"情趣"则让每个匆匆绽放流逝的生命瞬间变得悠然。由此，"趣味"与"情趣"既确立了审美生命建构体味的共同立场，也确立了审美生命建构体味的不同方法和个性视角。或者说，在共同主张审美与人生相统一的基本立场上，梁启超更倾心于让审美为人生服务，朱光潜则更倾心于从人生通向审美。

第二，朱光潜通过"无所为而为的玩索"命题的确立，进一步拓展了创造与欣赏、物质与精神、个体与环境、动与静、入与出、有为与无为诸对关系中的后一维度及其张力性。

自梁启超的"趣味"命题始，创造与欣赏、物质与精神、个体与环境、动与静、入与出、有为与无为的关系就成为人生问题的焦点。梁启超强调了为与有之间的对立关系，试图以"无所为而为"即不有之为的生命准则来超越两者的矛盾，通过扬弃小有来达成大有，最终实现审美的升华。其思想在现代中国不可谓不深刻，也不能说没有"乌托邦"的色彩。

朱光潜的"情趣"命题接着梁启超的"趣味"命题往下说。如果说梁启超的趣味境界更具有英雄主义的崇高美色彩；朱光潜的情趣境界则多少有些理想主义和科学主义交糅的意味。在承续"无所为而为"的基本人生旨趣的基础上，朱光潜试图为"为"与"有"的矛盾找到一个更具普遍性的解决路径。他的答案就是把"有"转化为"玩索"，借距离和意象的建构从艺术之境来获得洞明。

在梁启超这里，"无所为而为"之"为"乃行动、乃活动、乃创造，审美至境的实现是在行动、活动、创造中达成的，两者可以合二为一，可以贯通。而在朱光潜这里，"无所为而为"的命题就转化为"无所为而为的玩索"，一方面显示了行动、活动、创造与观照、玩索、欣赏的区别，另一方面又揭示了两者的统一。"玩索"即"contemplation"。朱光潜认为生命之动静互参、人生之入出自如，犹如艺术之创造中寓欣赏，欣赏中见创造，这种融创造与欣赏为一体的艺术化人生境界，动中有静，出入自如，是生命与人生应有之理想和合理状态。唯如此，才不仅能创造人生之至美，也可真正享受到人生之至美。

　　出世与入世、无为与有为这些困扰中西古今哲学家美学家们的根本性问题，在朱光潜这里借艺术的法眼已悄然转化为审美的创造与欣赏的关系问题，是生命永动而心境自怡的情趣人生的心理建构问题。20世纪40年代，朱光潜写了《看戏和演戏——两种人生理想》一文，对自己的人生哲学作了一个总结。朱光潜首先提出，在人生的舞台上，"能入与能出，'得其圜中'与'超以象外'，是势难兼顾的"。[1] 古今中外许多大哲学家、大宗教家、大艺术家都想解决这个问题，答案无非有三：一是看戏，二是演戏，三是试图同时看戏和演戏。以中国古代大哲言，儒家孔子虽能作阿波罗式观照，但人生的最终目的在行，知是行的准备，因此属演戏一派；道家老庄对于宇宙始终持着一个看戏人的态度，强调"抱朴守一"和"心斋"，自然是看戏一派。朱光潜认为，西方"古代和中世纪的哲学家大半以为人生最高目的在观照"，[2] 柏拉图的绝对美，[3] 亚里士多德的幸福是理解的活动，都在揭示人生的最高目的是看。近代德国哲学中，叔本华在"看"中找到了苦恼人生的解脱，即把意志放射为意象，化成看的对象。而尼采的"日神""酒神"精神的实质是"使酒神的苦痛挣扎投影于日神的慧眼，使灾祸罪孽成为惊心动魄的图画"，从而"从形象得解脱"。[4] 朱光潜认为，比较柏拉图、亚里士多德的观点和叔本华、尼采的观点，在结论上都是人生的最高目的在观照，但重点却"微有移动，希腊人的是哲学家的观照，而近代的德国人的是艺术家的观照。哲学家的观照以真为对象，艺术家的观照以美为对象。不过这也是粗略的区分。观照到了极境，真也就是美，美也就是真"。[5] 若按朱光潜自己的结论，那么，他的情趣人生学说更接近于叔本华和尼采的视角，主要是

----

[1] 《朱光潜全集》，第9卷，安徽教育出版社1987年版，第257页。
[2] 《朱光潜全集》，第9卷，安徽教育出版社1987年版，第259页。
[3] 朱光潜所说的柏拉图的绝对美，指的就是理念美。（笔者注）
[4] 《朱光潜全集》，第9卷，安徽教育出版社1987年版，第261页。
[5] 《朱光潜全集》，第9卷，安徽教育出版社1987年版，第262页。

"趣味"与"情趣":梁启超朱光潜人生美学精神比较

持艺术化审美化的观照。

朱光潜强调:"观照是文艺的灵魂。"① 他说,艺术"是人生世相的返照,离开观照,就不能有它的生存"。② 那么如何实现艺术的观照?他认为这就需要实现情感与意象的融会。"情感是内在的,属我的,主观的,热烈的,变动不居的,可体验而不可直接描绘的;意象是外在的,属物的,客观的,冷静的,成形即常住,可直接描绘而却不必使任何人都可借以有所体验的","情感是狄俄倪索斯的活动,意象是阿波罗的观照","在一切文艺作品里,我们都可以见出狄俄倪索斯的活动投影于阿波罗的观照,见出两极端冲突的调和,相反者的同一。但是在这种调和与同一中,占有优势与决定性的倒不是狄俄倪索斯而是阿波罗,是狄俄倪索斯沉没到阿波罗里面,而不是阿波罗沉没到狄俄倪索斯里面。所以,我们尽管有丰富的人生经验,有深刻的情感,若是止于此,我们还是站在艺术的门外,要升堂入室,这些经验与情感必须经过阿波罗的光辉照耀,必须成为观照的对象"。③ 因此,"观照是文艺的灵魂","诗人和艺术家也往往以观照为人生的归宿",他们"在静观默玩中得到人生的最高乐趣"。④ 朱光潜的结论是"看和演都可以成为人生的归宿",⑤ 关键是,不管是看还是演,都要有静出之境界。看固然是观照,但没有演何来看?而光顾着演,不懂得欣赏和玩索之佳妙,亦终究泥于实境,不能开心。

梁启超的趣味人生和朱光潜的情趣人生都主张审美、艺术、人生之统一,追求以无为精神来创构体味有为生活的审美化人生旨趣,并试图借此融通物质与精神、创造与欣赏、个体与群体、有限与无限的关系。但趣味人生更重在以个体和群体、有与为之关系的现实升华来实现精神对物质、创造对欣赏、群体对个体、无限对有限的超越;而情趣人生更重在以动入与静出、创造与观照之关系的审美和谐来实现

---

① 《朱光潜全集》,第9卷,安徽教育出版社1987年版,第265页。
② 《朱光潜全集》,第9卷,安徽教育出版社1987年版,第265页。
③ 《朱光潜全集》,第9卷,安徽教育出版社1987年版,第265页。
④ 《朱光潜全集》,第9卷,安徽教育出版社1987年版,第265—266页。
⑤ 《朱光潜全集》,第9卷,安徽教育出版社1987年版,第269页。

精神对物质、创造对欣赏、群体对个体、无限对有限的超越。就对待人生的基本态度言，与王国维的悲观主义相映照，梁启超朱光潜确实"都大致以一种积极乐观的精神给予了人生以解答"。① 但梁朱相较而言，梁启超的趣味人生更具从艺术走向人生的实践精神，朱光潜的情趣人生则更突出了以艺术观照人生的省思姿态。

趣味人生和情趣人生的理想，聚焦为"生活艺术化"（梁启超语）与"人生艺术化"（朱光潜语）的命题。尤其是"人生艺术化"一词，经朱光潜《谈美》一书的论析发挥，在20世纪30、40年代的中国文化界与知识群体中产生了广泛的影响，成为中国现代远功利而入世的审美人生精神的一种典型表述。这种审美人生精神不像现代西方理论美学把审美与人生相割裂，也不像中国古典伦理美学直接以善为美定位，而是以情感为生命奠基，以美为生命张目，主张在情感滋养生命创化中践履和观照生命之美。但是，另一方面，经朱光潜的中介，梁启超的趣味人生学说在某种意义上又并没有完全按照它原定的人生论轨向发展，② 而是有所偏向了康德纯粹观审为核心的西方现代理论美学的轨迹，从而也与王国维钟情的审美无利害命题重新交结在一起。由此，从梁启超到朱光潜，既是中国现代人生美学精神发展演进的一种过程，也埋下了20世纪中国美学从人生论到科学论转向的一种伏笔。

原刊《社会科学战线》2013年第7期
《新华文摘》2013年第20期论点摘编

---

① 宛小平：《梁启超与朱光潜美学之比较》，载金雅主编《中国现代美学与文论的发动》，天津人民出版社2009年版，第317页。

② 笔者认为，中国现代美学的人生精神传统既融中西滋养，又具民族渊源。从孔庄开启的中国古典美学思想的内核即是关怀人生、关注意义的，中国古代美论也是人生境界理论和人格审美理论。梁启超的"趣味"思想是从理想（审美）人格实现处也即审美（理想）人生实现处的中国传统哲学与美学精神一脉下来的。梁启超与朱光潜都具中西视野，都融百家之长，但骨子里梁更著民族情韵。至于两人对中国现代美学的影响与贡献，则各具成就，亦相得益彰。

趣味与情调：梁启超宗白华
人生美学情致比较

同为中国现代美学的重要代表思想家，梁启超、宗白华以"趣味""情调"等化中西而著民族特色的美学范畴，建构了审美、艺术、人生相统一的核心美学命题，体现了以诗性超越为旨向的人生美学情致。但梁氏的"趣味"范畴和宗氏的"情调"范畴也是同中有异。两者都主张真善美的统一，主张出世与入世、有为与无为、感性与理性、个体与众生、物质与精神、创造与欣赏、有限与无限等对立面的相洽。同时，梁氏"趣味"以"知不可而为"与"为而不有"的统一突出了美善的关联，更倾心于诗性生命的高度提升；宗氏"情调"则以"至动"与"韵律"的相谐突出了美真的关联，更倾心于诗性生命的深度体认。他们以生命实践及其诗性超越为旨归的人生美学情致，是中国现代美学精神留给我们的最为重要的也是最为动人的一个方面之一。

一　"趣味"及其生命"春意"

"趣味"是梁启超美学思想中最核心最具特色的范畴。梁启超关于趣味的思想与相关论述，主要集中于20世纪20年代的一批专题论文与演讲稿中。这一阶段，梁启超从前期较为狭隘的文学视域拓展到丰富多样的整体生活与审美艺术实践领域，从前期较为外在的社会性功能视域延伸到人与人生的本体性价值视域。在梁启超这里，趣味作为一种潜蕴审美精神的生命意趣，是对美的本体界定与价值界定，具有鲜明的人生实践向度与精神理想向度,是梁氏哲学体悟、伦理省思和审美观照的统一。

趣味这个概念非梁启超首创。在中国文字中,"味"本指食物的口感。自魏晋始,"味"开始与精神感觉相联系,用于品评艺术予人的美感享受;"趣"亦于此时进入文论之中,用来指称文章的"意""旨"或美感风格。唐代,"趣"与"味"开始直接组合在一起,用于品评诗文之美感。而在西方美学史上,第一个明确提出"趣味"概念的是18世纪英国经验主义者休谟。休谟认为趣味就是人的审美判断力。康德也把审美力与判断力相联系,以区别于理智感和道德感。梁启超吸纳了中西文论与美学思想中艺术论的趣味论与审美论的趣味论的滋养,同时又将其拓衍出纯粹艺术与审美的范畴,而导向广阔的人生领域。在梁启超这里,趣味既是一种艺术评判与审美判断,也是一种艺术化审美化的人生状态和生命情致。

何谓趣味?梁启超提出,趣味是情感、生命、创造的统一所熔铸的独特而富有魅力的个体生命状态。趣味发生的基础是内发情感和外受环境的交媾契合。趣味实现的关键是主客关系的和谐自由。如何实现主客的和谐?梁启超提出了"知不可而为"主义与"为而不有"主义相统一的命题。他说:"'知不可而为'主义是我们做一件事,明白知道他不能得着预料的效果,甚至于一无效果,但认为应该做的便热心做去。换一句话说,就是做事情时候,把成功与失败的念头都撇开一边,一味埋头埋脑地去做";"'为而不有'的意思是不以所有观念作标准,不因为所有观念始劳动。简单一句话,便是为劳动而劳动"。他总结说:"'知不可而为'主义与'为而不有'主义,都是要把人类无聊的计较一扫而空,喜欢做便做,不必瞻前顾后。所以归并起来,可以说这两种主义就是'无所为而为'主义。"[1] 实际上,在梁启超这里,"无所为而为"主义更准确地说,可以叫作"不有之为"。[2] 因为梁启超的核心并不是一般意义上讲的不为,而是讲以大为超小有,是

---

[1] 《饮冰室合集》,第4册,中华书局1989年版,文集之三十七第68页。
[2] 参见金雅《梁启超美学思想研究》,第一章第三节,商务印书馆2005年版,第73—88页。

趣味与情调:梁启超宗白华人生美学情致比较

要求个体之"为"超越直接的成败之执与得失之计,而纳入众生宇宙的整体运化中,以个体与众生与宇宙的"进合",使个体所为成为众生宇宙运化的阶梯,实现并体味个体生命之为的意义、诗情与永恒。梁启超认为,通向趣味之旅虽然必须关涉主体的德性存在与理性追求,但它的唯一关门是情感。只有情感,才能真正将感性实践、德性存在与理性追求相统一,使个体、众生与宇宙相进合,从而实现趣味的生活即生命实践的"春意"。梁启超指出,作为个体生命,应该永远保持"生趣盎然的向前进",永远保持"以趣味始以趣味终"的纯粹境界。实际上,在这种生命胜境中,人生实践的外在规范已沉淀为主体的内在情感欲求,成为主体生命自身的追求。此时,每一个个体实践本身作为生命的趣味创化,超越了与对象的直接功利对置,超越了狭隘的感性个体存在,手段与目的同一,过程与结果同一,个体的感性生命创造就是趣味的实现也即美的实现。基此,梁启超也把他的这种"无所为而为"主义称为"劳动的艺术化"和"生活的艺术化",是"最高尚最圆满的人生"和"有味的生活"。①

梁启超说:"问人类生活于什么?我便一点不迟疑答道:'生活于趣味'。"② 又说:"'美'是人类生活一要素——或者还是各种要素中之最要者,倘若在生活全内容中把'美'的成分抽出,恐怕便活得不自在,甚至活不成。"③ 这些文字,正体现了梁启超将美、趣味、人生相联系相贯通的基本思想脉络。由趣味出发,梁启超构筑了一个以趣味为根基、以审美为枢纽、以人生为指向的人生论美学思想体系。

由趣味的本质出发,梁启超也对趣味的特点、趣味实践的领域、趣味体验的主要途径等做了探讨,提出了趣味具有在场性、多变性、差别性等特点,劳作、学问、艺术等领域都可成为趣味实践的演练场,引发趣味体验的主要途径则有"对境之赏会与复现""心态之抽出与印契""他界之冥构与莅进"等。梁启超还提出对于趣味主体来说,应注重增加诱发机会,刺激感觉器官。梁启超还特别强调要以艺术为

---

① 《饮冰室合集》,第4册,中华书局1989年版,文集之三十七第66—67页。
② 《饮冰室合集》,第5册,中华书局1989年版,文集之三十九第22页。
③ 《饮冰室合集》,第5册,中华书局1989年版,文集之三十九第22页。

重心，陶养提升趣味主体的人格、心境与能力。

梁启超的趣味理论最终指向了以艺术审美实践为中心的审美化人格培育上，即趣味教育的问题。他说："'趣味教育'这个名词，并不是我所创造，近代欧美教育界早已通行了。但他们还是拿趣味当手段，我想进一步，拿趣味当目的。"① 即倡导趣味主义人生观和人格的培育，倡导趣味生命本身的涵育。他说自己做事"常常失败——严格的可以说没有一件不失败——然而我总是一面失败一面做；因为我不但在成功里头感觉趣味，就在失败里头也感觉趣味。我每天除了睡觉外，没有一分钟一秒钟不是积极的活动；然而我绝不觉得疲倦，而且很少生病；因为我每天的活动有趣得很，精神上的快乐，补得过物质上的消耗而有余"。② 这种不计得失、只求做事的热情就是一种对待人生的趣味态度。它远离悲观厌世、颓唐寂寞，永远津津有味、兴会淋漓。梁启超批评中国人总把美与艺术视为奢侈品，这正是生活"不能向上"的重要原因。由于缺乏艺术与审美实践，致使人人都有的"审美本能"趋于"麻木"。他指出恢复审美感觉的途径只能是审美实践。审美实践把人"从麻木状态恢复过来，令没趣变成有趣"，"把那渐渐坏掉了的爱美胃口，替他复原，令他常常吸受趣味的营养，以维持增进自己的生活康健"。③ 他强调："专从事刺激各人感官不使钝的有三种利器。一是文学，二是音乐，三是美术"。他特别强调了文学的趣味功能，认为"文学的本质和作用，最主要的就是'趣味'"。④ 通过"趣味"，梁启超实际上与前期提出的"移人"范畴呼应了起来，使"移人"的命题有了富有特色与内涵的具体落脚点。

在人生、艺术、审美的多维视野与有机联系中，梁启超的趣味范畴及其相关命题，一方面突出了美的实践品格与现实功能，另一方面也揭示了美的理想指向和超越维度。尤其值得我们注意的，是趣味范畴所呈现倡扬的融个体入大化、以诗情化苦难的至性高格及

---

① 《饮冰室合集》，第 5 册，中华书局 1989 年版，文集之三十八第 13 页。
② 《饮冰室合集》，第 5 册，中华书局 1989 年版，文集之三十八第 12 页。
③ 《饮冰室合集》，第 5 册，中华书局 1989 年版，文集之三十九第 24 页。
④ 《饮冰室合集》，第 5 册，中华书局 1989 年版，文集之四十三第 70 页。

其审美精神。

梁启超的趣味精神，在本质上就是一种远功利而入世、蕴真含善向美的人生美学情致，并最终以大化化小我突出了善与美的深层关联，以此去超越入世与出世、有为与无为、个体与众生、感性与理性、物质与精神、创造与欣赏、有限与无限等诸对矛盾。趣味的问题，最终就是生命如何超拔的问题。

二 "情调"及其生命"韵律"

宗白华第一篇正式发表的论文是1917年的《萧彭浩哲学大意》。①文中，他叩问"世界真理"和"吾人真体"，质询"小己"与"宇宙"之关系，开启了他生命诗性建构的序幕。"五四"前后至20世纪20年代，是宗白华人生学说初萌的阶段。他以人类新人格建构与新生活建设为己任，在中西古今的兼收并容与传承创化中，孕萌出哲情与诗意并融的目光，将人生观、人格修养、艺术精神、社会建设、宇宙本体等关系问题一并纳入自己的视野，并聚焦到动与静、超世与入世、个体与社会、成功与失败、小己与宇宙等诸对关系上。这一阶段，宗白华对世上流行的种种人生哲学进行了批判，力主"大勇猛""大无畏""真超然"的"超世入世的人生观"。他提出"艺术式的人生""艺术人生观""艺术的人生态度"等命题，以美的艺术为纯真、健全、活泼之人性的表征，为真实、丰富、深透的精神生活和宇宙生命的表征，要求"积极地把我们人生的生活，当作一个高尚优美的艺术品似的创造，使他理想化，美化"，②强调艺术使"小我的范围解放，入于社会大我之圈，和全人类的情绪感觉一致颤动"，并"扩充张大到普遍的自然中去"。③他明确提出宇宙自然与美的艺术是理想人格创造的两个路径，而艺术又是生命与宇宙间的最佳桥梁。他以"白天"和"黑夜"为喻表达了紧张热烈的生命图景和神秘绰约的生命渴盼，"活动、创造、憧憬、享受"和"诗意、梦境、凄凉、回想"不仅形

---

① 今通译叔本华。
② 《宗白华全集》，第1卷，安徽教育出版社1994年版，第207页。
③ 《宗白华全集》，第1卷，安徽教育出版社1994年版，第319页。

象地展示了早期宗白华对于人生问题思考的内在矛盾，也呈现了他对生命的丰富节奏、内在条理、协和整饬的诗意"情调"的敏锐感知。此时，他的论述虽尚浅拙粗放，但对生命、审美、艺术、人生之间的关联及一些重要问题的看法已初具雏形，也预示了其一生以艺术为人生立论的美学主张和精神指向。

20世纪30、40年代，宗白华的人生学说与艺术思想趋于成熟与圆融。此阶段，宗白华着力讨论了生命与价值、韵律（节奏）与和谐、技术与精神、美与真善、人生与艺术等诸对关系，明确提出建设一种"新生命情调"。[1]

情调在宗白华这里，正如趣味在梁启超那里，兼具本体和价值的双重意义，直接指向了生命的精神与人生的理想，并与宗白华话语系统中的宇宙意识、文化精神、艺术精神等概念具有互通性。

情调是宗白华对生命与宇宙的一种本真体认。在这个意义上，它与生命意识、宇宙意识相融通，既是生命本体论，也是宇宙本体论。宗白华认为情调既是个体生命的本质与核心，也是宇宙生命的最深律动，其本质就是"至动而有条理"[2]"至动而有韵律"[3]。因此，情调也是对"'生命本身价值'的肯定"[4]。生命的至动乃生命的流动不居、化衍灿烂、激越丰富、扩张追逐，呈现了生命的活跃与冲突。同时，生命的至动化衍于天地宇宙运行之中，化私欲入清明，引健动为节奏，导丰富为韵律，携矛盾入和谐。这种刚健清明、深邃幽旷的情调是"丰富的生命在和谐的形式中"，[5] 是生命在自身的化衍流动、创造成长、矛盾冲突中实现了自己的节奏、韵律与和谐，如诗，如乐，升华了自己的美、意义和价值。同时，这个过程是永不停止的，是永恒的动与韵律。

情调也是宗白华对美与艺术的诗性追问。宗白华认为至动而有韵

---

[1] 《宗白华全集》，第2卷，安徽教育出版社1994年版，第294页。
[2] 《宗白华全集》，第2卷，安徽教育出版社1994年版，第98页。
[3] 《宗白华全集》，第2卷，安徽教育出版社1994年版，第374页。
[4] 《宗白华全集》，第2卷，安徽教育出版社1994年版，第6页。
[5] 《宗白华全集》，第2卷，安徽教育出版社1994年版，第58页。

律的生命情调是宇宙生命的最深真境与最高秩序,也是哲学境界与艺术境界的最后根据。它们在本质上是相通的。"艺术表演着宇宙创化",[1]正"是一切文化创造最纯粹最基本的形式",[2] 领悟、表现、象征着"人生与宇宙的真境"。[3] 哲学境界以生命体悟道,艺术境界以形象(生命)具象道。就如晋人的"自由潇洒"、屈原的"缠绵悱恻"、庄子的"超旷空灵",都呈现了生命与人格的诗境。宗白华重点考察了以歌德、莎士比亚、屈原、唐诗、宋画等为代表的中西艺术家和艺术作品,尤其深入研讨了以诗、乐、舞等为主要依托的中国艺术意境,同时通过对中西文明特点和艺术精神的比较,认为动静、阴阳、虚实、出入以及生命的节奏与韵律、无为与有为、过程与意义的诗化统一成就了美的艺术,也成就了诗意的人格和宇宙的灵境。它不是单一而是充实,是入世雄强又超世旷达,通于艺术精神,合于宇宙大道,是至动而有韵律的理想人格和诗性人格的至美写照。

　　从宇宙本真与艺术诗性出发,情调也自然而然地通向了文化与人性的深处。"和谐与秩序是宇宙的美,也是人生美的基础"。[4] 在宗白华看来,人生伦理问题、艺术审美问题、宇宙本体问题密切关联。"心物和谐底成于'美'。而'善'在其中。"[5] 真善美的统一和审美人格的追求,是中国现代美学思想的鲜明特色之一。这一点在宗白华身上也有突出的表现。他将艺术、审美、生命、人生等问题放置到人类文化的宏阔背景中寻找源流与根结,从人类文化的涵育与中西文明的比较中进行省思与批判。宗白华把西方近代文明界定为科学文明,认为其具有"男性化,物质化,理知化,庸俗化,浅薄化"的特征,是"理智"束缚了"个性","目的"奴役了"人格"。而中华文化的特点本是"艺术"和"音乐"的"心境",以艺术和礼乐来象征宇宙韵律与生命节奏,这是"深潜于自然的核心"而获得的"体验"与

---

[1]《宗白华全集》,第2卷,安徽教育出版社1994年版,第366页。
[2]《宗白华全集》,第2卷,安徽教育出版社1994年版,第38页。
[3]《宗白华全集》,第2卷,安徽教育出版社1994年版,第61页。
[4]《宗白华全集》,第2卷,安徽教育出版社1994年版,第58页。
[5]《宗白华全集》,第2卷,安徽教育出版社1994年版,第114页。

"冥合"。但在西方科学文明的冲击下却难以自保，日趋"粗野""卑鄙""怯懦"，"我们丧尽了生活里旋律的美（盲动而无秩序）、音乐的境界（人与人之间充满了猜忌、斗争）"。"中国精神应该往哪里去"？这是宗白华在20世纪40年代提出的深刻命题与深沉呼唤。

20世纪初年，民族文化精神的危机煎熬着诸多富有良知和责任感的中国知识分子。从梁启超到宗白华，几代中国现代美学学人都将美学建构与文化反思相联系，在中西文化的激烈撞击交汇中，或面向西方，或凝眸传统，或携古入今，或融西入中，孜孜叩探民族美学及其文化新生新构的道路。当然，无论是梁启超还是宗白华，一方面，他们都具有广阔的文化视野和兼收并蓄的文化理念，并坚守着深厚的民族情结和坚定的民族立场；另一方面，他们在文化比较与文化批判中，又都有将东西文化差异绝对化扩大化的某种言论与倾向，[①]如对中西文化的物质性与精神性、形下与形上、浅薄与深沉等的界定论断，虽不乏真知灼见，但也时失偏颇，需要引起我们的注意与认真的鉴别。

将至动而有韵律的生命情调视为中国美学与艺术的灵魂，视为中国文化精神的基本象征，无疑有着相当的深刻性。宗白华深沉呼唤"提携全世界的生命"，建构一种"新生命情调"，从而实现对生命本真、宇宙本体、艺术本质的真理性发现和对于人生、生命、美之理想的价值性重构。情调的问题，最终通向了生命何以深情的问题。

三　诗性超拔与诗意体认：　梁启超的高度与宗白华的深度

寻找中国问题的中国式解决，这是梁启超、宗白华美学建构的共同取向。中国现代美学精神的主脉是倡扬真善美统一、关注现实关怀生存的。在这一整体精神特征下，与王国维相比，梁启超、宗白华更具对人生的积极意向；与朱光潜相比，梁启超、宗白华则更富民族气蕴。当然，梁启超、宗白华之间也有不同。笔者以为，梁启超以趣味的践行突出了生命的诗意高度，宗白华以情调的构筑突出了生命

[①] 胡继华：《中国文化精神的审美维度》（北京大学出版社2009年版）和汤拥华《宗白华与"中国美学"的困境》（北京大学出版社2010年版）均有相关批评，可参看。

的诗意深度;前者更倾心于美善的关联,后者更倾心于美真的关联。他们与王国维、朱光潜等一起,共同丰富了中国现代美学人生精神的画卷。

以趣味为核心,梁启超突出了不执小我、融身大化的人生审美情致。这种情致的核心是如何在生趣盎然的生命前行中达成个体与众生与宇宙的进合,即"宇宙最后目的,乃是求得一大人格实现之圆满相,绝非求得少数个人超拔"。[①]梁启超认为这个问题是中国传统哲学的核心问题,而儒道释都给出了自己的回答。儒家讲"知不可而为",道家讲"为而不有",佛学讲"出世法与入世法并行不悖"。儒家是讲入世的。梁启超以为儒家的入世是将人与道、人与人相连,以宇宙运化之"道"来涵容个体生命实践,以彼我相通之"仁"来为人性立基,故此可以达成"知其不可而为"的不忧成败的精神自由解放。道家是讲出世的。梁启超以为道家精神的重点不在出世,而在"不有",即不是不为,而是不执得失。他认为得失之心的要害就在于人己之分,而老子哲学的精髓是崇尚赤子之心,为劳动而劳动,为生活而生活,"既以为人己愈有,既以与人己愈多",追求生命活动本身的纯粹性及由此获得的精神悦乐。因此,梁启超对老子精神作出了独到而精辟的解读:"他的主义是不为什么,而什么都做了,并不是说什么都不做。"[②]而佛学的人生智慧,梁启超认为也是极为精微深透的。他认为"佛教的宇宙论,完全以人生问题为中心",以求得人生"最大之自由解放"为最高目的。他以为世人把佛教视为"厌世主义"是一种误解,佛教追求的是"涅槃",也即"解脱",是"安住涅槃,不必定要抛离尘俗"。[③]这样的佛法,在某种意义上已经切近了美学的精义。"解脱"之要义乃离缚得自在。而束缚非自外来。束缚的关键在于有"我",在于"我见"。因为有"我",所以有"我见",造成"我爱""我慢""我执""我贪"种种,万事以"我"为中心,万物兼为我猪狗。所以,梁启超以为"佛所以无我为教义之中坚也"。而"无我",

---

① 《饮冰室合集》,第5册,中华书局1989年版,文集之三十九第119页。
② 《饮冰室合集》,第4册,中华书局1989年版,文集之三十七第68页。
③ 《饮冰室合集》,第9册,中华书局1989年版,专集之五十四第25页。

在佛学里乃"本非有我而强指为无也"。"我"之生命"不过物质精神两要素在一期间内因缘和合",无常无住,本无实体之存在。因此,人生在世的最大修行就是破除"我见",乐享"无我"。而如何才能进入"无我"的境界,梁启超总结了"证"(直观)与"学"(理智)两种道路,以前者为高。由于束缚是由自我而来,所以梁启超认为解脱是"有可能性"的,也是"大不易"的。束缚既有肉体(物质)层面的,也有心灵(精神)层面的,后者更为重要而深刻。佛学要求人磨炼意志、修养情感、勇猛精进,从破除我见始,入物我同体境,自证自现自享涅槃之乐。佛学的"无我"颇有些英雄主义的悲壮意思,讲的是去小我存大我,梁启超更是将这种境界上升为一种积极无私的豪情,将佛学的"一切苦"之悲情升华为宇宙的"创造进化"之意义。"知不可而为"也好,"为而不有"也好,均在天地万物的一体运演、生生相续中,达到了不有之为的生命情致。

"趣味化艺术化"的生活,[1] 是一种"含着春意"的生活。[2] 梁启超通过趣味构想的是个体众生宇宙的迸合和谐,其途径就是生命的具体践行。正是因为践行,才使个体众生宇宙的迸合具有现实的可能与基础。从王国维、朱光潜到宗白华,他们接受西方现代美学的影响,大都突出了静观、欣赏、体验的维度,虽然他们也都讲到了出与入、欣赏与创造的辩证关系,但笔者认为,他们的重点大体不同程度地偏向了前者。而只有梁启超,在这个问题上是彻底地主张出入并存的。他是真正信仰可以执不有之为而在世俗中达涅槃的。当然,这种涅槃需要经历激烈甚至惨痛的冲突、否定甚或牺牲。由此,梁启超的美学思想不仅具有特别突出的人生情致,也使其美学意向呈现出崇高的现代性的一面。而这种对世俗冲突的超越在梁启超看来主要还在于个体自身生命境界的超拔。在宗白华那里,情调的实现主要通过向生命深度的体认而成就;在梁启超这里,趣味的实现则主要在于生命实践高度的提升。因此,都讲真善美的统一,宗白华更突出了真对于美的意

---

[1] 《饮冰室合集》,第5册,中华书局1989年版,文集之三十九第108页。
[2] 《饮冰室合集》,第5册,中华书局1989年版,文集之三十九第117页。

趣味与情调:梁启超宗白华人生美学情致比较

义,梁启超则更突出了善对于美的意义。

梁启超的趣味化生命情致,集中表现为追求纯粹的实践精神、献身精神与英雄意向,追求人物品性与作家人格的高尚性。在梁启超笔下,不仅讴歌了谭嗣同、蔡松坡、罗兰夫人、玛志尼等中外历史志士,也力荐达尔文、培根、笛卡尔、康德等思想学术先锋。在梁启超的审美世界中,屈原、杜甫、陶渊明的生命境界都是在与现实的冲突中获得提升和超拔的。屈原是梁启超欣赏的最具个性的中国作家之一。屈原对于众芳污秽之社会不是看不开,而是舍不得,就像对于心爱的恋人,是"又爱又憎,又憎又爱",却始终不肯放手。屈原"最后觉悟到他可以死而且不能不死",他最终只能拿自己悬着极高寒理想的生命去殉那单相思的热烈爱情。梁启超最后的结论是,研究屈原,必须以他的自杀为出发点,因为只有这一跳,才"把他的作品添出几倍权威,成就万劫不磨的生命",①而屈原的审美人格也由此得到了淋漓尽致的呈现。对于杜甫,与历来将其誉为"诗圣"不同,梁启超慧眼独具赞其为"情圣"。他认为杜甫是一个具有丰富、真实、深刻情感的多情之人,如果说屈原的情在国家社会,杜甫的情就在普通大众。杜甫总是把下层大众的痛苦当作自己的痛苦,体认真切精微。因此,屈原与杜甫都体现了情感的崇高博大。陶渊明则历来是中国文人崇尚的典范。不过,中国传统文人属意的主要是陶渊明的所谓旷达不仕,似乎陶渊明天生就不喜欢做官。梁启超却认为陶渊明并不是一个天生就能免俗的人。他也"曾转念头想做官混饭吃",但他始求官而终弃官,"精神上很经过一番交战,结果觉得做官混饭吃的苦痛,比捱饿的苦痛还厉害,他才决然弃彼取此",②这与那些"古今名士,多半眼巴巴盯着富贵利禄,却扭扭捏捏说不愿意"的丑态相比,与丢了官不做本"不算什么希奇的事,被那些名士自己标榜起来,说如何如何的清高"的鬼话相比,实在要算更得高趣了。陶渊明是自己与自己交战而终至超拔。梁启超对历史人物和文学艺术的独到解读与个性评判,为他的

---

① 《饮冰室合集》,第5册,中华书局1989年版,文集之三十九第67页。
② 《饮冰室合集》,第12册,中华书局1989年版,专集之九十六第10页。

423

趣味人生情致作出了生动的诠释。

如果说,梁启超是以趣味为人生立基,以高度为超越之径。宗白华则以情调为生命之本,以深度为超越之维。宗白华强调,人格涵育一须向宇宙自然间去创化,一须向美的艺术去寻找答案。而随着对艺术认识的不断深入和对宇宙人生体验的渐趋圆融,宗白华将生命情调、宇宙精神、艺术意境等在内在情韵上贯通了起来,并以艺术意境来统领和涵泳,他的生命理想,逐渐聚焦为如何"给人生以'深度'"。①这个"深度",是对自然、宇宙、生命之最深本真的切入和体味,也是一种生命诗性与美感的体认。宗白华认为:"自从汉代儒教势力张大以后,文学艺术接受了伦理的人事的政教的方向之支配,渐渐丧失了古代神话中幽深窅眇的宇宙感觉和人生意义,一切化为白昼的,合理的,切近人间性的。"②生命情调和宇宙韵律在中国文学艺术中逐渐地稀薄冲淡,致使文学艺术失了诗魂,使生命和人生失了诗意。宗白华不仅视"意境"为"一切艺术的中心之中心",也把它看作生命与宇宙之核心,是造化与心源、山川与诗的凝合。如果说王国维主要是对中国传统以情景交融为核心的意境理论作了总结,并初步呈现出了意境范畴的现代生命维度;宗白华则着重于揭示意境的生命意味,在艺术审美维度上,宗白华的意境是从"写实"到"传神"再到"妙悟",而在生命本体审美上,宗白华的意境则是从"直观感相"到"生命活跃"再到"最高灵境"。宗白华认为写实和传神都不是艺术的最终目的,由写实可到传达生命及人格之神味,由传神可到窥探宇宙与人生之奥秘。道的形上和艺术的意境体合无间。既"得其环中",缠绵悱恻而入生命核心;又"超以象外",超旷空灵而静穆观照。虚实相生,体用不二,出入自得,这样的生生节奏就是至动而有韵律的生命情调和宇宙秩序,鸢飞鱼跃而葱茏氤氲,至真至善至美而和谐华严。一枝花,一块石,一湾泉水,都孕着一段诗魂。灵肉一致,物我交融,自然形象和艺术意境千变万化,内蕴的都是深沉浓挚的生命性灵和宇

---

① 《宗白华全集》,第2卷,安徽教育出版社1994年版,第68页。
② 《宗白华全集》,第2卷,安徽教育出版社1994年版,第223页。

宙韵律。无尽的生意和无穷的美，深藏若虚，满而不溢。宗白华的深沉就在于他深刻地把捉住了艺术意境、生命情调、宇宙精神共通的神髓。因此，他的意境理论也成为他的人生美学情致的生动呈现。艺术心灵"由能空、能舍，而后能深、能实，然后宇宙生命中一切理一切事，无不把它的最深意义灿然呈露于前"。① 审美超越解决了生命中的一切对峙冲突，艺术意境和生命灵境两相辉映，交融互渗，成就了最活跃而又最深沉的天地诗心。

生命唯在诗意的层面上可以通致宇宙的根底。呈现与妙悟这种美与诗意，不仅是艺术的伟大使命，也是人生的伟大使命。"'生生而条理'就是天地运行的大道，就是一切现象的体和用。"② 一方面，生命真境与宇宙深境构成了艺术灵境的最终根源，同时，艺术又以自己美的形式——"艺"与"技"呈现和启示着"宇宙人生之最深的意义与境界"，③ 呈现和启示着形上的"道"。在对宇宙、人生、艺术及其相互关系的辩证观照中，宗白华也提出了"由美入真"的人生命题和美学命题。艺术审美的意义"不只是化实相为空灵，引人精神飞越，超入美境。而尤在它能进一步引人'由美入真'，深入生命节奏的核心"。通过"由美入真"，使人"返于'失去了的和谐，埋没了的节奏'，重新获得生命的核心，乃得真自由，真解脱，真生命"。④ "由美入真"突出体现了宗白华开掘建构生命深度的审美命题。这个"真"不是指现象或表象的真，而是指生命的节奏、核心、中心等，也就是宗白华反复阐释的宇宙大道、规律、本质等。宗白华将其称为"高一级的真"。因此，"这种'真'，不是普通的语言文字，也不是科学公式所能表达的真"，"这种'真'的呈露"，只有借助"艺术的'象征力'所能启示"，就是"由幻以入真"。⑤ 艺术本身是幻的，由它却能也才能完美地启示宇宙与生命核心之真。"艺术让浩荡奔驰的生命收

---

① 《宗白华全集》，第2卷，安徽教育出版社1994年版，第349—350页。
② 《宗白华全集》，第2卷，安徽教育出版社1994年版，第410页。
③ 《宗白华全集》，第2卷，安徽教育出版社1994年版，第70页。
④ 《宗白华全集》，第2卷，安徽教育出版社1994年版，第71页。
⑤ 《宗白华全集》，第2卷，安徽教育出版社1994年版，第72页。

敛而为韵律"，既"能空灵动荡而又深沉幽渺"。它是"象罔"，是虚幻的景象，又是"玄珠"，是那个深不可测的玄冥的道。只有"象罔"才能得到"玄珠"。艺术境界（意境）是穿越"丰满的色相"而达到空灵，由此直探"生命的本原"，抵达"宇宙真体"。这也就是艺术境界（意境）的最终价值所在。在艺术中，我们体味的就是生命与宇宙的至美神韵与最深真境。

"由美入真"是对人生的洞明，也是"人生的深沉化"，是由艺术来澄明人生，也是化人生而为艺术。它通过深入生命的核心和中心，体认宇宙和生命的最深的真实，从而使我们的情感趋向深沉，使生命与生命在"深厚的同情"中产生美的共鸣。"有无穷的美，深藏若虚，唯有心人，乃能得之。"① 在真善美的化境中，"最高度的把握生命，和最深度的体验生命"融为一体，由此，"我们任何一种生活都可以过，因为我们可以由自己给予它深沉永久的意义"。②

不论是梁启超还是宗白华，他们的美学思考最终都落脚在人生关怀上，以生命实践及其形上超越之相契为旨归。中国现代美学深受西方美学、哲学及艺术思想的影响，其中康德、席勒、歌德、柏格森等对梁启超、宗白华都有重要影响。康德知情意的区分及其对情感独立性的定位，真正确立了审美的地位及其对人的意义，确立了情感的美学价值。柏格森将审美与人的本体生命相联系，以绵延、直觉等范畴张扬了主体精神生命的活力，肯定了人的意志自由和精神能动性。这种强调情感突出主体的审美理想是梁启超"趣味"、宗白华"情调"等中国现代美学范畴的重要养料，但是梁、宗都没有简单地接受西方的影响。他们把这种情感论主体论与中国传统文化的德性论体用论等相融汇，特别是与民族文化的人生关怀精神与诗性传统相贯通。可以说，梁、宗都没有从康德走向唯美与粹情，也没有从柏格森走向直觉与非理性。他们一方面以情感与生命来激扬新的审美精神，一方面始终攥着个体的人生责任与使命。所以，他们在本质上都非为美而美，

---

① 《宗白华全集》，第1卷，安徽教育出版社1994年版，第317页。
② 《宗白华全集》，第2卷，安徽教育出版社1994年版，第14页。

而是在审美艺术人生的统一中追求真善美的统一，希望在生命践履中蕴真达善向美，实现并体味生命的诗性超越与美感，从而达成主体与客体、物质与精神、个体与众生、有限与无限、创造与欣赏的统一，实现出世与入世、有为与无为的贯通。应该说，这种不乏审美救世主义倾向的人生美学情致，不管是在梁、宗的时代抑或是在今天，都不免浪漫或玄想，但其以美来抵御俗情、庸情，抵御唯物质、唯利益的功利主义，抵御唯理性、唯技术的片面性等，显然是有其独特而积极的意义的，而这也正是中国现代美学精神留给我们的最重要也是最为动人的一方面。

原刊《社会科学辑刊》2012 年第 5 期

"大词人"与"真感情"

——谈《人间词话》的人生美学情致

《人间词话》是中国美学与诗学的经典之作。在《人间词话》中,王国维不仅集中提出了以"境界"为核心的诗词审美原则,还通过"大词人""真感情"等一系列具有特定内涵的概念、范畴的提出,进一步标举了其内在的人生美学取向,对于中国现代美学与艺术精神的发展产生了深远的影响。

一

在《人间词话》的开篇,王国维即提出了词的"境界"问题,认为"有境界"才能"成高格",立"境界"为诗词之本。

"境界"一词虽非王国维首创,但中国古典诗论中,较多运用的是"意境",至《人间词话》,"境界"则取代"意境"成为出现频率更高的范畴。这样的转换不仅仅是一种字面的变化,笔者认为它也标志着由唐以后中国古典诗论的艺术品鉴论进入到一种艺术品鉴与人生品鉴相交融的更为宏阔深沉的审美境域中。这种审美境域所呈现的自觉的人生美学情致,正是中国现代美学的重要标志与特征之一。

这种以"境界"为核心的人生美学情致,在《人间词话》中,通过一系列具有特定内涵的概念、范畴的标举及对古典诗词的生动、精到的审美品鉴,得到了凸显。其中《人间词话》对"大词人"与"真感情"的倡导与品鉴,正是这种美学情致的某种建构与体现。

《人间词话》定稿第二十六则,广为人知。王国维说:"古今之成

"大词人"与"真感情"

大事业、大学问者,必经过三种之境界:'昨夜西风凋碧树。独上高楼,望尽天涯路。'此第一境也。'衣带渐宽终不悔,为伊消得人憔悴。'此第二境也。'众里寻他千百度,蓦然回首,那人却在,灯火阑珊处。'此第三境也。"[①] 这三重境界,是王国维对事业、学问之追求、奋斗、成功过程的高度概括与形象展示,但他又是从艺术、借古典诗词的意境来诠释的,是从诗词、艺术的意境来达致人生、生命的境界。王国维的诗词鉴赏不仅仅是一种艺术的活动、审美的活动,同时也是一种生命与人生的存在方式。艺术成为生命的写照,艺术的美境正是生命追求的标杆。鉴此,王国维提出:"此等语皆非大词人不能道。"何谓"大词人"?笔者认为这就是王国维对艺术家的一种标准与要求。"大"不仅仅是拥有高超的艺术技能,他还要具有某种生命的境界。因此"大词人"就超越了一般的词人,超越了只懂技巧的词人,也超越了缺失境界的词人。王国维一向被视为中国现代美学与文论追求纯粹美与纯粹艺术的主要代表人物之一。他在《古雅之在美学上之位置》中说:"美之性质,一言以蔽之曰:可爱玩而不可利用者是已";在《文学小言》中说:"文学者,游戏的事业也。"但这并不等于他认为美与艺术可以独立于人生。事实上,王国维在《人间词话》中品评诗词、评价词人的标准并非只是艺术技能。王国维说:"美成深远之致不及欧、秦。唯言情体物,穷极工巧,故不失为第一流作者。但恨创调之才多,创意之才少耳。""创调之才"与"创意之才",提出了外在形式技巧的创新与内在意韵出新的关系。他在谈论南宋词人"格"与"情"、"气"与"韵"的关系时,谈的也是这个问题。在谈到东坡与稼轩词时,他又说:"东坡之词旷,稼轩之词豪。无二人之胸襟而学其词,犹东施之效捧心也。"显然,在形式与内蕴的关系上,王国维是更重后者的。王国维所谈的"忧生""忧世""雅量高致""有赤子之心"等,都是对一个词人内在性情境界的鉴赏。唯有具有内在的性情境界,才能成"大词人"。可以说,这是王国维《人间词

[①] 本文所引《人间词话》引文均据《王国维文集》,中国文史出版社 1997 年版。下同,不另注。

话》所标举的一种重要的人生美学情致。

与此相联系，王国维提出了如何才能有性情、有境界的问题。他说："境非独谓景物也，喜怒哀乐，亦人心中之一境界。故能写真景物、真感情者，谓之有境界。否则谓之无境界。"强调情景交融是中国古代意境论的基本原则之一，但其美感情趣最终落在"意在言外"，追求言外之旨、韵外之致。王国维也讲诗词的"言外之味""弦外之响"，但他更重的是诗词的"气象"。有趣的是，在谈前一个问题时，他运用了"意境"一词，如《人间词话》第四十二则。在谈后一个问题时，他则关联了"境界"一词，如《人间词话》第四十三则。那么王国维在"意境"与"境界"两个概念的运用上有无区别？这个问题，学界一直是有争论的。有不少学者认为，在王国维那里，"意境""境界"二词是交混使用的。如叶朗先生在《中国美学史大纲》中说："在王国维那里，'境界'和'意境'基本上是同义词。"[①] 而蒋寅先生也在他的文章中认为："近代意境说的奠基人王国维就用'境界'一词来指意境。"[②] 笔者则倾向于，王国维《人间词话》之所以更多地运用了"境界"而非"意境"，并非完全是随意、无意之举。杨守森教授在所著《艺术境界论》中提出："在中国文艺学领域，'意境'和'境界'常被混为一谈，而实际上是判然有别的。'意境'强调的是主客化一，情景交融。'境界'注重的则是作家、艺术家凝铸于作品中的关于现实、人生、宇宙的主体性体悟与沉思，即诗性精神空间。"他认为，"意境"更多地运用于对作品本身的品鉴，而"境界"不仅可以品评作品，也可用来品鉴作家的人格。也就是说，"意境"的范畴有着更浓厚纯粹的艺术韵味，而"境界"则有更鲜明厚重的人生况味。他的见解，笔者是比较赞同的。事实上，《人间词话》由"意境"向"境界"的转换，正是王国维对中国古代意境论的重要发展与推进，也正是王国维接受西方现代人生哲学影响的具体体现。"境界"相对于"意境"，是一个更具人生美学情致的范畴。

[①] 叶朗：《中国美学史大纲》，上海人民出版社1985年版，第613页。
[②] 蒋寅：《语象·物象·意象·意境》，《文学评论》2002年第3期。

"大词人"与"真感情"

　　王国维说，境界有大有小，有有我之境有无我之境，有造境有写境，然这些都不是境界优劣的区分所在。《人间词话》第八则说："'细雨鱼儿出，微风燕子斜'何遽不若'落日照大旗，马鸣风萧萧'。'宝帘闲挂小银钩'何遽不若'雾失楼台，月迷津渡'也。"第三则说："古人为词，写有我之境者为多，然未始不能写无我之境，此在豪杰之士能自树立耳。"第六十二则说："淫词与鄙词之病，非淫与鄙之病，而游词之病也。"这些观点共同的都表现为在诗词鉴赏上不重外在的东西，而是强调了作品的真情实感、作家的性情襟怀对于诗词美的关键意义。在情与景、主体与客体两者的关系上，王国维讲的是对立统一。他在第六十则中说："诗人对宇宙人生，须入乎其内，又须出乎其外。入乎其内，故能写之。出乎其外，故能观之。入乎其内，故有生气。出乎其外，故有高致。"在第六十一则中他又说："诗人必有轻视外物之意，故能以奴仆命风月。又必有重视外物之意，故能与花鸟共行乐。"而在这出与入、主体与外物的关系处理中，于王国维看来，显然诗人本身是更具决定性的主动性的因素。要有真感情，才能写出真景物，这是王国维对主客关系的根本原则。他在品鉴后主之词时说："词人者，不失其赤子之心者也。故生于深宫之中，长于妇人之手，是后主为人君所短处，亦即为词人所长处。"王国维非常欣赏后主之词，誉其为"血书"。他将后主词与宋道君皇帝《燕山亭》词比较，指出"道君不过自道身世之戚，后主则俨有释迦、基督担荷人类罪恶之意，其大小故不同矣"。王国维认为"词至李后主而眼界始大，感慨遂深"，后主的优点不在阅世之深，而在性情之真。对于人生的真感情铸就了词人忧生忧世之情怀。必有真感情，才能成大词人；必为大词人，才能成高境界。事实上，《人间词话》不乏对作品语词、技巧的细致入微的品鉴。但若论《人间词话》对古典诗论的突破与推进，最重要的就在于它将作家情感、人生况味的品鉴以艺术境界相融含，所赋予的深沉体验与阐释。

二

　　王国维的"境界"理论及其以"大词人""真感情"等为代表

的人生美学情致，对于中国现代美学与艺术精神产生了重要而深远的影响。

所谓人生美学，就是把美、艺术、人生相统一，以艺术的准则、审美的情韵来体味创化生命的境界。人生美学的视野是同情的、广阔的，它不局限于作品本身的技能优劣，也不局限于作家自身的悲喜忧乐，而是希望从作品通向人生，通向生命与生活。人生美学的目标是通过美与艺术来涵养整个生命与人格境界，把丰富的生命、广阔的生活、整体的人生作为审美实践的对象和目的。

丰子恺是中国现代重要的艺术家与艺术理论家之一。丰子恺一生倡导童心之美、真率之美；强调艺术"不是技巧的事业，而是心灵的事业"。[①] 丰子恺提出了"小艺术"与"大艺术"的区别，要求艺术活动不仅要创作绘画、音乐等"小艺术品"，还要把整个生活创造为"大艺术品"。他也标举"赤子之心"，认为这是一个真正艺术家的根本所在。他说，一个艺术家不能是"小人"，而要成为"大人"，这个"大人"就是具有高尚襟怀、纯洁心灵的人。丰子恺所倡扬的这些艺术原则与艺术理想注重作家主体情感的真诚，强调艺术家的人格襟怀，是艺术、审美、人生相统一的人生美学情致的突出体现。

中国现代美学另一位重要大家朱光潜前期的美学思想也可见出鲜明的人生美学倾向。朱光潜在他的前期代表作《谈美》中提出："每个人的生命史就是他自己的作品"，[②] 至高的真、至高的善与至高的美是一体的。因此，他的《谈美》既是谈艺术创作与审美鉴赏问题，也是谈人生的艺术化审美化问题。《谈美》的核心范畴是"情趣"，"情趣"的关键是情感。朱光潜说："世间有两种人的生活最不艺术，一种是俗人，一种是伪君子。"[③] 在他看来，俗人与伪君子都不能遵循本真的情感，或"缺乏本色"，或"遮盖本色"。他提出，艺术的生活就是"本色的生活"，也是"情趣丰富的生活"。朱光潜明确将谈艺、论美和做人相结合，倡导人生的艺术化，以美的艺术为人生的标杆。在

---

① 丰陈宝等编：《丰子恺文集》，第1卷，浙江文艺出版社、浙江教育出版社1990年版。
② 《朱光潜文集》，第2卷，安徽教育出版社1987年版。
③ 《朱光潜文集》，第2卷，安徽教育出版社1987年版。

朱光潜这里，真正当得起"艺术家"称号的人，就是能够本色生活的"大英雄"，是情趣丰富的人，也是精神高尚纯洁的人。

梁启超与王国维同为中国现代美学的重要开拓者与奠基人。过去有些研究者将两人对立起来，认为前者是中国现代功利主义美学的代表人物，后者是中国现代非功利主义美学的代表人物。笔者认为，这样的划分过于简单化，也必然带来认识上的一些片面性。事实上，王国维和梁启超都有相当复杂的一面。王国维确实是中国现代第一个明确提倡审美无利害主义的。他把"美之性质"概括为"可爱玩而不可利用者"；认为"美之价值""存于美之自身，而不存乎其外"；[①]强调"文学者，游戏的事业也"。[②]但是，王国维强调文学艺术、审美的独立性，并不等于他认为文学艺术、审美是与人生无涉的活动。在《〈红楼梦〉评论》中，他即明确提出："《红楼梦》之美学上之价值，亦与其伦理学上之价值相联络也。"他把文学艺术与审美视为超脱现实欲望及其生命痛苦的途径。王国维的矛盾性在于，他在本质上并不主张无欲的生活，事实上他是憧憬成就"大事业"与"大学问"的。但是，他又把人生的痛苦归结为生命的欲望，这就构成了无法解决的生命冲突，他唯有在审美与艺术中寻求超越。在他看来，最理想、最美妙的人生境界无疑是历经艰辛（欲望意志追求）而蓦然成就（欲望意志超越）的境界了。王国维的审美无利害性并非康德意义上的纯粹判断问题，而依然是与善与伦理相纠结的意义建构问题。梁启超前期倡导文学革命，认为文学艺术可以成为改造社会、改造人心的武器。这样的思想，确实具有明显的功利主义意向。但是，后期梁启超则倡导趣味建构，把趣味人格的建设视为人的根本。他倡导"无所为而为"的趣味主义哲学，要求"把人类计较利害的观念，变为艺术的、情感的"。[③]他倡导超越成败之执、得失之忧的小我之执来实现与宇宙与众生大化的进合，使个体生命进入到蕴溢春意的"艺术化""趣味化"的美境中。显然，把梁启超这种趣味思想归为功利美学过于简单

[①] 姚淦铭、王艳编：《王国维文集》，第3卷，中国文史出版社1997年版。
[②] 姚淦铭、王艳编：《王国维文集》，第1卷，中国文史出版社1997年版。
[③] 《饮冰室合集》，第4册，中华书局1989年版，文集之三十七第68页。

化了。后期梁启超与王国维的共通之处，在笔者看来，其重要的一点就是在他们的美学思考与人生思辨中，都力求达致审美、艺术、人生的统一。尽管这种统一，在王国维、梁启超那里都具有相当的复杂性与矛盾性。但王国维《人间词话》所代表的人生美学情致仍然是中国现代美学与艺术人生精神的重要始源之一。

原刊《浙江社会科学》2009 年第 3 期

丰子恺的真率之趣和艺术化之真率人生

丰子恺围绕着艺术、美、人生的关系，构建了以"童心"为本、"绝缘"为径、"同情"为要、"趣味"为旨的中国现代"人生艺术化"之真率人生的范式，具有自身独特的审美旨趣与内涵，是中国现代人生美学精神的重要部分。

一 真率人生及其艺术精神

日本学者吉川幸次郎在关于《缘缘堂随笔》的《译者的话》中说："我觉得，著者丰子恺，是现代中国最像艺术家的艺术家，这并不是因为他多才多艺，会弹钢琴，作漫画，写随笔的缘故，我所喜欢的，乃是他的像艺术家的真率，对于万物的丰富的爱，和他的气品，气骨。"[1] 对于吉川幸次郎的这段评价，丰子恺先生又专门写了一篇读后感，对于人性、人格、人生理想问题提出了自己的见解。他指出，成人大都热衷于名利，无暇无力细嚼人生滋味，"即没有做孩子的资格"。而在"大人化""虚伪化""冷酷化""实利化"的社会中，孩子也被"弄得像机器人一样，失却了原有的真率与趣味"。[2] "成人"和"孩子"在丰子恺这里不仅是实指，更是一种比喻。前者指代的就是实用的、功利的、虚伪的；后者则是艺术的、趣味的、

---

[1] 日本学者吉川幸次郎语。[日] 谷崎润一郎：《读〈缘缘堂随笔〉》，夏丏尊译，《丰子恺文集》，第6卷，浙江文艺出版社、浙江教育出版社1990年版，第112页。

[2] 丰陈宝等编：《丰子恺文集》，第6卷，浙江文艺出版社、浙江教育出版社1990年版，第110—111页。

真率的。在丰子恺这里,回复对于生活的爱和趣味,回归以"童心"为核心的真率而艺术化的人生,实现"事事皆可为艺术,而人人皆得为艺术家"的理想,可以说是他全部创作、理论及其人生实践的中心。

1920年,丰子恺在《画家之生命》一文中提出画家之生命不在"表形",而其最要者乃"独立之趣味"。何谓"趣味",丰子恺解释为"即画家之感兴也"。他提出"画家之感性为画家最宝贵之物",画家若不识趣味,那就等同于照相机而已。在这篇文章中,丰子恺对趣味的解释尚非常笼统,且主要就艺术审美来论趣味,但已初露其大艺术论的审美旨趣和人生论走向。

1922年,丰子恺在《艺术教育的原理》一文中又将科学和艺术进行了比较,提出科学和艺术是根本各异的两样东西,科学是有关系的知的世界,艺术是绝缘的美的世界。他具体概括了科学和艺术的九条异同,指出科学与艺术"二者的性质绝对不同",但"同是人生修养上所不可偏废的","中国大部分的人,是科学所养成的机械的人"。在这篇文章中,丰子恺提出了一个重要的范畴——"绝缘"和一个重要的观点——一个人若缺少艺术的精神,就"变成了不完全的残废人,不可称为真正的完全的人"。[①] 这个观点非常重要,是丰子恺美学思想的基本出发点,也是其人生艺术化思想的逻辑起点。

1932年,丰子恺选编出版了《艺术教育》一书。书中选载了8篇丰子恺翻译的外国艺术教育论文及他自己所作的两篇艺术教育论文:《关于学校中的艺术科》和《关于儿童教育》。[②] 在《关于学校中的艺术科》一文中,丰子恺论释了自己对于美、艺术教育、健全的人、艺术的生活等重要问题的基本看法,并强调了"趣味"这一范畴的重要意义。在《关于儿童教育》一文中,丰子恺则具体提出了"童心"的

[①] 丰陈宝等编:《丰子恺文集》,第1卷,浙江文艺出版社、浙江教育出版社1990年版,第16页。

[②] 据丰子恺撰《〈艺术教育〉序言》,书中所选文章于1930年前二、三年间在《教育杂志》上均发表过,因此,《关于学校中的艺术科》和《关于儿童教育》两文成文时间应在1930年的前几年。

范畴，并进一步界定与阐释了"绝缘"的范畴。1930年，丰子恺又发表了《美与同情》一文，提出了其真率人生理论的另一重要范畴——"同情"。至此，丰子恺已基本完成了其真率人生的逻辑构建，即以童心为本、绝缘为径、同情为要和趣味为旨。

值得注意的是，在丰子恺的真率人生建构中，其最关键的当是艺术精神（态度）的问题。童心、绝缘、同情、趣味都是丰子恺从不同的角度对于艺术精神的具体阐释，其共同的目标都是指向对艺术精神的体认与建构。丰子恺说："体得了艺术的精神，而表现此精神于一切思想行为之中。这时候不需要艺术品，因为整个人生已变成艺术品了。"[1] 事实上，在丰子恺看来，艺术精神有两个根本特点：一是"远功利"，二是"归平等"。"远功利"就是"以非功利的心情来对付人世之事"。其结果是"在可能的范围内把人世当作艺术品看""在实用之外讲求其美观"，从而"给我们的心眼以无穷的快慰"。"归平等"就是"视外物与我是一体的""物与我无隔阂，我视物皆平等"。其结果是"物我敌对之势可去，自私自利之欲可熄，而平等博爱之心可长，一视同仁之德可成"。[2] 丰子恺指出，艺术活动中，有艺匠与艺术家之别。艺匠只懂得技巧。艺术家则体得艺术的精神。用技巧只能仿造拙劣的伪艺术。体得艺术的精神，才可创造的真正的艺术品，也可用于整个人生的美化，创造人生这个大艺术品。前者是直接的艺术创作，而后者便是人生的艺术化。丰子恺提倡培养艺术之心、体认艺术态度、建构艺术精神，由此而通向美的真率艺术和真率的艺术化人生。

二 童心：真率人生之根本

"童心"在丰子恺的艺术和美学理论中无疑具有非常重要的分量，是丰氏理论的重要标识。

---

[1] 丰陈宝等编：《丰子恺文集》，第4卷，浙江文艺出版社、浙江教育出版社1990年版，第123页。

[2] 丰陈宝等编：《丰子恺文集》，第4卷，浙江文艺出版社、浙江教育出版社1990年版，第125页。

何谓"童心"？丰子恺提出"童心"即"不经世间的造作"的"纯洁无疵，天真烂漫的真心"。[①] 他认为"童心"的本质有二。一是"没有目的，无所为，无所图"；二是"物我无间，一视同仁"。[②] 在前者，就是一种绝缘的态度，即面对事物时能"解除事物在世间的一切因果、关系"，故能"清晰地看见事物的真态"，其实质就是远功利。在后者，就是一种同情的态度，即视一切生物无生物均是平等的、"均是有灵魂能泣能笑的活物"，其实质就是归平等。[③]

在丰子恺看来，"童心"是"何等可佩服的真率、自然，与热情"，[④] 因此，它是"人生最有价值的最高贵的心"。[⑤] 但孩子终究是要长大的，他的这颗"本来的心"渐渐就会失去。丰子恺说"常人抚育孩子，到了渐渐成长，渐渐尽去其痴呆的童心而成为大人模样的时代，父母往往喜慰；实则这是最可悲哀的现状！因为这是尽行放失其赤子之心，而为现世的奴隶了"。[⑥]

如何涵养与回复"童心"？丰子恺指出"童心"的世界"与'艺术的世界'相交通，与'宗教的世界'相毗连"，因此，由艺术与宗教这两条路径都可通达。丰子恺把人的生活分为三层，一是物质生活，二是精神生活，三是灵魂生活。丰子恺认为艺术居于第二层。艺术的基本功能是去物欲。但只知"吟诗描画，平平仄仄"，只不过是习得"艺术的皮毛"而已。"艺术的最高点与宗教相通"，即体得"人生的究竟"与"宇宙的根本"，其实质就是去私欲、就平等、见大真。应

---

① 丰陈宝等编：《丰子恺文集》，第 1 卷，浙江文艺出版社、浙江教育出版社 1990 年版，第 79 页。
② 丰陈宝等编：《丰子恺文集》，第 1 卷，浙江文艺出版社、浙江教育出版社 1990 年版，第 77 页。
③ 丰陈宝等编：《丰子恺文集》，第 1 卷，浙江文艺出版社、浙江教育出版社 1990 年版，第 583 页。
④ 丰陈宝等编：《丰子恺文集》，第 5 卷，浙江文艺出版社、浙江教育出版社 1990 年版，第 254 页。
⑤ 丰陈宝等编：《丰子恺文集》，第 2 卷，浙江文艺出版社、浙江教育出版社 1990 年版，第 250 页。
⑥ 丰陈宝等编：《丰子恺文集》，第 1 卷，浙江文艺出版社、浙江教育出版社 1990 年版，第 79 页。

丰子恺的真率之趣和艺术化之真率人生

该承认,丰子恺把宗教置于艺术之上。但丰子恺的宗教情怀并不是把佛门当作人生的避难所,也不是以向佛来寻求个人的福报。丰子恺说:"真是信佛,应该理解佛陀四大皆空之义,而摒除私利;应该体会佛陀的物我一体,广大慈悲之心,而爱护群生";①"人生的一切是无常的!能够看透这个'无常',人便可以抛却'我私我欲'的妄念,而安心立命地、心无挂碍地、勇猛精进地做个好人"。② 因此,在丰子恺这里,向佛既是哲学的追寻,更是为了救世立人。丰子恺从宗教中吸取的营养有二:一是宗教的思维方式。即超越具体,直指本质。二是宗教的世界观。即万物平等,物我一体。丰子恺追求的是以宗教的超越来破除我执之私欲,以宗教之慈悲来弘扬众生之平等。因此,向佛并不使丰子恺抛却红尘。他的独特之处在于,把内在的宗教情结融入了深厚的艺术情怀之中,在艺术中找到了宗教与人生的通道。故此,他不是把现实的人导向了缥缈的天国,而是把出世的宗教拉回了现实的生活之中。"'艺术'这件东西,在一切精神事业中为最高深的一种",③"艺术的精神就是宗教的"。④ 通过对艺术特点与精神的体认,丰子恺为芸芸众生指出了一条追寻人生本真、提升精神生命的现实之路。丰子恺说,世间居第一层的人占大多数,居第二层的也很多,而上第三层的则必须要有大脚力。因此,对绝大多数的人来说,面对的迫切需要不是上到第三层的问题,不是出世的问题而是在提升精神生活的前提下更好地入世的问题。正是本着这样的大关怀,丰子恺倡导艺术是提升人格修养与人生境界的切实而有效的途径。但丰子恺所说的艺术不是指艺术的技巧,而是指艺术的精神。艺术的精神就是艺术的心,也就是丰子恺理论中最核心的范畴——童心。

---

① 丰陈宝等编:《丰子恺文集》,第 6 卷,浙江文艺出版社、浙江教育出版社 1990 年版,第 155 页。
② 丰陈宝等编:《丰子恺文集》,第 6 卷,浙江文艺出版社、浙江教育出版社 1990 年版,第 418 页。
③ 丰陈宝等编:《深入民间的艺术》,《丰子恺文集》,第 6 卷,浙江文艺出版社、浙江教育出版社 1990 年版。
④ 丰陈宝等编:《丰子恺文集》,第 6 卷,浙江文艺出版社、浙江教育出版社 1990 年版,第 401 页。

"儿童的本质是艺术的。"① 在丰子恺的话语体系中，"童心"在某种意义上就是"艺术的心"，就是"艺术的精神"的代名词。但丰子恺倡导"童心"并不是要人真的去做小孩子。在丰子恺这里，"儿童""顽童""小人"各有不同的所指。先来看一下"顽童"。丰子恺是如此描述的："一片银世界似的雪地，顽童给它浇上一道小便，是艺术教育上一大问题。一朵鲜嫩的野花，顽童无端给它拔起抛弃，也是艺术教育上一大问题。一只翩翩然的蜻蜓，顽童无端给它捉住，撕去翼膀，又是艺术教育上一大问题。"② 因此，"顽童"是"非艺术的"，他缺乏"艺术的同情心"和"艺术家的博爱心"，一味的"无端破坏"和"无端虐杀"。但"顽童"不是不可教的。在《少年美术故事》中，丰子恺就刻画了一个叫华明的小孩，他本来是一个"毫无爱美之心，敢用小便去摧残雪景"的顽童，但通过和一对酷爱美术的姐弟的交往，从而提升了艺术修养和审美情趣。丰子恺最憎恶的就是"小人"了。如果说"顽童"尚存一丝天真，只不过他那颗美的"童心"尚未被激活。而"小人"则完全失却了天真，是"大人化"的。"大人化"在丰子恺这里是一个贬义词，指的就是"虚伪化""冷酷化""实利化"，③ 其内涵包括了顺从、屈服、消沉、诈伪、险恶、卑怯、傲慢、浅薄、残忍等。"顽童"是少不更事的孩子。"小人"是自甘沉沦的大人。"小人"在成人的过程中，"或者为各种'欲'所迷，或者为'物质'的困难所压迫"，④ 而渐渐"钻进这世网而信守奉行"，"至死不能脱身，是很可怜的、奴隶的"。⑤ 丰子恺把艺术家称为"大儿童"。"童心"是与"大人化"相对抗的。"大儿童"以艺术

---

① 丰陈宝等编：《丰子恺文集》，第1卷，浙江文艺出版社、浙江教育出版社1990年版，第584页。
② 丰陈宝等编：《丰子恺文集》，第4卷，浙江文艺出版社、浙江教育出版社1990年版，第15页。
③ 丰陈宝等编：《丰子恺文集》，第6卷，浙江文艺出版社、浙江教育出版社1990年版，第110—111页。
④ 丰陈宝等编：《丰子恺文集》，第2卷，浙江文艺出版社、浙江教育出版社1990年版，第254页。
⑤ 丰陈宝等编：《丰子恺文集》，第1卷，浙江文艺出版社、浙江教育出版社1990年版，第77页。

之精神抵御了"大人化"的社会趋势和文化压力,而保有"艺术化"的"童心"之质。因此,艺术家这个"大儿童"比起本来意义上的小孩子来说,显然要具有更高的修养与品格。丰子恺提出"最伟大的艺术家"就是"胸怀芬芳悱恻,以全人类为心的大人格者",[①] 是"真艺术家"。[②] "真艺术家"即使不画一笔,不吟一字,不唱一句,其人生也早已是伟大的艺术品,"其生活比有名的艺术家的生活更'艺术的'"。[③]

"童心"说为丰子恺的艺术和美学思想打下了重要的理论根基。

三 绝缘: 真率人生之路径

在丰子恺的思想体系中,"绝缘"作为"童心"之观照方式,是通往艺术与美的胜境的必由之路。

所谓"绝缘","就是面对一种事物的时候,解除事物在世间的一切关系、因果,而孤零地观看。使其事物之对于外物,像不良导体的玻璃的对于电流,断绝关系,所以名为绝缘"。[④] 丰子恺认为绝缘是把握事物本相的基本前提。"把事物绝缘之后,其对世间、对我的关系切断了。事物所表示的是其独立的状态,我所见的是这事物自己的相。"[⑤]

丰子恺认为,绝缘的态度"与艺术的态度是一致的"。它的前提是无用,它的诀窍是观照,它的结果是真生命的体验。丰子恺说:"画家描写一盆苹果的时候,决不生起苹果可吃或想吃的念头,只是观照苹果的'绝缘'的相。"而美术学校用裸体女子做模特,也"决不是象旧礼教维持者所非难地伤风败俗的",因为在画家的眼中,"模特儿是一个美的自然现象,不是一个有性的女子"。丰子恺以为,在

[①] 丰陈宝等编:《丰子恺文集》,第 4 卷,浙江文艺出版社、浙江教育出版社 1990 年版,第 16 页。

[②] 丰陈宝等编:《丰子恺文集》,第 4 卷,浙江文艺出版社、浙江教育出版社 1990 年版,第 403 页。

[③] 丰陈宝等编:《丰子恺文集》,第 4 卷,浙江文艺出版社、浙江教育出版社 1990 年版,第 403 页。

[④] 丰陈宝等编:《丰子恺文集》,第 2 卷,浙江文艺出版社、浙江教育出版社 1990 年版,第 250 页。

[⑤] 丰陈宝等编:《丰子恺文集》,第 2 卷,浙江文艺出版社、浙江教育出版社 1990 年版,第 250 页。

艺术中,人所放下的是那个"现实的""理智的""因果的"世界,放下了生活中的"一切压迫与负担",解除了"平日处世的苦心",从而可以"作真的自己的生活,认识自己的奔放的生命"。① 因此,"美秀的稻麦舒展在阳光之下,分明自有其生的使命,何尝是供人充饥的呢?玲珑而洁白的山羊点缀在青草地上,分明是好生好美的神的手迹,何尝是供人杀食的呢?草屋的烟囱里的青烟,自己表现着美丽的曲线,何尝是烧饭的偶然的结果?池塘里的楼台的倒影,原是助成这美丽的风景的,何尝是反映的物理的作用?"② 当人以绝缘的眼去观照世界时,它就是一片庄严灿烂的乐土。丰子恺赞同科学与艺术都能"阐明宇宙的真相"。因此,科学实验室里变成氢与氧分子的水是水,画家画布上波状的水的瞬间也是水。前者是"理智的""因果的",后者是"直观的""慰安的"。但丰子恺提出,真的推究起来,氢与氧分子只是水的关系物,而又何尝就是水呢?倒是画家描出的"波状的水的瞬间","确是'水'自己的'真相'了",③ 因为这一瞬间的水是有生命的独立的水。

在艺术活动中,主体自我"没入在对象的美中,成'无我'的心状"。"既已无我,哪里还会想起一切世间的关系呢?"丰子恺以为艺术态度的关键就是无功利性与物我一体性,它是以无功利的态度把对象看作与自己一样的独立平等的生命体,而这正是"小孩子的态度"的特点。在丰子恺的作品里,充满了这类以"小孩子的态度"见出的可爱世界。《花生米老头子吃酒》《阿宝两只脚凳子四只脚》《瞻瞻的车》等漫画都淋漓尽致地展现了这种"绝缘"之眼与"童心"之世界,其中的无穷趣味与情致无法不让观画者怦然心动。"艺术是绝缘的(isolation),这绝缘便是美的境地。"④

---

① 丰陈宝等编:《丰子恺文集》,第 2 卷,浙江文艺出版社、浙江教育出版社 1990 年版,第 252 页。
② 丰陈宝等编:《丰子恺文集》,第 1 卷,浙江文艺出版社、浙江教育出版社 1990 年版,第 84 页。
③ 丰陈宝等编:《丰子恺文集》,第 2 卷,浙江文艺出版社、浙江教育出版社 1990 年版,第 253 页。
④ 丰陈宝等编:《丰子恺文集》,第 1 卷,浙江文艺出版社、浙江教育出版社 1990 年版,第 15 页。

"缘"本是佛家用语，即事物产生的原因。痛苦的根源乃缘，超脱的关键就在于明心见性，拨开缘之迷尘，回归我与世界之本真。作为佛家居士的丰子恺受到佛教的影响是显而易见的，但其绝缘说受到西方现代美学的影响也是较为显著的。丰子恺在他的著作中多次提到康德，并将其学说称为"无关心说"，即"disinterestedness"。康德确立了审美作为情感判断的价值立场，而无利害性则是康德美学的一个重要概念。康德美学的无利害性观念与情感判断立场深刻地影响了西方现代美学的演进。克罗齐的"直觉"表现、布洛的审美"距离"、立普斯的审美"移情"等都与康德的这种无功利的判断具有某种不可割断的联系，而他们在无功利性和情感判断的基础上，也充分地发展了审美的心理观照意味。西方现代美学对于中国现代美学最深刻的影响也恰恰就在无功利性和审美观照。丰子恺的绝缘说受到了上述诸家的影响，但它又不是佛家的人生解脱，也不是康德他们的无功利性或纯审美观照。在《中国美术的优胜》一文中，丰子恺给出了这样的逻辑链条："美的态度"即"'纯观照'的态度"；"'纯观照'的态度"即"在对象中发见生命的态度"；"在对象中发见生命的态度"就是"沉潜于对象中的'主客合一'的境地"，即"'无我'，'物我一体'的境地，亦即'情感移入'的境地"。[①] 就这样，丰子恺将康德直接导向了立普斯。在同一篇文章中，他说："所谓'感情移入'，又称'移感'，就是投入自己的感情于对象中，与对象融合，与对象共喜共悲，而暂入'无我'或'物我一体'的境地。这与康德所谓'无关心'（'disinterestedness'）意思大致相同。黎普思，服尔开忒（Volket）等皆竭力主张此说。"[②] 这种对于西方学说为我所用的有意无意的改造或误读，是中国现代美学建设者的某种共性。它顽强地体现出了中国现代美学的人生情结：一切思想学说最终都被兼容并包到对于中国现代人生问题的解决之中。绝缘以无功利为起点，以观照为路径，追求的

[①] 丰陈宝等编：《丰子恺文集》，第 4 卷，浙江文艺出版社、浙江教育出版社 1990 年版，第 530 页。

[②] 丰陈宝等编：《丰子恺文集》，第 4 卷，浙江文艺出版社、浙江教育出版社 1990 年版，第 528 页。

是对真生命的体验，憧憬的是物我一体的同情的艺术世界和童心世界。这就是丰子恺绝缘说的特点与实质。

四 同情：真率人生之要旨

"同情"乃"绝缘"之宗旨，是借"绝缘"之眼，"移情"之径，而达万物一体、物我无间之同情之境。

丰子恺的"同情"说深受立普斯"移情"理论的影响，但也受到了中国古典艺术理论的启发。他说："艺术心理中有一种叫做'感情移入'（德名 Einfühlung，英名 empathy）。在中国画论中，即所谓'迁想妙得'。就是把我的心移入于对象中，视对象为与我同样的人。于是禽兽，草木，山川，自然现象，皆为情感，皆有生命。所以这看法称为'有情化'，又称为'活物主义'。"[1] 所谓"有情化"和"活物主义"也就是"同情"的代名词。丰子恺以为达致"同情"的关键有二。一是物我关系的处理，其要旨就是物我一体。他指出："我们平常的生活的心，与艺术生活的心，其最大的异点，在于物我的关系上。平常生活中，视外物与我是对峙的。艺术生活中，视外物与我是一体的。对峙则视物与我有隔阂，我视物有等级。一体则物与我无隔阂，我视物皆平等。"[2] 物我关系的处理是同情的必要前提。万事万物若"用物我对峙的眼光看，皆为异类。用物我一体的眼光看，均是同群。故均能体恤人情，可与相见，相看，相送，甚至对饮。"如此，对象就活了起来。"一切生物无生物，犬马花草，在美的世界中均是有灵魂而能泣能笑的活物。"[3] 在这种"平等""一视同仁""物我一体"的境涯中，万物皆备于我的心中。二是真情的萌动与移入，其要旨就是真切的体验。以平等、一视同仁的世界观融物我于一体，故能与"对象相共鸣共感，共悲共喜，共泣

---

[1] 丰陈宝等编：《丰子恺文集》，第 4 卷，浙江文艺出版社、浙江教育出版社 1990 年版，第 125 页。

[2] 丰陈宝等编：《丰子恺文集》，第 4 卷，浙江文艺出版社、浙江教育出版社 1990 年版，第 124—125 页。

[3] 丰陈宝等编：《丰子恺文集》，第 1 卷，浙江文艺出版社、浙江教育出版社 1990 年版，第 583 页。

共笑",这是一种深广的同情心,它来源于真切的体验,是将自己萌动的感情"移入于其中,没入于其中"。① 要描写朝阳,就必须让"我们的心要能与朝阳的光芒一同放射";要描写海波,就必须要"能与海波的曲线一同跳舞"。② 这就是真切的体验,是生命与生命的交融。在物我一体的生命体验中,同情是自然而必然的结果。

丰子恺认为,同情在本质上是艺术的。这有两个层次的含义:一是指艺术即爱。"普通人的同情只能及于同类的人,或至多及于动物;但艺术家的同情非常深广,与天地造化之心同样深广,能普及于有情非有情的一切物类。"③ 二是指艺术之心即同情的心。"艺术家能看见花笑,听见鸟鸣,举杯邀名月,开门迎白云,能把自然当作人看,能化无情为有情。"

"同情"是"艺术上最可贵的一种心境"。④ 艺术家所见的世界,"可说是一视同仁的世界、平等的世界。艺术家的心,对于世间一切事物都给予热诚的同情"。⑤ 丰子恺以为这种"同情"的世界观正是艺术精神的要点,"'万物一体'是最高的艺术论";同时,丰子恺也认为这种"同情"的世界观正是中国文化思想的特色所在,"中国是最艺术的国家"。⑥ 但"艺术家必须以艺术为生活""必须把艺术活用于生活中",⑦ 使生活成为美的艺术的生活,这正是丰子恺谈艺术与美的一个不变的终极指向。

---

① 丰陈宝等编:《丰子恺文集》,第1卷,浙江文艺出版社、浙江教育出版社1990年版,第584页。
② 丰陈宝等编:《丰子恺文集》,第1卷,浙江文艺出版社、浙江教育出版社1990年版,第583页。
③ 丰陈宝等编:《丰子恺文集》,第1卷,浙江文艺出版社、浙江教育出版社1990年版,第581页。
④ 丰陈宝等编:《丰子恺文集》,第4卷,浙江文艺出版社、浙江教育出版社1990年版。
⑤ 丰陈宝等编:《丰子恺文集》,第1卷,浙江文艺出版社、浙江教育出版社1990年版,第582页。
⑥ 丰陈宝等编:《丰子恺文集》,第4卷,浙江文艺出版社、浙江教育出版社1990年版,第15页。
⑦ 丰陈宝等编:《丰子恺文集》,第4卷,浙江文艺出版社、浙江教育出版社1990年版,第15页。

五　真率之趣味：从艺术教育到艺术人生

趣味作为人生美学范畴，在中国现代美学史上，由梁启超所开创。梁启超引入了人生论的视角，使中西艺术和美学领域内的趣味范畴不仅作为审美判断与艺术鉴赏的标准而存在，也成为美的本质规定和价值规定。由这样的趣味立场出发，梁启超提出了"生活艺术化"的理想，经朱光潜正式确立为"人生艺术化"的口号，并演化为中国现代美学和文化的一个重要的致思方向。

20年代后半叶起，丰子恺在多篇文章中涉及了"趣味"的范畴。"趣味"在丰子恺这里，具有比较复杂的内涵与所指。

首先，趣味在丰子恺这里，就是指美感。"人类自从发现了'美'的一种东西以来，就对于事物要求适于'实用'，同时又必要求有'趣味'了。"[①] 在丰子恺看来，人类只求"实用"的心理，"是全然与'美感'无关系的"。而"在美欲发达的社会里，装潢术，图案术，广告术等，必同其他关于实用的方面的工技一样注重。在人们的心理上，'趣味'也必成了一种必要不可缺的要求"。[②]

丰子恺指出，趣味作为美感，只能感到而不能说明。"'趣'之一字，实在只能冷暖自知，而难于言宣。"[③] "所谓美，不是象'多'、'大'地大家可以一望而知的。"[④] 趣味是给人的精神以"慰乐"的。丰子恺说："我们张开眼来，周围的物品难得有一件能给我们的眼以快感，给我们的精神以慰乐。因为它们都没有'趣味'，没有'美感'；它们的效用，至多是适于'实用'，与我们的精神不发生关涉。"[⑤] 丰子恺

---

① 丰陈宝等编：《丰子恺文集》，第2卷，浙江文艺出版社、浙江教育出版社1990年版，第53页。
② 丰陈宝等编：《丰子恺文集》，第2卷，浙江文艺出版社、浙江教育出版社1990年版，第53页。
③ 丰陈宝等编：《房间艺术》，《丰子恺文集》，第5卷，浙江文艺出版社、浙江教育出版社1990年版。
④ 丰陈宝等编：《西洋画的看法》，《丰子恺文集》，第1卷，浙江文艺出版社、浙江教育出版社1990年版。
⑤ 丰陈宝等编：《丰子恺文集》，第2卷，浙江文艺出版社、浙江教育出版社1990年版，第53页。

并不否定实用,但他主张趣味作为对物质实用主义的提升是人类精神的基本需求。同时,丰子恺以为趣味也与精神上的浅薄、艺术上的无知是背道而驰的。丰子恺说:"凡人的思想,浅狭的时候,所及的只是切身的,或距身不远的时间与空间;却深长起来,则所及的时间空间的范围越大","幽深的,微妙的心情,往往发而为出色的艺术",由此,"趣味更为深远"。① 而艺术上的无知首先就表现为注重耳目感觉的快适,把"漂亮的""时髦的""希奇的""摩登的"等东西都称为艺术。丰子恺以为这种趣味只是"盲从流行"而已,并非纯正的美的趣味。

其次,趣味在丰子恺这里,也是指一种人生态度,是"童心"的"艺术"的人生态度。在《关于儿童教育》一文里,丰子恺说:"童心,在大人就是一种'趣味'。培养童心,就是涵养趣味。"② 在《关于学校中的艺术科》一文中,丰子恺又说:"人生中无论何事,第一必须有'趣味',然后能欢喜地从事。这'趣味'就是艺术的。我不相信世间有全无'趣味'的机械似的人。"③ 潜心从平凡的生活体会人生的趣味,这正是丰子恺的童心的艺术的趣味化人生态度的要点。因此,在丰子恺看来,"到处为家,随寓而安,也有一种趣味,也是一种处世的态度"。④ 因为,它是真率而自然的。

当然,趣味在丰子恺这里,也是人生追求的终极目标。丰子恺说:"人生的滋味在于生的哀乐。"⑤ 哀乐就是生命的真实状态,就是精神的真切感受。真率即美。这是丰子恺一切学说与思想的要点。"拿这真和美来应用在人的物质生活上,使衣食住行都美化起来;应用在人

---

① 丰陈宝等编:《丰子恺文集》,第1卷,浙江文艺出版社、浙江教育出版社1990年版,第100页。

② 丰陈宝等编:《丰子恺文集》,第2卷,浙江文艺出版社、浙江教育出版社1990年版,第254页。

③ 丰陈宝等编:《关于学校中的艺术科》,《丰子恺文集》,第2卷,浙江文艺出版社、浙江教育出版社1990年版,第229页。

④ 丰陈宝等编:《乡愁与艺术》,《丰子恺文集》,第1卷,浙江文艺出版社、浙江教育出版社1990年版,第100页。

⑤ 丰陈宝等编:《中国画的特色》,《丰子恺文集》,第1卷,浙江文艺出版社、浙江教育出版社1990年版,第88页。

的精神生活上，使人生的趣味丰富起来。"① 而这一切，在丰子恺看来，又必得益于"艺术的陶冶"。

在艺术的教育和艺术的生活中，丰子恺体得了人生的真趣，也找到了人生的终极归宿："艺术是美的，情的"；"艺术教育是很重大很广泛的一种人的教育"，"非局部的小知识、小技能的教授"，"在艺术的生活中，可以瞥见'无限'的姿态，可以认识'永劫'的面目，即可以体验人生的崇高、不朽，而发见人生的意义与价值了。……艺术教育，就是教人以这艺术的生活的"。②

从艺术教育入手，由童心、绝缘、同情、趣味的逻辑勾连，丰子恺建构了一个中国现代"人生艺术化"的真率人生范式，具有自己独特的人生美学旨趣与内涵，也为中国现代人生美学精神的发展丰富作出了自己的贡献。

原刊《广州大学学报》2007年第10期

---

① 丰陈宝等编：《图画与人生》，《丰子恺文集》，第3卷，浙江文艺出版社、浙江教育出版社1990年版，第300页。
② 丰陈宝等编：《关于学校中的艺术科》，《丰子恺文集》，第2卷，浙江文艺出版社、浙江教育出版社1990年版，第226页。

丰子恺音乐漫画研究

丰子恺是中国艺术史上难得的全才，被日本学者吉川幸次郎称为"中国最像艺术家的艺术家"。美学家朱光潜先生称颂他"从顶至踵，浑身都是个艺术家"。虽然他以漫画最负盛名，但其广涉绘画、音乐、书法、文学诸艺术领域，在画乐诗书中自如穿梭，画境乐韵诗意书情相融相通，不仅在诸多艺术领域取得了很高的成就，还在各门艺术的贯通创化上卓有所成。

作为中国漫画之父，丰子恺于1922年从日本游学归来，开始漫画创作。1924年，发表第一幅漫画作品《人散后，一钩新月天如水》。1925年，用"子恺漫画"为题头在《文学周报》上发表漫画作品。[①] 其一生共发表了2250余幅情感深挚、含义隽永、风格鲜明的漫画佳作。其中，以音乐元素及相关题材为重要表现对象的漫画作品，有70余幅。对丰氏这方面漫画作品的整理研究，至今阙如。虽然，音乐漫画在丰氏漫画中数量不算多，但这类画作以画释音，借画抒音，融音入画，以音衬画，音画互阐，具有独特的艺术魅力和审美情韵，是丰氏漫画艺术的一种独特体现，对于今天的艺术和美育实践有着重要启迪，值得深入研究。

一

作为以简单而夸张的表现来描绘生活或时事的图画，漫画一般运

[①] 参见丰一吟、陈星《丰子恺的漫画创作》，《美术研究》1985年第3期。

用白描、变形、比拟、象征、暗示、影射诸方法，构成幽默诙谐的画面或画面组，取得讽刺或歌颂等效果。这种随手拈来、信笔所至的随意性跟丰子恺自由洒脱的个性相符，其简洁明了、一针见血的特征切合了丰氏借艺术抒发人生感想、传达社会思考、美化情感人心的追求。他的漫画往往通过生活中平凡的人或物、琐屑的小事或场景，从瞬间或片段发掘出极富深意的情感韵味和生命意义，信手拈来又极具典型性，有倾心的热爱、赞扬，也有由衷的痛恨、鞭挞，意境悠远，回味无穷。由此，形成了丰氏漫画不只是诙谐和滑稽，也氤氲着深刻睿智的思想识见、蓬勃无尽的生命气韵、深沉悠远的人生况味。丰氏的音乐漫画在上述特点的基础上，以画笔来表现音乐元素和音乐意境，以各种音乐元素和音乐场景来衬托画面，音画互阐互映，从而呈现出独特的艺术表现力和审美情韵。

丰氏的音乐漫画，从题材上看主要有三类。各类漫画各蕴其趣，各呈其采，又体现出一些共同的特点与情致。

第一类，以乐器或音乐演奏场景为描绘对象而展开。此类作品在其音乐漫画中数量最多。如《合奏》《战争与音乐》《父与女》《同工异曲》《指冷玉笙寒》《春风欲劝座中人》《劳者自歌》《杵影歌声》《檀板新声》《双髻坐吹笙》《音乐教人团结》《秋月扬明晖》《茅店》《胡调唱罢换新腔》《口唱山歌手把锄，一锄更比一锄深》等。

这类作品描画了二胡、三弦、笛子、筝、笙、琵琶、小提琴、喇叭、快板、锣鼓、留声机、收音机等中西乐器和音乐设施，展现了乐器演奏、乐舞表演等场景。值得注意的是，由于丰氏漫画主要是围绕日常生活场景展开的，很少描绘专门的音乐厅、剧院中的音乐表演，所以，在他画中出现的乐器可以是锄、杵等劳动用具，呈现的音乐场景有相当数量是劳动者和普通百姓的自娱自乐或以乐寄情。

出色的艺术家，都具笔能传神之功力，丰子恺的画作更是追求物意境韵。他既以简笔传神地勾勒出乐器、演奏等况貌，又追求脱离刻板生硬的记录，以器物寓意，借场景寄情，促人联想，意境悠远，呈现出多姿的美趣和诗情。其中，有《战争与音乐》《父与女》这样含着眼泪的温情，《劳者自歌》《口唱山歌手把锄，一锄更比一锄深》这样平凡快乐的欢情,《指冷玉笙寒》《双鬟坐吹笙》这样望穿双眼的幽情;有《某种教师》这样的讽喻,《战争与音乐》这样的苦涩,《抱得奏筝不忍弹》这样的惆抑;有《好音》这样的怡悦,《一笑开帘留客坐,小楼西角听调筝》这样的悠然,《弹开云数重,惊落花几朵》这样的旷逸。

剪断事物的各种实用性和功利性,以超越功利之眼来观照事物之本真,从而诞生诗意之体认和艺术之冲动,这是丰子恺非常推崇的"绝缘"①的体验方法。丰子恺主张,艺术的目的就是要在"绝缘"状态下,"造出一个享乐的世界来,在那里可得到 refreshment(精神爽快,神清气爽),以恢复我们的元气,认识我们的生命"。②他的这类音乐漫画或以实描或以虚绘的音乐为衬托,将人引入灵意相通的想象世界,赋予画面以深沉挚远的美感。就像《幽人》所描绘的,在静谧的自然山水中,一个女子,一手握琴一手把弓,遥对一弯新月,独坐悬崖之缘。此时,我们感知到的就是在这恬静山水之中,如新月一般美好的幽人幽情。

第二类,以儿童的音乐生活或音乐元素为描绘对象而展开。如《活动唱歌》《踏青歌》《眠儿歌》《观剧》《锣鼓响》《布施》《表演前》《村学校的音乐课》《儿童饱饭黄昏后,短笛横吹唤不归》《课余自制凤凰箫,小小年纪心工巧》《唱歌归去》等。

丰子恺的作品满溢童趣童心,他的音乐漫画也不例外。丰子恺在儿童的世界里体味到了"远功利"与"归平等"的审美态度,儿童纯洁而天真的眼光构筑了充满真率之趣的审美世界。用儿童的眼睛去看世界,用儿童的心去感触世界,是丰子恺艺术表现的重要特色之一。他常常说,自己是变身为儿童在作画。童趣童心是他想象和创作的无穷源泉,也是隔绝因果和利害关系、还原事物本相的重要条件。丰子恺认为,"童心"一是指狭义上的,"就是孩子本来的心。这心是从世外带来的,不是经过这世间的造作的"纯洁无瑕、天真烂漫的真心,

---

① 丰陈宝等编:《丰子恺文集》,第2卷,浙江文艺出版社、浙江教育出版社1990年版,第250页。
② 金雅主编:《中国现代美学名家文丛·丰子恺卷》,浙江大学出版社2009年版,第29页。

这是"人类的本性"。二是指广义上的,就是"孩子般的心眼",是"没有目的,无所为,无所图""物我无间,一视同仁"的绝缘的艺术化审美化态度,这是"人生的根本"。在丰子恺的艺术世界里,"童心"既是前者,更是后者,也就是艺术化审美化的人类真率的心灵。"童心"使人以艺术的眼睛和审美的心灵看世界、感受世界、对待世界,真率而烂漫。如《村学校的音乐课》,老师坐在简陋的方凳上拉二胡,孩子们一排排整齐地坐在同样简陋的长桌后,个个仰头张嘴,沉醉在自己的歌声中。丰子恺喜欢以乐器作为儿童生活场景的点缀,如《破碎的心》中的喇叭,《瞻瞻的梦》中的小提琴,等等。他很重视音乐在儿童生活中的意义,专门写过《儿童与音乐》一文,"惊叹音乐与儿童关系之大"。以为"儿童的唱歌,则全心没入于其中,而终身服膺勿失";"安得无数优美健全的歌曲,交付与无数素养丰足的音乐教师,使他传授给普天下无数天真烂漫的童男童女?假如能够这样,次代的世间一定比现在和平幸福得多"。[①]《布施》中的小姐弟把自己的玩具小喇叭送给了乞讨大娘背上的小宝宝,乐器成为一种美好情感的象征在孩子们中间传递。

孩子的天性与音乐的契合,孩子的心灵对音乐的喜爱,在丰子恺的音乐漫画里有大量的表现。《眠儿歌》《观剧》《唱歌归去》生动地重现了孩子们在歌声乐声中酣眠怡乐的生活场景,《活动唱歌》中的小姐弟在秋千上欢歌畅怀,《踏青歌》里的小姐弟则手牵手赏春放歌,《锣鼓响》里的小弟弟拼命拉着大人的手循声欲跑,《手分炒豆教歌吟》里排排坐的四小孩边吃炒豆边学歌吟,《夏夜星光特地明,儿歌唧唽剧堪听》里的三姐弟排排坐面对乘凉的母亲歌唱。《儿童饱饭黄昏后,短笛横吹唤不归》更是妙趣横生,新月初上,一个小男孩吹笛远去,全然置倚门而立的母亲的声声呼唤而未听。这些画作充分展示了孩子的童真童趣童心,通过儿童与音乐元素和音乐生活的关联,传达了对于纯真情感和美好生活的向往。画作呈现了生动精到的细节、

[①] 丰陈宝等编:《丰子恺文集》,第 2 卷,浙江文艺出版社、浙江教育出版社 1990 年版,第 627—629 页。

温暖美好的情境,并用活泼简洁的绘画语言来传达,使画作中的儿童形象栩栩如生。

第三类,以大自然的鸟歌虫鸣为描绘对象而展开。如《松间的音乐队》《老牛亦是知音者,横笛声中缓步行》《鹦鹉和歌》《知音犬》《羌笛声声送晚霞》《蛙鼓》《思乡之歌》《囚徒之歌》《长歌当哭》等。

丰子恺在大自然中发现了美妙的歌声——鸟歌虫鸣,他以艺术家与生俱来的"同情之眼"观万物、体世界。"普通人的同情只能及于同类的人,或至多及于动物;但艺术家的同情非常深广,与天地造化之心同样深广,能普及于有情非有情的一切物类";"艺术家所见的世界,可说是一视同仁的世界,平等的世界。艺术家的心,对于世间一切事物都以热诚的同情"。① 丰子恺的"同情"世界有两个关键。一是物我关系的处理,其要旨就是物我一体。万事万物若"用物我对峙的眼光看,皆为异类。用物我一体的眼光看,均是同群。故均能体恤人情,可与相见,相看,相送,甚至对饮"。② 二是真情的萌动与移入,其要旨就是真切的体验。物我一体而真情融入,故能与"对象相共鸣共感,共悲共喜,共泣共笑",这是一种深广的同情心,它来源于真切的体验,是将自己萌动的感情"移入于其中,没入于其中",③ 成为生命与生命的交融。

在丰子恺笔下,禽兽,草木,山川,种种自然现象,皆著情感,皆具生命。《松间的音乐队》以一群松林草屋间旋舞的飞鸟点题,观画者仿佛听到了群鸟动听和谐的鸣声。《鹦鹉和歌》中人歌鸟语相和鸣,《孙慧郎》中聪明的猴子吹笛迎客,动物兼著灵性,无不机趣盎然。

丰子恺赋予这些生灵以人的情感。如《囚徒之歌》《长歌当哭》中鸟儿失去自由的悲愁、《思乡之歌》中鸟儿思恋伴侣的凄苦,令人观画如闻哀音,触人心弦。而《老牛亦是知音者,横笛声中缓步行》

---

① 丰陈宝等编:《丰子恺文集》,第 2 卷,浙江文艺出版社、浙江教育出版社 1990 年版,第 581—582 页。

② 张卉编:《人间情味》,北京大学出版社 2010 年版,第 179 页。

③ 丰陈宝等编:《丰子恺文集》,第 2 卷,浙江文艺出版社、浙江教育出版社 1990 年版,第 581 页。

《一曲升平乐有余》《羌笛声声送晚霞》《知音犬》等,则表现了牛、犬等动物识音知音的主题。高山流水觅知音,讲的是伯牙子期的故事,说的是人与人之间的相知相识。在丰子恺笔下,人与动物也可音相赏,情相通,其美意深趣令人赏味。

二

丰子恺早年受到中国传统的私塾教育,后考入浙江省立第一师范学校,师从李叔同、夏丏尊、马一浮等人,在传统艺术修养上打下了扎实的基础。后来他在亲朋好友资助下游学日本,苦学西洋画、小提琴,参观各种艺术展览,听音乐会和歌剧,打开了域外艺术的视野。其后他接触到竹久梦二的"感想漫画"而情有所钟,并对其漫画生涯产生了重要影响。

音乐漫画是丰子恺漫画创作的一种创造性探索。它打通了绘画与音乐的表现界限,形成了独特的艺术表现力和审美情韵。

"笔不周而意周,画尽意在",是中国画讲求含蓄美在用笔上的体现。丰子恺的音乐漫画创作深受这种美学思想的影响与启发。在《我的漫画》一文里,他曾提及:"我小时候,《太平洋画报》上发表陈师曾的小幅简笔画《落日放船好》、《独树老夫家》等,寥寥数笔,余趣无穷,给我很深的印象。我认为这真是中国漫画的始源。"从陈师曾的作品中,丰子恺领悟到了艺术的某种真谛:"我觉得寥寥数笔,淡淡一二色与草草数字,是使画圆满、调和隽永的主要原因。"[①] 简单的构图与笔墨,线条化的人物和场景,特别是"无脸"的处理,是丰子恺漫画在用笔上的重要特点。如《倾听》《父与女》《同工异曲》《好音》《凯歌马上清吟曲,不似昭君出塞时》《水阁珠帘斜卷起,闲来停艇听琵琶》《轻舟小楫唱歌去,水远山长愁杀人》等,均采用了简笔疏景无脸的处理,但各种人物神情生动,意韵悠远,引人遐思。特别是在音乐漫画中,这种删繁就简的笔法,尤其切合音乐的灵动之性,"意到笔不到"还增添了画作中音乐的神韵感。

---

① 殷琦编:《丰子恺外集文选》,生活·读书·新知三联书店1992年版,第107页。

"熔化东西洋画法于一炉。其构图是西洋的,画趣是东洋的。其形体是西洋的,笔法是东洋的",[①] 这也是丰子恺的艺术追求之一。"中西合璧"的艺术手法,既保存了中国画以意境为尚的萧疏淡远,又不失西洋画法中画面的活泼酣畅;既突出了中国画对整体情韵的追求,又不失西洋画法中细节和透视的效果。如《吹残玉笛到三更》以楼房阳台和吹笛伊人为近景,近景中有人物间大小的映衬,借透视突出了主人公的形象,以及对月吹笛的意境,西式的构图形体和中式的意境浓趣浑然无间。而《指冷玉笙寒》《贪与萧郎眉语,不知舞错伊州》等,均借鉴了西洋画对人物形体的关注和夸张的笔法,突出了人物奏乐或表演时的动感,使偏于含蓄静美的中国画增添了生气与质感。

丰子恺的音乐漫画广泛借用了通感的原理,通过精到的笔法打通视觉和听觉,给予我们独特丰富的审美享受。通感指人的感觉经验之间的互相沟通和转化,是指由一种感觉所引起的某一表象活动导致了相应感觉、经验的复现,或者是由某一表象引发出另一表象活动,从而使两种感觉经验相通。[②] 当欣赏者进入忘我的艺术世界中,五官感觉消除了彼此的生理界限,彼此交替相融,从而嬗变自如地拥抱物象世界时,便产生了通感。艺术通感可以传递那些"只可意会,不可言传"的人的微妙情绪、感觉、心理变化,使难以言表的情景获得艺术化的呈现。艺术家借通感使世界在感觉中变幻、叠加、贯通,赋予了物象不同于常的生命力和丰富生动的美感。如《眠儿歌》中只有一个轻轻唱歌的奶奶的背影,甚至没有对这个歌者的正面描绘,也没有任何乐器,但我们却仿佛听到了这位坐在小竹椅上轻摇蒲扇的慈爱奶奶的轻吟,甚至那个矮榻上酣眠孩子的呼吸。因为,这个生动而熟悉的场景、亲切而熟悉的身姿,通过丰子恺简洁而富有表现力的妙笔,勾起了我们儿时的记忆,仿佛妈妈的安眠曲萦绕在耳边。再如《松间的音乐队》,描绘的是一群林梢的飞鸟,但在小溪、松林、陋屋的衬托和画题的点睛下,我们仿佛听到了鸟儿自由自在地欢快歌鸣。

---

① 丰陈宝等编:《丰子恺文集》,第 3 卷,浙江文艺出版社、浙江教育出版社 1990 年版,第 417 页。

② 陈进波等:《文艺心理学通论》,兰州大学出版社 1999 年版,第 289—291 页。

丰子恺有着深湛的文学修养,他擅长运用生动、通俗而又精到、诗意的文字来点题或题诗。他的音乐漫画构建了绘画、音乐、文学之间的通衢。在《音乐与文学的握手》一文中,他说:"我近来的画,形式是白纸上的墨画,题材则多取平日所讽咏的古人的诗句。因而所作的画,不专重画面的形式的美,而宁求题材的诗趣,即内容的美";"我的朋友,大多数欢喜带文学的风味的前者,而不欢喜纯粹绘画的后者。我自己似乎也如此。因为我欢喜教绘画与文学握手,正如我欢喜与我的朋友握手一样。以后我就自称我的画为'诗画'"。[①] 丰子恺以诗的眼睛来取材,以诗的心灵来作画,他的音乐漫画作品,有一部分直接以佳妙的诗句为题,个别配有隽永的小诗,体现了诗、乐、画的融合。如《弹开云数重,惊落花几朵》《口唱山歌手把锄,一锄更比一锄深》等以诗句为题,《囚徒之歌》《松间的音乐队》等配有小诗。有些画作,则既有诗题又配诗作,如《手分炒豆教歌吟》《老牛亦是知音者,横笛声中缓步行》等。《手分炒豆教歌吟》出自《儿童杂事诗》,是丰子恺为周作人的诗所配的画。《松间的音乐队》《老牛亦是知音者,横笛声中缓步行》等出自《护生画集》,由丰子恺作画、弘一法师题书,画集中的诗作有新创,亦有借用。画面与题诗、配诗巧妙结合,题诗、配诗强化了画面的主题与艺术效果,画面又生动细致地展现了诗题、诗句的内涵。《水阁珠帘斜卷起,闲来停艇听琵琶》一画,描绘了波光粼粼的水中蔚然矗立着一座楼阁。窗前,杨柳垂下,珠帘卷起。窗旁,一位翩翩少女怀抱琵琶,弹奏着动人的乐曲,引得过往的船艇驻足,船上的人们不禁停下了交谈,忘记了行程,仔细地欣赏着一曲琵琶。《松间的音乐队》则借用了明代叶堂夫的《江村诗》:"家住夕阳江上村,一弯流水绕柴门。种来松树高于屋,借与春禽养子孙。"诗画可谓绝配,很好地诠释了水流鸟歌的生命气韵,精到地烘托了画作的意韵。

综观丰子恺的音乐漫画,无论写人还是绘景,或是人与景的组合,

[①] 丰陈宝等编:《丰子恺文集》,第3卷,浙江文艺出版社、浙江教育出版社1990年版,第52—53页。

或是人与人的组合，不仅以造型的美感动着我们的眼，也以形象中流淌的乐韵和诗意感动着我们的心，让我们体味到了一种形象、文学、音乐交融的圆满。

三

丰子恺的音乐漫画具有丰赡的思想内涵和突出的艺术表现力，将漫画的直观性、生动性和音乐的流动性、抒情性结合起来，借画笔记录了生活中多彩的音乐元素和音乐场景，表现了自然、生命、生活中多元的美及其理想，传达了热爱生命、关怀生存的核心主题。

让美惠及每一个普通平凡的生命，这是丰子恺憧憬的美意延年的理想。1919年，丰子恺与姜丹书、张拱璧、周湘、欧阳予倩、吴梦非、刘质平等上海师范专科学校和爱国女校的教职员们共同发起组织"中华美育会"。该会于1920年出版会刊《美育》杂志，主张"'美'是人生的一种究竟的目的，'美育'是新时代必须做的一件事"。丰子恺凭借《美育》的平台发表了很多漫画作品，亲切而生活化的题材、浅显而通俗的表达方式，很好地接近了大众的认知能力和审美趣味。丰子恺非常重视艺术的美育功能，他反对只把艺术学习看成单纯的知识与技艺的教授，而是主张艺术是"人生的教育，心灵的事业"。只重知识和技艺的是小艺术，人生的美化则是大艺术。丰子恺曾这样阐释艺术教育的主旨和目的："图画科之主旨，原是要使学生赏识自然与艺术之美，应用其美以改善生活方式，感化其美而陶冶高尚的精神（主目的）；并不是但求学生都能描画（副目的）而已。"[①] "音乐科之主旨，原是要使学生赏识声音之美，应用其美以增加生活的趣味，感化其美而长养和爱的精神（主目的）；并不是但求学生都能唱歌（副目的）而已。"[②] 丰子恺主张通过学习音乐图画等艺术而感悟美与爱的精神，从而实现以美育人的目标。艺术教育的任务"既不是艺术本

[①] 丰陈宝等编：《丰子恺文集》，第4卷，浙江文艺出版社、浙江教育出版社1990年版，第57页。

[②] 丰陈宝等编：《丰子恺文集》，第4卷，浙江文艺出版社、浙江教育出版社1990年版，第58页。

身,也不是艺术作品,而是审美体验,通过艺术教育,人们愈来愈富有创造力,愈来愈思维敏捷,他们将在任何可能适应的环境中运用他们的艺术经验"。[1] 这经验不仅可以给人艺术的常识,更重要的是由艺术穿达人生,提升我们的生命智慧和生命活力,涵泳我们的生命情致和美感。

心灵和精神赋予了艺术灵魂和美质。丰子恺说,先有了爱美的心、芬芳的胸怀、圆满的人格,然后用巧妙的心手,借巧妙的声色来表示,方才成为"艺术"。而艺术的生活,也可以涵育美好的生命,丰富情感和情韵,提升生存的价值和意义。他感叹:"我们的身体被束缚于现实,匍匐在地上,而且不久就要朽烂。然而我们在艺术的生活中,可以瞥见生的崇高、不朽,而发见生的意义与价值了。"[2] 因此,丰子恺的艺术实践必然走向"艺术的生活"。这"艺术的生活"并不脱离物质的生活,而是主张美的生活即是"大艺术品":"'生活'是大艺术品。绘画和音乐是小艺术品,是生活的大艺术品的副产品。故必有艺术的生活者,方得有真的艺术的作品。"[3] 丰子恺的音乐漫画创作和他其他的艺术创作一样,最终都是通向生活、通向人生的。

丰子恺的音乐漫画多取材于日常生活中的人事物景、鸟歌虫鸣,散发着生活的温情和诗情,洋溢着生命的活力和遐想,激发着我们对生命的体认与热爱。生命、生气、生活,是丰子恺音乐漫画的重要价值取向。如《杵影歌声》《劳者自歌》《口唱山歌手把锄,一锄更比一锄深》等,直接描绘了劳动者的生命活力和快乐心境。《杵影歌声》中,一群身着民族服饰的劳动者手举木杵簇拥在一起,边夯杵边高歌。《劳者自歌》中,一个挑担的行者靠树小憩,自歌自乐。《口唱山歌手把锄,一锄更比一锄深》中的夫妻,手脚并用,步调一致,边歌边

---

[1] [美]阿瑟·艾夫兰:《西方艺术教育史》,邢莉、常宁生译,四川人民出版社2000年版,第306页。

[2] 丰陈宝等编:《丰子恺文集》,第2卷,浙江文艺出版社、浙江教育出版社1990年版,第226页。

[3] 丰陈宝等编:《丰子恺文集》,第2卷,浙江文艺出版社、浙江教育出版社1990年版,第231页。

锄，笑意蕴溢。除了这类明朗欢快的作品，丰子恺的音乐漫画也借各种人事与物景的刻画、各种情感与意境的营构，来表达我们生动的生命样态和丰富的生活情状，来传达我们对生命和生活的热情和爱意。思念、关爱、欣赏、欢愉、悠然、惆怅、悲郁、旷怡，丰子恺以精妙的画笔触摸生命，真切细腻，含蓄蕴藉，深情浓挚。让我们不由感叹，这个场景，这个物事，就在我们身边，存在了好久，发生了好多次，我们却忽略了。现在，丰子恺发现了其中的深意和厚情，亲切地把生命的温暖和热度传递给我们。《父与女》中幼小的女儿在前面牵着自己手把三弦的盲父的腰带，慢慢前行。父女的亲情和对生命的坚忍让人动容。《战争与音乐》中席地而坐的战士，手拉二胡，脚边是长枪和子弹带。战争之酷烈和音乐之美好的反衬，让人感受到了对生命的强烈渴望。《囚徒之歌》《长歌当哭》中身在樊笼、终日哀音的悲鸟，则以鸟喻人，体现了对生命自由的憧憬和期冀。

　　王国维说："一切景语，皆情语也。"[1] 融乐入画，以乐衬画，以画释音，借画抒音，音画互阐，强化了漫画的情感表现力和意境营构力，不仅使丰子恺的音乐漫画呈现出很强的艺术表现力，使其情感的感受与抒发、意境的构形和寄意都取得了很好的效果，也使得他的画作画外有音，笔简情浓，意丰韵富，余味悠长。这些作品，超越了绘画与声音的形象本身，直抵我们的生命和生活。

与应丹女士合作
原刊李荣有主编《传统与现代接轨的中国音乐图像学》，
上海三联书店 2015 年版

---

[1] 姚淦铭等编：《王国维文集》，第 1 卷，中国文史出版社 1997 年版，第 159 页。

宗白华的"艺术人生观"及其生命诗情

宗白华是中国现代艺术理论的早期开拓者与重要建设者，其艺术思想兼融中西贯通古今，尤重艺术、人生、宇宙之融通。他从对生命情调、艺术境界、宇宙韵律的深沉体验和诗性诠释出发，探讨了审美、艺术、人生三者的动态关系，提出要建设一种"艺术人生观"，由美入真，把整个生命涵育成伟大的艺术，成就生命的诗情和至美的人生。

一

"五四"前后至20世纪20年代，宗白华初步提出了"艺术人生观"的命题，试图为理想人生寻找一条兼具民族情韵和现代意味的道路。[1] 他指出，艺术人生观是"超小己的"，"是把'人生生活'当作一种'艺术'看待，使他优美、丰富、有条理、有意义"。[2] 他认为诗与艺术是人类精神生命的写照和实现，"一个高等艺术品"表征了"宇宙全部的精神生命"，[3] 而"生命创造的现象与艺术创造的现象，颇有相似之处"。一个理想的生命创造，也应该"好像一个艺术品的成功"，"也要能有艺术品那样的协和，整饬，优美，一致"。因此，应该"积极地把我们人生的生活，当作一个高尚优美的艺术品似的创造，使他理想化，美化"。[4]

---

[1] 在《青年烦闷的解救法》(《宗白华全集》，第1卷，安徽教育出版社1996年版)一文中，宗白华提出："艺术教育，可以高尚社会人民的人格。艺术品是人类高等精神文化的表示。"
[2] 《宗白华全集》，第1卷，安徽教育出版社1996年版，第179页。
[3] 《宗白华全集》，第1卷，安徽教育出版社1996年版，第172页。
[4] 《宗白华全集》，第1卷，安徽教育出版社1996年版，第207页。

在作于1921年的小诗《生命之窗的内外》中，宗白华表达了对于"近代人生"的矛盾心情。一方面，是"白天，打开了生命的窗"，是"行着，坐着，恋爱着，斗争着。活动、创造、憧憬、享受"；另一方面，是"黑夜，闭上了生命的窗"，"是诗意、是梦境、是凄凉、是回想？缕缕的情思，织就生命的憧憬"。[①] 诗作所呈现的紧张而热烈的生命图景、深秘而绰约的生命渴盼给人留下了深刻的印象，既预示了其一生以艺术为人生立论的基本倾向，也形象地展示了其早期对于艺术人生问题思考的内在矛盾。

20世纪30—40年代，宗白华"艺术人生观"的命题渐趋清晰与圆融。1932年，他发表了《歌德之人生启示》，指出歌德一生流动不居的生命及其矛盾的调解，完成了一个最真实、最丰富、最人性、最和谐的诗化人格。他富有诗意地写道："人在世界经历中认识了世界，也认识了自己，世界与人生渐趋于最高的和谐；世界给予人生以丰富的内容，人生给予世界以深沉的意义。"[②] 至此，宗白华开始了对于早期人生矛盾的超越，他的思想也渐趋澄明，并从早期侧重于哲学的讨论真正转向从艺术来寻找启益，寻求艺术、哲学、文化、人生的圆融。他聚焦人生与艺术、生命与价值、韵律与和谐、技术与精神、美与真善等诸对关系，热烈倡导一种"新生命情调"。[③]

生命情调，在宗白华这里是一个出现频率相当高的概念。通读他的文稿，可以发现，生命情调与生命情绪、生命节奏、生命核心等概念互通，也与宇宙意识、文化精神、艺术精神等概念互通。宗白华认为："宇宙本身是大生命的流行，其本身就是节奏与和谐。"[④] 因此，生命情调也就是"'生命本身价值'的肯定"，[⑤] 是宇宙生命的最深律动，其本质就是"至动而有条理"[⑥]"至动而有韵律"。[⑦] 至动乃生命

[①] 《宗白华全集》，第2卷，安徽教育出版社1996年版，第154页。
[②] 《宗白华全集》，第2卷，安徽教育出版社1996年版，第15页。
[③] 《宗白华全集》，第2卷，安徽教育出版社1996年版，第294页。
[④] 《宗白华全集》，第2卷，安徽教育出版社1996年版，第413页。
[⑤] 《宗白华全集》，第2卷，安徽教育出版社1996年版，第6页。
[⑥] 《宗白华全集》，第2卷，安徽教育出版社1996年版，第98页。
[⑦] 《宗白华全集》，第2卷，安徽教育出版社1996年版，第374页。

的流动不居,是生命的冲突矛盾、生命的扩张追逐,也是生命的激越丰富、生命的化衍灿烂。同时,生命的至动化衍于天地宇宙运行之中,它化私欲入清明,化健动为节奏,化丰富为韵律,引矛盾入和谐。"宇宙是无尽的生命、丰富的动力,但它同时也是严整的秩序、圆满的和谐。"① 这种刚健清明、深邃幽旷的生命情调是"丰富的生命在和谐的形式中","在和谐的秩序里面是极度的紧张,回旋着力量,满而不溢"。② 由此,生命在自身的化衍流动、矛盾冲突、创造成长中实现了自己的节奏、韵律与和谐,自由而丰沛地舒舞,如诗,如乐,在流动而和谐、丰富而和谐、冲突而和谐中升华了自己的美、意义和价值。同时,这个过程又是永不停止的,是永恒的动与韵。

宗白华把至动而韵律视为生命情调的根本,是宇宙生命的最深真境与最高秩序,是哲学境界与艺术境界的最后根据。在宗白华这里,生命情调既是一个哲学命题,又是一个诗学命题。作为对生命与宇宙的形上追问,它与宇宙意识相融通,是生命本体论,也是宇宙本体论。同时,生命情调作为对生命自身的温暖体味和诗性体验,它与艺术精神相联系,又是艺术本体论和艺术价值论。宗白华认为中国的哲学境界和艺术境界具有相通之处,前者以生命体悟道,后者以形象(生命)具象道。从艺术审美体悟道,妙悟生命与宇宙之真谛,从而建构真善美相统一的人格精神和人生境界,是宗白华通向理想人生的最佳路径,也是他所期望的改造社会与现实人生的具体路径。可以说,宗白华一往情深于艺术之美和宇宙规律的体悟与诠释,主张在具体的生命践履与艺术活动中升华人格的丰富体验和形上追求,创化体味至动而韵律的生命情调,并终将人生导向至美至真至善。

二

"和谐与秩序是宇宙的美,也是人生美的基础","大宇宙的秩序定律与生命之流动演进不相违背,而同为一体",③ 因此,生命的伦理

---

① 《宗白华全集》,第2卷,安徽教育出版社1996年版,第57—58页。
② 《宗白华全集》,第2卷,安徽教育出版社1996年版,第58页。
③ 《宗白华全集》,第2卷,安徽教育出版社1996年版,第58页。

问题、人生的审美问题、宇宙的本体问题密切关联。"心物和谐底成于'美'。而'善'在其中。"① 生命与人生都需要"整个的自由的人格心灵"作为支撑,"'美的教育'就是教人'将生活变为艺术'"。②

从宇宙本体到生命本质,从生命本质到艺术境界,从艺术境界到人生理想,从人生理想到人格建设,真善美融为一体。而艺术,在宗白华看来,正是自由生命的最高呈现。人生与艺术在本质上是相通的。因此,"理想的人格,应该是一个'音乐'的灵魂",③ 一个具有自由和谐、充实灵动、超我忘我的审美精神的艺术人格。

艺术人格首先是自由和谐,其核心就是"超世入世"的人格态度与"无所为而为"的创造精神。"超世入世"的人生观,较多体现出中国传统伦理文化与佛学思想的影响。后来,宗白华又吸纳了西方美学的无利害精神和"自由""游戏"的理念,化为道德与事功、人格与事业的一体化追求。刚健清明、心物和谐,既成就了美的事业,也成就了美的人格与心灵。宗白华尤其欣赏晋人的艺术和人格。他认为,汉末魏晋六朝是中国历史上"最富有艺术精神的一个时代"。"晋人虽超,未能忘情"。④ 他们以对于"宇宙的深情"来对待自然、生活与友谊,"向外发现了自然,向内发现了自己的深情",从而确立了深于同情富于感受的唯美的人生态度。宗白华认为晋人创造了中国历史上"寄兴趣于生活过程的本身价值而不拘泥于目的"的"唯美生活"的一种典型,从而也创造出一种"不沾滞于物的自由精神"。这种"'无所为而为'的态度"与"事外有远致"的神韵使生命"发挥出一种镇定的大无畏的精神"与"力量",也成就了"最解放的""最自由的""最哲学的"的人格精神。"晋人之美,美在神韵",美在"心灵",美在"自由潇洒的艺术人格"。⑤

---

① 《宗白华全集》,第2卷,安徽教育出版社1996年版,第114页。
② 《宗白华全集》,第2卷,安徽教育出版社1996年版,第114页。
③ 《宗白华全集》,第2卷,安徽教育出版社1996年版,第413页。
④ 《宗白华全集》,第2卷,安徽教育出版社1996年版,第272页。
⑤ 《宗白华全集》,第2卷,安徽教育出版社1996年版,第276页。

◆◇◆ 拥抱人生的美学

  艺术人格也须充实灵动。"美之极，即雄强之极。"[①] 唯充实有力，始能健康壮大，始成变化流动，始有韵律节奏。歌德笔下的维特、浮士德是西方近代流动追求的生命精神的典型代表，也启示着生命与宇宙演进的真相。而莎士比亚的艺术以"人性的内心生活"及其导致的"人生的冲突斗争"来呈现"复杂的繁富的生命"，从另一个层面体现了生命的力与美。宗白华认为，动也是中国哲学与艺术的基本理想。他提出"中国哲学如《易经》以'动'说明宇宙人生（天行健、君子以自强不息），正与中国艺术精神相表里"。[②] 魏晋时代是中国历史上"强烈、矛盾、热情、浓于生命色彩的一个时代"，晋人听从于心灵和人格的召唤，在"唯美的人生态度"中体现了"最有生气"的生命精神和人格风貌。[③] "唐代文明"则"生活力丰满，情感畅发"，[④] 唐代诗坛"慷慨的民族诗人"与"有力的民族诗歌"以"悲壮"与"铿锵"呈现了旺盛的"民族精神"和成熟的"民族自信力"，无疑是生命诗情的一种体现。[⑤]

  艺术人格还须超我忘我。"气象最华贵之午夜星天，亦最为清空高洁。"[⑥] 宗白华提出，造化形态万千，其生命原理则一。"宇宙生命中一以贯之之道，周流万汇，无往不在；而视之无形，听之无声。"[⑦] 欲把握生命的最高之道，便须超越之才能观照之。"活泼的宇宙生机中所含至深的理"，唯有"静照"（comtemplation）才能获得。"静照的起点在于空诸一切，心无挂碍，和世务暂时绝缘。"[⑧] "静照在忘求。""忘求"不是忘世而是"忘我"，是"超脱了自己而观照着自己"。[⑨] "日暮天无云"，始得"良辰入奇怀"。超旷空灵始能旷达圆

[①]《宗白华全集》，第 2 卷，安徽教育出版社 1996 年版，第 276 页。
[②]《宗白华全集》，第 2 卷，安徽教育出版社 1996 年版，第 105 页。
[③]《宗白华全集》，第 2 卷，安徽教育出版社 1996 年版，第 279 页。
[④]《宗白华全集》，第 2 卷，安徽教育出版社 1996 年版，第 212 页。
[⑤]《宗白华全集》，第 2 卷，安徽教育出版社 1996 年版，第 121 页。
[⑥]《宗白华全集》，第 2 卷，安徽教育出版社 1996 年版，第 50 页。
[⑦]《宗白华全集》，第 2 卷，安徽教育出版社 1996 年版，第 50 页。
[⑧]《宗白华全集》，第 2 卷，安徽教育出版社 1996 年版，第 345 页。
[⑨]《宗白华全集》，第 2 卷，安徽教育出版社 1996 年版，第 33 页。

满。宗白华认为"一阴一阳、一虚一实的生命节奏"正是宇宙的律动,也是"中国人最根本的宇宙观"。[①] 而这种虚实相生的哲学境界也正是中国艺术和审美的精粹。"静穆的观照和飞跃的生命构成艺术的二元。"它们源自"心灵里葱茏缊缊,蓬勃生发的宇宙意识"。"空寂中生气流行,鸢飞鱼跃,是中国人艺术心灵与宇宙意象'两镜相入'互摄互映的华严境界",也是"一切艺术创作的中心之中心"。[②] "空明的觉心,容纳着万境"。宗白华强调美感的养成要"依靠外界物质条件造成的'隔'","更重要的还是心灵内部方面的'空'"。"由能空、能舍,而后能深、能实,然后宇宙生命中一切理一切事,无不把它的最深意义灿然呈露于前。"[③]

动静相宜、阴阳相谐、虚实相生,无所为而为,无为而无不为,生命的节奏与韵律、过程与意义体现了自由而和谐的灵境。它不是单一,而是充实,是流动而和谐、丰富而和谐、冲突而和谐,既至动又有韵律,既入世雄强又超世旷达,通于宇宙大道,合于宇宙秩序,既是一种理想的人格,也是一种艺术的人格。

三

在宗白华看来,宇宙、人生、艺术就其本质和运化规律而言是相通的。它们都具有共同的生命旋律与秩序。宗白华把至动而韵律视为生命与宇宙运演的基本规律,同时也是艺术境界的最后源泉。因此,在宗白华看来,生命真境与宇宙深境一方面构成了艺术灵境的最终根源,同时,艺术又以自己美的形式——"艺"与"技"呈现和启示着"宇宙人生之最深的意义和境界",[④] 呈现和启示着形而上的"道",即"由美入真"的人生美学命题。

所谓"由美入真",即宗白华认为"艺术固然美,却不止于美","艺术的里面,不只是'美',且包含着'真'",因此,艺术审美的

[①] 《宗白华全集》,第2卷,安徽教育出版社1996年版,第434页。
[②] 《宗白华全集》,第2卷,安徽教育出版社1996年版,第366页。
[③] 《宗白华全集》,第2卷,安徽教育出版社1996年版,第349—350页。
[④] 《宗白华全集》,第2卷,安徽教育出版社1996年版,第70页。

意义"不只是化实相为空灵，引人精神飞越，超入美境。而尤在它能进一步引人'由美入真'，深入生命节奏的核心"。通过"由美入真"使人"返于'失去了的和谐，埋没了的节奏'，重新获得生命的核心，乃得真自由，真解脱，真生命"。① "真"在这里不是指现象或表象的真，而是指生命的节奏、核心、中心等，也就是宗白华反复阐释的宇宙大道、规律、本质等。宗白华将其称为"高一级的真"。宗白华指出："这种'真'，不是普通的语言文字，也不是科学公式所能表达的真"，"真实是超时间的"。即这种"真"非实存、非物质。因此，"这种'真'的呈露"，也只有借助"艺术的'象征力'所能启示"，就是"由幻以入真"。② 艺术本身是幻的，由它却能也才能完美地启示宇宙与生命核心之真。

"由美入真"提出了由艺术美境通向宇宙真境和人生至境的道路构想。对艺术境界的把握，成为这个命题的基础。宗白华认为艺术境界的要义就是意境的创构。意境即"以宇宙人生的具体为对象，赏玩它的色相、秩序、节奏、和谐，借以窥见自我的最深心灵的反映；化实境而为虚境，创形象以为象征，使人类最高的心灵具体化、肉身化"。从艺术创造的角度言，意境就是艺术家"主观的生命情调与客观的自然景象交融互渗"所"成就"的"鸢飞鱼跃，活泼玲珑，渊然而深的灵境"。③ 意境的本质在于，它是"山川大地""宇宙诗心"的"影现"。其最后的源泉就是"天地境界"，就是"鸿濛之理"，就是宇宙创化的"生生的节奏"及其秩序与和谐，是形而上的宇宙大"道"，也是"葱茏绷缊，蓬勃生发的宇宙意识"和"高超莹洁"而"壮阔幽深"的"生命情调"。④ 意境的特点就主客关系言，是"艺术心灵与宇宙意象'两镜相入'互摄互映"，是"'情'与'景'（意象）的结晶品"，也就是主客观的统一。因此，这个"景"不是"一味客观的描绘，像一照相机的摄影"，而是"外师造化，中得心源"，

---

① 《宗白华全集》，第 2 卷，安徽教育出版社 1996 年版，第 71 页。
② 《宗白华全集》，第 2 卷，安徽教育出版社 1996 年版，第 71 页。
③ 《宗白华全集》，第 2 卷，安徽教育出版社 1996 年版，第 358 页。
④ 《宗白华全集》，第 2 卷，安徽教育出版社 1996 年版，第 372—373 页。

是从艺术家"最深的'心源'和'造化'接触时突然的领悟和震动中诞生的"。它既是"由情具象而为景",是一个"崭新的意象""独特的宇宙",是"替世界开辟了新境"。同时,这个"晶莹的景"也是"心匠自得""尤能直接地启示宇宙真体的内部和谐与节奏"。宗白华提出,中国哲学境界与艺术境界在特点上有共通之处:"中国哲学是就'生命本身'体悟'道'的节奏。'道'具象于生活、礼乐制度。道尤表象于'艺'。灿烂的'艺'赋予'道'以形象和生命,'道'给予'艺'以深度和灵魂。"道、象、艺构成了哲学与艺术的基本特征与规律,它们最终都是"造化与心灵的凝合",自由潇洒,"于空寂处见流行,于流行处见空寂"。[①]意境的特点就内在结构关系言,"从直观感相的模写,活跃生命的传达,到最高灵境的启示,可以有三层次"。[②]由"模写"到"传达"到"启示",也即由形到神到境,由印象到生气到格调,由局部要素到完整生命到精神灵境,是宗白华一层一层直抵生命的本源与精神的灵境。

由于把意境作为艺术的中心,宗白华对艺术的鉴赏偏于整体的意趣。他认为艺术首先具有有机和谐之美。即艺术自成"一个超然自在的有机体","对外是一独立的'统一形式',在内是'力的回旋'"。[③]丰富的生命在有机的形式秩序中呈现为节奏与和谐。歌德、莎士比亚、屈原,唐人的诗、宋人的画无一不是如此。同时,艺术也具有"气韵生动"之美。艺术呈现着生生不已的"生命的律动",[④]表现着生命的生动气象与和谐情致,是流动于音乐中的节奏韵律、绘画中的色彩笔墨、书法中的线条气势、舞蹈中的线纹姿态。艺术也要写实,但却"不是要求死板板的写实,乃是要抓住对象的要求,要再现对象的生命力之韵律的动态"。[⑤]其次,艺术具有"空灵"之美。即艺术化实为虚的美感特征。"空"是对现实的超越,"是超脱的,但又不

---
① 《宗白华全集》,第2卷,安徽教育出版社1996年版,第370页。
② 《宗白华全集》,第2卷,安徽教育出版社1996年版,第362页。
③ 《宗白华全集》,第2卷,安徽教育出版社1996年版,第61页。
④ 《宗白华全集》,第2卷,安徽教育出版社1996年版,第103页。
⑤ 《宗白华全集》,第2卷,安徽教育出版社1996年版,第456页。

是出世的"。① 只有这样,"才能把我们的胸襟象一朵花似地展开,接受宇宙和人生的全景,了解它的意义,体会它的深沉的境地"。② 由"空"才能有"灵"动,才会有灵境。"空灵"使自然本身成为世界的"心灵化"。③ "最高的文艺表现,宁空毋实,宁醉毋醒",它是对天地诗心的象征。此外,艺术也具有"自由"与"个性"之美。宗白华提出自由潇洒的艺术人格是晋人之美的重要表现,也体现了最自由最解放的精神和对个性价值的尊重。宗白华反对泊没自我于宇宙之中,他认为缺乏个性是生命力衰竭的表现。

对于意境的创构,宗白华主张将狄阿尼索斯(Dionysius)的热情动入与阿波罗(Apollo)的宁静涵映相融合,将屈原的缠绵悱恻与庄子的超旷空灵相贯通,强调主体的人格涵养与生命情调对于意境创构的重要意义。意境是一种"微妙境界",其实现"端赖艺术家平素的精神涵养,天机的培植,在活泼泼的心灵飞跃而又凝神寂照的体验中突然地成就"。"心灵飞跃"乃狄阿尼索斯精神,强调的是情感与同情。"凝神寂照"乃阿波罗精神,强调的是空灵与静照。对照中国艺术精神,宗白华认为这就是屈原的精神与庄子的精神。他指出:"中国艺术意境的创成,既须得屈原的缠绵悱恻,又须得庄子的超旷空灵。缠绵悱恻,才能一往情深,深入万物的核心,所谓'得其环中'。超旷空灵,才能如镜中花,水中月,羚羊挂角,无迹可寻,所谓'超以象外'。色即是空,空即是色,色不异空,空不异色,这不但是盛唐人的诗境,也是宋元人的画境。"④ "艺术让浩荡奔驰的生命收敛而为韵律",既"能空灵动荡而又深沉幽渺"。它是"象罔",是虚幻的景象,又是"玄珠",是那个"深不可测的玄冥的道"。⑤

只有"象罔"才能得到"玄珠"。意境是穿越"丰满的色相"而达到空灵,由此直探"生命的本原",抵达"宇宙真体"。宗白华慨叹

---

① 《宗白华全集》,第2卷,安徽教育出版社1996年版,第46页。
② 《宗白华全集》,第2卷,安徽教育出版社1996年版,第274页。
③ 《宗白华全集》,第2卷,安徽教育出版社1996年版,第46页。
④ 《宗白华全集》,第2卷,安徽教育出版社1996年版,第364页。
⑤ 《宗白华全集》,第2卷,安徽教育出版社1996年版,第102页。

艺术的"这个使命是够伟大的"！在这个意义上，宗白华指出，"艺术的境界，既使心灵和宇宙净化，又使心灵和宇宙深化，使人在超脱的胸襟里体味到宇宙的深境"；①"艺术不只是具有美的价值，且富有对人生的意义、深入心灵的影响"；艺术"不只是实现了'美'的价值，且深深地表达了生命的情调与意味"。② 这也就是艺术意境的价值所在和生命诗情的本质所在。

人是智慧的，他需要在理智上洞悉宇宙；又是理想的，需要在情感上对宇宙发生信仰。"一切艺术虽是趋向音乐，止于至美，然而它最深最后的基础仍是在'真'与'诚'。"③ "由美入真"即"由美返真"也即"由幻入真"，是由艺术通达宇宙本真与最高生命境界的道路。它是热烈地投入情感于生命的至动，将"最高度的生命、旋动、力、热情"转化为"韵律、节奏、秩序、理性"，在宗白华看来，这就是艺术的"艺"与"技"的和谐，也就是艺术形式的最大功能与最终价值。音乐的节奏与旋律、舞蹈的线纹与姿态、建筑的形体与结构，一切艺术形象的形式节奏，"天机活泼，深入'生命节奏的核心'，以自由谐和的形式，表达出人生最深的意趣"，这也就是"美"。故而，宗白华提出："美与美术的特点是在'形式'，在'节奏'，而它所表现的是生命的内核，是生命内部最深的动，是至动而有条理的生命情调"。④ 因此，美既是外在的形式与节奏，又是内在的生命情调与人生意趣。"一切美的光是来自心灵的源泉：没有心灵的映射，是无所谓美的。"美的艺术是将心灵具象了来象征。

"由美入真"是对生命和人生的洞明。艺术家"在作品里把握到天地境界"，是"刊落一切表皮，呈显物的晶莹真境"。⑤ "伟大的艺术是在感官直觉的现量境中领悟人生与宇宙的真境。"⑥ 因此，艺术活动

---

① 《宗白华全集》，第2卷，安徽教育出版社1996年版，第373页。
② 《宗白华全集》，第2卷，安徽教育出版社1996年版，第72页。
③ 《宗白华全集》，第2卷，安徽教育出版社1996年版，第112页。
④ 《宗白华全集》，第2卷，安徽教育出版社1996年版，第98页。
⑤ 《宗白华全集》，第2卷，安徽教育出版社1996年版，第365—366页。
⑥ 《宗白华全集》，第2卷，安徽教育出版社1996年版，第61页。

不仅是体认艺术的特点与审美的规律,也是通过艺术实践来领悟宇宙与生命的真境,从而建设一种澄明的精神态度。

"由美入真"是"人生的深沉化"。它通过深入生命的核心和中心,体认宇宙和生命的最深的真实,从而使我们的情感趋向深沉,是穿透色相而抵达生命的深处,使生命与生命在"深厚的同情"中产生美的共鸣。"有无穷的美,深藏若虚,唯有心人,乃能得之。"[1]

"由美入真"是真善美的统一。"由美入真"实现了对宇宙真境与生命核心的体认,这既是对最高之真的把握,由此也必然使生命运化合于宇宙秩序与规律,从而也合于至善。宗白华这里的善,与真一样,是具有终极意义的,是最高境界中的善。在这个意义上,宇宙真境、生命至境、艺术美境必浑然无间。

"我们任何一种生活都可以过,因为我们可以由自己给与它深沉永久的意义。"[2] 以艺术之美启迪生命之真,使人生臻于真善美的化境。"最高度的把握生命,和最深度的体验生命"融为一体,[3] 这就是宗白华的"艺术人生观"及其生命的诗情。

原刊《艺术百家》2015 年第 6 期

---

[1] 《宗白华全集》,第 1 卷,安徽教育出版社 1996 年版,第 317 页。
[2] 《宗白华全集》,第 2 卷,安徽教育出版社 1996 年版,第 14 页。
[3] 《宗白华全集》,第 2 卷,安徽教育出版社 1996 年版,第 411 页。

朱光潜对中华人生论美学精神的传承创化及其当代意义

朱光潜是中国现代美学的代表人物之一，其思想学说贯通古今、融会中西，而有自己的创化。尤其是前期对"情趣""人生的艺术化""无言之美""看戏与演戏"等范畴和命题的建构，对"静趣"和"静穆"等美趣的阐发，体现了超有入无、以出导入的"无所为而为的玩索"的独特美学旨趣，是中华人生论美学精神现代传承创化的重要一脉，对于21世纪民族美学的建设，以及中华美学走向世界对话人类美学，都具重要的价值和独有的启迪，很值得我们今天予以梳理、研讨、发掘。

一

"情趣"是中华民族美学思想的重要范畴之一，也是朱光潜美学思想的核心范畴之一。劳承万在《朱光潜美学论纲》中，即把"情趣"视为朱氏美学理论体系的聚焦点。他认为，"情趣"在朱的美学体系中，"既是目的范畴，又是手段范畴，可以说，它的巨大意蕴把整个体系都提摄起来了，尤其在前期学说体系中"。[①] 朱光潜在1932年写作和发表的成名作《谈美》中，以"情趣"范畴为中心，并由此延展，明确提出和聚焦了"人生的艺术化"命题。这一命题自20世纪三四十年代迄今，都有着巨大的影响。朱自清在给《谈美》作的序

---

① 劳承万：《朱光潜美学论纲》，安徽教育出版社1998年版，第14页。

中，认为此著"自成一个完整的有机体"，特别是"'人生的艺术化'一章"，"这是孟实先生自己最重要的理论"，"引读者由艺术走入人生，又将人生纳入艺术之中"，是追求真善美的"三位一体"。[①] 事实上，朱光潜的"情趣"范畴和"人生的艺术化"命题，不仅具有丰富的理论内涵和实践意义，也是朱光潜传承创化人生论民族美学精神的集中体现。

何谓"情趣"？朱光潜说，"情趣"是"物我交感共鸣的结果"。[②] 物我何能交感，关键在于"生命的造化"。"情趣"的核心即生命生长发展的和谐风采。在物为"变动不居"，在我为"生生不息"。无生命即无情趣之育萌。"生命的干枯"和"生命的苟且"，都是不情趣的，也是不"艺术的"。朱光潜强调，"艺术是情趣的表现，而情趣的根源就在人生。反之，离开艺术也便无所谓人生；因为凡是创造和欣赏都是艺术的活动"。[③] 情趣化的"艺术的生活"，"是有'源头活水'的生活，也是一种"本色的生活"。[④] 他慨叹："惟大英雄能本色！"与之相反，就是"俗人"与"伪君子"的生活，迷于名利、与世浮沉、道德虚伪、沐猴而冠，"叫人起不美之感"。[⑤] 朱光潜指出，"艺术的创造之中都必寓有欣赏，生活也是如此"；[⑥] "艺术家估定事物的价值，全以它能否纳入和谐的整体为标准"。[⑦] 因此，"艺术的能事不仅见于知所取，尤其在于知所舍"。[⑧] 而生活上的艺术家，"他不但能认真，而且能摆脱。在认真时见出他的严肃，在摆脱时见出他的豁达"。[⑨] 唯此，"伟大的人生和伟大的艺术"，在朱光潜看来，"并有严肃和豁达之胜"。[⑩] 他说，"艺术是情趣的活动，艺术的生活也就是情趣丰富的

[①] 《朱光潜全集》，第2卷，安徽教育出版社1987年版，第100页。
[②] 《朱光潜全集》，第2卷，安徽教育出版社1987年版，第91页。
[③] 《朱光潜全集》，第2卷，安徽教育出版社1987年版，第91页。
[④] 《朱光潜全集》，第2卷，安徽教育出版社1987年版，第92页。
[⑤] 《朱光潜全集》，第2卷，安徽教育出版社1987年版，第92页。
[⑥] 《朱光潜全集》，第2卷，安徽教育出版社1987年版，第93页。
[⑦] 《朱光潜全集》，第2卷，安徽教育出版社1987年版，第93页。
[⑧] 《朱光潜全集》，第2卷，安徽教育出版社1987年版，第261页。
[⑨] 《朱光潜全集》，第2卷，安徽教育出版社1987年版，第94页。
[⑩] 《朱光潜全集》，第2卷，安徽教育出版社1987年版，第94页。

生活";"一篇生命史就是一种作品"。①

朱光潜的美学思想从"情趣"入,至"人生的艺术化"出,打通了审美艺术人生的动态关联。他既传承了民族美学对美善两维的关注,也吸纳了西方美学对美真两维的考量,试图将真善美三维相贯通。《谈美》开篇,就以"我们对于一棵古松的三种态度"为例,提出了面对同一客观对象,主体因为与对象关系的性质不同,可以发生"实用的、科学的、美感的"三种不同的态度。实用的态度以"善"为内核,追求对象之于我们的利与害。科学的态度以"真"为内核,追求对象之于我们的真与假。美感的态度以"美"为内核,追求对象之于我们的美与丑。在前两种态度中,对象不是独立自足的世界,或为有用无用之考量,或为因果条理等考量,对象须借着与其他事物发生关系而获得意义。在美感的态度中,主体只专注于对象本身独立自足的意象,对象是真正因为它的自身(意象)而显出价值,此时,主体是自己心灵的主宰。因此,美感的态度追求的是一种精神上的享受。艺术实践和审美实践,都是一种"无所为而为的活动",也是一种"无所为而为的玩索"。它们满足的是人的精神的饥渴,使人与实用的物质的世界拉开一定的距离,这就是"我的情趣和物的姿态交感共鸣",而"见出美的形象"。② 美感的态度"不带意志欲念,有异于实用态度","不带抽象思考,有异于科学态度"。③ 正因为情趣的纯净和心灵的自由,才成就了"心灵感通""见出宇宙生命的联贯"。④ 在此,朱光潜提出了"艺术家的极境"和"道德家的极境"的问题,他以孔子的"从心所欲,不逾矩"为例,认为艺术创造活动必须达到这个境界,在这个意义上,"艺术家的极境"和"道德家的极境"是相通的。但朱光潜并没有止步于此,他又进而讨论了艺术、道德和科学的关系问题,这是中国现代美学之于中国传统美学的重要推进,这也是中华美学由前学科形态的伦理美学向现代形态的人生论美学的一种推进。

---

① 《朱光潜全集》,第2卷,安徽教育出版社1987年版,第96页。
② 《朱光潜全集》,第2卷,安徽教育出版社1987年版,第42页。
③ 《朱光潜全集》,第2卷,安徽教育出版社1987年版,第42页。
④ 《朱光潜全集》,第2卷,安徽教育出版社1987年版,第67页。

◆◇◆ 拥抱人生的美学

从世界美学的发展进程来看，西方美学的现代学科形态是由鲍姆嘉敦、康德、席勒等共同奠定的，其理论基础就是知（真）情（美）意（善）的鼎足三分，以及由此凸显的情（美）的独立价值和启蒙意义。鲍姆嘉敦创立的感性学（aesthetics），开启了对人类感性认识完善的理性研究，即美学。康德完善了知（真）情（美）意（善）的思辨（理论）构架，不仅夯实了情（美）作为判断力的独立意义，也初步窥见了判断力介于知性和理性之间的联结及其可能。席勒则从审美教育的角度，论析了情对于沟通人的感性冲动和理性冲动，使之成为完全的和自由的人的意义。

可以说，知（真）情（美）意（善）三者的关系，构成了西方现代美学的核心问题之一。虽然西方现代美学更多地传承了西方文化理性主义的传统，更关注于美真之间的关系，但从真善美三者并置的背景上来看美的问题，无疑是西方现代美学的基本特点之一。从美善两维来考量美，还是从真善美三维来考量美，是中国美学自20世纪初年接受西方美学影响所产生的重要变化之一。在中国美学发展的历程中，朱光潜是最早直接接受西方美学影响的中国现代美学家之一，他也是最早对真善美三维关系明确从理论上予以讨论和肯定的中国现代美学家。他强调"'至高的善'在'无所为而为的玩索'（disinterested contemplation）"，同时也认为"真理在离开实用而成为情趣中心时就已经是美感的对象了"，"'地球绕日运行'，'勾方加股方等于弦方'一类的科学事实，和《密罗斯爱神》或《第九交响曲》一样可以摄魂振魄"。[1] 因此，穷到究竟，"不但善与美是一体，真与美也并没有隔阂"。[2] 这就是"人生的艺术化"，也就是"人生的情趣化"。[3] 真善美统一的命题，不仅推动了中国现代艺术的情趣衍化和品格追求，也使美学成为20世纪上半叶中国现代文化情感启蒙、生命启蒙、人性启蒙、人格启蒙的重要组成部分。

---

[1] 《朱光潜全集》，第2卷，安徽教育出版社1987年版，第96页。
[2] 《朱光潜全集》，第2卷，安徽教育出版社1987年版，第96页。
[3] 《朱光潜全集》，第2卷，安徽教育出版社1987年版，第96页。

二

由审美艺术人生的关联和真善美的贯通，朱氏美学思想自然触及了民族美学物我有无出入相交相融的诗性之核，他对此作出了自己的论析和阐发。

1924年，朱光潜写作了《无言之美》。在这篇早年的美学短文中，朱氏从孔子的"四时行焉，百物生焉。天何言哉"导入，提出了"无言之美"的命题。言与意的关系，是中国传统诗学的基本命题之一。言能达意却不能尽意。对于这个问题，一种解决方法是"立象以尽意"。[①] 但就文学艺术而言，朱光潜并不这样认为。他说："文字语言固然不能全部传达情绪意旨，假使能够，也并非文学所应希求的。"[②] 他进而强调："一切美术作品也都是这样，尽量表现，非惟不能，而也不必。"[③] 这种对于艺术和美的见地，是相当深刻的，不是那种简单追求"自然逼真"的艺术观和美学观可同语的。朱光潜认为，"无言之美"是那种"可能而未能的状况"，[④] 是"无穷之意达之以有尽之言，所以有许多意，尽在不言中"。[⑤] 这种美"能拉得长，能缩得短"，"美在有弹性"，"有弹性所以不呆板"。[⑥] 它的妙处在于让人洞悉与欣赏"美在未表现而含蓄无穷的一大部分"，[⑦] 洞悉与欣赏"世界有缺陷，可能性（potentiality）才大"，[⑧] 洞悉与欣赏"我们所居的世界是最完美的，就因为它是最不完美的"，[⑨] 并由此"超脱到理想界去"。[⑩] 他强调，"美术作品的价值高低就看它超现实的程度大小，就看它创

[①] 陈成国点校：《四书五经》，上册，岳麓书社2005年版，第200页。
[②] 《朱光潜全集》，第1卷，安徽教育出版社1987年版，第63页。
[③] 《朱光潜全集》，第1卷，安徽教育出版社1987年版，第63页。
[④] 《朱光潜全集》，第1卷，安徽教育出版社1987年版，第72页。
[⑤] 《朱光潜全集》，第1卷，安徽教育出版社1987年版，第69页。
[⑥] 《朱光潜全集》，第1卷，安徽教育出版社1987年版，第69页。
[⑦] 《朱光潜全集》，第1卷，安徽教育出版社1987年版，第69页。
[⑧] 《朱光潜全集》，第1卷，安徽教育出版社1987年版，第72页。
[⑨] 《朱光潜全集》，第1卷，安徽教育出版社1987年版，第71页。
[⑩] 《朱光潜全集》，第1卷，安徽教育出版社1987年版，第67—68页。

造的理想世界是阔大还是窄狭"。[1] 而"超脱到理想界去"的最终目的，朱光潜认为就是得以"慰情"。[2]"慰情"在朱氏看来，乃是解决主体意志和现实冲突的积极办法之一。意志在现实界不能自由无碍，但可以在艺术创造的理想界自由发展。

"无言之美"的思想，实质上探讨的就是物我有无出入的关系问题，朱光潜在多篇文章中都有发挥。《看戏和演戏》（1947）开篇借莎士比亚语提出"世界只是一个戏台"，"戏要有人演，也要有人看"。[3] 这就是"能入与能出，'得其圜中'与'超以象外'"的关系，[4] 也就是如何处理物与我、有与无、出与入的关系问题，是在现世中"如何安顿自我的问题"。[5] 朱氏认为，"看和演都可以成为人生的归宿"，[6] 这也就是中国文化中讲的知（看，观照，出）与行（演，实践，入）的关系问题。他说，儒家的祖师孔子虽然懂得知，但终究是重行的，以为"人生的最终目的在行，知不过是行的准备"；[7] 道家老子则"观'众妙之门'，玩'万物之象'，五千言大半是一个老于世故者静观人生物理所得到的直觉妙谛。他对于宇宙始终持着一个看戏人的态度。庄子尤其如此"。[8] 而西方的哲人，在朱氏看来，则"大半以为人生最高目的在观照"，只不过"希腊人的是哲学家的观照，而近代德国人的是艺术家的观照"。[9] 朱光潜提出，"我们尽管有丰富的人生经验，有深刻的情感，若是止于此，我们还是站在艺术的门外，要升堂入室，这些经验与情感必须经过阿波罗的光辉照耀，必须成为观照的对象"。[10] 由此，艺术和美的物我、有无、出入的两极"冲突"与"同一"，不应是"阿波罗沉没到狄俄尼索斯里面"，而应是"狄俄尼索斯

---

[1]《朱光潜全集》，第1卷，安徽教育出版社1987年版，第68页。
[2]《朱光潜全集》，第1卷，安徽教育出版社1987年版，第68页。
[3]《朱光潜全集》，第9卷，安徽教育出版社1987年版，第257页。
[4]《朱光潜全集》，第9卷，安徽教育出版社1987年版，第257页。
[5]《朱光潜全集》，第9卷，安徽教育出版社1987年版，第257页。
[6]《朱光潜全集》，第9卷，安徽教育出版社1987年版，第269页。
[7]《朱光潜全集》，第9卷，安徽教育出版社1987年版，第259页。
[8]《朱光潜全集》，第9卷，安徽教育出版社1987年版，第259页。
[9]《朱光潜全集》，第9卷，安徽教育出版社1987年版，第261页。
[10]《朱光潜全集》，第9卷，安徽教育出版社1987年版，第265页。

沉没到阿波罗里面"。① 尽管朱光潜赞成"看与演都可以成为人生的归宿","最聪明的办法是让生来善看戏的人们去看戏,生来善演戏的人们来演戏"。② 但他终究更倾心于"观照是文艺的灵魂"。③ 在朱光潜看来,观照的出,可以使主体在精神上超有入无,但他并不主张彻底的无,而是既要超有入无,又要以出导入,也就是要以艺术的灵魂践行于人生,即"以出世的精神,做入世的事业",④ 是在人生实践中去体行艺术化的观照之趣。

1932年,朱光潜在《谈美》中集中阐发了"'无所为而为的玩索'(disinterested contemplation)"之美。⑤ "无言"之美,"看戏"之美,和"玩索"之美,细品之下,实有共通之要义。何谓"无所为而为的玩索"？朱氏用了既形象又诗意的比喻："慢慢走,欣赏啊——人生的人生化。"⑥ 这个命题探讨的实际上就是中华文化内在的诗意性问题,一种诗性理想的憧憬,一种诗意张力的建构,也即物我有无出入的关系处理。作为介于20世纪20年代的《无言之美》和20世纪40年代的《看戏与演戏》之间的文字,《谈美》的篇幅较充裕,谈得也更舒展,它主要以艺术为具体例证,明确提出了艺术的活动即"情趣的活动",集中聚焦了艺术审美的"无所为而为的玩索"的精神。朱光潜将中国传统艺术精神和西方现代艺术精神相融会,他择取的"人生的艺术化"的概括,吸纳了中国传统文人"艺术化生活"理想和西方现代唯美主义"生活的艺术化"的合理成分,又注入了他个人面对现实的诗性探求。朱光潜提出,"'无所为而为的玩索'是唯一的自由活动",⑦ 也即贯通真善美的"情趣"美。朱光潜的这一思想,并不排斥美与真善、审美与创造的关系,但其主旨还是落在玩索（欣赏）上,以美感态度、审美距离、意象创构诸维,为"情趣"和"人生的

---

① 《朱光潜全集》,第9卷,安徽教育出版社1987年版,第265页。
② 《朱光潜全集》,第9卷,安徽教育出版社1987年版,第269页。
③ 《朱光潜全集》,第9卷,安徽教育出版社1987年版,第265页。
④ 《朱光潜全集》,第2卷,安徽教育出版社1987年版,第76页。
⑤ 《朱光潜全集》,第2卷,安徽教育出版社1987年版,第95页。
⑥ 《朱光潜全集》,第2卷,安徽教育出版社1987年版,第90页。
⑦ 《朱光潜全集》,第2卷,安徽教育出版社1987年版,第95页。

艺术化"构筑了立体的场景，也具体展开了他对民族美学物我有无出入相交相融的诗性意趣的把捉。可以说，在"无所为而为的玩索"的命题中，朱光潜是认识到动入和创造对于"为"的根本意义的，但他亦属意于"距离"和"超脱"对于"玩索"的意味，倾心于审美心理建构和生命价值实现之关联，主张"欣赏之中都寓有创造，创造之中也都寓有欣赏"，[①]"世界上最快活的人不仅是最活动的人，也是最能领略的人"。[②]"是亚历山大而能见到做第欧根尼的好处"，[③] 这或许是朱氏"无所为而为的玩索"思想的最具个性也最形象深刻的一种表达，是理解朱氏"情趣"范畴和"人生的艺术化"命题的重要切入点。

三

"无所为而为的玩索"是朱光潜对"情趣"之美和"人生的艺术化"命题的核心界定。"玩索"是需要距离和静出的，需要主体生命在距离和静出中超脱实用世界之羁绊，"领略"其情趣。关于"领略"，朱氏专门加了自己的注脚，"就是能在生活中寻出趣味"。[④] 他举例说："好比喝茶，渴汉只管满口吞咽，会喝茶的人却一口一口的细啜，能领略其中风味。"[⑤] 显然，这个"领略"不是一般物界的实用行为的结果，不是指单纯的效用目标。它与物界不无关联，不是完全的空想，但又要与物界拉开一点距离，凭借静出建构起特定的主体心态，一种艺术化的诗性的心态，才能得以达成。

"情趣"在朱光潜的美趣世界中，不乏丰富的色彩。与"情趣"相关联，朱光潜广泛使用了"趣味""情境""情调""情感""情操""兴趣""兴味""情思""情致""理趣""情味"等诸多相关相近的范畴，来阐发他对美趣的"领略"。其中"静趣"和"静穆"，是一组颇具朱氏色彩的关联概念，对于理解朱氏情趣思想的独特性很有意

[①]《朱光潜全集》，第2卷，安徽教育出版社1987年版，第54页。
[②]《朱光潜全集》，第2卷，安徽教育出版社1987年版，第14页。
[③]《朱光潜全集》，第9卷，安徽教育出版社1987年版，第270页。
[④]《朱光潜全集》，第1卷，安徽教育出版社1987年版，第14—15页。
[⑤]《朱光潜全集》，第1卷，安徽教育出版社1987年版，第14页。

义。"静趣"在朱氏美学文本中，出现较早。1926年11月至1928年3月朱光潜在《一般》杂志上连载发表了《给一个中学生的十二封信》，① 第三封即为《谈静》。朱氏强调："我所谓'静'，便是指心界的空灵，不是指物界的沉寂。"② 心界的空灵，也不等于闲。"静与闲也不同。许多闲人不必都能领略静中趣味，而能领略静中趣味的人，也不必定要闲。"③ 故此，朱氏把"静趣"界定为那种"偶然丢开一切，悠然遐想"，"心中蓦然似有一道灵光闪烁，无穷妙悟便源源而来"的妙味趣境。④ 朱氏的这种美趣意向深得中国传统艺术和文化之陶染。他在该文中例举了陶渊明的"山涤余霭，宇暧微霄。有风自南，翼彼新苗"（《时运》）和王维的"倚仗柴门外，临风听暮蝉。渡头余落日，墟里上孤烟"（《赠裴迪》）等五言绝句，⑤ 褒赞此中呈现的景象即为静趣。此文中，朱光潜也论及了释迦牟尼静坐证道的故事，以为许多大人物能处事不乱，终成大业，是为镇"静"。同时，他还评价了梁启超和詹姆斯对这个问题的见解："梁任公的《饮冰室文集》里有一篇谈'烟士披里纯'，詹姆斯的《与教员学生谈话》（James: Talks To Students）里面有三篇谈人生观，关于静趣说得很透辟。"⑥

发表于1935年的《说"曲终人不见，江上数峰青"》，提出了"静穆"乃诗之"极境"的命题，对"静趣"美的多维韵趣进一步作了挖掘。"静趣"重在空灵悠然，"静穆"则进一步对这种美趣意蕴的复杂况味予以了掘发。朱氏说，"静穆"是"两种貌似相反的情趣都沉没"于其中的"风味"，⑦ 迷茫隐约，而豁然彻悟；是那种即乐即苦，即痛即谐；是那种热烈的欢喜和热烈的愁苦，经久之后的醇化；

---

① 朱光潜：《朱光潜全集·第一卷说明》，《朱光潜全集》，第1卷，安徽教育出版社1987年版。《给一个中学生的十二封信》为首发连载于《一般》杂志时的原题，开明书店辑集出版时改为《给青年的十二封信》。
② 《朱光潜全集》，第1卷，安徽教育出版社1987年版，第15页。
③ 《朱光潜全集》，第1卷，安徽教育出版社1987年版，第15页。
④ 《朱光潜全集》，第1卷，安徽教育出版社1987年版，第15页。
⑤ 《朱光潜全集》，第1卷，安徽教育出版社1987年版，第16页。
⑥ 《朱光潜全集》，第1卷，安徽教育出版社1987年版，第16页。
⑦ 《朱光潜全集》，第8卷，安徽教育出版社1987年版，第396页。

479

是凄凉寂寞中的归依愉悦。它不是那种金刚怒目式的,而是低眉默想式的;是俯瞰众攘而一丝不扰,是曲终人杳而青山依旧;是人情与物景,消逝与永恒,不可捉摸的神秘调和。对"静穆"之美趣的阐发,体现了朱氏对艺术和美的细腻深刻的感悟能力,也为"情趣"和"人生的艺术化"的理论建构,提供了更为丰富多维的内在张力。

由"静穆",朱光潜提出了"艺术的最高境界都不在热烈"。[1] "静穆"是艺术的"一种最高理想,不是在一般诗里所能找得到的"。[2] 按这种标准,朱光潜以为古希腊的造型艺术,有着"这种'静穆'的风味";"这种境界在中国诗里不多见。屈原、阮籍、李白、杜甫都不免有些像金刚怒目、愤愤不平的样子。陶潜浑身是'静穆',所以他伟大"。[3] 有意思的是,朱光潜关于"静穆"的观点及对陶潜的评价,时隔一年,遭到了鲁迅针锋相对的批评。鲁迅在1936年发表的《"题未定"草(六至九)》中指出,"猛志固常在"和"悠然见南山"在陶渊明身上是集于一身的,"倘有取舍,即非全人,再加抑扬,更离真实"。[4] 但为了反驳朱光潜的观点,鲁迅旗帜鲜明地予以了"抑扬",认为"凡论文艺,虚悬了一个'极境',是要陷入'绝境'的",[5] "陶潜正因为并非'浑身是"静穆",所以他伟大'"。[6] 这个问题需要专文讨论。此处,先谈两点陋见:其一,鲁迅在当时提倡"热烈"的美趣,反对"静穆"的美趣,有其重要的现实意义;其二,鲁迅断言"静穆"之境"不见于诗",并将其讥嘲为"徘徊于有无生灭之间的文人"意趣,[7] 似有简单化之虞。事实上,其一,朱光潜谈"静",并未与"动"绝对割裂开来,而是与"动"相关联相呼应的。在《给青年的十二封信》中,《谈静》为第三封,第二封是《谈动》。朱光潜从人作为动物的基本性质来理解"动",以为人"能动,能发展,能创造,

---

[1] 《朱光潜全集》,第8卷,安徽教育出版社1987年版,第396页。
[2] 《朱光潜全集》,第8卷,安徽教育出版社1987年版,第396页。
[3] 《朱光潜全集》,第8卷,安徽教育出版社1987年版,第396页。
[4] 《鲁迅全集》,第6卷,人民文学出版社1981年版,第422页。
[5] 《鲁迅全集》,第6卷,人民文学出版社1981年版,第428页。
[6] 《鲁迅全集》,第6卷,人民文学出版社1981年版,第430页。
[7] 《鲁迅全集》,第6卷,人民文学出版社1981年版,第426页。

便是顺从自然，便能享受快乐，不动，不发展，不创造，便是摧残生机，便不免感觉烦恼"。① 所以，他所界定的"情趣"，其起点就从"生命的造化"始。而谈"静"，朱光潜也是在"人生乐趣一半得之于活动，也还有一半得之于感受"和"世界上最快活的人不仅是最活动的人，也是最能领略的人"的辩证法基础上展开的。② 其二，朱光潜谈"静穆"，也并未把它理解为一种性质单纯的美感，而是剖析了其相反相成的复杂内蕴。值得注意的是，20世纪60年代，朱氏在《莱辛的〈拉奥孔〉》一文中，再次论及了"静穆"。该文重点讨论了"化静为动"的美学原则，认为其本质是对艺术美的创造性和主观能动性的肯定。③ 应该说，朱氏的"情趣""静趣""静穆"等范畴，都没有脱离动和创造的一维，但其思想的重心和特点，应是偏于静和欣赏一维的。

四

审美艺术人生的统一、真善美的贯通、物我有无出入的交融，是中华人生论美学精神现代传承创化的重要向度。④ 这种美学精神扎根于中华文化的人文情怀与诗性哲韵，关切于人的鲜活生命和现实生存。它不尚以美论美的纯思辨研究和纯理论建构，而呈现出向人生开放的入世情致和试图超越现实生存的诗意情韵。孔子的美善自得之乐、老庄的道化逍遥之乐、魏晋名士的淋漓洒脱之乐、宋明士大夫的雅适把玩之乐，是这种美趣韵致的先导。20世纪初年，西方美学东渐，其科学精神和崇真意趣，直接影响了中国现代美学的理论意识和精神风尚。尤其是真的维度的引入，使得中华美学由古典意义上偏于美善两维的关联导向真善美三维的交融。这一时期，伴随着现代学科意识和理论意识的自觉，人生论美学也开启了理论建设和精神自觉的孕萌。

朱光潜作为人生论美学的现代话语和民族精神的重要代表人物之

---

① 《朱光潜全集》，第1卷，安徽教育出版社1987年版，第14页。
② 《朱光潜全集》，第1卷，安徽教育出版社1987年版，第12页。
③ 参见朱光潜《莱辛的〈拉奥孔〉》，《朱光潜全集》，第10卷，安徽教育出版社1987年版。
④ 参见金雅《人生论美学传统与中国美学的学理创新》，《社会科学战线》2015年第2期。

一，对于这一民族美学精神的传承创化，功不可没。中国古典人生美学情韵，主要体现为孔子—屈原式和老庄—陶潜式两种美趣意向，但没有现代意义上的理论自觉。至20世纪，梁启超和朱光潜堪为其发展之重要两脉的杰出代表。其共同的传承是由艺术来沟通美与人生，其共同的拓展是引真入美善之两维，但在物我有无出入这个聚焦点上，梁氏更显孔屈之范，朱氏更著庄潜之味，各具意趣韵姿。

梁氏美论，以"'知不可而为'主义与'为而不有'主义"相统一的"不有之为"，为"趣味"和"生活的艺术化"注脚。[①] 所谓"趣味"，任公说，是"由内发的情感和外受的环境的交媾发生出来"的。[②] 这个界定直接影响了朱光潜对"情趣"的认识，而任公关于"生活的艺术化"的中国式解读也深刻影响了朱光潜对"人生的艺术化"命题的建构。任公指出，趣味的反面是"干瘪"与"萧索"，是一种"石缝的生活"和"沙漠的生活"。[③] 在梁氏的逻辑里，趣味是生活的原动力，情感则是"人类一切动作的原动力"，[④] 因而情感也是趣味的深层动力。在物我双方的关系和趣味的生成中，情感占有主导的地位。在"趣味"创化的问题上，梁氏自然触及了"美情"的命题。[⑤] 他强调对于情感，既要"体验""表现"，又要"修养""提挈"。[⑥] 任公还通过对中国古典韵文和代表诗人的研究，总结反思了中华民族的情感特征问题，认为我们民族的情感趣好，以"含蓄蕴藉""温柔敦厚"见长，缺少"奔进""博丽""热烈磅礴"之作。由此，他反对文学艺术的"靡音曼调"，倡扬"绝流俗，改颓风"，[⑦] 弘扬与新的时代相呼应的变、兴、立、进、改、创的力之美和动之美。

朱氏"情趣"人生美论不乏梁氏"趣味"人生美论之影响，但梁氏之说更具英雄气韵，朱氏的目光更多投向了普通大众。也可以说，

[①] 参见金雅《梁启超美学思想研究》，第一章第四节，商务印书馆2012年版。
[②] 《饮冰室合集》，第5册，中华书局1989年版，文集之四十三第70页。
[③] 《饮冰室合集》，第5册，中华书局1989年版，文集之三十九第22页。
[④] 《饮冰室合集》，第4册，中华书局1989年版，文集之三十七第70页。
[⑤] 参见金雅《论美情》，《社会科学战线》2016年第12期。
[⑥] 《饮冰室合集》，第4册，中华书局1989年版，文集之三十七第72页。
[⑦] 参见梁启超《诗话》，《饮冰室合集》，第5册，中华书局1989年版，文集之四十五（上）。

梁说更尚动美，以创造之"进合"为美之至境；朱说更崇静美，以欣赏之"静"出为美之至味。他们在物我有无出入的关系中，都是主张两维之诗性交融的。若相区别，梁氏从我和人进，认为有与无在美的胜境（实现）中并无隔阂，人生和艺术兼同，这种诗性精神可用"化我"（以大化化小我）概之；朱氏偏于物和出之极，强调超有入无，以出导入，以艺术启人生，今拈出"超我"（超小我入大我）两字以概。由此，不仅见出梁朱两位中国现代人生论美学家共同的高情逸趣，也可体悟他们所代表的中国现代人生论美学精神既相区别又相呼应之重要两脉。

朱光潜的美学思想，特别是前期一系列重要范畴和命题，既有各自相对独立的理论内涵和情韵意趣，又互为呼应和补充，构成了朱氏美学话语的辨析度和独特风韵，其对人生论民族美学精神的传承创化，对于21世纪民族美学的建设，具有重要的启迪。同时，他的美学思想对于中华美学走向世界对话人类美学，也有着独特的意义。

原刊《社会科学战线》2018年第4期

附 录

金雅主要著述年表（1991—2021）

1991：

12月，《杭州大学学报》（哲学社会科学版）1991年第4期发表《庄子美学本体观释论》。

1994：

9月，《杭州师范学院学报》1994年第5期发表《略论美育的本质和美育的建设》。

1995：

9月，《杭州师范学院学报》1995年第5期发表《文艺的商品属性与审美属性》（第一作者）。

1998：

7月，《浙江社会科学》1998年第4期发表《革新与复归："模仿说"及其在西方文论中的发展》。

9月，《杭州师范学院学报》1998年第5期发表《叙事者的生命观照——1997年浙江中篇小说述评》（第一作者）。

2000：

1月，《杭州师范学院学报》（社会科学版）2000年第1期发表《内蕴密集化：现代小说艺术变革管窥》。

《当代文坛》2000年第1期发表《现代女性迷失何方——评〈婚姻相对论〉中的女性形象》。

5月，《当代文坛》2000年第3期发表《生命的崇高与纯真的执着——读池莉小说〈云破处〉》。

2001：

5月，《杭州师范学院学报》（社会科学版）2001年第3期发表《梁启超小说思想的建构与启迪》。

《当代文坛》2001年第6期发表《"阿米哲学"与女性命运的反思——评王方晨小说〈毛阿米〉》。

12月，《复印报刊资料·文艺理论》2001年第12期全文转载《梁启超小说思想的建构与启迪》。

《文艺报》2001年12月15日发表《女性命运的文学风标——二十世纪中国文学与女性解放》。

时代文艺出版社出版专著《诗意共舞——迈向文学至境》。

2002：

2月，《复印报刊资料·中国现代、当代文学研究》2002年第2期全文转载《女性命运的文学风标——二十世纪中国文学与女性解放》。

7月，《当代文坛》2002年第4期发表《社会转型·爱情文化与女性形象——评何玉茹中篇小说〈素素〉》。

11月，《河南师范大学学报》（哲学社会科学版）2002年第6期发表《论文学功能系统与特质》。

2003：

1月，《江西社会科学》2003年第1期发表《文学审美的情感功能》。

3月，《文艺理论与批评》2003年第2期发表《梁启超"三大作家批评"与20世纪中国文论的现代转型》。

《浙江学刊》2003年第2期发表《重化合·创新变·扬个性——梁启超美学思想的理论风貌》。

《浙江教育学院学报》2003年第2期发表《论梁启超小说理论的基本特性》。

5月，《云梦学刊》2003年第3期发表《文学革命与梁启超对中国文学审美意识更新的贡献》。

6月，《绍兴文理学院学报》（哲学社会科学版）2003年第3期发表《梁启超美学思想的精神特质》。

7月,《杭州师范学院学报》(社会科学版)2003年第4期发表《体系性·变异性·功利性——梁启超美学思想研究中的三个问题》。

《复印报刊资料·中国现代、当代文学研究》2003年第7期节选《文学革命与梁启超对中国文学审美意识更新的贡献》。

8月,《复印报刊资料·中国古代、近代文学研究》2003年第8期全文转载《文学革命与梁启超对中国文学审美意识更新的贡献》。

9月,《复印报刊资料·美学》2003年第9期全文转载《体系性·变异性·功利性——梁启超美学思想研究中的三个问题》。

《复印报刊资料·文艺理论文摘卡》2003年第3期摘编《论文学功能系统与特质》。

10月,《学术月刊》2003年第10期发表《梁启超的"情感说"及其美学理论贡献》。

《中国社会科学文摘》2003年第5期论点摘要《文学审美的情感功能》。

12月,《复印报刊资料·文艺理论文摘卡》2003年第4期摘编《重化合·创新变·扬个性——梁启超美学思想的理论风貌》。

2004:

7月,《杭州师范学院学报》(社会科学版)2004年第4期发表《梁启超学术思想的特质与启迪》。

8月,《中国文学年鉴》2003卷刊发论文摘要《论文学功能系统与特质》。

《文艺报》2004年8月17日发表《梁启超与中国美学的现代转型》。

9月,《浙江学刊》2004年第5期发表《论梁启超美学思想发展分期与演化特征》。

11月,《文艺理论与批评》2004年第6期发表《论梁启超对中国女性文学的贡献》。

12月,《复印报刊资料·美学》2004年第12期全文转载《论梁启超美学思想发展分期与演化特征》。

2005:

3月,《文学评论》2005年第2期发表《梁启超"趣味"美学思想的理论特质及其价值》。

5月,《浙江学刊》2005年第3期发表《论梁启超"力"与"移人"范畴的内涵与意义》。

6月,商务印书馆出版专著《梁启超美学思想研究》。

8月,《中国社会科学文摘》2005年第4期论点摘要《梁启超"趣味"美学思想的理论特质及其价值》。

2006：

1月,中国社会科学出版社出版的《美学前沿》第3辑发表《梁启超文艺美学思想及其当代启思》。

2月,《广州大学学报》(社会科学版)2006年第2期发表《梁启超文论创构与当代文论建设》。

3月,《中国文学年鉴》2004卷刊发论文摘要《梁启超"三大作家批评"与20世纪中国文论的现代转型》。

5月,《浙江学刊》2006年第3期发表《论梁启超的崇高美理念》。

10月,《复印报刊资料·文艺理论》2006年第10期全文转载《梁启超文论创构与当代文论建设》。

2007：

7月,《杭州师范大学学报》(社会科学版)2007年第4期发表《大众传媒时代的文学变迁及其价值功能再认识》。

10月,《广州大学学报》(社会科学版)2007年第10期发表《丰子恺的真率之趣和艺术化之真率人生》。

12月,《文艺报》2007年12月18日发表《促进人生艺术化》。

2008：

1月,《文艺争鸣》2008年第1期发表《"人生艺术化"的中国现代命题及其当代意义》。

3月,《文艺争鸣》2008年第3期发表《梁启超美学思想及其价值启思》。

4月,《复印报刊资料·文艺理论》2008年第4期全文转载《大众传媒时代的文学变迁及其价值功能再认识》。

5月,《社会科学战线》2008年第5期发表《中国现代文论精神之发掘与传承——关于文学现状、文论建设及其策略的一种思考》。

《社会科学报》2008年5月22日发表《建构"趣味"精神》。

6月,《复印报刊资料·美学》2008年第6期全文转载《梁启超美育思想及其价值启思》。

9月,《文学评论》2008年第5期发表《全球化语境与"人生艺术化"命题的当代意义》。

2009:

1月,《天津社会科学》2009年第1期发表《"人生艺术化"的中国现代命题与"美的规律"的启示》。

3月,《浙江社会科学》2009年第3期发表《"大词人"与"真感情"——谈〈人间词话〉的人生美学情致》。

浙江大学出版社出版《中国现代美学名家文丛》(6卷,主编)。

天津人民出版社出版《中国现代美学与文论的发动——"中国现代美学、文论与梁启超"全国学术研讨会论文选集》(主编)。

4月,《社会科学报》2009年4月9日发表《现代美学的基本走向》(第一作者)。

5月,《复印报刊资料·文艺理论》2009年第5期全文转载《全球化语境与"人生艺术化"命题的当代意义》。

6月,《光明日报》2009年6月9日发表《"人生艺术化"与人的和谐生成》。

9月,《社会科学战线》2009年第9期发表《"趣味"与"生活的艺术化"——梁启超美论的人生论品格及其对中国现代美学精神的影响》。

11月,《安徽大学学报》(哲学社会科学版)2009年第6期发表《中国现代美学的精神传统》(第一作者)。

12月,《复印报刊资料·文艺理论》2009年第12期全文转载《"人生艺术化"与人的和谐生成》。

2010:

1月,《杭州师范大学学报》(社会科学版)2010年第1期发表《中西文化交流与梁启超美学思想的创构》(第一作者)。

4月,《学术月刊》2010年第4期发表《人生论美学的价值维度与实践向度》。

10月,《复印报刊资料·文艺理论》2010年第10期全文转载《人生论美学的价值维度与实践向度》。

2011：

1月,《社会科学辑刊》2011年第1期发表《梁启超趣味人生思想与人生美学精神》。

3月,《中国社会科学报》2011年3月29日发表《梁启超：以趣味超拔人生》。

5月,四川大学出版社出版的《中外文化与文论》第21辑发表《马克思主义与民族文化的建设》。

6月,《文艺报》2011年6月20日发表《文学教育及其情感功能》。

11月,《艺术百家》2011年第6期发表《关于艺术学理论学科属性和价值维度的思考》。

12月,《复印报刊资料·文艺理论》2011年第12期全文转载《文学教育及其情感功能》。

《文艺报》2011年12月14日发表《文化开放与民族承担》。

2012：

8月,《学术月刊》2012年第8期发表《"境界"与"趣味"：王国维、梁启超人生美学旨趣比较》。

9月,《社会科学辑刊》2012年第5期发表《趣味与情调：梁启超宗白华人生美学情致比较》。

《武陵学刊》2012年第5期发表《理想·情感：论萧殷文艺思想的现实意义》。

《鄱阳湖学刊》2012年第5期发表《生态美学视野下的现代宜居城市》(第一作者)。

10月,《文艺报》2012年10月15日发表《文艺理论的使命与承担：文艺理论家王元骧访谈》。

11月,商务印书馆出版《中国现代美学名家研究丛书》(6册,主编)。

商务印书馆出版专著《梁启超美学思想研究》（修订版）。

《艺术百家》2012年第6期发表《为什么重提"人生艺术化"》。

人民日报出版社出版的《当代文艺学的变革与走向：钱中文先生诞辰80周年纪念文集》发表《为学·为人·为事：我的老师钱中文先生》。

12月，《光明日报》2012年12月18日发表《审美人格与当代生活》。

《复印报刊资料·文艺理论》2012年第12期全文转载《"境界"与"趣味"：王国维、梁启超人生美学旨趣比较》。

2013：

3月，《中山大学学报》（社会科学版）2013年第2期发表《"人生艺术化"：学术路径与理论启思》。

《中国社会科学报》2013年3月22日发表《人人都做"美术人"》。

4月，商务印书馆出版专著《人生艺术化与当代生活》。

5月，《新华文摘》2013年第10期论点摘编《"人生艺术化"：学术路径与理论启思》。

7月，《社会科学战线》2013年第7期发表《"趣味"与"情趣"：梁启超朱光潜人生美学精神比较》。

9月，《复印报刊资料·文艺理论》2013年第9期全文转载《"人生艺术化"：学术路径与理论启思》。

《艺术百家》2013年第5期发表《梁启超美育思想的范畴命题与致思路径》。

《安徽大学学报》（哲学社会科学版）2013年第5期发表《论中国现代美学的人生论传统》（第一作者）。

10月，《新华文摘》2013年第20期论点摘编《"趣味"与"情趣"：梁启超朱光潜人生美学精神比较》。

11月，《鄱阳湖学刊》2013年第6期发表《"美丽中国"的人文关怀维度与生活品质建构》。

2014：

2月，中国社会科学出版社出版的《第十八届世界美学大会论文集》发表《梁启超的美学思想及其趣味精神》。

6月,《复印报刊资料·文艺理论》2014年第6期全文转载《梁启超美育思想的范畴命题与致思路径》。

中国言实出版社出版《蔡元培梁启超与中国现代美育——"蔡元培梁启超美育艺术教育思想与当代文化建设"全国学术研讨会论文选集》(第一主编)。

9月,《东南大学学报》(哲学社会科学版)2014年第5期发表《加强艺术学理论民族学理的建设》。

11月,《艺术百家》2014年第6期发表《微时代的审美风尚和生活的艺术化》。

12月,《复印报刊资料·文艺理论》2014年第12期全文转载《加强艺术学理论民族学理的建设》。

浙江大学出版社出版的《文艺学的守正与创新:王元骧先生八十寿辰暨从教五十周年纪念文集》发表《学问人生:我的老师王元骧先生》。

2015:

2月,《社会科学战线》2015年第2期发表《人生论美学传统与中国美学的学理创新》。

3月,《光明日报》2015年3月18日发表《论中华人生审美精神》。

4月,《文艺报》2015年4月20日发表《以中华美学精神提升当代批评实践》。

上海三联书店出版的《传统与现代接轨的中国音乐图像学》发表《丰子恺音乐漫画研究》(第一作者)。

6月,《新华文摘》2015年第11期全文转摘《人生论美学传统与中国美学的学理创新》。《浙江日报》2015年6月26日发表《中华美学精神的价值意义》。

7月,《文艺报》2015年7月13日发表《美学研究的世界视野与中国实践——美学家汝信访谈》。

9月,《中国艺术报》2015年9月9日发表与仲呈祥的对话《中华美学精神:理论与实践》。

10月，《复印报刊资料·美学》2015年第10期全文转载《美学研究的世界视野与中国实践——美学家汝信访谈》。

中国言实出版社出版《人生论美学与中华美学传统——"人生论美学与中华美学传统"全国高层论坛论文选集》（第一主编）。

11月，《艺术百家》2015年第6期发表《宗白华的"艺术人生观"及其生命诗情》。

12月，《中国艺术报》2015年12月9日发表《推进中华美学和艺术精神的理论自觉》。

2016：

1月，《人民日报》2016年1月18日发表《中国美学须构建自己的话语体系》。

2月，《人民周刊》2016年第3期摘编《中国美学须构建自己的话语体系》。

3月，《艺术百家》2016年第2期发表《加强中华美学精神与艺术实践的深度交融》。

4月，《新华文摘》2016年第7期论点摘编《中华美学与艺术精神的特质》。

12月，《社会科学战线》2016年第12期发表《论美情》。

2017：

3月，《新华文摘》2017年第5期全文转摘《论美情》。

《高等学校文科学术文摘》2017年第2期全文转摘《论美情》。

5月，中国社会科学出版社出版文集《中华美学：民族精神与人生情怀》。

中国文联出版社出版《中国现代美学名家文丛》（6卷，主编）。

浙江少年儿童出版社出版专著《美育与当代儿童发展》（第一作者）。

6月，中国社会科学出版社出版《中国现代人生论美学文献汇编》（第一编者）。

9月，《中国文艺评论》2017年第9期发表《人生论美学与中华美学精神——以中国现代四位美学家为例》。

《中国纪检监察报》2017年9月22日发表《以情蕴真涵善育美》。

10月,《社会科学战线》2017年第10期发表《人生论美学与中国美学的学派建设》。

11月,《文艺报》2017年11月13日发表《践行文艺"三讲"反对文艺"三俗"》。

12月,《中国艺术报》2017年12月22日发表《新时代·新文化·新美学》。

2018:

1月,《人民论坛》2018年第1期发表《艺术理论批评语言的美学尺度》。

2月,《学术月刊》2018年第2期发表《中国现代美学对中华美学精神的传承与发展》。

中国文联出版社出版《中华人生论美学经典悦读书系》(4册,主编)。

3月,《文艺报》2018年3月14日发表《中华美学风范与新时代精神》。

4月,《社会科学战线》2018年第4期发表《朱光潜对中华人生论美学精神的传承创化及其当代意义》。

5月,《高等学校文科学术文摘》2018年第3期全文转摘《中国现代美学对中华美学精神的传承与发展》。

《中国文艺评论》2018年第5期发表《"美情"与当代艺术理论批评的反思》。

中国社会科学出版社出版《人生论美学与当代实践——"人生论美学与当代实践"全国高层论坛论文选集》(第一主编)。

8月,《中国艺术报》2018年8月24日发表《传承优秀民族文化精神推动当代文艺创新发展》。

11月,《社会科学辑刊》2018年第6期发表《中华美学精神的实践旨趣及其当代意义》。

12月,《文汇报》2018年12月7日发表《真率之趣构筑的大人格》。

2019:

8月,中国社会科学出版社出版文集《中华美学精神的现代创化》。

2020：

8月，《中国文艺评论》2020年第8期发表《大美：中华美育精神的意趣内涵和重要向度》。

10月，中国社会科学出版社出版专著《中国现代人生论美学引论》（第一作者）。

2021：

3月，南京大学出版社出版文集《说艺论美》。

（李祎罡、田瑞　整理）

代 跋

向美而行

——致敬人生

  1981年，第二次参加高考的我，被杭州大学中文系录取。高考那几天，感冒发烧，糊里糊涂考完，让父母亲担忧不已。成绩放榜，高出了当年国家重点线20多分，据说是当年小县城里的高考文科状元。填写志愿时，第一志愿学校选择了杭州大学，第一志愿专业选择了中文系。这多少受到了我的高中语文老师何在田先生的影响。何老师就是杭州大学中文系毕业的高才生。他颇有名士风范，风度翩翩，说话字正腔圆，充满了书卷味和文人气。印象中，他时不时会提到母校杭大中文系，给我的感觉那就是全国最好的中文系了。那之前，我没怎么出过远门。最远的，到过上海，我外婆家的亲戚——我的表姨、表舅们都在上海。经验对于人生的选择，影响直接而深刻。我父母都是国家公职人员，杭州是我小时候，他们出公差去得最多的省会城市。那个时代物质匮乏，父母出差带回的零食、玩具，是我童年生活中最幸福温暖的记忆之一。

  1981年，恢复高考的第四年。那一年，除了历史悠久的中文专业以外，法律、旅游等都属刚刚开设的新专业。我从小非常喜欢看故事书，那时缺少课外读物。记得家里有一本薄薄的黑白两色的看图说话，泛黄的画页上都是一些极日常的生活用品，有扫把、杯子、筷子之类的。因为没有其他读物，这本画册我就非常宝贝，翻来覆去地细细翻看。县里的图书馆，我母亲单位的图书室，我是常客。有一次，借到一本儿童小说《小铁头夺马记》，回家都不肯吃饭睡觉了，一口气把它捧着读完。我家里三姐妹,两个姐姐相差1岁,大姐与我间隔5年,二姐间隔4年。母亲经常带我去她单位玩,我经常缠着母亲单位的叔叔们讲故事、画画,大人们都宠着我。据说,有一次,我让一个叔叔画鸭子,画了几十张纸,也不肯罢休。还有讲故事,那是只要开了头,我就缠着叔叔们讲了一个又一个,一般都停不下来的。我母亲有个朋友小季叔叔,他不仅给我们三姐妹讲,也给我们的邻居小伙伴们讲。我父亲当时在县政府工作,家里住的是县政府的家属院,二层的小楼,前面一排一字排开的平层厨房,中间隔着一长溜水泥门汀。小季叔叔每次来我家玩,就在我们家属大院的水泥门汀上摆开了龙门阵,孩子们呼啦啦围了一大圈,有时大人们也来凑热闹,仿佛是大家的一个节日。

我父亲家里祖辈务农,但他喜欢读书,父母就送他读了三年小学。父亲学校的校长,是一个中华人民共和国成立前入党的干部,看父亲勤奋好学,做事认真,笔头口才都不错,就介绍父亲参加了工作。刚解放不久,百废待兴。父亲先后在温州、台州政府的组织部门、党校、纪委等工作,担任领导。从我记事起,父亲就是我们县里有名的硬气干部。但父亲也有柔情有趣的一面,这一点,大概只有他的至亲家人才体会得到。我父亲爱听广播,他有一个心爱的小收音机。听收音机里的节目,是他工作之余最大的消遣之一。我父亲也爱读书,只要有时间他就会阅读古典名著。我父亲故事也讲得好,他给我讲过全本的《西游记》和《水浒传》。父亲每天讲一节,一本书得连续讲好一段时间。听父亲讲故事,是我每天的重要期盼,这也是最早在我心灵里播下的文学的种子之一。父亲还爱下跳跳棋、象棋。跳跳棋是我们全家共同的娱乐爱好,家里每个人都会下,也都喜欢下,尤其我母亲是下跳跳棋的高手,基本上是打遍全家无敌手。象棋我们家女性都不会下,我父亲就抽时间跟两个小外孙切磋棋艺。父亲的钢笔字很漂亮,我母亲其他方面不会夸我父亲,她要夸只夸父亲两点,一是文笔好,二是字写得漂亮。我父亲的柔情细心,让我记忆最深刻的,是有一次他出差上海带回来的玩具,一个非常漂亮的大女洋娃娃。这个娃娃,立即在邻居小伙伴中引起轰动。这个娃娃大概有50厘米分高,手脚都能活动，卷起的长头发，眼睛大大的，粉红色的脸蛋，美丽的上衣和裙子还能穿脱。20世纪70年代初，这样的娃娃，差不多就是孩子们想象的极限了。我们三姐妹得到这个娃娃，满心的喜欢和宝贝。从此，我们的保留节目，就是和娃娃过家家。我们一次次不知疲倦地扮演娃娃的爸妈、老师、医生等，上演了不计其数的没有剧本的剧目。后来，有一天，一不小心，把娃娃摔落在地上，她的脑袋磕出了一个大窟窿。看着伤心不已的我们，父亲灵机一动，想出了一个点子。他找了些沙泥填入娃娃磕破了的脑袋窟窿里，然后就地取材，从家里找出些鲜红色的油漆，把窟窿表面涂上了。这下可好了，娃娃粉红色的脸蛋和鲜红色的脑袋窟窿，界限分明。父亲一不做二不休，干脆就把娃娃整个脑袋都涂成了鲜红。这一下，这个优雅可爱的娃娃，就变成了红头"关公"，有些刺眼吓人了。我"哇"一声，伤心大哭起来。这个事后来怎样收场的，已经记不得了。自此之后，这个娃娃在我们的人生剧场中就此淡出，但她无疑是我小时候最珍爱的玩具之一，深深地留在我的记忆中，带给我很多美好的回忆。

我从小没有见过外公，我母亲是外婆唯一的孩子，记忆中外婆一直和我们住在一起。她非常整洁，穿着从不凌乱，每天把自己的头发梳得一丝不乱，把我的头发也梳得服服帖帖。外婆最喜欢给我梳的是"铁梅辫"，就是样板戏《红灯记》里女主角李铁梅梳的那个辫子，上面一个小麻花辫，下面连着一个大麻花辫，捆扎上长长的红头绳。外婆还特别喜欢织毛衣，是亲朋邻里中有名的织毛衣达人。我常年身上都穿着她织的各色各样的毛衣。不仅图案新颖，款式也有外婆自己的创意，每件都不相同。一直到我工作后，外婆还给我织毛衣。我的同学和朋友，对我外婆的毛衣，几乎都印象深刻。我母亲是浙江省商业学校中专毕业，算是科班。她身材娇小，性格开朗。印象中，母亲对我可谓极尽慈爱。她对我的家庭教育，就是无尽的爱和信任。她对我的期待，就是简简单单的一个，那就是能读书就去读书。我本来不一定是个读书的材料，中专没考上，大学考了2次，硕士考了3次，博士考了3次，一路坎坷，最后竟然做完了博士后研究顺利出站。每当我考试失利的时候，母亲从不失望责备，而永远是无限的信任鼓励和无条件的默默支持。

　　家中三姐妹，我是老幺，两个姐姐对我也是宠溺有加。我们三人，性格各异。大姐温厚勤快，二姐聪明机灵，我算是有点小个性，用我母亲的话说，就是喜欢"掸顺毛"。印象深刻的，是有两次和我父亲起冲突。第一次，是学校有个活动，我一早起来找衣服，准备去学校，母亲拿出原本买给姐姐的衣服，姐姐一直搁着没穿，看着还是新的，现在姐姐穿尺寸就偏小了，母亲说这件衣服是新的，让我穿，我一看不喜欢啊，就要穿我自己的旧衣服。我父亲一般不参与家里这类琐事，那天不知怎么上心了，也可能是觉得参加活动穿新衣服更好，就拿出父亲的权威让我穿，我坚持不穿，父亲一着急，扬手打了我一下。我一边哭，一边穿着自己的旧衣服夺门而去。自此，父亲再没有对我动过手，这是他唯一的一次。第二次，是上大学后的第一个暑假。我们文科高复小班的同学，相约去雁荡山玩。我们高二那年，黄岩中学第一次组建文科班，当时大家都看好理工科，老百姓中流传着一句话，叫"学好数理化，走遍全世界"，文科是冷门，选考的人少，文科班的学生是从全年级各班中选过来的。当年高考，我们都落榜了。第二年，黄岩中学又第一次组建了一个文科高复班，大部分原来文科班中未考上大学的同学都放弃了，他们参加了当时的招工考试，考入黄岩罐头厂、轴承厂等国营大厂工作，也有几个考到了黄岩司法系统干上了律师。文科高复班只剩下十来个人，差不多一半是考文科的，一半是考外语的，我们自己称为文科小班。这一年高考，我们这个文科小班发挥出色，大部分考上了大学，有考到北京的、南京的、杭州的，也有考入本地高校台州师专的。第一个暑假，大伙儿都回到了自己家乡，相聚在一起，开心的心情可以想象。这次雁荡旅游，是文科小班第一次组队外出，也是至今为止唯一的一次。我已答应了和大家一起去，没想到家里父母知道了不同意，而且坚决不同意。当时我大姐已经成家，我就找大姐二姐帮忙，前一天晚上偷偷离家住到了大姐家，算是唯一的一次离家出走吧。出门的必需品和钱，都是大姐帮忙准备的，第二天直接从大姐家走了。回来也不敢直接回父母家，大姐二姐帮忙侦探，看看父亲有无消气。后来，大概是我母亲先憋不住了，算是让我顺利回家了。我能想得起来的，父亲和我意见相左的，一辈子也就这两次。可以说，父母和姐姐，几乎竭尽了他们的可能，支持我去实现自己的一切想法。后来，我又遇到了我的先生，一个心底藏着艺术和诗意的工科男，又迎来了一个温暖而思辨的小绅士，我们一家三口，常常在科学和人文、情感与理性的交错话题中，互不相让，驳诘辩难，这也是我们家常娱常乐的保留节目。

1971年，我开始读小学，学校的名字叫东方红小学，在我们县城的小学中，也算数一数二了。我家这个小县城，叫黄岩，坐落在括苍山脉下，永宁江畔，永宁江也称澄江，历史上，黄岩是个有名的蜜橘之乡。橘花开时，澄江两岸，一片片橘树组成的大绿毯上，缀满了星星般的小白花。橘子成熟时，成片的绿树枝头，挂满了一簇簇黄澄澄的橘球。记得小时候，每年橘子成熟的时节，家乡的空气里，到处流溢着欢乐与甜香。家家的大人们都忙碌起来了。家乡的蜜橘不论个，不论斤，而论筐，一个圆藤条筐一般可装三十到五十斤，几筐几十筐地搁在屋头，黄澄澄，金灿灿。孩子们肯定是最开心的了，可以敞开肚子可劲儿吃。这个时候，家里大人一般没时间跟你啰唆计较了，他们自顾忙着从筐里挑出最美味最漂亮的橘子，装筐寄给四方的亲朋好友。老家县城，最有名的景点，是九峰公园。公园里有一座烈士陵园，是小时候我们春游的目的地之一。记得老师给我们讲，这里安息的是当年解放一江山岛的先烈们。陵园里翠绿的松柏和肃穆的氛围，深深地印在我的心中。九峰公园里，还有一座始建于北宋的瑞隆感应塔，小时候，望着覆着绿色苔藓的石宝塔，那种穿越时间的苍凉和厚重，虽然并不太懂，但常常也有一种莫名于心底的感动。

幼儿园读到了大班上学期，忽然有一天，我对幼儿园不感兴趣了。我跟父母说，我要去读小学。父亲就去找了东方红小学的校长。校长说，现在想要插班读，也只能下学期来读一年级下册了，到时让班主任老师看看吧，班主任要的话，就可以读。我天天盼着，终于等到新学期开学了，父亲领我去见班主任，是位女老师，她见了我，没说啥，就牵着我的手，把我领到了班上。因为一年级上册没有读，我没有学过汉语拼音，每次考拼音，我就在班里垫底。但写作，从小学开始，好像就是我的一个强项。我觉得，这可能一部分来自父亲的基因和熏陶。我父亲，是县委大院里有名的好笔头。我家里三姐妹，大姐的作文也写得好，可惜是家里孩子中的老大，按当时政策，高中毕业就下乡了，没能接受更高的教育。一开始，我作文也不会写，我父亲就让我参考大姐的作文。看了几回，我自觉大体明白作文的诀窍了。每次写的作文，被老师点名表扬的概率也很高，写个六百字、八百字的，基本上难不倒我。

1976年，我升读初中。那一年，"文革"结束了。东方红小学当时还办了个带帽的初中部，我就在这个初中部读完初中。我们初中的语文老师姓徐，叫徐东星。我后来选读中文系，和文学艺术、美学结下不解之缘，我觉得第一个要感谢的老师就是徐老师。徐老师微胖，戴着一副厚厚大大的圆框眼镜，很有老师的威严。他第一次布置作文题，是让我们写一篇参观记，记叙学校组织的参观雷锋展览馆的活动。作文交上去了，没想到全班都被打回重写。徐老师说，你们所有作文，都是三段论。开头是：形势一片大好，我们去看展览；结尾是：我们革命接班人，学习雷锋好榜样。现在，开头和结尾不许这么写，这样写的要是再交上来，你还得去重写！作文不这样写，还能怎样写？这可难坏了我们一班"革命接班人"。一直以来，我们的作文不都是这么写的吗?！我绞尽脑汁，也想不出还有其他的写法啊，小学的语文老师也没有教过其他的写法啊。最后，没办法，我去掉开头结尾交上去，没想到竟然通过了。徐老师还在课堂上表扬了我，我的心脏怦怦跳，不敢相信自己的耳朵。这次作文给我的印象太深刻了，原来好作文不一定就要红旗飘表决心啊，好作文也不是只有一种写法啊，真实自然，也可以是好作文啊。最关键的是，我还似乎懵懵懂懂明白了一些什么道理，就是那种看似完全正确的规则的东西，不一定是一成不变的；最重要的不一定是形式的显露在外的东西，而是更内在的质朴的事物本身。至此，我自己感觉突然地在作文的写法上，好像有了某种领悟。事实上，这个事情，也使我的人生成长，感受到了某种忽然洞彻的触动。

我们初中的班主任，是一位教英语的女老师，叫沈桂琴。当年的她青春靓丽，很精神，很温柔，说话的声音特别好听。班上的男同学们很想引起沈老师的关注，有时在我们放学回家的路上，学校门前一条长长窄窄的青石板路的两侧屋角，三五个的悄悄躲起来，待沈老师走近，就一起大叫沈老师的名字，然后一哄而散逃开去。有了沈老师，我们的学习似乎有了某种劲头，暗地儿里比着劲儿。初中一年级，我稀里糊涂被选为班副。二年级开学，班长突然就转学走了，然后我稀里糊涂就成了班长。但从头至尾，我好像都没有好好干过班副班长的活儿，或者说，不知道班副班长要干点啥，沈老师也不多干涉或指派啥。印象里，初中两年的学习和生活，大体是自在愉快的。但在今天这个微信群 QQ 群爆裂的时代，小学、高中、高复班，都有了班级同学的微信群，唯独初中没有，显然是我这个曾经的班长太不称职。后来，一次偶然的机会，得知我的大学老师陈建新教授，是沈桂琴老师爱人的妹夫，让我好生激动了一下。陈老师跟我说，沈老师当年很为我考入杭州大学中文系而骄傲，但她给我的评价是：不太善于跟人打交道。是啊，真的不愧是自己的老师啊，论人可谓精准，要不然，初中的班级，不至于今天还没有群。通过陈老师，我和沈老师重新联系上了，我们互相加了微信，在朋友圈相互点赞。我和初一我们班上的班长、我的老邻居褚同学约好了，下一次回黄岩，我们一起去看望沈老师。

1978 年，我升入黄岩中学读高中，后又参加文科班复读。先后任教我们语文的有何在田老师和苏士俊老师。两位老师似乎都蛮欣赏我的作文，常常拿我的作文当范文。当时，黄岩中学语文教研室还编选了学生习作选《新苗》，在我的印象里，《新苗》前后一共出了三集。当时，我的习作《观雪》《雨中游九峰》《观花灯》都入选了第二集，大概是《新苗》入选篇目最多的学生之一。何在田老师特别擅长讲授现代抒情散文，课堂上每次听他示范朗读，声情并茂，总让人仿佛如临其境。高考填志愿那会儿，不巧何老师腿受伤了，但他仍然一瘸一拐拄着拐杖到我家里来，动员我父母亲，让我填报杭大中文系。这个场景，深深地刻在我的脑海里，记录了一个老师对于学生的责任心和期盼。我自己后来也做了老师，大致也能体会到何老师当年的那种心情了，有时真的是为学生着急，希望他（她）能抓住每一个可能的合适的"机会"，或者希望他（她）能"幡然醒悟"。当了三十多年老师，现在对这种心境，自己也不免哑然失笑，其实，老师是不用这么着急的，因为每一颗种子，它最终都会找到合适自己的土壤，生根发芽。

1981年，我入读杭州大学中文系。在大学班上，我年纪最小。年级里，则算倒数第二小。在中文系这个不仅比拼智商情商，也拼阅历经历的专业里，似乎不占什么优势。我每天乖乖上课，坐在第一排，认真记笔记，考试前认真背笔记，每门课成绩都是90多分或者是优。有一门语言学概论，太枯燥了，年级里的大孩子们大都不爱学，到期末我也考了90多分，不仅大家惊奇，我自己都觉着奇怪，因为我也不爱学习这门课啊。临近毕业，年级里分下来两个保研名额，一个免试推荐，给了全年级总成绩排名第一的男生，年纪是全年级最小的一个。还有一个加试推荐，辅导员就找我了，因为我的总成绩是全年级排名第二。我一听，这个名额是中文系古籍研究所的，要到古籍所去做硕士生。我不喜欢语言类啊，更不喜欢古汉语啊，当即就回绝了。其实杭大中文系古籍所是一个牛所，当时有很多大名鼎鼎的顶尖学者，比如姜亮夫、沈文倬、蒋礼鸿等，不过不是我的兴趣所在，擦肩而过，惋惜但不遗憾。当时，写作研究室主任陈为良老师给我们这届上写作课，他组织了一个文艺评论的社团，还亲自挑选了社团的第一批学生。我们年级他选了两个，一个是我，另一个是浦江籍的男生季同学。我们当时是一年级，第一次集会，我们两个一年级新人傻傻地听了一通，还没整明白啥，这个社团印象中就再没什么活动了。但从全年级一百多个学生中被陈老师选出来，我私下对自己说，应该我的写作水平还算可以的吧。大学里，我跟写作教研室的老师，是联系最多的。1985年，大学毕业后，我先是被分配回老家台州，到台州师范专科学校当老师。工作四年后，1989年，我考回杭州大学中文系师从王元骧先生攻读文艺学硕士，但我加入的第一个真正意义上的学术社团，是陈为良老师担任会长的浙江省写作学会。这一加入，一直到现在，我还是浙江省写作学会的一员。1992年，我硕士毕业，由台州师范专科学校调入杭州师范学院中文系，先是分到写作教研室，担任写作课的老师，由此跟杭州大学中文系的几位写作老师,像吕洪年、金健人、陈建新等,都保持着联系。其中,陈为良老师和金健人老师先后担任会长的浙江省写作学会是重要的纽带。写作学会每年召集一次年会,几十年来,从未间断。我提交年会的论文,也多次获奖。后来,我的研究生们也常常参加浙江省写作学会的年会,他们研讨写作的论文,也多次在年会论文评选中获奖,这对年青的学子来说,是一种宝贵的肯定和鼓励。

除了写作教研室的老师,大学时代的老师联系比较多的,就是文艺理论教研室的老师们了。我的本科毕业论文《艺术"空白"浅探》是跟着文艺理论教研室的朱克玲教授做的,虽然完全是科研"小白"蹭蹭门道而已,但朱老师和她的先生,当时的杭大中文系主任、中国现当代文学教研室的郑择魁教授,可以说是非常热情且认真地对待这个事的,至今想来都让我充满了感动和感激。朱老师很优雅,说话慢声细语,举手投足满满的书卷气。郑老师博学通达,温和亲切,仿佛亲戚家的伯伯。论文写作期间,我多次上门请教,感觉朱老师和郑老师完全把我当作了一个平等对话的小学友,总是不厌其烦地跟我讨论,有时是在他们家客厅里边喝茶边品各种小食边讨论,有时是跟朱老师夫妇一起在他们家小区绿道上边散步边讨论。这样温馨的场景,迄今还深深地印在我的脑海里,仿如昨日。一开始我也拘谨着,慢慢地也就放开了。可以说,在科研的道路和尝试中,最初我就获得了愉快的过程体验,这是如此的重要和可贵!和朱老师、郑老师的亲密交往和接触,不仅是学术上的获益,他们也是我学术人生的美好偶像,给我留下了温暖深刻的影响。文艺理论教研室的老师,还有蔡良骥老师、李寿福老师等,他们上课各有风格,蔡老师热情澎湃,李老师严谨幽默,都是口才了得,富雄辩之趣。我准备回杭州大学中文系考研时,第一个联系的是蔡良骥老师,蔡老师一听很高兴,立马鼓励我好好复习,有疑难问题可以随时问他。李寿福老师在我们大三时开了一门文学理论的选修课程,当时还把我们的课程作业,编成了一本小册子,油印出版。几经搬家,我的这本册子再没找到。大学毕业 20 周年同学会时,有个同学把自己保存的这个小册子拿出来,作为表演节目优胜者的奖励，可惜我才艺不佳，没能赢回这个珍贵的奖品。在杭大读硕士期间，外国文学教研室的丁子春教授，组织了我的导师王元骧老师的硕士生和他自己门下的几个硕士生，带着我们一起，合作研究撰写一本《欧美现代主义文艺思潮新论》，1992年由杭州大学出版社出版。这是我的第一本参与合作撰写的著作。丁老师遴选了十个西方现代文艺思潮，他自己的两个硕士生项晓敏和张信国，每人选写三个思潮，我和王元骧老师名下的同届师兄李咏吟，每人选写两个。我选的是唯美主义思潮和超现实主义思潮。时隔20余年，我后来研究中国现代的"人生艺术化"思潮，跟着丁老师做唯美主义思潮的研究经历，是很好的一个学习、积累和铺垫。

  1989年秋，我考入王元骧先生门下攻读硕士。当时，我已在台州师范专科学校当了四年的大学教师。台州师专地处古城临海，虽是小城，但有着一种厚重的历史积淀和独特的文化气韵，这里有江南长城、紫阳古街、巾山石塔、大年十五的糟羹、声名远播的蛋清羊尾等美景美食。更幸运的是，在这里，我遇到了青春岁月的好朋友李、微、多。我们四人，每天傍晚饭后，在渐渐安静下来的古城街巷结伴散步，交流各自的见闻和白天发生的故事。当时，李有个在上海的男朋友，他们相识传奇，李告诉我们说，是在一趟行驶中的火车上。李和男友书信往还，每一个信封都是她自己亲手制作的。童话般的爱情，令未经情事的我们仨羡慕不已。我们陪她去街角的邮筒，看着她幸福地投入爱情的书函，空气中氤氲着芬芳和美好。现在想来，这真的是一段朱光潜先生说的"慢慢走——欣赏啊"的惬意时光。我们四人中，最早来到这个古城的是李，然后是大学毕业留在这座城市工作的微和多，再后来是和李毕业自同一个高校的我。再后来，我们四人又陆续从这座古城走出去。李追随她的爱人到了上海工作，微工作出色被提拔到了台州首府所在地，多则跨出国门走得最远，而我也回到了大学时代的校园再续学业。

  1985到1989，20岁到24岁，我懵懵懂懂，爱着黄岩，爱着临海，也爱着一个心中的朦胧，走回到了我的母校和母系——杭州大学中文系。王元骧先生是第一个真正引我步入学术之门的人，也是第一个把我引向美学之路的人。王先生是新时期审美反映论的重要代表人物之一，他在本体论、实践论、存在论、人生论等文艺学美学基本理论问题的研究讨论中，都做出了重要而不可取代的贡献。只要接触过王先生的人，都清楚他是一个真正意义上的书生，一个纯粹的学者。学术就是他生命的全部，也是他一辈子至高的追求。记得他常常对我们说的一句话，就是嘱咐我们要好好把学问做好。王老师做事极其认真，对学问更是不容马虎。他对学生的教学和管理，我觉得主要是抓大放小，核心目标就是把学位论文做好。我的硕士学位论文选题，是做审美教育问题的。记得是我自己选的题目，王先生并没有过多干涉。只是在他的本科美学课程上，给我安排了课时，让我去上相关的内容章节，这促使我更认真、更投入地去钻研这个论题。硕士毕业后，我留在杭州，到杭州师范学院中文系工作，当时系里缺写作课老师，就让我去上写作课，还陆续上过小说理论、文秘学等课程。其间，结婚生子，不知不觉就过去了8年。

2000年春，我再一次回到王元骧先生门下攻读博士。入学不久，我跟王先生商量学位论文选题。王先生建议说，梁启超或新儒家，都是可以做一做的。因为上过小说理论的选修课，我接触过梁启超的文论，但没有特别深入的研究。我购买了12册的《饮冰室合集》，开始研读。这一读，就把我吸引住了。我从梁启超的文论转向他的美学思想，从文论界对其前期的关注重点转向他的后期和整体面貌。这期间，王先生非常放手，但在关键的地方，他总是能给出有针对性的高屋建瓴的指导，充分体现出一个高水平理论家的精准眼光和学术水准。梁启超美学思想研究，是我获得的第一个国家社科基金立项，这对我的学术研究是很大的鼓励。在我的记忆中，王元骧先生特别强调问题意识、理论逻辑和论证的说服力，强调美学和文艺理论的现实观照和理论思辨。他不会给学生唠唠叨叨说很多，也不会在无关紧要的地方费神费力。跟着王先生学习，学生需要抓出关键问题去请教，这是非常考验师生的互动和默契的，考验师生的立场、方法、视野、价值观，甚至考验话语的方式和风格。我在天性上是偏感性感知型的，要跟上王先生的严密思维和严谨风格，确实是一个艰苦的自我改造的过程。

◆◇◆ 拥抱人生的美学

回溯跟随王先生读硕读博七年的求学经历，对我的理论思维能力、发现和解决问题的能力、现实观照和反思批判的能力，以及信仰理想的坚守，确实产生了极其重要而深刻的影响。我的博士学位论文做了将近四年，一方面是王先生的严格要求，另一方面是我发自内心的希望安静深入地研读和思考。2004年春天，我的博士学位论文《梁启超美学思想述评》通过答辩，得到了答辩委员会专家们的一致肯定和好评鼓励。2005年，经过修订完善的博士论文，以《梁启超美学思想研究》的书名，在商务印书馆出版。《人民日报》《光明日报》等先后刊发同行书评。2006年12月，该著登上《新京报》图书排行榜，列李泽厚先生《论语今读》后为学术类第五。

2004年秋，我申请进入中国社会科学院文学研究所博士后流动站工作，师从钱中文先生开展博士后研究。钱先生既是学术大家，也是高水平的学术组织者和学术领导。他积极引领推动审美反映论的建设，提出了文学新理性精神、交往对话等理论。他反对门户之见，反对庸俗社会学，反对极端化的思维方式和情绪化非学理的理论批评。钱先生先后担任中国社会科学院文学研究所所长、《文学评论》主编、中国中外文艺理论学会会长等职，是中国社会科学院荣誉学部委员，对新时期中国文艺理论的建设发展做出了众所瞩目的突出贡献。钱先生是视野开阔、高瞻远瞩、有胸怀、有气度的学者，待人儒雅平和。我一开始申请博士后工作课题的题目，是梁启超的"趣味"思想和中国现代美学精神的关系，后来在研究中逐渐聚焦到中国现代美学的"人生艺术化"这个论题。当时，博士后报告已通过开题答辩大半年了。我忐忑着向钱先生汇报自己的新想法，没想到他爽快同意我更改选题，还认真帮我分析，提出精要意见。"人生艺术化"这个课题，后来获得了国家社科基金和博士后科学基金的立项。2007年10月，钱先生邀请童庆炳、聂振斌、杜书瀛、党圣元诸位先生，参加我的出站报告鉴定会。各位先生都很认真地在我事先提交的纸质文稿上详细批注了自己的意见，又在鉴定会现场给出了详尽的建议和热情的鼓励肯定。出站后，我将这个报告放在手头几经打磨充实，于2013年在商务印书馆以《人生艺术化和当代生活》为书名出版。出站后，我和钱先生的联系从来没有中断过，一直到今天。凡遇重大事项，我必向钱先生汇报请教，钱先生每一次都是耐心无私地帮助我分析决断。记得钱先生跟我说，一个老师，主要的就是要帮助学生发挥出他的优势。这也是他与我相处的唯一原则。他从来不会因个人的好恶，来引导我的学术判断，而总是鼓励我自由地思考和研究。出站后，我多次在杭州组织承办全国性学术会议和活动，组织主编中国现代美学领域的文献编撰和专题研究，以及其他事务性的事宜，钱先生都给予了细致、切实、关键的帮助。2009年3月，我们学校和钱先生领导的中国中外文艺理论学会、以及中华美学学会合作，在杭州召开"'中国现代美学、文论与梁启超'全国学术研讨会"，钱先生莅临研讨会，当时是我所在的研究机构第一次承办学术会议，可以说是个会议"小白"，每逢难以决断或不太懂的问题，我就跟钱先生电话请教，钱先生总能抓住关键给我点拨。钱先生还给会议专门撰写了一篇逾万字的论文《我国文学理论与美学审美现代性的发动——评梁启超的"新民""美术人"思想》，此题抓住了梁启超文论和美学中"美术人"这个关键、重要而又没有得到应有重视的问题，其理论价值和实践意义不言而喻。会后，会议论文集在天津人民出版社正式出版，我征得钱先生同意，将文集主书名确定为《中国现代美学与文论的发动》。回顾与钱先生的交往，令人感动、感佩、感慨，有师如此，我唯有敬重、敬爱！

我的美学之路，除了王元骧、钱中文两位恩师，还幸运地遇到了诸多给予无私扶掖与真诚帮助的前辈学者和师友同人！

汝信先生是鼎鼎大名的当代中国美学家、中国社会科学院学部委员，是继朱光潜、王朝闻之后中华美学学会的第三任会长。2009年，我在杭州组织召开"'中国现代美学的资源与实践'全国高层论坛暨《中国现代美学名家文丛》首发式"。有位朋友给了我一个汝信先生的电话号码，跟我说，可以邀请一下汝信先生参加。这之前，我和汝先生可以说是素昧平生。当我拨通汝先生的电话，没想到汝先生听我报出自己的名字，就说知道我，看过我的《梁启超美学思想研究》。2009年春天，汝信先生和夫人夏森先生一起来杭州参加论坛和活动。因为美学，我有幸和汝先生、夏先生结缘，并和他们夫妇成了忘年交。

汝先生一直关注我的研究以及我们组织的活动，虽然由于身体的原因，此后他没有再亲临杭州，但他先后为我撰写的《人生艺术化与当代生活》、我主编的《蔡元培梁启超与中国现代美育》《人生论美学与中华美学传统》《人生论美学与当代实践》等著撰写序言，也屡次给我们召开的学术会议发来贺信，始终关注着指导着我们的研究进展。2015年，时任《文艺报》理论部主任熊元义邀我给他们版面撰写一个对汝信先生的访谈。我按照熊元义的要求，设计了十来个问题，汝先生用钢笔一字一句书写，认真回答我的提问。期间，我们书信往还，讨论修改。这个访谈的写作过程，使我对汝先生从战士到学者的美学历程有了进一步的了解；也使我对他虚怀若谷、宽以待人、扶掖后学、低调儒雅的大家风范有了更真切具体的体认。每次我上他家请教问题、联系工作，或到京出差过去看望他们，汝先生和夏先生都要带我去品尝他家附近的正宗北京烤鸭，告别时夏先生常常塞给我一包包美味的零食，关心关爱，让人如沐春风，也让和我一起前去的同事和学生，生出无限的感叹和钦羡。

　　说到我敬重的学术前辈和忘年交，聂振斌先生是一定要说的。聂先生是我国王国维、蔡元培美学思想研究的拓荒者，是中国近现代美学研究领域最具代表性的权威学者之一。我申请进入中国社会科学院文学研究所博士后流动站工作后，钱中文先生就跟我说，哲学所的聂振斌先生是这方面的权威，可以跟他请教一下。经文学所另一位博士后合作导师杜书瀛先生的推荐，我拿着准备出版的《梁启超美学思想研究》的书稿拜访聂先生，聂先生与我一见如故，从此结下了长长的一段学术上的莫逆之交。好多年后，有一次，在一个学术会议的间隙，聂先生笑着跟我说：你的《梁启超美学思想研究》中的观点与我不同，是批评我的啊！我有点惊愕，问他：那您当时为什么还给我作序？聂先生依然笑着说：学术研究呢，就是要百家争鸣，百花齐放，哪里可以连这点肚量都没有啊，那学术还怎么发展啊！他以大家之襟怀，纯粹真诚地看待学术中的分歧，鼓励学术上的探索，热诚扶掖后学，令人敬佩。聂先生在给我的《梁启超美学思想研究》作的序中说："作者有个性，善于独立思考，有创新精神"；"20世纪20年代，我在研究这一段美学史时,本打算对蔡元培、王国维、梁启超三位先生的美学思想各以专著的形式加以论述。但在写完蔡、王两人之后,由于种种原因,梁启超的一本至今未写成,此事一直耿耿于怀。现在读了金雅的《梁启超美学思想研究》,此种遗憾与愧疚,终于得到了一定程度的消解。因为一部我想看到的梁启超美学思想的专著,终于写成即将出版,从而弥补了这一研究领域的欠缺。也打消了我写梁启超美学思想研究的念头:借花献佛,以还吾愿,岂不乐哉!所以读了金雅的大作,我不仅高兴,还含有几分感激"。如此肺腑之言,体现了聂先生纯粹的人格和胸襟,令我崇敬感佩。我博士后出站的第二年,2018年,是所工作的杭州师范大学的百年校庆。时任校长林正范先生跟我说,你这边可以开个美学和文论方面的学术会议,由学校来支持。我从没有组织过学术会议,就跟两位老师钱中文先生、王元骧先生汇报了情况,他们都表示大力支持。具体怎么开?说实话,我当时脑子里是一片空白,不要说组织一个全国性的学术会议,这之前我组织过的也就是课堂讨论了,完全是个会议"小白"啊。我想到了聂振斌先生。聂先生曾长期担任中华美学学会的副会长兼秘书长,经验丰富。聂先生听我说完事情因由,他说,既然你们学校想开个会,咱们先确定一个主题,你得开个主题跟你们有关联的会,可以开个梁启超的会。我听了,吓了一跳,开梁启超的会,不会让人产生什么误会吧,因为当时我的研究重点是梁启超啊。我跟聂先生说,还是开个别的主题的会吧。聂先生听完我的顾虑,跟我说,搞学术,就要有胸襟有气度,要以学术为唯一的标准。他说,梁启超的美学和文论,迄今还没有开过全国性的专题会议,这个问题,又很重要很有价值,你们又有研究的基础,你不要过多担心,不要过多思虑个人的得失。这一番话,让我卸下了心里的包袱。2008年春天,"'中国现代美学、文论与梁启超'全国学术研讨会"在杭州召开,得到了学界同人、梁氏后人、社会各界的热情关注和大力支持。钱中文、胡经之、王元骧、杜书瀛、曾繁仁等学界前辈,都专门为会议撰写论文;梁启超先生的后人,广东新会梁启超研究会的领导,新华社、《光明日报》、《文学评论》等媒体、报刊、出版社的代表,都赴杭参加了会议。会议成果结集为

《中国现代美学与文论的发动》，由天津人民出版社出版。这次的会议和文集，是梁启超美学与文论领域的第一次全国性学术会议和专题学术文集。此后，聂振斌先生和我们一起策划并在杭州先后召开了"'中国现代美学的资源与实践'全国高层论坛暨《中国现代美学名家文丛》首发式""'蔡元培梁启超美育艺术教育思想与当代文化建设'全国学术研讨会""'人生论美学与中华美学传统'全国高层论坛""'人生论美学与当代实践'全国高层论坛暨《中国现代美学名家文丛》新版发布仪式"等学术会议与活动。每一个活动和成果，从策划组织到实施落地，聂先生都全程参与。我所主持的美学中心，邀请聂先生担任学术委员会主任。每次会议和活动的学术总结人，我们就邀请聂先生担任。这样的场合，他每每谦虚地说，这个领域研究的进展，金雅老师她是最了解的。《蔡元培梁启超与中国现代美育》《人生论美学与中华美学传统》《人生论美学与当代实践》这三部文集，都是聂先生和我共同主编，但主编署名时，聂先生就坚持让我署在前面。他说：工作主要是你做的，第一署名就是你啊。《中国现代美学名家文丛》的序论，也是聂先生和我共同撰写的，由我先起草初稿。在这个过程中，聂先生既给予我高屋建瓴的提点，又充分尊重我的想法。他总是鼓励我放开写。他说：我知道你有自己的想法，你按自己的想法写，不要有顾虑。我从梁启超和中国现代美学资源切入，梳理中华美学的人生论精神，并进行相应的理论思考建构，得到了聂先生的明确支持和高度肯定，这给了我很大的鼓励和信心。每一次会议召开，聂先生都认真就其中的重要理论问题，撰写长篇论文。2014年11月，由我主持的美学中心发起的"'人生论美学与中华美学传统'全国高层论坛"在杭州召开。这是第一次专门的人生论美学的全国性学术研讨。聂先生专门为论坛撰写《人生论美学释义》一文，明确肯定了倡导人生论美学研究的重要价值，肯定了人生论美学对中华美学民族特色建构的重要意义。这篇论文为《复印报刊资料》全文转载。除了此文，聂先生还先后为我们的学术会议认真撰写了《梁启超的"美文"研究及其开创意义》《蔡元培的美育思想及其历史贡献》《人生理想与美感——艺术教育》等专题论文，给予重要的学术支持。多年来，聂先生无私地帮助我们组织会议、活动、丛书等。我在中国社会科学院文学所做博士后期间以及出站后去北京出差,没少到聂先生家蹭饭,他和师母总是提前准备好我喜欢的吃食。有时,聂先生会在他家小区的马路口、大门口、楼道口等我,给我温暖的惊喜,仿佛是一个等待子女归家的父亲。聂先生和师母给予我的这种温馨和润的味道,在那些单调枯燥的异乡求学岁月中,那些一整夜火车旅途的辛劳颠簸后,让我在困顿和困境中,多了从容和坚守的力量。

  这里,我还想说说童庆炳先生,我的两位导师王元骧先生和钱中文先生都对他交口赞誉,这不仅是因为他的学问,也是因为他的为人处事和人格魅力。王先生常常和我说起童先生,对童先生的涵养和胸襟,给予极高的评价。王先生一般是不轻易夸人的,几乎人人都知道王先生原则性强、要求高,对己对人都有明确的标准。童先生是著名的文艺理论家和教育家。王先生特别感佩童先生待人的儒雅风度,以及童先生对于学问的真诚真爱。童先生也是钱中文先生的好朋友和亲密伙伴,钱先生也和我聊童先生。在钱先生眼里,童先生是个很有高度、有大局观的学者和学术领导。钱先生组织领导中国中外文艺理论学会,以及先后组织出版中国当代文艺学领域的多套学术丛书,童先生和他主持的北京师范大学文艺学研究基地都给予了倾力支持。2007年10月19日,钱先生在文学所理论室组织我的博士后出站鉴定会,他把童先生也请来了。这是我第一次近距离与童先生接触。记得鉴定会上,童先生娓娓道来,温婉清晰。对于刚走上学术之路的我,多有诚恳勉励指点,给我启益良多。鉴定会一结束,童先生因事要先行离开。他把自己写在便笺上的文字意见留给了我。这个便笺是约10cm×10cm的白色方纸,右下角和左上角分别印有浅蓝色的北师大中英文校名和英文网站地址,看上去清雅洁秀。童先生工整清晰地写了两页三面,共三点意见。首页第一行端正地写着题目:金雅博士后出站报告评议。下面一笔一画工整清晰地写着:"一,选题好,有学术价值,也具有现实意义。与过去传统的研究相比,开辟了一个新生面,使近现代的文学艺术等文化研究增加了一个新维度。论文确提供了新的方面、新的观念、新的视野。二,论文下了很大的功夫。掌握了大量的第一手资料，进行了清晰的梳理。对所提出的论题和观点做出了深刻有力的分析和概括。三，论文分上下两篇。上篇就'人生艺术化'的理念的提出、深化，提出了四个代表人物，进行了具体的深入的论述。下篇则是回顾历史语境，并展示'人生艺术化'对于现实的意义与价值。论文层层深入，展示了作者把握问题的能力。"这个便笺，我一直细心珍藏着，每每摩读，让我感动。因为童先生不仅在我事先寄呈他的纸质报告上批注了详细意见，还专门另外准备了这个便笺，把要紧的话写在这里留给我！前辈学者的拳拳之心，童先生的温雅细致，令人动容。我想，这个小小的便笺，只有真正把学术融入自己生命信仰的人，才会如此的细腻和用心吧。我送童先生下楼，他慢慢地稳稳地轻轻地对我说，你的论文写得很漂亮，特别是梁启超写得好。我斗胆跟童先生要电话号码，童先生说，我写给你。写好后，他又叮嘱我说，有问题可以随时给他电话。和童先生的这次接触，给我留下了极其深刻难忘的印象，让我见识了何为大家风范，我也明白了为什么童先生还被誉为教育家。

我在中国社会科学院文学所博士后站学习时，除钱中文先生外，还有两位合作导师，一位是杜书瀛先生，一位是党圣元先生。杜先生学术涵养深厚，博学敏才，很有文人气息。如果跟他请教学术问题，他总是能娓娓道来，释疑解惑。我在博士后站期间，开题、中期、结项，钱先生都邀请杜先生来参加。每一次，他都在我提交的材料上，详细地批写、标注他的意见建议。杜先生出版新著，常常赠送于我。我每有新著，也必呈教于杜先生。出站以后，我们仍保持着这样的学术来往，杜老师每次收到我的小书，都热情给予肯定，让人深深感受到一个老师和长辈对于后学在学术上的点滴长进的由衷喜悦。

党圣元先生在我的印象里，说话带着明显的陕西口音，为人也是颇有些陕西人的豪气的，他给人意见也是直截了当的。我很喜欢这样的方式，不用费心琢磨。记得有一次，党先生跟我说，你看，你们王元骧老师，他的论文虽然理论性学理性很强，但他的现实针对性也是很强的，是很敏锐很有现实关怀的。这句话，对我的触动极大。此后，我的学术思考和价值取向，更多地关切于美学与实践的关联，关切于现实的问题，这也直接推动了我对人生论美学思考的理论方向和问题把捉。

我在文学所做博士后研究时，也有幸结识了高建平先生。高建平先生是汝信之后中华美学学会的第四任会长，他还担任过国际美学协会的主席。他领导的中华美学学会，多次与我们美学中心合作，组织召开会议与活动，并给予具体的帮助支持。高建平先生本人，也总是从忙碌的日程中抽出时间，基本上出席了我们每一次在杭州组织召开的会议，发表热情勉励的讲话。记得我一开始组织会议时，一些具体的事情，除了聂振斌先生，请教最多的就是高建平先生，感觉高老师总是很有耐心，细细倾听，娓娓道来，平易待人。

我在王元骧先生门下攻读博士时，中国艺术研究院的孙伟科先生来王先生这里访学。孙伟科先生一身的书卷气，平和儒雅。有一天，他跟我说，《文艺报》有个朋友想约稿，你可以给他们投投稿。自此，我结识了熊元义先生，并开始了长达十多年的工作联系和友谊。熊元义是个非常真率的人，他待人热情，精力充沛，对于自己想做的事，总是信心满满，一往无前，不容置疑。他对自己的观点从不隐瞒，有不同意见直接辩论，这一点我特别喜欢。熊元义编辑和主持《文艺报》理论版期间，我先后给他们版面写了《女性命运的文学风标——二十世纪中国文学与女性解放》《梁启超与中国美学的现代转型》《促进人生艺术化》《文学教育及其情感功能》《文化开放与民族承担》《以中华美学精神提升当代批评实践》等文。他又约我先后访谈王元骧先生与汝信先生，在他们版面专版推出《文艺理论的使命与承担：文艺理论家王元骧访谈》《美学研究的世界视野与中国实践：汝信访谈》两篇长文。2015年11月，我到北京参加一个学术会议，刚好熊元义也说要去参加，我们电话里约定了会上见。会议报到那天，我没有见到他，也没有接到他的电话。当天，却接到了他已在重症监护室的消息。熊元义在盛年猝逝，完全出人意料，每每忆及，伤怀莫名。熊元义介绍我认识了好多朋友，其中有从事中国现当代文学研究的张永健教授、王泉教授等。我虽然偏于基础理论，但我的时间线主要是中国现代，我多次参加张永健教授等组织的中国现当代文学的学术活动，张永健教授、王泉教授也都曾来杭州参加我们组织的美学会议和活动，并热情撰写论文和书评，我们互赠著作，相互关注，长期保持着学术的联系。与孙伟科、熊元义、张永健、王泉等教授的联系，很好地拓展了我的学术视野，也增强了我对具体艺术、文学现象的关注思考。

在中国社科院做博士后期间，我也遇到了一群意趣相投，给予我很多帮助的年龄相仿的朋友们。陈定家先生在我进入文学所博士后站之前，我们之间就有了邮件往来，他是我们共同的朋友熊元义先生介绍给我的。他为人朴实，做事踏实，与他接触，满满的信任感。博士后在站期间，我遇到困难，常常向陈定家先生求助。记得刚去时，没有借书证，也是他帮助我最快地搞定的。他对我的梁启超美学研究多有鼓励，认真撰写了专门的评论。同届博士后欧阳文风，才气横溢，在站期间，我们能碰上的时候并不多，因为大家都已成家，基本上是工作地和北京两头跑。欧阳的研究对象之一是宗白华，他已出版相关的专著，这和我的领域比较接近。我们一旦碰上了，就会针对某些共同感兴趣的话题，热烈地讨论。出站以后，我开始做中国现代美学大家们的群体资料整理和相关专题研究，自然就想到了欧阳，每每邀他加盟，他二话不说，认真投入。如今，定家早已是网络文学研究的名家，著作和影响等身。欧阳写得一手好文章，干练出众，被湖南省委宣传部相中，如今已是电影处的领导。

在此，我还想说说中国社会科学院的两位女博士学者。一位是中华美学学会副会长徐碧辉女士。作为美学会的领导之一和女性学者，我对她条理清晰、认真负责的做事风格极为佩服。我们每次在杭州组织的会议和活动，身兼学会领导和秘书长的碧辉，大大小小的事情，她都亲自操持，极其负责，同时每一次会议，她都自己带头认真撰写论文，做好榜样。有时，我们也会因为会议中的一些安排，有不同的想法看法，大家都坚持自己的意见，历数自己的理由，大有君子和而不同、以理服人之味道。杨子彦，文学所的女学者，当时兼着中外文论学会秘书处的工作，一头利落的短发，做事干练。我们除了在所里，也在学会的会议上相遇。我们一起散步聊天，聊我们的学术和工作中的种种，也聊我们的生活和家庭。那些年，我孩子还小，爱人工作忙，自己杭州和北京来回跑，有时真的觉得很累。子彦的友情，带来了理解和温馨。现在想来，我们挽着手散步说话的画面，依然清晰而温暖。

我的人生旅程中，还有很多前辈和挚友，对我产生了极为重要的影响，留下了深刻难忘的记忆。

梁思礼院士，是深深烙进我记忆中的一位特别令我敬重的前辈和忘年至交。梁院士是梁启超先生最小的儿子，中国科学院院士，导弹控制系统专家，我国航天可靠性工程学的开创者之一。2018年，我们和中华美学学会、中国中外文论学会合作，在杭州召开"'中国现代美学、文论与梁启超'全国学术研讨会"。经中国人民大学清史所杨念群教授牵线，我们向梁启超先生的后人发出了邀请。杨念群教授的母亲吴荔明女士是梁启超先生次女梁思庄之女。这次会议，吴荔明女士携其爱人，和梁启超四子梁思达之女梁忆冰女士，一起来杭州赴会。转年，2019年，我们在杭州召开"'中国现代美学的资源与实践'全国高层论坛暨《中国现代美学名家文丛》首发式"，梁思礼院士应邀前来参加。会议嘉宾们下榻在花家山庄。当天下了飞机，时年八十五岁的梁院士就问我们接站的老师说，宾馆里可以游泳吗？把我们老师吓了一跳。据说梁思礼院士是长得最像梁启超先生的，性情也最是相似。梁院士在论坛上发表了热情洋溢的讲话。又因浙江省社科联人文大讲堂的邀请，赴浙江图书馆演讲，受到了读者们的热烈欢迎。演讲结束，听众久久不愿散去，一层层围着梁院士，热烈地交谈，请他签名、合影。在此前后，2008年、2012年，我们的两次会议，梁思礼院士虽未能亲赴杭州，但他均发来贺信。在2008年4月7日给"'中国现代美学、文论与梁启超'全国学术研讨会"的贺信中，梁思礼院士充满激情地写道："我对美学没有做过研究，不过很感兴趣。一个高尚人格的培养就是要'求真、求善、求美'"；"在我的身上存在着父亲梁启超的爱国主义和趣味主义的基因。我也认为没有审美、求美的沙漠生活、石缝中的生活要来何用"；"梁启超的趣味主义中包含着'情感、生命活力、创造自由'三个要素。而我们航天人正是以我们对祖国的深厚感情、以我们不认输、不怕苦的生命活力，发挥着团队协同战斗的创造精神，用尖端科技铸就了保卫祖国、为国争光的'大美'"。在2012年11月9日给"'蔡元培梁启超美育艺术教育思想与当代文化建设'全国学术研讨会暨《中国现代美学名家文丛》首发式"的贺信中，梁思礼院士又语重心长地写道："党的十八大号召加强文化建设。美育是文化建设的重要支柱之一。我国于2020年将达到小康社会，不仅要有强大的物质基础，同时也应具有现代化的精神文明。现代化的中国需要由大量的德智体美全面发展的公民组成。他们应该是以追求'真、善、美'为己任者。'美'的反义词是'丑'。经过三十多年的改革开放，中国已成为全世界第二大经济体，同时也带来众多深层的问题。利己主义、金钱至上，在部分人群中泛滥，道德缺失，贪腐事件层出不穷。因此，加强德育、美育是当务之急。在实践过程中，美育有着巨大的发展空间。"2015年12月，时年91周岁的梁思礼院士又专门给我题写了"以美育人 以文化人"八字，勉励我好好把中华美学和美育研究做下去，推动当前文化建设和育人实践的发展提升。2016年4月，梁院士离开了我们。梁院士的助手杨利伟先生告诉我，这八字赠幅，梁思礼院士当时是带病写的，应该是最后留下的笔墨了。"以美育人 以文化人"，是梁思礼院士始终心心念念的大事。任重道远，唯有志行。

莫小不先生是我在杭州师大工作时的老同事，也是我多年来的挚友。我到浙江理工大学工作后，又遇到了他的弟弟小也先生，可以说，和他们兄弟颇有缘分。小不先生精通篆刻、书法，给我们美学中心刻了阳文和阴文两方印章，其洒脱天成的美感，得到大家交口赞誉。后来，我们每逢出书，必在书脊和封底放上这两方印章，成为我们系列成果的重要标识。小不先生很有个性，有想法，也有耐心，做事极其认真，是个慢性子。所谓"慢工出细活"，用在他身上，最为贴切不过。每逢启动活动、项目、丛书等，以及每一个关键的环节，我总会在第一时间想到小不先生，他总是有求必应，或出谋划策，或操劳出力，从无怨言。因为小不先生，又结识了他被上海引进过去的夫人，很出色的中学生心理咨询专家，也结识了他在上海交大直博又到中山大学做博士后的优秀儿子。我跟他开玩笑说，你一家三个地儿，三足鼎立。他就跟我说，好多人不理解这个啊，他说，他就是支持每个人去发展自己。有一次，他认认真真问我，美学中怎么看待丑的问题。我们认真交换意见，谁也说服不了谁，这个时候，我觉得我们都回到了青春时代,因为只有年轻,我们才能如此纯粹地面对问题,如此投入地讨论问题,如此热烈地拥有真挚的兴趣。

2010年,浙江理工大学引进我过去工作。一开始,有一些朋友不解。其实,只是我隐约觉着,一个人总待在一个相似的环境中,久而久之,多多少少会因熟悉而产生惰性。我前面工作的两个高校,都是师范类的,课程设置偏长线理论的。我从本科学位论文、硕士学位论文、博士学位论文到博士后报告,虽然做的都是基础理论类的论题,但话题的焦点,可以说都内蕴着某种实践的维度,关联于美、艺术和人、人生之间的关系。叩思的焦点,往往是理论的观审,如何从人生实践的根底中生成,又如何回到人生实践的鲜活现实中去。浙江理工大学是一个偏理工科类的高校,它的底子是丝绸工程学科,这多少关联着中华文化的传统底蕴和民族情愫。实际上,当初我并没有什么清楚的想法。一开始,校领导专门跨我聊,他们希望在工科学校里搞点人文学科,而我呢,朦胧懵懂中,觉着自己的理论考辨,应该更多地与鲜活具体的实践对撞,自觉的或被动的,都是理论成长的触角。如果说自然科学是去解决客观世界的规律,工程科学是去引领技术和效益的提升,社会科学是去推动人类社会的前行,那么,人文科学和审美艺术,也应该是与世界互动的,她们是去滋养和升华人的心灵和精神世界的。事实上,不同的学科,对人的浸润,各有其特点。从这一点来说,学科之间的开放与交融,其积极的意义,其对于人自身的价值,是深刻而长远的。

身为教师,最开心的,莫过于得英才而育之。从1985年走上讲台到今天,已经三十多载。每一年,都会迎来新的学生。一开始,班上年纪最大的学生,比我小一岁。现在,我与学生们的父母差不多年纪,很多时候,我比他们的父母更年长。学生们的朝气蓬勃和活跃灵动的思维,带给我很多启发,也常常给我意想不到的触动。他们的性格各异,表达自己观点的方式也不尽相同。每一届里,都有一两个特别爱思考的学生,让我感叹后生之可畏。事实上,他们青春的气息,天然地贴近于美和艺术的特质,充盈着情感和敏锐。课堂上,组会上,各种聚会和活动中,我鼓励他们完全地解放自我,自由地表达。孩子们有时也把生活中的困惑带到课堂,我们热烈地讨论,有时是激烈的争辩。我特别鼓励这种无意而有意的思索，自然而自由的勾连。因为美和艺术，归根结底，就是从我们的生活、生命、生存的现实中生成的，而我们对它们所有的叩问、思考、解答、创构，最终都是要回到鲜活的人生中去的，是让人生温润而滢澈，让生活温情而丰润，让生命温暖而洞明。

1989 年，我离开第一个工作的高校——台州师范专科学校，回到本科就读的杭州大学中文系攻读硕士。1992 年，文艺学硕士毕业后，我到杭州师范学院任教。2000 年春，作为一个已满 35 周岁的妈妈，我再次回到母校杭州大学在职攻读文艺学博士学位，2004 年春毕业。2004 年 10 月至 2007 年 10 月，我到中国社会科学院文学研究所博士后站工作。2010 年秋，浙江理工大学引进我建设文艺学学科。2011 年，国家启动艺术学升门，学校决定申报艺术学理论学位点。此后，按照学校的部署安排，我将自己学术和工作的重心，转到艺术学理论学科。由此，有幸结识了活跃和引领这个学科领域的仲呈祥、凌继尧、彭吉象、王廷信、夏燕靖等先生。我在杭州师大工作期间，有几位好朋友，其中有一位是音乐学院的李荣有教授。当时，在艺术学理论这个领域，我是个新人"小白"。李荣有教授热情地给我引荐各位先生。记得仲呈祥先生听李荣有老师报出我的名字，就问我，你的美学文丛编完了吗？这让我颇感汗颜和意外。《中国现代美学名家文丛》6 卷，启动于 2007 年我博士后出站后，在杭州师范大学组织完成，初版于 2009 年由浙江大学出版社出版。一开始编辑过程中，主要咨询请教了美学、文艺学领域的专家学者，但没有专门向艺术学领域的专家请教，这确实有点不应该。我赶紧跟仲先生说，我们马上给您寄。他跟我说，他的导师钟惦棐先生，也是很重视美学的。会后，我将《文丛》全套寄给他。此后，我跟仲先生一直保持着学术的联系。仲先生非常关注我们的项目和进展，他屡屡在各种场合对我的中国现代美学资源发掘、艺术学理论民族学理建设、中华美学精神阐释建构等研究工作和观点立场，旗帜鲜明地给予褒扬肯定。凌继尧先生和王廷信先生，都是艺术学理论领域众所周知的前辈专家，对于学科建设的引领与贡献，有目共睹，两位先生也多次到杭州参加我们组织的学术活动，几乎有求必应，倾力支持。凌继尧先生是朱光潜先生的关门弟子，我们的"审美·艺术·人生"学术文化沙龙，第一讲邀请的就是凌先生，我们第一次聆听了凌先生回忆他当年求学的故事，他是如何考入朱光潜先生门下的传奇经历。彭吉象先生和夏燕靖先生均是我们《中国现代美学名家文丛》新版的专家委员。彭先生学养深厚，大气谦和，对我们的研究热情给予鼓励肯定。夏先生严谨认真，每次请他给我们提意见，他均是认认真真地给出详细意见，尽显学者本色。

一路走来，还有许多因研究而相识相知的朋友们，报刊媒体的朋友们，出版社的朋友们，我的同门、同事、同好、故交们，我们美学中心和艺术学理论所的同人们，多年来一起精诚合作鼎力支持的伙伴们，素未谋面但通过各种方式交流思想见解、彼此鼓励支持的朋友们。得遇你们，此生至幸！

美学、文艺学、艺术学理论，作为人文学，有着天然而内在的联系，可以说，它们的意趣内核是一致的，都是关切于人的心灵和精神。记得离开台州师范专科学校若干年后，忽一日，接到一个陌生的电话，对方自报家门，原来是我在台师第一次担任班主任的班上学生，那个班上年纪最大的比我仅小一岁的学生。可以说，那一刻让我惊喜至极。遗憾的是，当时我在南京开会，未能晤面。后来，又都忙碌于各自的轨迹，不曾再见。岁月流逝，有了微信，联系交流就方便了。他把同学们的照片传给我，也把我的信息传给班上同学。他跟我说，自己有残疾，当年是我，把他招进了班上，使他得以迈进了大学的校门，从此改变了他一生的命运。这个事情，我几乎没有什么印象了。他留给我的，就是那个清清瘦瘦的清爽形象。对于一个老师，收下一个前来求学的学子，是一个极自然而自然的事情了。在生命的旅程中，我们认真过，执着过，开怀过，伤心过，煎熬过。而又有什么，比得上那些温润的一刻，更好的美意和褒奖?！

生命中的真实与生动、酸甜与苦辣、饱满与激情、蹒跚与前行，风过处，亦温馨。

金雅　辛丑冬
于杭州运河畔松风居